全国科学技术名词审定委员会

公　　布

科学技术名词·工程技术卷（全藏版）

22

航天科学技术名词

CHINESE TERMS IN SPACE SCIENCE AND TECHNOLOGY

航天科学技术名词审定委员会

国家自然科学基金资助项目

科 学 出 版 社

北 京

内 容 简 介

　　本书是全国科学技术名词审定委员会审定公布的航天科学技术名词。内容包括：航天学(综合术语)，航天运载器，航天器，航天推进，航天控制与导航，空气动力学与飞行原理，航天测控与通信，航天遥感，航天能源，航天发射试验与地面设备，航天医学与载人航天，航天材料，航天制造工艺，航天器结构强度与航天环境工程，航天计量与测试，引信，航天机器人，可靠性等18部分，共收名词7587条。这些名词是科研、教育、生产、经营以及新闻出版等部门应遵照使用的航天科技规范名词。

图书在版编目(CIP)数据

　　科学技术名词. 工程技术卷：全藏版 / 全国科学技术名词审定委员会审定. —北京：科学出版社，2016.01
　　ISBN 978-7-03-046873-4

　　Ⅰ. ①科… Ⅱ. ①全… Ⅲ. ①科学技术–名词术语 ②工程技术–名词术语 Ⅳ. ①N-61 ②TB-61

　　中国版本图书馆 CIP 数据核字(2015)第 307218 号

责任编辑：刘　青　黄昭厚 / 责任校对：陈玉凤
责任印制：张　伟 / 封面设计：铭轩堂

科 学 出 版 社 出版
北京东黄城根北街 16 号
邮政编码：100717
http://www.sciencep.com
北京厚诚则铭印刷科技有限公司印刷
科学出版社发行　各地新华书店经销

*

2016 年 1 月第 一 版　开本：787×1092 1/16
2016 年 1 月第一次印刷　印张：30
字数：834 000

定价：7800.00 元(全 44 册)
(如有印装质量问题，我社负责调换)

全国科学技术名词审定委员会
第五届委员会委员名单

特邀顾问：吴阶平　　　钱伟长　　　朱光亚　　　许嘉璐

主　　任：路甬祥

副 主 任（按姓氏笔画为序）：

　　　　于永湛　　朱作言　　刘　青　　江蓝生　　赵沁平　　程津培

常　　委（按姓氏笔画为序）：

　　　　马　阳　　王永炎　　李宇明　　李济生　　汪继祥　　张礼和

　　　　张先恩　　张晓林　　张焕乔　　陆汝钤　　陈运泰　　金德龙

　　　　宣　湘　　贺　化

委　　员（按姓氏笔画为序）：

　　　　马大猷　　王　夔　　王大珩　　王玉平　　王兴智　　王如松

　　　　王延中　　王虹峥　　王振中　　王铁琨　　卞毓麟　　方开泰

　　　　尹伟伦　　叶笃正　　冯志伟　　师昌绪　　朱照宣　　仲增墉

　　　　刘　民　　刘　斌　　刘大响　　刘瑞玉　　祁国荣　　孙家栋

　　　　孙敬三　　孙儒泳　　苏国辉　　李文林　　李志坚　　李典谟

　　　　李星学　　李保国　　李焯芬　　李德仁　　杨　凯　　肖序常

　　　　吴　奇　　吴凤鸣　　吴兆麟　　吴志良　　宋大祥　　宋凤书

　　　　张　耀　　张光斗　　张忠培　　张爱民　　陆建勋　　陆道培

　　　　陆燕荪　　阿里木·哈沙尼　　阿迪亚　　陈有明　　陈传友

　　　　林良真　　周　廉　　周应祺　　周明煜　　周明鑑　　周定国

　　　　郑　度　　胡省三　　费　麟　　姚　泰　　姚伟彬　　徐　僖

　　　　徐永华　　郭志明　　席泽宗　　黄玉山　　黄昭厚　　崔　俊

　　　　阎守胜　　葛锡锐　　董　琨　　蒋树屏　　韩布新　　程光胜

　　　　蓝　天　　雷震洲　　照日格图　　鲍　强　　鲍云樵　　窦以松

　　　　蔡　洋　　樊　静　　潘书祥　　戴金星

航天科学技术名词审定委员会名单

主　任：孙家栋

副主任：庄逢甘　　谢光选　　刘景生

委　员（按姓氏笔画为序）：

于　翘	王心清	王希季	王瑞铨	史长捷
匡定波	朱美娴	朱毅麟	李大耀	李芙蓉
李若胜	杨嘉墀	邹昌辉	张贵田	张履谦
陈芳允	陈道明	罗海银	郑元熙	赵梦雄
柯受全	都　亨	徐乃明	黄文虎	黄培康
戚发轫	崔尔杰	崔国良	崔绍春	傅炳辰
焦世举	童　铠	蔡鹤皋	潘科炎	魏金河

航天科学技术名词审定委员会办公室成员

李芙蓉　　张　弛　　崔绍春　　王亚冬　　季　漫

路甬祥序

    我国是一个人口众多、历史悠久的文明古国,自古以来就十分重视语言文字的统一,主张"书同文、车同轨",把语言文字的统一作为民族团结、国家统一和强盛的重要基础和象征。我国古代科学技术十分发达,以四大发明为代表的古代文明,曾使我国居于世界之巅,成为世界科技发展史上的光辉篇章。而伴随科学技术产生、传播的科技名词,从古代起就已成为中华文化的重要组成部分,在促进国家科技进步、社会发展和维护国家统一方面发挥着重要作用。

    我国的科技名词规范统一活动有着十分悠久的历史。古代科学著作记载的大量科技名词术语,标志着我国古代科技之发达及科技名词之活跃与丰富。然而,建立正式的名词审定组织机构则是在清朝末年。1909 年,我国成立了科学名词编订馆,专门从事科学名词的审定、规范工作。到了新中国成立之后,由于国家的高度重视,这项工作得以更加系统地、大规模地开展。1950 年政务院设立的学术名词统一工作委员会,以及 1985 年国务院批准成立的全国自然科学名词审定委员会(现更名为全国科学技术名词审定委员会,简称全国科技名词委),都是政府授权代表国家审定和公布规范科技名词的权威性机构和专业队伍。他们肩负着国家和民族赋予的光荣使命,秉承着振兴中华的神圣职责,为科技名词规范统一事业默默耕耘,为我国科学技术的发展做出了基础性的贡献。

    规范和统一科技名词,不仅在消除社会上的名词混乱现象,保障民族语言的纯洁与健康发展等方面极为重要,而且在保障和促进科技进步,支撑学科发展方面也具有重要意义。一个学科的名词术语的准确定名及推广,对这个学科的建立与发展极为重要。任何一门科学(或学科),都必须有自己的一套系统完善的名词来支撑,否则这门学科就立不起来,就不能成为独立的学科。郭沫若先生曾将科技名词的规范与统一称为"乃是一个独立自主国家在学术工作上所必须具备的条件,也是实现学术中国化的最起码的条件",精辟地指出了这项基础性、支撑性工作的本质。

    在长期的社会实践中,人们认识到科技名词的规范和统一工作对于一个国家的科技发展和文化传承非常重要,是实现科技现代化的一项支撑性的系统工程。没有这样一个系统的规范化的支撑条件,不仅现代科技的协调发展将遇到极大困难,而且在科技日益渗透人们生活各方面、各环节的今天,还将给教育、传播、交流、经贸等多方面带来困难和损害。

全国科技名词委自成立以来,已走过近20年的历程,前两任主任钱三强院士和卢嘉锡院士为我国的科技名词统一事业倾注了大量的心血和精力,在他们的正确领导和广大专家的共同努力下,取得了卓著的成就。2002年,我接任此工作,时逢国家科技、经济飞速发展之际,因而倍感责任的重大;及至今日,全国科技名词委已组建了60个学科名词审定分委员会,公布了50多个学科的63种科技名词,在自然科学、工程技术与社会科学方面均取得了协调发展,科技名词蔚成体系。而且,海峡两岸科技名词对照统一工作也取得了可喜的成绩。对此,我实感欣慰。这些成就无不凝聚着专家学者们的心血与汗水,无不闪烁着专家学者们的集体智慧。历史将会永远铭刻着广大专家学者孜孜以求、精益求精的艰辛劳作和为祖国科技发展做出的奠基性贡献。宋健院士曾在1990年全国科技名词委的大会上说过:"历史将表明,这个委员会的工作将对中华民族的进步起到奠基性的推动作用。"这个预见性的评价是毫不为过的。

科技名词的规范和统一工作不仅仅是科技发展的基础,也是现代社会信息交流、教育和科学普及的基础,因此,它是一项具有广泛社会意义的建设工作。当今,我国的科学技术已取得突飞猛进的发展,许多学科领域已接近或达到国际前沿水平。与此同时,自然科学、工程技术与社会科学之间交叉融合的趋势越来越显著,科学技术迅速普及到了社会各个层面,科学技术同社会进步、经济发展已紧密地融为一体,并带动着各项事业的发展。所以,不仅科学技术发展本身产生的许多新概念、新名词需要规范和统一,而且由于科学技术的社会化,社会各领域也需要科技名词有一个更好的规范。另一方面,随着香港、澳门的回归,海峡两岸科技、文化、经贸交流不断扩大,祖国实现完全统一更加迫近,两岸科技名词对照统一任务也十分迫切。因而,我们的名词工作不仅对科技发展具有重要的价值和意义,而且在经济发展、社会进步、政治稳定、民族团结、国家统一和繁荣等方面都具有不可替代的特殊价值和意义。

最近,中央提出树立和落实科学发展观,这对科技名词工作提出了更高的要求。我们要按照科学发展观的要求,求真务实,开拓创新。科学发展观的本质与核心是以人为本,我们要建设一支优秀的名词工作队伍,既要保持和发扬老一辈科技名词工作者的优良传统,坚持真理、实事求是、甘于寂寞、淡泊名利,又要根据新形势的要求,面向未来、协调发展、与时俱进、锐意创新。此外,我们要充分利用网络等现代科技手段,使规范科技名词得到更好的传播和应用,为迅速提高全民文化素质做出更大贡献。科学发展观的基本要求是坚持以人为本,全面、协调、可持续发展,因此,科技名词工作既要紧密围绕当前国民经济建设形势,着重开展好科技领域的学科名词审定工作,同时又要在强调经济社会以及人与自然协调发展的思想指导下,开展好社会科学、文化教育和资源、生态、环境领域的科学名词审定工作,促进各个学科领域的相互融合和共同繁荣。科学发展观非常注重可持续发展的理念,因此,我们在不断丰富和发展已建立的科技名词体系的同时,还要进一步研究具有中国特色的术语学理论,以创建中国的术语学派。研究和建立中国特色的术语学理论,也是一种知识创新,是实现科技名词工作可持续发展的必由之路,我们应当为此付出更大的努力。

当前国际社会已处于以知识经济为走向的全球经济时代,科学技术发展的步伐将会越来越快。我国已加入世贸组织,我国的经济也正在迅速融入世界经济主流,因而国内外科技、文化、经贸的交流将越来越广泛和深入。可以预言,21 世纪中国的经济和中国的语言文字都将对国际社会产生空前的影响。因此,在今后 10 到 20 年之间,科技名词工作就变得更具现实意义,也更加迫切。"路漫漫其修远兮,吾今上下而求索",我们应当在今后的工作中,进一步解放思想,务实创新、不断前进。不仅要及时地总结这些年来取得的工作经验,更要从本质上认识这项工作的内在规律,不断地开创科技名词统一工作新局面,做出我们这代人应当做出的历史性贡献。

2004 年深秋

卢嘉锡序

科技名词伴随科学技术而生,犹如人之诞生其名也随之产生一样。科技名词反映着科学研究的成果,带有时代的信息,铭刻着文化观念,是人类科学知识在语言中的结晶。作为科技交流和知识传播的载体,科技名词在科技发展和社会进步中起着重要作用。

在长期的社会实践中,人们认识到科技名词的统一和规范化是一个国家和民族发展科学技术的重要的基础性工作,是实现科技现代化的一项支撑性的系统工程。没有这样一个系统的规范化的支撑条件,科学技术的协调发展将遇到极大的困难。试想,假如在天文学领域没有关于各类天体的统一命名,那么,人们在浩瀚的宇宙当中,看到的只能是无序的混乱,很难找到科学的规律。如是,天文学就很难发展。其他学科也是这样。

古往今来,名词工作一直受到人们的重视。严济慈先生60多年前说过,"凡百工作,首重定名;每举其名,即知其事"。这句话反映了我国学术界长期以来对名词统一工作的认识和做法。古代的孔子曾说"名不正则言不顺",指出了名实相副的必要性。荀子也曾说"名有固善,径易而不拂,谓之善名",意为名有完善之名,平易好懂而不被人误解之名,可以说是好名。他的"正名篇"即是专门论述名词术语命名问题的。近代的严复则有"一名之立,旬月踯躅"之说。可见在这些有学问的人眼里,"定名"不是一件随便的事情。任何一门科学都包含很多事实、思想和专业名词,科学思想是由科学事实和专业名词构成的。如果表达科学思想的专业名词不正确,那么科学事实也就难以令人相信了。

科技名词的统一和规范化标志着一个国家科技发展的水平。我国历来重视名词的统一与规范工作。从清朝末年的科学名词编订馆,到1932年成立的国立编译馆,以及新中国成立之初的学术名词统一工作委员会,直至1985年成立的全国自然科学名词审定委员会(现已改名为全国科学技术名词审定委员会,简称全国名词委),其使命和职责都是相同的,都是审定和公布规范名词的权威性机构。现在,参与全国名词委领导工作的单位有中国科学院、科学技术部、教育部、中国科学技术协会、国家自然科学基金委员会、新闻出版署、国家质量技术监督局、国家广播电影电视总局、国家知识产权局和国家语言文字工作委员会,这些部委各自选派了有关领导干部担任全国名词委的领导,有力地推动科技名词的统一和推广应用工作。

全国名词委成立以后,我国的科技名词统一工作进入了一个新的阶段。在第一任主任委员钱三强同志的组织带领下,经过广大专家的艰苦努力,名词规范和统一工作取得了显著的成绩。1992年三强同志不幸谢世。我接任后,继续推动和开展这项工作。在国家和有关部门的支持及广大专家学者的努力下,全国名词委15年来按学科共组建了50多个学科的名词审定分委员会,有1800多位专家、学者参加名词审定工作,还有更多的专家、学者参加书面审查和座谈讨论等,形成的科技名词工作队伍规模之大、水平层次之高前所未有。15年间共审定公布了包括理、工、农、医及交叉学科等各学科领域的名词共计50多种。而且,对名词加注定义的工作经试点后业已逐渐展开。另外,遵照术语学理论,根据汉语汉字特点,结合科技名词审定工作实践,全国名词委制定并逐步完善了一套名词审定工作的原则与方法。可以说,在20世纪的最后15年中,我国基本上建立起了比较完整的科技名词体系,为我国科技名词的规范和统一奠定了良好的基础,对我国科研、教学和学术交流起到了很好的作用。

在科技名词审定工作中,全国名词委密切结合科技发展和国民经济建设的需要,及时调整工作方针和任务,拓展新的学科领域开展名词审定工作,以更好地为社会服务、为国民经济建设服务。近些年来,又对科技新词的定名和海峡两岸科技名词对照统一工作给予了特别的重视。科技新词的审定和发布试用工作已取得了初步成效,显示了名词统一工作的活力,跟上了科技发展的步伐,起到了引导社会的作用。两岸科技名词对照统一工作是一项有利于祖国统一大业的基础性工作。全国名词委作为我国专门从事科技名词统一的机构,始终把此项工作视为自己责无旁贷的历史性任务。通过这些年的积极努力,我们已经取得了可喜的成绩。做好这项工作,必将对弘扬民族文化,促进两岸科教、文化、经贸的交流与发展做出历史性的贡献。

科技名词浩如烟海,门类繁多,规范和统一科技名词是一项相当繁重而复杂的长期工作。在科技名词审定工作中既要注意同国际上的名词命名原则与方法相衔接,又要依据和发挥博大精深的汉语文化,按照科技的概念和内涵,创造和规范出符合科技规律和汉语文字结构特点的科技名词。因而,这又是一项艰苦细致的工作。广大专家学者字斟句酌,精益求精,以高度的社会责任感和敬业精神投身于这项事业。可以说,全国名词委公布的名词是广大专家学者心血的结晶。这里,我代表全国名词委,向所有参与这项工作的专家学者们致以崇高的敬意和衷心的感谢!

审定和统一科技名词是为了推广应用。要使全国名词委众多专家多年的劳动成果——规范名词,成为社会各界及每位公民自觉遵守的规范,需要全社会的理解和支持。国务院和4个有关部委[国家科委(今科学技术部)、中国科学院、国家教委(今教育部)和新闻出版署]已分别于1987年和1990年行文全国,要求全国各科研、教学、生产、经营以及新闻出版等单位遵照使用全国名词委审定公布的名词。希望社会各界自觉认真地执行,共同做好这项对于科技发展、社会进步和国家统一极为重要的基础工作,为振兴中华而努力。

值此全国名词委成立15周年、科技名词书改装之际,写了以上这些话。是为序。

卢嘉锡

2000年夏

钱 三 强 序

科技名词术语是科学概念的语言符号。人类在推动科学技术向前发展的历史长河中,同时产生和发展了各种科技名词术语,作为思想和认识交流的工具,进而推动科学技术的发展。

我国是一个历史悠久的文明古国,在科技史上谱写过光辉篇章。中国科技名词术语,以汉语为主导,经过了几千年的演化和发展,在语言形式和结构上体现了我国语言文字的特点和规律,简明扼要,蓄意深切。我国古代的科学著作,如已被译为英、德、法、俄、日等文字的《本草纲目》、《天工开物》等,包含大量科技名词术语。从元、明以后,开始翻译西方科技著作,创译了大批科技名词术语,为传播科学知识,发展我国的科学技术起到了积极作用。

统一科技名词术语是一个国家发展科学技术所必须具备的基础条件之一。世界经济发达国家都十分关心和重视科技名词术语的统一。我国早在 1909 年就成立了科学名词编订馆,后又于 1919 年中国科学社成立了科学名词审定委员会,1928 年大学院成立了译名统一委员会。1932 年成立了国立编译馆,在当时教育部主持下先后拟订和审查了各学科的名词草案。

新中国成立后,国家决定在政务院文化教育委员会下,设立学术名词统一工作委员会,郭沫若任主任委员。委员会分设自然科学、社会科学、医药卫生、艺术科学和时事名词五大组,聘任了各专业著名科学家、专家,审定和出版了一批科学名词,为新中国成立后的科学技术的交流和发展起到了重要作用。后来,由于历史的原因,这一重要工作陷于停顿。

当今,世界科学技术迅速发展,新学科、新概念、新理论、新方法不断涌现,相应地出现了大批新的科技名词术语。统一科技名词术语,对科学知识的传播,新学科的开拓,新理论的建立,国内外科技交流,学科和行业之间的沟通,科技成果的推广、应用和生产技术的发展,科技图书文献的编纂、出版和检索,科技情报的传递等方面,都是不可缺少的。特别是计算机技术的推广使用,对统一科技名词术语提出了更紧迫的要求。

为适应这种新形势的需要,经国务院批准,1985 年 4 月正式成立了全国自然科学名词审定委员会。委员会的任务是确定工作方针,拟定科技名词术语审定工作计划、实施方案和步骤,组织审定自然科学各学科名词术语,并予以公布。根据国务院授权,委员会审定公布的名词术语,科研、教学、生产、经营以及新闻出版等各部门,均应遵照使用。

全国自然科学名词审定委员会由中国科学院、国家科学技术委员会、国家教育委员会、中国科学技术协会、国家技术监督局、国家新闻出版署、国家自然科学基金委员会分别委派了正、副主任担任领导工作。在中国科协各专业学会密切配合下,逐步建立各专业审定分委员会,并已建立起一支由各学科著名专家、学者组成的近千人的审定队伍,负责审定本学科的名词术语。我国的名词审定工作进入了一个新的阶段。

这次名词术语审定工作是对科学概念进行汉语订名,同时附以相应的英文名称,既有我国语言特色,又方便国内外科技交流。通过实践,初步摸索了具有我国特色的科技名词术语审定的原则与方法,以及名词术语的学科分类、相关概念等问题,并开始探讨当代术语学的理论和方法,以期逐步建立起符合我国语言规律的自然科学名词术语体系。

统一我国的科技名词术语,是一项繁重的任务,它既是一项专业性很强的学术性工作,又涉及到亿万人使用习惯的问题。审定工作中我们要认真处理好科学性、系统性和通俗性之间的关系;主科与副科间的关系;学科间交叉名词术语的协调一致;专家集中审定与广泛听取意见等问题。

汉语是世界五分之一人口使用的语言,也是联合国的工作语言之一。除我国外,世界上还有一些国家和地区使用汉语,或使用与汉语关系密切的语言。做好我国的科技名词术语统一工作,为今后对外科技交流创造了更好的条件,使我炎黄子孙,在世界科技进步中发挥更大的作用,做出重要的贡献。

统一我国科技名词术语需要较长的时间和过程,随着科学技术的不断发展,科技名词术语的审定工作,需要不断地发展、补充和完善。我们将本着实事求是的原则,严谨的科学态度做好审定工作,成熟一批公布一批,提供各界使用。我们特别希望得到科技界、教育界、经济界、文化界、新闻出版界等各方面同志的关心、支持和帮助,共同为早日实现我国科技名词术语的统一和规范化而努力。

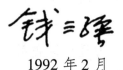

1992 年 2 月

前　言

为适应航天科学技术的发展,进一步规范航天科技名词术语,受全国科学技术名词审定委员会(以下简称全国科技名词委)委托,中国宇航学会于 1997 年 4 月在北京召开了由孙家栋院士为主任的航天科学技术名词审定委员会(以下简称航天名词委)成立大会暨全体委员会,确定了关于航天科学技术名词收词的总则、方法、基本要求及工作程序,对航天科学技术名词的选词、命名、编排等作了规定,制定了审定工作计划。此次会议确定航天名词的审定工作主要分 12 个部分进行,同时确定航天名词审定工作办公室设在中国宇航学会。航天名词委的委员们对所收集的词汇进行了认真的切磋、审查,经航天名词审定办公室整理、汇总后,于 1998 年 8 月向全国科技名词委报送了航天科学技术名词的第一稿,共 7600 条。第一稿返回航天名词审定办公室后,航天名词审定办公室组织了专家对此稿又进行了整理、查重、补充,于 2000 年 3 月将航天科学技术名词的第二稿上报全国科技名词委。此后,在全国科技名词委的指导下,航天名词审定办公室多次请有关专家对送审稿进行了修订,同时为了便于查阅、收集,将航天科技名词的归类作了适当调整,对少数专业作了重新划分,使其更合理、更科学。在此基础上,邀请了中国科学院院士庄逢甘教授,中国工程院院士张履谦教授和航天科技集团公司五院科技委顾问朱毅麟教授进行了复审。航天名词审定办公室对复审稿进行了整理、修改和加工,报请航天名词审定委员会主任孙家栋院士批准,于 2004 年 9 月完成了本批航天科学技术名词的上报稿,报全国名词委审批公布。

这次公布的 7587 条航天科学技术名词是航天科技领域经常使用的基本词和常用词,按涉及的航天科技专业,划分为 18 个部分。尽管这比原来的 12 个部分有所增加,但还未能涵盖航天学科的全部用词,可望在今后的版本中不断增加和完善。鉴于航天科学与技术是综合性的科学与技术,各专业互有交叉、渗透和融合,这种划分并非全是学科分类。同一名词可能与多个部分相关,"一词多义"的情况经常发生。但在编排公布时,一般只出现一次。由于航天学是一门新兴的科学与技术,涉及的学科很多,词汇量很大,有的名词术语的概念尚未稳定,因此,这次编制时没有编写定义或注释。在编制过程中主要以现行有效的相关国家标准、国家军用标准、行业标准及有关国际标准和规范为参考资料。

需要说明的是,备受关注的航天基本词"航天"、"太空"、"空间"等名词,经有关专家多次研讨,认为"航天"的含义已被各方面理解和接受,指人类在"太空"或"空间"的航天活动。"航天"作为限定词(定语),可修饰所有与之相关的科学与技术的活动和事务。如"航天学"、"航天器"、"航天工业"、"航天技术"等。"太空"的释义是极高的天空,用"太空"描述大气层的空域,比"空间"更合适,更准确。"太空"和"空间"两个词可以共存。关于"航天"、"太空"、"空间"等名词的讨论,还会继续。希望在下次修订时,取得更多共识。

在整个航天名词审定工作中,得到全国科技名词委、中国航天科技集团公司、中国航天科工集团公司、总装备部、国防科工委、中国宇航学会及其专业委员会等单位的大力支持,同时也得到了许多航天专家的热忱支持和帮助,谨在此一并表示衷心感谢。竭诚希望各单位和专家、学者及读者在使用过程中不断提出宝贵意见和建议,以便今后研究修订,使其更趋科学与完善。

航天科学技术名词审定委员会

2004 年 9 月

编 排 说 明

一、本书公布的是航天科学技术基本名词。

二、全书正文分为:航天学(综合术语),航天运载器,航天器,航天推进,航天控制与导航,空气动力学与飞行原理,航天测控与通信,航天遥感,航天能源,航天发射试验与地面设备,航天医学与载人航天,航天材料,航天制造工艺,航天器结构强度与航天环境工程,航天计量与测试,引信,航天机器人,可靠性等 18 部分。

三、每部分的汉文名词按所属学科的相关概念体系排列,汉文名后给出与该词概念对应的英文名。

四、一个汉文名词对应多个英文同义词时,一般将最常用的放在前面,并用逗号",",分开。

五、英文词的首字母一般用小写。英文单词除非特殊情况,一般用单数形式。

六、汉文名的主要异名列在注释栏内。其中:"全称"、"简称"、"又称"可继续使用,"曾称"为不再使用的旧名。

七、"[ ]"中的字为可省略部分。

八、正文后所附的英汉索引按英文字母顺序排列;汉英索引按汉语拼音顺序排列。所示号码为该词在正文中的序码。

目　录

01. 航天学(综合术语)

序　号	汉　文　名	英　文　名	注　释
01.001	太空	space, outer space	又称"空间","外层空间"。
01.002	近地空间	near earth space	
01.003	深空	deep space	
01.004	太阳系	solar system	
01.005	太阳	sun	
01.006	行星	planet	
01.007	金星	Venus	
01.008	木星	Jupiter	
01.009	水星	Mercury	
01.010	地球	earth	
01.011	火星	Mars	
01.012	土星	Saturn	
01.013	海王星	Neptune	
01.014	天王星	Uranus	
01.015	冥王星	Pluto	
01.016	小行星	minor planet, asteroid	
01.017	大行星	major planet	
01.018	卫星	satellite	
01.019	月球	moon	
01.020	彗星	comet	
01.021	流星	meteor	
01.022	人造天体	artificial celestial body	
01.023	银河系	Galaxy	
01.024	河外星系	anagalactic nebula	
01.025	恒星	star	
01.026	航天学	astronautics	又称"宇宙航行学"。
01.027	航天	space flight	航天作修饰词用时,对应的英语词为space。
01.028	星际航行	interplanetary and interstellar navigation	
01.029	载人航天	manned space flight	

序 号	汉 文 名	英 文 名	注 释
01.030	航空航天	aerospace	
01.031	航天工业	space industry	
01.032	航天系统	space system	
01.033	航天系统工程	space system engineering	
01.034	航空航天系统工程	aerospace system engineering	
01.035	航天工程	space engineering	
01.036	航天工程系统	space engineering system	
01.037	军用航天工程系统	military space engineering system	
01.038	载人航天工程系统	manned space engineering system	
01.039	月球探测工程系统	lunar exploration engineering system	
01.040	航天运输	space transportation	
01.041	航天运输系统	space transportation system	
01.042	航天运载器	space launch vehicle	
01.043	[航天]飞船	spaceship	
01.044	航天[飞行]器	spacecraft	
01.045	人造卫星	artificial satellite	
01.046	空间站	space station	
01.047	空间实验室	space laboratory	
01.048	航天发射综合设施	space launching complex	
01.049	航天测控与数据采集	space tracking and data acquisition	
01.050	航天技术	space technology	又称"空间技术"。
01.051	军事航天技术	military space technology	
01.052	载人航天技术	manned space technology	
01.053	航天运载器技术	space launch vehicle technology	
01.054	航天器技术	spacecraft technology	
01.055	航天发射技术	space launching technology	
01.056	航天测控技术	space telemetry and control technology	
01.057	航天返回技术	space return technology	
01.058	航天飞行环境	space flight environment	
01.059	航天动力学	astrodynamics	又称"星际航行动

序 号	汉 文 名	英 文 名	注 释
			力学"。
01.060	宇宙速度	cosmic velocity	
01.061	航天飞行原理	space flight principle	
01.062	航天推进	space propulsion	
01.063	航天制导导航和控制	space guidance navigation and control	
01.064	航天跟踪	space tracking	
01.065	航天遥测	space telemetry	
01.066	航天通信	space communication	
01.067	航天电子学	space electronics	
01.068	航天机器人	space robot	又称"空间机器人"。
01.069	航天武器	space weapon	
01.070	弹头引信	fuse of warhead	
01.071	航天器制造工程	spacecraft manufacturing engineering	
01.072	航天器制造工艺	spacecraft manufacturing technology	
01.073	航天器结构系统	spacecraft structure system	
01.074	航天器结构强度	spacecraft structural strength	
01.075	航天器环境工程	spacecraft environment engineering	
01.076	航天器材料	spacecraft material	
01.077	航天器热控系统	spacecraft thermal control system	
01.078	航天地面设备	space-ground equipment	
01.079	航天计量与测试	space metrology and measurement	
01.080	航天产品的可靠性	reliability of space product	
01.081	航天产品质量	quality of space product	
01.082	航天工效学	space ergonomics	
01.083	航天医学	space medicine	
01.084	航天医学工程	space medicine engineering	
01.085	航天生理学	space physiology	
01.086	航天心理学	space psychology	
01.087	卫星应用	satellite application	
01.088	空间物理探测	space physics exploration	
01.089	空间天文观测	space astronomical observation	
01.090	卫星通信	satellite communication	
01.091	卫星广播	satellite broadcasting	
01.092	卫星导航	satellite navigation	

序 号	汉 文 名	英 文 名	注 释
01.093	卫星对地观测	satellite earth observation	
01.094	卫星测绘	satellite surveying and mapping	
01.095	卫星气象观测	satellite meteorological observation	
01.096	卫星海洋监视	satellite ocean surveillance	
01.097	卫星地球资源勘探	satellite earth resource exploration	
01.098	卫星普查	satellite area monitoring	
01.099	航天遥感	space remote sensing	
01.100	航天遥感考古	space remote sensing for archaeology	
01.101	航天侦察	space reconnaissance	
01.102	航天月球探测	space lunar exploration	
01.103	航天行星探测	space planetary exploration	
01.104	航天地外生命探索	space extraterrestrial life exploration	
01.105	航天防御	space defense	
01.106	航天攻击	space attack	
01.107	空间科学	space science	
01.108	空间物理学	space physics	
01.109	空间环境	space environment	
01.110	日地关系	solar-terrestrial relationship	
01.111	日球	heliosphere	
01.112	宇宙线	cosmic ray	
01.113	磁层	magnetosphere	
01.114	地球辐射带	radiation belts of the Earth	
01.115	范艾伦辐射带	Van Allen belts	
01.116	电离层	ionosphere	
01.117	高层大气	upper atmosphere	
01.118	空间化学	space chemistry	
01.119	元素宇宙丰度	cosmic abundance of elements	
01.120	太阳系化学	chemistry of the solar system	
01.121	陨石	meteorite	
01.122	空间地质学	space geology	
01.123	水星地质	geology of Mercury	
01.124	金星地质	geology of Venus	
01.125	火星地质	geology of Mars	
01.126	月球地质	geology of Moon	

序 号	汉 文 名	英 文 名	注 释
01.127	卫星地质	geology of satellite	
01.128	比较行星学	comparative planetology	
01.129	行星演化指数	planetary evolution index	
01.130	空间天文学	space astronomy	
01.131	空间生命科学	space life science	
01.132	空间环境生物学	space environmental biology	
01.133	空间神经生物学	space neurobiology	
01.134	地外生物学	exobiology	
01.135	空间探测	space exploration	
01.136	空间法	space law	
01.137	航天科学研究机构	space research institute	

02. 航 天 运 载 器

序 号	汉 文 名	英 文 名	注 释
02.001	火箭	rocket	
02.002	运载火箭	carrier rocket, launch vehicle	
02.003	推进系统	propulsion system	
02.004	控制系统	control system	
02.005	结构系统	structural system	
02.006	遥测系统	telemetry system	
02.007	[飞行]安全控制系统	flight-safety control system	
02.008	[飞行]安全自毁系统	flight-safety self-destruction system	
02.009	[飞行]安全判断准则	flight-safety judgment criterion	
02.010	[飞行]安全自毁判定模式	flight-safety self-destruction determine mode	
02.011	[多级运载火箭的]级	stage	
02.012	子级	substage	
02.013	上面级	upper stage	
02.014	下面级	lower stage	

序 号	汉 文 名	英 文 名	注 释
02.015	助推器	booster	
02.016	单级火箭	single-stage rocket	
02.017	多级火箭	multi-stage rocket	
02.018	捆绑[式]火箭	strap-on launch vehicle	
02.019	一级半火箭	one and a half stage rocket	
02.020	轨道器	orbiter, orbital vehicle	
02.021	可行性论证	feasibility study	
02.022	方案设计	conceptual design	
02.023	初步设计	preliminary design	
02.024	详细设计	detail design	
02.025	系统设计	system design	
02.026	初样设计	prototype design	
02.027	试样设计	flight-type design	
02.028	总体设计要求	general design requirement	
02.029	原始数据	original data, raw data	
02.030	草图	sketch	又称"示意图"。
02.031	任务要求	mission requirement	
02.032	外形设计	configuration design	
02.033	载荷设计	load design	
02.034	轨道设计	trajectory design	
02.035	起飞质量	lift-off mass	
02.036	关机点质量	shutdown point mass, burnout mass	
02.037	加注后总质量	loaded-rocket mass, total mass after loading	
02.038	干重	dry weight	
02.039	空重	empty weight, bare weight, tare weight	
02.040	空载	no-load, zeroload, bareload	
02.041	推[力]质[量]比	thrust-mass ratio, thrust to mass ratio	
02.042	箭体直径	rocket body diameter	
02.043	级间分离	stage separation, staging	
02.044	星箭分离	satellite rocket separation	
02.045	有效载荷分离	payload separation	
02.046	模型[火]箭	model rocket	
02.047	模样[火]箭	prototype rocket	
02.048	试样[火]箭	flight-test rocket	

序　号	汉　文　名	英　文　名	注　释
02.049	试车[火]箭	captive-test rocket	
02.050	振动[火]箭	vibration test rocket	
02.051	合练[火]箭	launching crew training rocket	
02.052	航天飞机	space shuttle	
02.053	空天飞机	aerospace plane	
02.054	一次性使用运载器	expendable launch vehicle	
02.055	部分重复使用运载器	partial reusable space vehicle	
02.056	完全重复使用运载器	complete reusable space vehicle	
02.057	单级入轨运载器	single-stage-to orbit launch vehicle	
02.058	弹道学	ballistics	
02.059	运载火箭运动理论	theory of launch vehicle motion	
02.060	运载火箭轨道理论	theory of launch vehicle trajectory	
02.061	发射诸元	launch data	
02.062	主动段	powered-flight phase	
02.063	被动段	unpowered-flight phase	
02.064	滑行段	coasting-flight phase, cruising phase	
02.065	轨道倾角	orbit inclination	
02.066	弹道倾角	trajectory tilt angle, flight path angle	
02.067	弹道偏角	trajectory deflection angle	
02.068	俯仰程序角	pitch program angle	
02.069	视速度	apparent velocity	
02.070	视加速度	apparent acceleration	
02.071	时间关机	time shutdown	
02.072	落点	impact point	
02.073	后效段	thrust decay phase	
02.074	理想速度	ideal velocity	
02.075	重力损失	gravity losses	
02.076	阻力损失	drag losses	
02.077	[发动机]喷管压力损失	nozzle pressure losses	

序　号	汉　文　名	英　文　名	注　释
02.078	发射坐标系	launching coordinate system	
02.079	当地重力加速度	local gravitational acceleration	
02.080	标准大气	standard atmosphere	
02.081	万有引力常数	universal gravitational constant	
02.082	地球扁率	earth oblateness	
02.083	瞄准方位角	aiming azimuth	
02.084	第一宇宙速度	first cosmic velocity, elliptic velocity	
02.085	第二宇宙速度	second cosmic velocity, escape velocity	
02.086	第三宇宙速度	third cosmic velocity, solar escape velocity	
02.087	登月轨道	lunar landing trajectory	
02.088	强度规范	strength specification	
02.089	载荷情况	load condition	
02.090	安全系数	safety factor, safety coefficient	
02.091	过载	overload	
02.092	过载系数	overload factor	
02.093	动载因子	dynamic load factor	
02.094	纵向耦合振动	coupled longitudinal vibration, POGO vibration	POGO 借用一种儿童游戏玩具名。
02.095	运输和起吊载荷	transport and hoisting load	
02.096	动[态]载[荷]	dynamic load	
02.097	贮存载荷	storage load	
02.098	地面风载荷	ground wind load	
02.099	发射载荷	launch load	
02.100	最大动压载荷	maximum dynamic pressure load	
02.101	风切变	wind shear	
02.102	液体晃动载荷	liquid sloshing load	
02.103	再入载荷	reentry load	
02.104	设计极限载荷	design limit load	
02.105	使用载荷	working load	
02.106	可用过载	permissible load factor	
02.107	质心	center of mass	
02.108	压心	center of pressure	
02.109	准平稳风	quasi-steady-state wind	
02.110	阵风因子	gust wind factor	

序　号	汉　文　名	英　文　名	注　释
02.111	轴向过载	axial load factor	
02.112	集中载荷	concentrated load	
02.113	环境噪声	environmental noise	
02.114	环境仿真	environmental simulation	
02.115	发射场	launch site	
02.116	发射区	launch area	
02.117	回收区	recovery area	
02.118	飞行安全区	flight-safety region	
02.119	发射方式	launch mode	
02.120	发射逃逸	launch escape	
02.121	运载器垂直运输	vertical state transportation of launch vehicle	
02.122	发射勤务保障	launching service support	
02.123	发射勤务塔	launching service tower	
02.124	发射指挥控制中心	launch command and control center	
02.125	离轨	deorbit	
02.126	分裂	fragmentation	
02.127	轨道区域	orbital region	
02.128	空间物体	space object	
02.129	空间监视网	space surveillance network	
02.130	空间监视系统	space surveillance system	
02.131	总体结构系统	general structure system	
02.132	箭体	rocket body	
02.133	箭体结构	rocket body structure	
02.134	反推火箭	retro-rocket	
02.135	反推喷管	retro-nozzle	
02.136	薄壳结构	thin shell structure	
02.137	硬壳式结构	monocoque	
02.138	半硬壳式结构	semi-monocoque	
02.139	缠绕结构	winding structure	
02.140	加筋壳结构	stiffening shell	
02.141	夹层结构	sandwich structure	
02.142	蜂窝结构	honeycomb structure	
02.143	复合材料结构	composite structure	
02.144	玻璃钢结构	fiberglass-reinforced plastic structure	

序　号	汉 文 名	英 文 名	注　释
02.145	整体结构	integral structure	
02.146	阻尼结构	damping structure	
02.147	化铣结构	chemical-milled structure	
02.148	铆接结构	riveted structure	
02.149	黏接结构	bonded structure	
02.150	焊接结构	welded structure	
02.151	杆系结构	rod-type structure	
02.152	网格结构	cellular structure	
02.153	捆绑结构	strap-on structure	
02.154	整流罩	fairing	
02.155	有效载荷整流罩	payload fairing	
02.156	卫星整流罩	satellite fairing	
02.157	推进剂贮箱	propellant tank	
02.158	燃烧剂箱	fuel tank	
02.159	氧化剂箱	oxidizer tank	
02.160	液氢箱	liquid hydrogen tank	
02.161	液氧箱	liquid oxygen tank	
02.162	共底	common bulkhead	
02.163	瓜瓣	scalloped segment	
02.164	消漩装置	vortex suppression devices	
02.165	防晃板	anti-sloshing baffles	
02.166	仪器舱	instrument compartment, instrument module	
02.167	舱段	bay section	
02.168	舱口	hatch, hatchway, access	
02.169	舱门	cabin door	
02.170	尾段	rear section, tail section	
02.171	尾翼	tail fin, rear fin	
02.172	边框	border	
02.173	级间段	interstate section	
02.174	箱间段	inter-tank section	
02.175	薄壁梁	thin-walled beam	
02.176	变截面梁	beam with variable cross-section	
02.177	大梁	longeron	
02.178	等强度梁	constant strength beam	
02.179	桁梁	longeron	
02.180	桁条	stringer	

序　号	汉　文　名	英　文　名	注　释
02.181	发动机［推力］架	engine thrust frame	
02.182	栅格翼	lattice fin	
02.183	隧道管	tunnel pipe	
02.184	脱落插头	umbilical plug	
02.185	脱落插座	umbilical socket	
02.186	歧管连接器	manifold connector	
02.187	起吊接头	hanger fitting	
02.188	总装直属件	final assembly parts	
02.189	平台基座	platform base	
02.190	高压气瓶	high pressure gas bottle, high pressure vessel	
02.191	分离机构	separation device	
02.192	弹簧分离机构	spring separation device	
02.193	爆炸螺母	explosive nut	
02.194	爆炸螺栓	explosive bolt	
02.195	导爆管	exploding pipe	
02.196	导爆索	exploding fuse	
02.197	导管	duct, tube, pipe	
02.198	导管样件	sample tube	
02.199	补偿器	compensator	
02.200	操纵机构	steering unit	
02.201	传动机构	transmission device	
02.202	弹射机构	ejection mechanism	
02.203	叉形环	fork ring	
02.204	安装环	installation ring	
02.205	盒形件	box part	
02.206	安全阀	relief valve, safety valve	
02.207	安全溢出阀	discharge valve	
02.208	电爆阀	electric blasting valve	
02.209	电磁阀	solenoid valve	
02.210	底部防热	base heat protection	
02.211	舵	rudder, vane	
02.212	舵机	rudder actuator, vane actuator	
02.213	方向舵	yaw rudder	
02.214	人孔	access opening, manhole	
02.215	蒙皮	skin	

序　号	汉　文　名	英　文　名	注　释
02.216	防护堵盖	protective cover	
02.217	法兰盘	flange	
02.218	管路	pipeline	
02.219	金属软管	metallic hose, flexible metallic conduit	
02.220	球形壳体	spherical shell	
02.221	半球形壳体	hemispherical shell	
02.222	整体壁板	integral panel	
02.223	对接框	interface frame, mating frame	
02.224	弹簧口盖	spring cover	
02.225	点火器	firing unit, igniter	
02.226	电缆网	cable, cable net	
02.227	电缆束	cable harness	
02.228	［火箭的］推进系统	propulsion system of rocket	
02.229	火箭推进系统	rocket propulsion system	
02.230	火箭发动机	rocket engine, rocket motor	
02.231	发动机可靠性	engine reliability	
02.232	发动机起动	engine starting	
02.233	发动机关机	engine cutoff	
02.234	发动机喷管	engine nozzle	
02.235	推进剂	propellant	
02.236	液体火箭推进剂	liquid rocket propellant	
02.237	固体火箭推进剂	solid rocket propellant	
02.238	推进剂和材料相容性	material compatibility with propellants	
02.239	发动机试车台	engine test stand	
02.240	［火箭的］控制系统	control system of rocket	
02.241	制导系统	guidance system	
02.242	姿态控制系统	attitude control system	
02.243	无线电制导	radio guidance	
02.244	星光制导	celestial guidance	
02.245	红外制导	infrared guidance	
02.246	中制导	midcourse guidance	
02.247	末制导	terminal guidance	
02.248	动力段制导	powered phase guidance	

序　号	汉　文　名	英　文　名	注　释
02.249	导引方程	steering equation	
02.250	横向导引	lateral steering	
02.251	法向导引	normal steering	
02.252	精度分配	accuracy distribution, accuracy allocation	
02.253	误差分离	error separation	
02.254	误差补偿	error compensation	
02.255	光学瞄准	optical sighting	
02.256	惯性平台瞄准	inertial platform aiming	
02.257	关机方程	cutoff equation	
02.258	控制系统模型	control system model	
02.259	飞行稳定性	flight stability	
02.260	平台计算机制导	platform-computer guidance	
02.261	捷联式惯性制导	strap-down inertial guidance	
02.262	伺服机构	servomechanism	
02.263	遥测和指令系统	telemetry and command system	
02.264	时分多路传输遥测系统	time division multiplex telemetry system	
02.265	频分制多路遥测系统	frequency division multiplex telemetry system	
02.266	可编程遥测系统	programmable telemetry system	
02.267	分布式遥测系统	distributed telemetry system	
02.268	遥测容量	telemetry capacity	
02.269	遥测参数	telemetry parameter, telemetered parameter, telemetered measurements	
02.270	缓变参数	slow varying parameter, parameter requiring low response	
02.271	速变参数	fast varying parameter, parameter requiring high response	
02.272	电量参数	electrical parameter	
02.273	非电量参数	non-electrical parameter	
02.274	箭上遥测系统	onboard telemetering system	
02.275	遥测检测系统	telemetry checkout system	
02.276	遥测供电控制系统	power supply control system for telemetering system	
02.277	喷焰衰减	plume attenuation	

序　号	汉　文　名	英　文　名	注　释
02.278	遥测信号中断	telemetering signal blackout	
02.279	［发射场］测试测控数据网	prelaunching checkout and control data network of launch site	
02.280	深空探测与跟踪系统	deep-space detecting and tracking system	
02.281	统一S波段	unified S-band, USB	
02.282	统一S波段测控系统	USB tracking telemetering and control system	
02.283	跟踪测控系统	tracking telemetering and control system, TT&C system	
02.284	单脉冲雷达跟踪系统	monopulse radar tracking system	
02.285	干涉仪跟踪系统	interferometer tracking system	
02.286	连续波雷达跟踪系统	continuous waves radar tracking system	
02.287	电影经纬仪跟踪系统	cinetheodolite tracking system	
02.288	箭上跟踪与安［全］控［制］系统	onboard tracking and safety control system	
02.289	跟踪信号中断	tracking signal blackout	
02.290	自毁	self-destruction	
02.291	自毁指令	self-destruction command	
02.292	自毁时间	self-destruction time	
02.293	允许自毁	self-destruction permissible	
02.294	误爆概率	wrong burst probability	
02.295	漏爆概率	miss burst probability	
02.296	飞行安全走廊	flight-safety channel	

03. 航　天　器

序　号	汉　文　名	英　文　名	注　释
03.001	航天器工程	spacecraft engineering	
03.002	人造地球卫星	artificial earth satellite	
03.003	载人飞船	manned spacecraft	

序　号	汉　文　名	英　文　名	注　释
03.004	空间探测器	space probe	
03.005	航天器发射场	spacecraft launching complex	又称"空间飞行器发射场"。
03.006	航天测控与数据采集网	space tracking and data acquisition network	又称"空间跟踪与数据采集网"。
03.007	航天器回收系统	spacecraft recovery system	
03.008	保障系统	support system	
03.009	地球站	earth station	
03.010	卫星工程	satellite engineering	
03.011	卫星系统工程	satellite system engineering	
03.012	科学卫星	scientific satellite	
03.013	空间探测卫星	space exploration satellite	
03.014	月球探测卫星	lunar exploration satellite	
03.015	天文卫星	astronomy satellite	
03.016	技术试验卫星	technological experiment satellite	
03.017	应用卫星	applied satellite	
03.018	气象卫星	meteorological satellite	
03.019	遥感卫星	remote sensing satellite	
03.020	陆地卫星	land satellite	
03.021	海洋卫星	ocean satellite	
03.022	地球同步气象卫星	geosynchronous meteorological satellite	
03.023	地球静止气象卫星	geostationary meteorological satellite	
03.024	极轨气象卫星	polar orbit meteorological satellite	
03.025	对地观测卫星	earth observation satellite	
03.026	地球资源卫星	earth resources satellite	
03.027	海洋观测卫星	ocean observation satellite	
03.028	海洋监视卫星	ocean surveillance satellite	
03.029	侦察卫星	reconnaissance satellite	
03.030	回收型照相侦察卫星	recoverable photo reconnaissance satellite	
03.031	无线电传输型侦察卫星	radio transmission reconnaissance satellite	
03.032	普查型侦察卫星	area monitoring reconnaissance satellite	
03.033	详查型侦察卫星	close look reconnaissance satellite	

序　号	汉　文　名	英　文　名	注　释
03.034	电子侦察卫星	electronic reconnaissance satellite	
03.035	雷达遥感卫星	radar remote sensing satellite	
03.036	预警卫星	early warning satellite	
03.037	环境卫星	environment satellite	
03.038	测地卫星	geodetic satellite	
03.039	通信卫星	communication satellite	
03.040	广播卫星	broadcasting satellite	
03.041	海事卫星	maritime satellite	
03.042	数据中继卫星	data relay satellite	
03.043	导航卫星	navigation satellite	
03.044	导航卫星网	navigation satellite network	
03.045	截击卫星	interceptor satellite	
03.046	返回式卫星	recoverable satellite	
03.047	地球同步轨道卫星	geosynchronous orbit satellite	
03.048	地球静止轨道卫星	geostationary orbit satellite	
03.049	太阳同步轨道卫星	sun-synchronous orbit satellite	
03.050	小卫星	small satellite	
03.051	超小卫星	mini-satellite	
03.052	微卫星	micro-satellite	
03.053	战略通信卫星	strategic communication satellite	
03.054	战术通信卫星	tactical communication satellite	
03.055	移动通信卫星	mobile communication satellite	
03.056	跟踪与数据中继卫星系统	tracking and data relay satellite system, TDRSS	
03.057	双星定位卫星	dual-positioning satellite	
03.058	全球定位系统	global positioning system, GPS	
03.059	全球通信系统	global communication system	
03.060	载人飞船工程	manned spacecraft engineering	
03.061	载人飞船系统	manned spacecraft system	
03.062	运货飞船	cargo spacecraft	
03.063	救生飞船	rescue spacecraft	
03.064	多用途飞船	multi-function spacecraft	
03.065	月球探测器	lunar spacecraft	
03.066	星际探测器	interplanetary spacecraft	

序　号	汉　文　名	英　文　名	注　释
03.067	轨道备份星	in-orbit spare satellite	
03.068	地面备份星	ground spare satellite	
03.069	电性试验模型	electric test model	
03.070	热[试验]模型	thermal model, TM	
03.071	结构[试验]模型	structure model, SM	
03.072	合练模型	rehearsal model	
03.073	卫星平台	satellite platform	
03.074	公用平台	common platform	
03.075	有效载荷舱	payload module	
03.076	服务舱	service module	
03.077	公用舱	common module	
03.078	返回舱	recoverable module	又称"回收舱"。
03.079	制动舱	retro module	
03.080	密封舱	sealed module, sealed cabin	
03.081	压力舱	pressurized module	
03.082	轨道舱	orbit module	
03.083	推进舱	propulsion module	
03.084	试验舱	laboratory module	
03.085	后勤舱	logistics module	
03.086	资源舱	resources module	
03.087	过渡舱	transition module	
03.088	气闸舱	airlock [module]	又称"气密过渡舱"。
03.089	节点舱	node module	
03.090	对接舱	docking module	
03.091	模样[星]	mockup	
03.092	初样[星]	engineering model, EM	
03.093	正检[星]	flight and engineering model, FEM	
03.094	正样[星]	flight model, FM	
03.095	系统	system	
03.096	服务系统	service system	
03.097	分系统	subsystem	
03.098	卫星总体设计	satellite system design, satellite overall design	
03.099	技术规范	specification	
03.100	技术指标	technical index	
03.101	卫星分系统	satellite subsystem	

序　号	汉　文　名	英　文　名	注　释
03.102	卫星分系统设计	satellite subsystem design	
03.103	遥感分系统	remote sensing subsystem	
03.104	数据收集分系统	data collection subsystem	
03.105	侦察分系统	reconnaissance subsystem	
03.106	通信分系统	communication subsystem	
03.107	广播分系统	broadcasting subsystem	
03.108	通信转发器	communications transponder	
03.109	导航分系统	navigation subsystem	
03.110	测地分系统	geodetic subsystem	
03.111	结构分系统	structure subsystem	
03.112	电源分系统	power supply subsystem	
03.113	热控[制]分系统	thermal control subsystem	
03.114	轨道控制分系统	orbit control subsystem	简称"轨控分系统"。
03.115	姿态控制分系统	attitude control subsystem	简称"姿控分系统"。
03.116	测控分系统	tracking-telemetry and command subsystem, TT&C subsystem	
03.117	遥测分系统	telemetry subsystem	
03.118	遥控分系统	telecommand subsystem	又称"指令分系统"。
03.119	跟踪分系统	tracking subsystem	
03.120	数据传输分系统	data transmission subsystem	简称"数传分系统"。
03.121	返回分系统	return subsystem	
03.122	压力控制分系统	pressure control subsystem	
03.123	数据管理分系统	data handling subsystem	简称"数管分系统"。
03.124	回收分系统	recovery subsystem	
03.125	着陆分系统	landing subsystem	
03.126	仪表与照明分系统	instrumentation and illumination subsystem	
03.127	发射逃逸分系统	launch escape subsystem	
03.128	乘员分系统	crew subsystem	
03.129	环境控制和生命保障分系统	environmental control and life support subsystem	简称"环控和生保分系统"。
03.130	推进分系统	propulsion subsystem	
03.131	卫星构形	satellite configuration	
03.132	卫星总体布局	satellite general layout	
03.133	卫星质量特性	satellite mass characteristic	
03.134	卫星功率特性	satellite power characteristic	

序　号	汉　文　名	英　文　名	注　释
03.135	卫星面积质量比	satellite area-mass ratio	
03.136	卫星基频	satellite fundamental frequency	
03.137	卫星模装	satellite mock up	
03.138	卫星总装	satellite assembly	
03.139	卫星设备连接	satellite equipment connecting	
03.140	卫星信息流	satellite information flow	
03.141	星-箭匹配	satellite and launch vehicle matching	
03.142	卫星配重	satellite counterweight	
03.143	飞行程序	mission program	
03.144	飞行阶段	mission phase	
03.145	卫星运行程序	satellite operation program	
03.146	动力飞行段	power flight phase	
03.147	惯性飞行段	inertial flight phase	
03.148	入轨点	injection point	
03.149	入轨参数	parameters at injection	
03.150	入轨误差	injection error	
03.151	测轨精度	orbit measuring precision	
03.152	轨道预报误差	orbit prediction error	
03.153	卫星返回程序	satellite return program	
03.154	卫星设计寿命	satellite design lifetime	
03.155	卫星工作寿命	satellite operating lifetime	
03.156	卫星轨道寿命	satellite orbital lifetime	
03.157	卫星轨道高度	satellite orbital altitude	
03.158	发射轨道	launching trajectory	
03.159	分离点	separation point	
03.160	星下点	sub-satellite point	
03.161	［运行］轨道	［running］orbit	
03.162	轨道周期	orbit period	
03.163	卫星星历表	satellite ephemeris	
03.164	停泊轨道	parking orbit	
03.165	转移轨道	transfer orbit	
03.166	地球同步轨道	geosynchronous orbit	
03.167	地球静止轨道	geostationary orbit	
03.168	地球静止卫星位置漂移	position drift of geostationary satellite	
03.169	太阳同步轨道	sun-synchronous orbit	

序　号	汉　文　名	英　文　名	注　释
03.170	极[地]轨道	polar orbit	
03.171	返回轨道	return trajectory	
03.172	再入	reentry	
03.173	再入轨道	reentry trajectory	
03.174	再入点	reentry point	
03.175	再入角	reentry angle	
03.176	再入速度	reentry velocity	
03.177	坐标系	coordinate system	
03.178	二体问题	two-body problem	
03.179	开普勒轨道	Keplar orbit	
03.180	轨道根数	orbital element	又称"轨道要素"。
03.181	半长轴	semi-major axis	
03.182	偏心率	eccentricity	
03.183	近地点	perigee	
03.184	近地点幅角	argument of perigee	
03.185	升交点	ascending node	
03.186	升交点赤经	right ascension of ascending node, longitude of ascending node	
03.187	过近地点时刻	time of perigee passage	
03.188	远地点	apogee	
03.189	降交点	descending node	
03.190	顺行轨道	progressive orbit	
03.191	逆行轨道	retrogressive orbit	
03.192	回归轨道	recursive orbit, tropical orbit	
03.193	半通径	semi-latus rectum	
03.194	真近点角	true anomaly	
03.195	偏近点角	eccentric anomaly	
03.196	平近点角	mean anomaly	
03.197	飞行路径角	flight path angle	
03.198	飞行方位角	flight azimuth	
03.199	平周期	mean period	
03.200	摄动	perturbation	
03.201	地球形状摄动	non-spherical earth perturbation	
03.202	光压摄动	solar radiation perturbation	
03.203	大气摄动	atmospheric perturbation	
03.204	日月摄动	sun-moon perturbation	
03.205	潮汐摄动	tide perturbation	

序　号	汉　文　名	英　文　名	注　释
03.206	一般摄动	general perturbation	
03.207	特殊摄动	special perturbation	
03.208	长期摄动	secular perturbation	
03.209	长周期摄动	long periodic perturbation	
03.210	短周期摄动	short periodic perturbation	
03.211	平根数	mean element	
03.212	瞬时根数	transient elements	
03.213	临界倾角	critical inclination	
03.214	带谐系数	zonal harmonic coefficient	
03.215	田谐系数	tesseral harmonic coefficient	
03.216	拦截	interception	
03.217	轨道交会对接	orbital rendezvous and docking	
03.218	轨道捕获	orbital acquisition	
03.219	轨道保持	orbital maintenance	
03.220	轨道控制	orbital control	
03.221	共面转移	co-planar transfer	
03.222	非共面转移	non-coplanar transfer	
03.223	霍曼转移	Hohmann transfer	
03.224	三体问题	three-body problem	
03.225	多体问题	multi-body problem	
03.226	限制性三体问题	restricted three-body problem	
03.227	活力方程	vis-viva formula	
03.228	零速度面	zero-velocity surface	
03.229	秤动点	libration point	
03.230	受晒因子	percent time in sunlight	
03.231	卫星蚀	satellite eclipse	
03.232	地影时间	ecliptic time	
03.233	会日点	junction	
03.234	平面掩星角	planar osculating angle	
03.235	凌日	transit	
03.236	初始轨道确定	preliminary orbit determination	简称"初轨确定"。
03.237	观测预报	tracking condition prediction	
03.238	定点精度	stationing accuracy	
03.239	卫星链路	satellite link	
03.240	波束区	beam zone	
03.241	覆盖区	coverage zone	
03.242	服务区	service zone	

序　号	汉　文　名	英　文　名	注　　释
03.243	导航信号	navigation signal	
03.244	卫星测距导航	satellite ranging navigation	
03.245	卫星多普勒导航	satellite Doppler navigation	
03.246	导航精度	navigation accuracy	
03.247	定位时间	time for positioning	
03.248	卫星搜索与救援	satellite search and rescue	
03.249	目标定位	target positioning	
03.250	承力筒	loaded cylinder	
03.251	防热结构	thermal protection structure	
03.252	卫星热设计	satellite thermal design	
03.253	被动式热控制	passive thermal control	
03.254	主动式热控制	active thermal control	
03.255	空间外热流	space heat flux	
03.256	内热源	internal heat source	
03.257	热管	heat pipe	
03.258	轨道平均温度	in-orbit average temperature	
03.259	轨道瞬时温度	in-orbit transient temperature	
03.260	轨道预示温度	in-orbit predicted temperature	
03.261	太阳辐射角系数	solar radiation factor	
03.262	地球反照角系数	earth infrared radiation factor	
03.263	太阳吸收率	solar absorptance	
03.264	红外辐射率	infrared emittance	
03.265	[涂层]吸收发射比	ratio of solar absorptance to emittance	符号为"α/ε"。
03.266	稳定热状态	steady thermal state	
03.267	瞬时热状态	transient thermal behavior	
03.268	接触热阻	thermal contact resistance	
03.269	二次表面镜	second surface mirror	
03.270	相变[材料]储热装置	phase change material device	
03.271	液体回路	fluid loop	
03.272	百叶窗	louver	
03.273	单相流换热	single phase flow heat transfer	
03.274	两相流换热	two phase flow heat transfer	
03.275	星载致冷器	space borne refrigerator	
03.276	固体致冷器	solid-state refrigerator	
03.277	机械致冷器	mechanic refrigerator	

序　号	汉　文　名	英　文　名	注　　释
03.278	辐射致冷器	radiative refrigerator	
03.279	斯特林致冷器	Stirling refrigerator	
03.280	卫星热平衡试验	thermal balancing test of satellite	
03.281	高温工况	worst hot case	
03.282	低温工况	worst cold case	
03.283	卫星热真空试验	satellite thermal vacuum test	
03.284	热开关	thermal switch	
03.285	卫星电性能测试	electrical property test of satellite	
03.286	卫星测试程序	satellite test sequence	
03.287	卫星仿真飞行程序	simulated satellite flight program	
03.288	卫星分系统电性能测试	electrical property test of satellite subsystem	
03.289	卫星系统软件	satellite system software	
03.290	卫星系统测试软件	satellite system test software	
03.291	卫星测试语言	satellite test language	
03.292	卫星测试技术流程	technical sequence for satellite test	
03.293	星–地静态[测控]匹配试验	static matching [TT&C] test between satellite and station	
03.294	星–地[测控]校飞试验	dynamic matching [TT&C] test between satellite and station	
03.295	星–箭分离试验	satellite-launcher separation test	
03.296	星–箭电磁兼容性试验	launcher-satellite EMC test	
03.297	在轨测试	in-orbit test	
03.298	在轨管理	in-orbit management	
03.299	整星一级故障	first-class failure of satellite	
03.300	整星二级故障	second-class failure of satellite	
03.301	整星三级故障	third-class failure of satellite	
03.302	卫星测试设备	checkout equipment for satellite	
03.303	卫星测试操作控制台	test operation console for satellite	
03.304	卫星总测设备	overall checkout equipment for satellite, OCOE	
03.305	卫星专用测试设	special checkout equipment for sat-	

序　号	汉 文 名	英 文 名	注　释
	备	ellite, SCOE	
03.306	卫星电性等效器	satellite electric simulator	
03.307	卫星仿真负载	satellite simulation load	
03.308	卫星地面电源	ground power supply for satellite	
03.309	脱落电连接器	umbilical connector	
03.310	分离电连接器	separation connector	
03.311	卫星综合控制台	general console for satellite	
03.312	地面配电器	ground distributor	
03.313	转接盒	interconnecting device	
03.314	太阳电池-蓄电池系统	solar array-battery system	
03.315	空间核电源	space nuclear power	
03.316	空间燃料电池系统	space fuel cell system	
03.317	星上电源控制设备	satellite power control device	
03.318	卫星姿态	satellite attitude	
03.319	姿态控制	attitude control	
03.320	变轨发动机	orbit maneuver engine	
03.321	远地点发动机	apogee engine	
03.322	再入飞行器	reentry vehicle	
03.323	返回式航天器	recoverable spacecraft	
03.324	返回器	recoverable capsule	
03.325	返回系统	return system	
03.326	一次性返回器	expendable recoverable capsule	
03.327	重复使用返回器	reusable recoverable capsule	
03.328	返回方式	return mode	
03.329	轨道衰减法返回	orbit decay return mode	
03.330	直接进入法返回	direct reentry return mode	
03.331	正常返回	normal return	
03.332	强制返回	forced return	
03.333	应急返回	emergency return	
03.334	返回过程	return course	
03.335	离轨段	deorbit phase	
03.336	过渡段	transition phase	
03.337	再入段	reentry phase	
03.338	着陆段	landing phase	

序　号	汉　文　名	英　文　名	注　释
03.339	再入方式	reentry mode	
03.340	弹道式再入	ballistic reentry	
03.341	半弹道式再入	semi-ballistic reentry	又称"弹道-升力再入"。
03.342	升力式再入	lift reentry	
03.343	返回技术	return technique	
03.344	返回点	return point	
03.345	返回高度	return altitude	
03.346	返回角	return angle	
03.347	返回速度	return velocity	
03.348	制动	braking, retrogradation	
03.349	制动火箭	retro-rocket	
03.350	制动速度	retro-speed	
03.351	制动角	retro-angle	
03.352	再入高度	reentry altitude	
03.353	标准再入轨道	standard reentry trajectory	
03.354	再入飞行器质心	mass center of reentry vehicle	
03.355	再入飞行器压心	aerodynamic pressure center of reentry vehicle	
03.356	再入飞行器稳定裕度	stabilization margin of reentry vehicle	
03.357	再入飞行器升阻比	lift-drag ratio of reentry vehicle	
03.358	再入气动总加热量	total amount of reentry aerodynamic heating	
03.359	再入最大热流密度	maximum density of reentry heat flow rate	
03.360	再入等离子鞘	reentry plasma sheath	
03.361	再入黑障区	reentry blackout zone	
03.362	再入加热	reentry heating	
03.363	再入防热	reentry thermal protection	
03.364	辐射防热	radiative thermal protection	
03.365	烧蚀防热	ablative thermal protection	
03.366	强迫发汗冷却	forced transpiration cooling	
03.367	烧蚀厚度	recession thickness, ablation thickness	
03.368	有效烧蚀热	effective ablation heat	

序 号	汉 文 名	英 文 名	注 释
03.369	防热层	heat shield	
03.370	回收	recovery	
03.371	回收方式	recovery mode	
03.372	空中回收	aerial retrieval	
03.373	弹射回收	ejecting recovery	
03.374	返回	return	
03.375	着陆	landing	
03.376	水面溅落	splashing	
03.377	着陆缓冲分系统	impact attenuation subsystem	
03.378	标位分系统	positioning subsystem	
03.379	伞系	parachute system	
03.380	引导伞	pilot parachute	
03.381	减速伞	deceleration parachute, brake para-chute, drag parachute	
03.382	主伞	main parachute	
03.383	翼伞	airfoil parachute	
03.384	滑翔伞	gliding parachute	
03.385	稳定下降	steady-state descent	
03.386	着陆速度	landing speed	
03.387	着陆冲击	landing shock, landing impact	
03.388	应急着陆	emergency landing	
03.389	硬着陆	hard landing	
03.390	软着陆	soft landing	
03.391	临界开伞高度	critical parachute open altitude	
03.392	临界开伞速度	critical parachute open speed	
03.393	临界开伞动压	critical parachute open dynamic pressure	
03.394	空投	air drop	
03.395	缓冲装置	shock absorber	
03.396	着陆缓冲火箭	landing impact attenuation rocket	
03.397	缓冲杆	shock strut	
03.398	高度计	altimeter	
03.399	浮囊	floatation bag	
03.400	无线电信标机	radio beacon	
03.401	闪光灯	flash light	
03.402	海水染色剂	sea coloring agent	
03.403	正常回收程序	normal recovery sequence	

序 号	汉 文 名	英 文 名	注 释
03.404	应急回收程序	emergency recovery sequence	
03.405	过载时间控制	overload-time control	
03.406	大气静压控制	atmospheric pressure control	
03.407	逃逸	escape	
03.408	救生	lifesaving	又称"救援"。
03.409	主动段救生	power flight phase escape	
03.410	轨道段救生	orbit phase rescue	
03.411	返回段救生	return phase rescue	
03.412	弹射座椅	ejection-seat	
03.413	弹射座舱	ejection-capsule	
03.414	逃逸飞行器	escape vehicle	
03.415	逃逸火箭	escape rocket	
03.416	逃逸塔	escape tower	
03.417	预警时间	pre-warning time	
03.418	轨道逃生装置	in-orbit escape device	
03.419	空中营救	air rescue	
03.420	海上营救	sea rescue	
03.421	逃逸舱	escape capsule	
03.422	航天器动力学	spacecraft dynamics	
03.423	航天器结构动力学	structure dynamics of spacecraft	
03.424	柔性动力学	flexible dynamics	
03.425	液体晃动力学	liquid sloshing dynamics	
03.426	液-固耦合动力学	fluid-structure interaction dynamics	
03.427	多刚体动力学	rigid multibody dynamics	
03.428	柔性多体动力学	flexible multibody dynamics	
03.429	撞击动力学	impact dynamics	
03.430	小幅液体晃动力学	small-amplitude-slosh liquid dynamics	
03.431	大幅液体晃动力学	large-amplitude-slosh liquid dynamics	
03.432	轨道动力学	orbit dynamics	
03.433	模态分析	modal analysis	
03.434	模态有效质量	modal efficient mass	
03.435	振动模态频率	vibration modal frequency	
03.436	晃动周期	slosh cycle	

序　号	汉文名	英文名	注　释
03.437	晃动频率	slosh frequency	
03.438	晃动质量	slosh mass	
03.439	晃动力	slosh force	
03.440	晃动力矩	slosh torque	
03.441	晃动阻尼	slosh damping	
03.442	晃动阻尼比	damping ratio of slosh	
03.443	液体晃动试验	liquid slosh test	
03.444	晃动抑制	slosh suppression	
03.445	晃动挡板	slosh barrier	
03.446	晃动力学模型	mechanical model of slosh	
03.447	空间对接动力学	space docking dynamics	
03.448	轨道交会动力学	orbital rendezvous dynamics	
03.449	太空碎片碰撞动力学	impact dynamics of space debris	
03.450	绳系卫星	tethered satellite	
03.451	绳系卫星动力学	tethered satellite dynamics	
03.452	动力学仿真	dynamics simulation	
03.453	动力学分析	dynamics analysis	
03.454	动力学设计	dynamics design	
03.455	动力学试验	dynamics test	
03.456	振动抑制	vibration suppression	

04. 航 天 推 进

序　号	汉文名	英文名	注　释
04.001	化学推进	chemical propulsion	
04.002	喷气推进	jet propulsion	
04.003	电推进	electric propulsion	
04.004	核推进	nuclear propulsion	
04.005	太阳能推进	solar propulsion	
04.006	化学火箭发动机	chemical rocket engine, chemical rocket motor	
04.007	液体[推进剂]火箭发动机	liquid propellant rocket engine	
04.008	液氧液氢火箭发	liquid oxygen/liquid hydrogen	又称"氢氧火箭发

序　号	汉　文　名	英　文　名	注　释
	动机	rocket engine	动机"。
04.009	液氧煤油火箭发动机	liquid oxygen/kerosene rocket engine	
04.010	固体［推进剂］火箭发动机	solid propellant rocket engine, solid propellant rocket motor	
04.011	混合［推进剂］火箭发动机	hybrid propellant rocket engine, hybrid propellant rocket motor	又称"固液火箭发动机"。
04.012	胶体［推进剂］火箭发动机	gelled propellant rocket engine, gelled propellant rocket motor	
04.013	膏体［推进剂］火箭发动机	pasty propellant rocket engine, pasty propellant rocket motor	
04.014	助推发动机	booster engine, booster motor	
04.015	主发动机	sustainer, main engine, main motor	
04.016	补燃火箭发动机	staged combustion rocket engine	又称"分级燃烧火箭发动机"。
04.017	高空火箭发动机	altitude rocket engine	
04.018	续航发动机	sustained motor	
04.019	上面级发动机	upper stage rocket engine, upper stage rocket motor	
04.020	空间火箭发动机	space rocket engine, space rocket motor	
04.021	游动火箭发动机	vernier rocket engine, vernier rocket motor	
04.022	姿态控制火箭发动机	attitude control rocket engine, attitude control rocket motor	简称"姿控火箭发动机"。
04.023	近地点火箭发动机	perigee kick rocket engine, perigee kick rocket motor	
04.024	远地点火箭发动机	apogee kick rocket engine, apogee kick rocket motor	
04.025	轨道机动火箭发动机	orbit maneuvering rocket engine, orbit maneuvering rocket motor	
04.026	轨道转移火箭发动机	orbit transfer rocket engine, orbit transfer rocket motor	
04.027	逃逸火箭发动机	escape rocket motor	
04.028	制动火箭发动机	retro-rocket motor	
04.029	脉冲式火箭发动机	pulse rocket motor	

序　号	汉　文　名	英　文　名	注　释
04.030	双推力火箭发动机	dual thrust rocket motor	
04.031	分段式固体火箭发动机	segmented solid rocket motor	
04.032	无喷管固体火箭发动机	nozzleless solid rocket motor	
04.033	标准试验发动机	standard testing motor	
04.034	摇摆火箭发动机	gimbaled rocket engine	
04.035	变推力液体火箭发动机	variable thrust liquid rocket engine	
04.036	并联火箭发动机	multi-rocket engine cluster	
04.037	单推力室液体火箭发动机	single chamber liquid rocket engine	
04.038	多推力室液体火箭发动机	multi-chamber liquid rocket engine	
04.039	单室双推力火箭发动机	single chamber dual thrust rocket engine	
04.040	多次起动火箭发动机	multi-start rocket engine, multi-start rocket	
04.041	重复使用火箭发动机	reusable rocket engine, reusable rocket	
04.042	挤压式液体火箭发动机	pressure-feed liquid rocket engine	
04.043	泵压式液体火箭发动机	turbopump-feed liquid rocket engine	
04.044	塞式喷管火箭发动机	plug nozzle rocket engine	
04.045	双模式火箭发动机	dual mode rocket engine	
04.046	单组元[推进剂]火箭发动机	monopropellant rocket engine	
04.047	双组元[推进剂]火箭发动机	bipropellant rocket engine	
04.048	三组元[推进剂]火箭发动	tripropellant rocket engine	

序　号	汉　文　名	英　文　名	注　释
	机		
04.049	可贮存推进剂火箭发动机	storable propellant rocket engine	
04.050	低温推进剂火箭发动机	cryogenic propellant rocket engine	
04.051	自燃推进剂火箭发动机	hypergolic propellant rocket engine	
04.052	非自燃推进剂火箭发动机	nonhypergolic propellant rocket engine	
04.053	预包装火箭发动机	prepackaged rocket engine	
04.054	推进剂供应系统	propellant feed system	又称"推进剂输送系统"。
04.055	泵压式供应系统	turbopump-feed system	
04.056	挤压式供应系统	pressure-feed system	
04.057	恒压式供应系统	constant pressure feed system	
04.058	落压式供应系统	blowdown feed system	
04.059	起动系统	start system	
04.060	气体起动系统	gas start system	
04.061	液体起动系统	liquid start system	
04.062	火药起动系统	powder start system	
04.063	自［身］起动系统	self-start system	
04.064	气动控制系统	pneumatic control system	
04.065	电气系统	electrical system	
04.066	点火系统	ignition system	
04.067	吹除系统	purging system	
04.068	预冷系统	chilldown system	
04.069	排泄系统	bleed system	
04.070	推进剂管理系统	propellant management system, propellant control system	
04.071	推进剂利用系统	propellant utilization system, PUS	
04.072	推进剂增压系统	propellant pressurization system	
04.073	自生增压系统	autogenous pressurization system	
04.074	化学增压系统	chemical pressurization system	
04.075	惰性气体增压系统	inert gas pressurization system	

序　号	汉　文　名	英　文　名	注　释
04.076	动力循环	power cycle	
04.077	开式循环	open cycle	
04.078	闭式循环	closed cycle	
04.079	燃气发生器循环	gas generator cycle	
04.080	补燃循环	staged combustion cycle	
04.081	抽气循环	combustion tap-off cycle	
04.082	膨胀循环	expander cycle	
04.083	混合循环	hybrid cycle	
04.084	火箭推进剂	rocket propellant	
04.085	固体推进剂	solid propellant	
04.086	液体推进剂	liquid propellant	
04.087	燃烧剂	fuel	又称"燃料"。
04.088	氧化剂	oxidizer	
04.089	单组元推进剂	monopropellant	
04.090	双组元推进剂	bipropellant	
04.091	三组元推进剂	tripropellant	
04.092	自燃推进剂	hypergolic propellant	
04.093	非自燃推进剂	nonhypergolic propellant	
04.094	可贮存推进剂	storable propellant	
04.095	常规推进剂	conventional propellant	
04.096	低温推进剂	cryogenic propellant	
04.097	双基推进剂	double-base propellant, DB propellant	
04.098	改性双基推进剂	modified double-base propellant, MDB propellant	
04.099	交联双基推进剂	crosslinked double-base propellant, CDB propellant	
04.100	复合改性双基推进剂	composite modified double-base propellant, CMDB propellant	
04.101	复合推进剂	composite propellant	
04.102	聚硫推进剂	polysulfide propellant, PS propellant	
04.103	聚氨酯推进剂	polyurethane propellant, PU propellant	
04.104	聚丁二烯丙烯酸共聚物推进剂	polybutadiene acrylic acid copolymer propellant, PBAA propellant	
04.105	聚丁二烯丙烯腈	polybutadiene acrylonitrile propel-	

序 号	汉 文 名	英 文 名	注 释
	推进剂	lant, PBAN propellant	
04.106	端羧基聚丁二烯推进剂	carboxyl terminated polybutadiene propellant, CTPB propellant	
04.107	端羟基聚丁二烯推进剂	hydroxyl terminated polybutadiene propellant, HTPB propellant	
04.108	硝酸酯增塑聚醚推进剂	nitrate ester plasticized polyether propellant, NEPP propellant	
04.109	叠氮聚合物推进剂	glycidyl azide polymer propellant, GAP propellant	
04.110	膏体推进剂	pasty propellant	
04.111	少烟推进剂	reduced smoke propellant	
04.112	微烟推进剂	low smoke propellant	
04.113	无烟推进剂	smokeless propellant	
04.114	洁净推进剂	clean propellant	
04.115	胶体推进剂	gelled propellant	
04.116	平台推进剂	plateau propellant, mean-burning propellant	
04.117	负压强指数推进剂	propellant with negative burning rate pressure exponent	
04.118	发动机性能参数	engine performance parameter	
04.119	发动机推力	engine thrust	
04.120	地面推力	ground thrust	
04.121	海平面推力	sea level thrust	
04.122	真空推力	vacuum thrust	
04.123	额定推力	rated thrust, nominal thrust	
04.124	最大推力	maximum thrust	
04.125	平均推力	average thrust	
04.126	初始推力峰	initial thrust peak	
04.127	发动机负推力	engine negative thrust	
04.128	发动机最大负推力	engine maximum negative thrust	
04.129	发动机反推力	engine reverse thrust	
04.130	推力室推力	chamber thrust	
04.131	理论推力系数	theoretical thrust coefficient	
04.132	推力系数	thrust coefficient	
04.133	推力系数因子	correction factor for thrust coefficient, thrust coefficient	

序　号	汉　文　名	英　文　名	注　释
04.134	比冲	specific impulse	
04.135	理论比冲	theoretical specific impulse	
04.136	发动机比冲	engine specific impulse, motor specific impulse	
04.137	推力室比冲	thrust chamber specific impulse	
04.138	地面比冲	ground specific impulse	
04.139	海平面比冲	sea level specific impulse	
04.140	真空比冲	vacuum specific impulse	
04.141	标准比冲	standard specific impulse	
04.142	密度比冲	density specific impulse	
04.143	稳态比冲	steady-state specific impulse	
04.144	脉冲比冲	pulsed specific impulse	
04.145	比冲效率	specific impulse efficiency	
04.146	脉冲宽度	pulse width	
04.147	间歇时间	intermittent time	
04.148	总冲	total impulse	
04.149	压强总冲	total pressure impulse	
04.150	后效冲量	cutoff impulse, thrust decay impulse	
04.151	发动机质量比	motor mass fraction	
04.152	混合比	mixture ratio	
04.153	发动机混合比	engine mixture ratio	
04.154	化学计算混合比	stoichiometric mixture ratio	
04.155	余氧系数	excess oxidizer coefficient	
04.156	推力室混合比	thrust chamber mixture ratio	
04.157	燃气发生器混合比	gas generator mixture ratio	
04.158	推进剂混合比	propellant mixture ratio	
04.159	推进剂流量	propellant flow rate	
04.160	氧化剂流量	oxidizer flow rate	
04.161	燃烧剂料流量	fuel flow rate	
04.162	推力终止	thrust termination	
04.163	推力矢量控制	thrust vector control, TVC	
04.164	发动机起动加速性	acceleration time of engine during start transient	
04.165	发动机关机减速性	slow-down time of engine during shutdown transient	

序　号	汉　文　名	英　文　名	注　释
04.166	发动机节流特性	engine throttle characteristic	
04.167	发动机管路特性	engine line characteristic	
04.168	发动机高度特性	engine altitude characteristic	
04.169	发动机工作时间	engine operating duration, motor action time	
04.170	［发动机］累积工作时间	accumulated duration ［of engine］	
04.171	滑行时间	coasting time	
04.172	点火延迟时间	ignition delay time	
04.173	推进剂燃烧时间	propellant burning time	
04.174	推力终止时间	thrust termination time	
04.175	负推力持续时间	negative thrust duration	
04.176	发动机推质比	engine thrust-mass ratio	
04.177	发动机干质	engine dry mass	
04.178	发动机湿质	engine wet mass	
04.179	发动机初始质量	motor initial mass	
04.180	发动机燃尽质量	motor burnout mass	
04.181	发动机结构质量	motor structure mass	
04.182	燃烧室压强	combustion chamber pressure	
04.183	点火压力峰	ignition pressure peak	
04.184	最大压强	maximum pressure	
04.185	平均压强	average pressure	
04.186	喷管堵盖打开压强	nozzle closure opening pressure	
04.187	燃烧终点压强	burning final pressure	
04.188	推力终止压强	thrust termination pressure	
04.189	燃烧室特征长度	characteristic chamber length	
04.190	燃气停留时间	gas stay time	
04.191	特征速度	characteristic velocity	
04.192	理论特征速度	theoretical characteristic velocity	
04.193	特征速度因子	correction factor for characteristic velocity	
04.194	燃烧室压力不稳定度	combustion chamber pressure roughness	
04.195	起动压力峰	start peak pressure	
04.196	推力室面积收缩比	thrust chamber area contraction ratio	

序　号	汉　文　名	英　文　名	注　释
04.197	喷管[面积]收缩比	nozzle area contraction ratio	
04.198	喷管[面积]扩张比	nozzle area expansion ratio	
04.199	体积装填分数	volumetric loading fraction	
04.200	余药分数	sliver fraction	
04.201	初始自由容积	initial free volume	
04.202	燃烧面积	burning [surface] area	
04.203	燃喉面积比	burning surface to throat area ratio	
04.204	燃通面积比	burning surface to port area ratio	
04.205	喉通面积比	throat to port area ratio	
04.206	推进剂燃烧速率	propellant burning rate	简称"推进剂燃速"。
04.207	药柱燃烧速率	grain burning rate	简称"药柱燃速"。
04.208	燃速系数	burning rate coefficient	
04.209	燃速压强指数	burning rate pressure exponent	
04.210	燃速温度敏感系数	temperature sensitivity of burning rate	
04.211	压强温度敏感系数	temperature sensitivity of pressure	
04.212	侵蚀燃烧	erosive burning	
04.213	侵蚀压强峰	erosive pressure peak	
04.214	端面燃烧	end burning	
04.215	侧面燃烧	side burning	
04.216	内孔燃烧	internal bore burning	
04.217	增面燃烧	progressive burning	
04.218	减面燃烧	regressive burning	
04.219	等面燃烧	neutral burning	
04.220	涡轮转速	turbine speed	
04.221	涡轮功率	turbine power	
04.222	涡轮泵比功率	turbopump power density	
04.223	涡轮效率	turbine efficiency	
04.224	涡轮压比	turbine pressure ratio	
04.225	进气度	gas inlet degree	
04.226	泵效率	pump efficiency	
04.227	泵比转速	pump specific angular speed	
04.228	气蚀比转速	cavitation specific angular speed	
04.229	泵失速	pump stall	

序　号	汉　文　名	英　文　名	注　释
04.230	临界转速	critical speed	
04.231	净正抽吸压头	net positive suction head, NPSH	
04.232	临界净正抽吸压头	critical net positive suction head	
04.233	热力抑制压头	thermodynamic suppression head, TSH	
04.234	气蚀	cavitation	
04.235	泵气蚀系数	pump cavitation coefficient	
04.236	气蚀裕度	cavitation allowance	
04.237	涡轮泵系统循环效率	turbopump system cycle efficiency	
04.238	次同步旋转	subsynchronous whirl	
04.239	贮箱排空效率	propellant tank expulsion efficiency	
04.240	贮箱容积效率	propellant tank volumetric efficiency	
04.241	贮囊渗透速率	bladder specific penetration mass	
04.242	发气率	rate of gas generation	
04.243	分级起动	staged start	
04.244	分级关机	staged cutoff	
04.245	燃烧不稳定性	combustion instability	
04.246	高频燃烧不稳定性	high-frequency combustion instability	
04.247	中频燃烧不稳定性	intermediate-frequency combustion instability	
04.248	低频燃烧不稳定性	low-frequency combustion instability	
04.249	火箭发动机羽流	rocket engine plume	
04.250	推力室	thrust chamber	
04.251	燃烧室	combustion chamber	
04.252	波纹板式推力室	corrugated plate thrust chamber	
04.253	压坑式推力室	indented thrust chamber	
04.254	管束式推力室	tubular thrust chamber	
04.255	铣槽式推力室	milling fluted thrust chamber	
04.256	预燃室	preburner	
04.257	燃气发生器	gas generator	
04.258	喷注器	injector	
04.259	离心式喷注器	centrifugal injector	

序 号	汉 文 名	英 文 名	注 释
04.260	撞击式喷注器	impinger injector	
04.261	莲蓬式喷注器	showerhead injector	
04.262	同轴式喷注器	concentric tube injector	
04.263	层板式喷注器	platelet injector	
04.264	环缝式喷注器	ring slot injector	
04.265	穿入式喷注器	inserted injector	
04.266	毛细管喷注器	capillary injector	
04.267	多孔材料喷注器	hard sifter injector	
04.268	直流喷嘴	orifice element	
04.269	单组元喷嘴	single-component injector element	
04.270	双组元喷嘴	two-component injector element	
04.271	自击式喷嘴	like-impinging injector element	
04.272	互击式喷嘴	unlike-impinging injector element	
04.273	催化剂床	catalyst bed	
04.274	隔板	baffle	
04.275	声腔	acoustic cavity	
04.276	蓄压器	hydraulic capacitor	
04.277	壳体前裙	forward skirt of case	
04.278	壳体后裙	aft skirt of case	
04.279	绝热壳体	insulated case	
04.280	壳体绝热层	case insulation	
04.281	推进剂药柱	propellant grain	
04.282	推进剂方坯	propellant block	
04.283	脱黏	debonding	
04.284	人工脱黏	stress release boot, stress relief flap	
04.285	衬层	liner	
04.286	限燃层	restrictor	
04.287	固体推进剂主曲线	master curve of solid propellant	
04.288	管状药柱	tube grain	
04.289	管槽形药柱	slotted-tube grain	
04.290	星形药柱	star grain	
04.291	车轮形药柱	wagon wheel grain	
04.292	翼柱形药柱	finocyl grain	
04.293	锥柱形药柱	conocyl grain	
04.294	壳体黏结式药柱	case bonded grain	
04.295	自由装填式药柱	free standing grain	

序　号	汉　文　名	英　文　名	注　释
04.296	药柱肉厚	grain web thickness	
04.297	［固体药柱的］肉厚	web	
04.298	肉厚分数	web fraction	
04.299	药柱通气面积	grain port area	
04.300	再生冷却	regenerative cooling	
04.301	膜冷却	liquid film cooling	
04.302	发汗冷却	transpiration cooling	
04.303	辐射冷却	radiation cooling	
04.304	特型喷管	contoured nozzle	
04.305	塞式喷管	plug nozzle	
04.306	气动塞式喷管	pneumatic plug nozzle	
04.307	斜切喷管	oblique cut nozzle, nozzle with scarfed exit plane	
04.308	延伸喷管	extendible nozzle	
04.309	摆动喷管	gimbaled nozzle	
04.310	球窝喷管	ball-socked nozzle	
04.311	珠承喷管	bead support nozzle	
04.312	柔性喷管	flexible joint nozzle, flexible bearing nozzle	
04.313	液浮喷管	liquid bearing nozzle	
04.314	转动喷管	rotatable nozzle	
04.315	潜入喷管	submerged nozzle	
04.316	喷管潜入比	submergence ratio of nozzle	
04.317	长尾喷管	tailpipe nozzle	
04.318	反向喷管	reversal nozzle	
04.319	二次喷射	secondary injection	
04.320	喷管半扩张角	nozzle divergence half angle	
04.321	喷管初始扩张角	nozzle initial divergence angle	
04.322	喷管摆心	nozzle pivot point	
04.323	喷管摆心漂移	nozzle pivot point drift	
04.324	喷管摆动力矩	nozzle swing moment	
04.325	喷管摆动速率	nozzle swing rate, nozzle slew rate	
04.326	喷管冲质比	impulse to mass ratio of nozzle	
04.327	推力线横移	thrust line eccentricity	
04.328	推力线偏斜	thrust line deviation	
04.329	点火装置	ignition device	

序　号	汉　文　名	英　文　名	注　释
04.330	火药点火	powder ignition	
04.331	电点火	electric ignition	
04.332	激光点火	laser ignition	
04.333	点火延迟	ignition delay	
04.334	安全发火机构	safe ignition device, safe and arm device	
04.335	线烧蚀率	linear ablative rate	
04.336	质量烧蚀率	mass ablative rate	
04.337	喉部烧蚀率	throat ablative rate	
04.338	涡轮泵	turbopump	
04.339	增压涡轮泵	boost turbopump, booster turbopump	
04.340	冲击式涡轮	impulse turbine	
04.341	反力式涡轮	reaction turbine	
04.342	轴流式涡轮	axial-flow turbine	
04.343	径流式涡轮	radial-flow turbine	
04.344	燃气涡轮	gas turbine	
04.345	液涡轮	liquid turbine	
04.346	离心泵	centrifugal pump	
04.347	轴流泵	axial-flow pump	
04.348	诱导轮	inducer	
04.349	增压泵	boost pump, booster pump	又称"预压泵"。
04.350	轴向力平衡装置	axial thrust balancing devices	
04.351	推力调节器	thrust regulator	
04.352	流量调节器	flow regulator	
04.353	混合比调节器	mixture ratio regulator	
04.354	常平座	gimbal mount assembly	
04.355	摇摆软管	flexible hose assembly, gimbal bellows	
04.356	蒸发器	evaporator	
04.357	燃气降温器	gas cooler	
04.358	囊式贮箱	bladder propellant tank	
04.359	表面张力贮箱	surface tension propellant tank	
04.360	隔膜式[推进剂]贮箱	diaphragm propellant tank	
04.361	推进剂管理装置	propellant management device	
04.362	电热器	electric heater	

序　号	汉　文　名	英　文　名	注　释
04.363	发动机试验	engine test	
04.364	组件试验	assembly test，test of assembly	
04.365	冷起动试验	cold start test	
04.366	热起动寿命试验	hot start life test	
04.367	发动机高空仿真试验	engine test in simulated altitude condition	
04.368	发动机可靠性试验	engine reliability test	
04.369	发动机性能试验	engine performance test	
04.370	发动机校准试验	engine calibration test	
04.371	发动机六分力试验	motor six component test	
04.372	发动机旋转试验	motor rotating test	

05. 航天控制与导航

序　号	汉　文　名	英　文　名	注　释
05.001	航天控制与导航	space control and navigation	
05.002	制导	guidance	
05.003	导航	navigation	
05.004	惯性技术	inertial technology	
05.005	惯性制导	inertial guidance	
05.006	惯性导航	inertial navigation	
05.007	组合制导	integrated guidance	
05.008	组合导航	integrated navigation	
05.009	天文–惯性组合制导	celestial-inertial integrated guidance	
05.010	天文–惯性组合导航	celestial-inertial integrated navigation	
05.011	全球定位系统–惯性组合制导	GPS-inertial integrated guidance	简称"GPS–惯性组合制导"。
05.012	全球定位系统–惯性组合导航	GPS-inertial integrated navigation	简称"GPS–惯性组合导航"。
05.013	姿态	attitude	
05.014	姿态角	attitude angle	

序　号	汉　文　名	英　文　名	注　　释
05.015	爬升角	angle of climb	
05.016	方位	azimuth, bearing	
05.017	真方位	true bearing	
05.018	磁方位	magnetic bearing	
05.019	罗方位	compass bearing	
05.020	航向	heading	又称"艏向"。
05.021	惯性测量系统	inertial measurement system, IMS	
05.022	惯性制导系统	inertial guidance system, IGS	
05.023	惯性导航系统	inertial navigation system, INS	
05.024	平台式惯性制导系统	platform inertial guidance system	
05.025	平台式惯性导航系统	platform inertial navigation system	
05.026	捷联式惯性制导系统	strap-down inertial guidance system	
05.027	捷联式惯性导航系统	strap-down inertial navigation system	
05.028	位置捷联式惯性制导系统	position strap-down inertial guidance system	
05.029	速率捷联式惯性制导系统	rate strap-down inertial guidance system	
05.030	对准	alignment	
05.031	陀螺罗盘对准	gyrocompass alignment	
05.032	光学对准	optical alignment	
05.033	自主对准	self alignment	
05.034	对准传递	alignment transfer	
05.035	静基座对准	static-base alignment	
05.036	动基座对准	moving alignment	
05.037	舒勒原理	Schuler principle	
05.038	舒勒调谐	Schuler tuning	
05.039	惯导系统机械编排	inertial navigation system mechanization	
05.040	科氏[加速度]修正	Coriolis [acceleration] correction	全称"科里奥利加速度修正"。
05.041	制导误差	guidance error	
05.042	圆概率误差	circular error probable, CEP	又称"圆公算偏差"。
05.043	系统反应时间	system reaction time	

序　号	汉　文　名	英　文　名	注　释
05.044	残差	residual error	
05.045	圆锥误差	coning error	
05.046	伪锥误差	pseudo-coning error	
05.047	纵轴	longitudinal axis	又称"滚动轴"。
05.048	横轴	lateral axis	又称"俯仰轴"。
05.049	法向轴	normal axis	又称"偏航轴"。
05.050	惯性基准坐标系	inertial reference frame	又称"惯性参考坐标系"。
05.051	地心坐标系	geocentric coordinate system	
05.052	地理坐标系	geographic coordinate system	
05.053	动基准坐标系	moving reference coordinate system	又称"动参考坐标系"。
05.054	运载体坐标系	vehicle coordinate system	
05.055	平台坐标系	platform coordinate system	
05.056	陀螺坐标系	gyro coordinate system	
05.057	加速度计坐标系	accelerometer coordinate system	
05.058	惯性测量装置	inertial measurement unit，IMU	
05.059	捷联式惯性测量装置	strap-down inertial measurement unit	
05.060	稳定平台	stable platform	
05.061	惯性平台	inertial platform	
05.062	单轴稳定平台	single-axis stable platform	
05.063	双轴稳定平台	two-axis stable platform	
05.064	三轴稳定平台	three-axis stable platform	
05.065	四轴平台	four-axis platform	又称"四框架平台"。
05.066	微型惯性测量装置	micro inertial measurement unit，MIMU	
05.067	框架	gimbal	又称"常平架"。
05.068	框架自锁	gimbal lock	又称"常平架自锁"。
05.069	台体	stable element	
05.070	平台内框架	platform inner gimbal	又称"平台内常平架"。
05.071	平台外框架	platform outer gimbal	又称"平台外常平架"。
05.072	平台减震器	platform vibration isolator	
05.073	平台外罩	platform cover	
05.074	程序机构	programmer	

序　号	汉　文　名	英　文　名	注　释
05.075	平台伺服回路	platform servo-loop, platform stabilized loop	又称"平台稳定回路"。
05.076	修正回路	corrective loop	
05.077	方位锁定	azimuth caging, azimuth locking	
05.078	平台导电滑环	platform slipping ring	
05.079	瞄准棱镜	alignment prism	
05.080	同步器	synchro	
05.081	感应同步器	inductosyn	
05.082	力矩电机	torque motor	
05.083	永磁直流力矩电机	permanent magnet DC torque motor	
05.084	无刷直流力矩电机	brushless DC torque motor	
05.085	平台卸载电机	unload motor of platform	又称"平台稳定电机"。
05.086	信号分解器	signal resolver	
05.087	坐标变换器	coordinate transformation device	
05.088	姿态角传感器	attitude angle transducer	
05.089	平台电子箱	platform electronic assembly	
05.090	脉冲当量	pulse equivalency	
05.091	脉冲施矩	pulsed torquing	又称"脉冲加矩"。
05.092	仿真施矩	analogous torquing	又称"模拟加矩"。
05.093	三元脉冲电路	ternary pulse circuit	
05.094	二元脉冲电路	binary pulse circuit	
05.095	二元脉冲调宽电路	binary pulse width modulation circuit	
05.096	高级惯性参数球	advanced inertial reference sphere, AIRS	
05.097	质量不平衡力矩	mass unbalance torque	
05.098	地球转速单位	earth rate unit	
05.099	毫地速	milli-earth rate unit, meru	
05.100	惯性敏感器	inertial sensor	
05.101	多功能惯性敏感器	multi-inertial sensor	
05.102	摆性	pendulosity	
05.103	再平衡	rebalance	
05.104	脉冲再平衡	pulse rebalance	

序 号	汉 文 名	英 文 名	注 释
05.105	锁定	caging	
05.106	锁定时间	caging time	
05.107	开锁时间	uncaging time	
05.108	陀螺[仪]	gyro, gyroscope	曾称"回转仪"。
05.109	定轴性	orientation stability	
05.110	进动性	precession	
05.111	进动角速度	angular velocity of precession	
05.112	陀螺力矩	gyro torque	
05.113	章动	nutation	
05.114	章动频率	nutation frequency	
05.115	陀螺效应	gyro effect	
05.116	转子动量矩	rotor angular momentum	又称"转子角动量"。
05.117	单自由度陀螺仪	single degree-of-freedom gyro	
05.118	两自由度陀螺仪	two degree-of-freedom gyro	
05.119	半液浮速率陀螺仪	half floated rate gyro	
05.120	速率积分陀螺仪	rate integrating gyro	
05.121	自由陀螺仪	free gyro	
05.122	双轴速率陀螺仪	double axis rate gyro	
05.123	扭杆式速率陀螺仪	torsion type rate gyro	
05.124	反馈式速率陀螺仪	feedback type rate gyro	
05.125	动力调谐陀螺仪	dynamically tuned gyro, DTG	
05.126	静电陀螺仪	electrical suspended gyro, ESG	
05.127	动压气浮陀螺仪	hydrodynamic gas bearing gyro	
05.128	静压气浮陀螺仪	hydrostatic gas bearing gyro	
05.129	静压液压陀螺仪	hydrostatic liquid bearing gyro	
05.130	液浮陀螺仪	floated gyro	
05.131	激光陀螺仪	laser gyro	
05.132	光纤陀螺仪	fiber optic gyro, FOG	
05.133	半球谐振陀螺仪	hemispherical resonant gyro	
05.134	微型机械陀螺仪	micromechanical gyro	
05.135	垂直陀螺仪	vertical gyro	
05.136	水平陀螺仪	horizontal gyro	
05.137	加速度计	accelerometer	
05.138	摆式加速度计	pendulous accelerometer	

序　号	汉　文　名	英　文　名	注　　释
05.139	液浮摆式加速度计	liquid floated pendulous accelerometer	
05.140	振弦加速度计	vibrating string accelerometer	
05.141	挠性加速度计	flexure accelerometer	
05.142	振梁加速度计	vibrating beam accelerometer	
05.143	扭杆式加速度计	torsional accelerometer	
05.144	弹簧片式加速度计	plate spring accelerometer	
05.145	石英摆式加速度计	quartz pendulous accelerometer	
05.146	摆式积分陀螺加速度计	pendulous integrating gyro accelerometer, PIGA	
05.147	静压液浮陀螺加速度计	hydrostatic liquid bearing PIGA	
05.148	静压气浮陀螺加速度计	hydrostatic gas bearing PIGA	
05.149	液浮陀螺加速度计	floated PIGA	
05.150	压阻加速度计	piezoresistive accelerometer	
05.151	静电支承加速度计	electrostatically suspended accelerometer	
05.152	微型机械加速度计	micromechanical accelerometer	
05.153	支承	suspension	
05.154	磁悬浮	magnetic suspension	
05.155	气浮支承	gas suspension	
05.156	挠性支承	flexure suspension	
05.157	陀螺转子	gyro rotor	
05.158	陀螺电机	gyro motor	
05.159	同步陀螺电机	synchronous gyro motor	
05.160	动压陀螺电机	hydrodynamic gas bearing gyro motor	
05.161	异步陀螺电机	asynchronous gyro motor	
05.162	磁滞陀螺电机	hysteresis gyro motor	
05.163	永磁陀螺电机	permanent magnet gyro motor	
05.164	力矩器	torquer	
05.165	力发生器	forcer	

序 号	汉 文 名	英 文 名	注 释
05.166	涡流式力矩器	eddy current torquer	
05.167	永磁式力矩器	permanent magnet torquer	
05.168	传感器	sensor, pickoff	
05.169	短路匝式传感器	short circuit turn pickoff	
05.170	动圈式传感器	moving coil pickoff, moving coil transducer	
05.171	光电式传感器	electro-optical pickoff, photoelectric sensor	
05.172	电容式传感器	capacitive pickoff, capacitance-type sensor	
05.173	电感式传感器	inductive pickoff, inductance-type transducer	
05.174	微动同步器	microsyn	
05.175	软导线	flex lead	
05.176	阻尼器	damper	
05.177	浮液体积补偿器	fluid volume compensator	
05.178	陀螺自转轴	spin axis of gyro	
05.179	陀螺输入轴	input axis of gyro	
05.180	陀螺输出轴	output axis of gyro	
05.181	加速度计摆轴	pendulous axis of accelerometer	
05.182	加速度计输入轴	input axis of accelerometer	
05.183	加速度计输出轴	output axis of accelerometer	
05.184	检测质量	proof mass	
05.185	抖动器	dither	
05.186	安装误差	installation error	
05.187	对准误差	alignment error, misalignment	
05.188	输入速率	input rate	
05.189	闭锁	lock-in	
05.190	闭锁速率	lock-in rate	
05.191	工作温度	operating temperature	
05.192	加温时间	warm-up time	
05.193	启动时间	run-up time	
05.194	同步时间	synchronization time	
05.195	起动电流	starting current	
05.196	陀螺电机工作电流	operating current of gyro motor	
05.197	惯性运转时间	inertial rundown time	

序　号	汉　文　名	英　文　名	注　释
05.198	起停次数	start-stop time	
05.199	耐回转能力	rotative capacity	
05.200	调谐速度	tuned speed	
05.201	单频调制	one-N modulation	
05.202	动力调谐	dynamic tuning	
05.203	光程长[度]	optical path length	
05.204	电弹簧	electrical spring	
05.205	比力	specific force	
05.206	标度因素	scale factor	
05.207	零偏	zero offset	
05.208	振摆误差	vibropendulous error	
05.209	回转误差	turn error	
05.210	整流误差	rectification error	
05.211	调平误差	leveling error	
05.212	漂移率	drift rate	
05.213	[陀螺]漂移不定性	uncertainty of gyro drift	
05.214	静态漂移	static drift	
05.215	系统漂移率	systematic drift rate	
05.216	随机漂移率	random drift rate	
05.217	随机游动角	random walk angle	
05.218	偏置	bias	
05.219	偏置稳定性	bias stability	
05.220	摇摆漂移率	wobbling drift rate	
05.221	振动漂移率	vibration drift rate	
05.222	试验设备	test facility	
05.223	位置试验	position test	
05.224	翻滚试验	tumbling test	
05.225	角振动试验	angular vibration test	
05.226	伺服试验	servo test	
05.227	力矩反馈试验	torque feedback test	
05.228	精密离心试验	precision centrifuge test	
05.229	速率转台	rate table	
05.230	伺服转台	servo table	
05.231	精密离心机	precision centrifuge	
05.232	低频线振动台	low-frequency linear vibration table	
05.233	陀螺罗盘	gyrocompass	又称"陀螺罗经"。

序　号	汉 文 名	英 文 名	注　释
05.234	自主导航	autonomous navigation	
05.235	返回落点控制	returning site control	
05.236	变轨	orbit changing	
05.237	轨道转移	orbit transfer	
05.238	近地点注入	perigee injection	
05.239	远地点注入	apogee injection	
05.240	再入控制	reentry control	
05.241	漂移角	angle of drift	又称"航偏角"。
05.242	中间轨道法	intermedia orbit method	
05.243	定点捕获	station acquisition	
05.244	定点保持	station keeping	又称"位置保持"。
05.245	自主位置保持	autonomous station keeping	
05.246	东西位置保持	east-west station keeping	
05.247	南北位置保持	north-south station keeping	
05.248	轨道控制规律	orbit control law	
05.249	轨道控制软件	orbit control software	
05.250	轨道控制速度增量	orbit control velocity increment	
05.251	姿态捕获	attitude acquisition	
05.252	全姿态捕获	global attitude acquisition	
05.253	初始姿态捕获	initial attitude acquisition	
05.254	姿态再次捕获	attitude reacquisition	
05.255	太阳捕获	sun acquisition	
05.256	地球捕获	earth acquisition	
05.257	滚动姿态捕获	roll attitude acquisition	
05.258	俯仰姿态捕获	pitch attitude acquisition	
05.259	偏航姿态捕获	yaw attitude acquisition	
05.260	重力梯度捕获	gravity gradient acquisition	
05.261	初始偏差	initial error	
05.262	动量交换机动	momentum exchange maneuver	
05.263	定向	orientation	
05.264	重新定向	reorientation	
05.265	姿态测量系统	attitude measurement system	
05.266	姿态测量	attitude measurement	
05.267	姿态确定	attitude determination	
05.268	自主姿态确定	autonomous attitude determination	
05.269	控制精度	control accuracy	

序 号	汉 文 名	英 文 名	注 释
05.270	指向精度	pointing accuracy	
05.271	姿态测量精度	attitude measurement accuracy	
05.272	姿态确定精度	attitude determination accuracy	
05.273	姿态预估	attitude prediction	
05.274	姿态误差	attitude error	
05.275	姿态运动	attitude motion	
05.276	姿态漂移	attitude drift	
05.277	姿态扰动	attitude disturbance	
05.278	轨道和姿态耦合	coupling of orbit and attitude	
05.279	[通道]交叉耦合	cross coupling	
05.280	分离姿态	separation attitude	
05.281	入轨姿态	injection attitude	
05.282	点火姿态	firing attitude	
05.283	滑行姿态	cruising attitude	
05.284	正常姿态	normal attitude	
05.285	姿态几何	attitude geometry	
05.286	姿态稳定度	attitude stability	
05.287	多星共位	multisatillite colocation	
05.288	引力辅助控制	gravity aided control	
05.289	姿态估计	attitude estimation	
05.290	姿态参数	attitude parameter	
05.291	滚动姿态	roll attitude	又称"横滚姿态"。
05.292	俯仰姿态	pitch attitude	
05.293	偏航姿态	yaw attitude	
05.294	姿态角速度	attitude angular velocity, attitude rate	
05.295	姿态稳定	attitude stabilization	
05.296	主动姿态稳定	active attitude stabilization	
05.297	半主动姿态稳定	semi-active attitude stabilization	
05.298	被动姿态稳定	passive attitude stabilization	
05.299	单轴姿态稳定	single-axis attitude stabilization	
05.300	三轴姿态稳定	three-axis attitude stabilization	
05.301	转移轨道三轴稳定	transfer orbit three-axis stabilization	
05.302	太阳指向三轴稳定	sun-pointing three-axis stabilization	

序　号	汉　文　名	英　文　名	注　释
05.303	惯性空间三轴稳定	inertial space three-axis stabilization	
05.304	自旋稳定	spin stabilization	
05.305	双自旋稳定	dual spin stabilization	
05.306	转移轨道自旋稳定	transfer orbit spin stabilization	
05.307	太阳辐射稳定	solar radiation stabilization	
05.308	磁稳定	magnetic stabilization	
05.309	气动稳定	aerodynamic stabilization	
05.310	重力梯度稳定	gravity gradient stabilization	
05.311	最大轴原理	maximum axis principle	
05.312	重力梯度杆	gravity gradient boom	
05.313	天平动	libration	
05.314	天平动阻尼	libration damping	
05.315	速率阻尼	rate damping	
05.316	全推力器姿态控制系统	all thruster attitude control system	
05.317	本体稳定姿态控制系统	body-stabilized attitude control system	
05.318	双自旋姿态控制系统	dual spin attitude control system	
05.319	重力梯度姿态控制系统	gravity gradient attitude control system	
05.320	偏置动量姿态控制系统	momentum bias attitude control system	
05.321	被动姿态控制	passive attitude control	
05.322	主动姿态控制	active attitude control	
05.323	喷气姿态控制	gas jet attitude control	
05.324	大型挠性航天器的姿态控制	large flexible spacecraft attitude control	
05.325	多体控制	multi-body control	
05.326	姿态控制模式	attitude control mode	
05.327	自适应控制	adaptive control	
05.328	开关式控制	on-off control	
05.329	质量排出式控制	mass expulsion control	
05.330	惠康原理	Whecon principle	
05.331	滚动–偏航耦合	roll-yaw coupling	

序　号	汉　文　名	英　文　名	注　　释
05.332	四分之一轨道耦合	1/4 orbit coupling, quarter orbit coupling	
05.333	滚动-偏航耦合控制	roll-yaw coupling control	
05.334	偏置动量控制	momentum bias control	
05.335	角动量交换式控制	angular momentum exchange control	
05.336	偏置控制能力	control bias capability	
05.337	反作用轮控制	reaction wheel control	
05.338	角动量卸载	angular momentum dumping, angular momentum desaturation, angular momentum unloading	又称"角动量去饱和"。
05.339	零动量系统	zero momentum system	
05.340	偏置动量系统	momentum bias system	
05.341	连续数据系统	continuous data system	
05.342	采样数据系统	sampled data system	
05.343	位置增益	position gain	
05.344	姿态控制系统带宽	bandwidth of attitude control system	
05.345	响应速度	speed of response	
05.346	磁卸载	magnetic dumping	
05.347	伪速率增量控制	pseudo-rate increment control	
05.348	定向控制	control of orientation	
05.349	地面控制模式	ground control mode	
05.350	安全模式	safety mode	
05.351	应急模式	contingency mode	
05.352	喷气脉冲	jet pulse	
05.353	脉冲点火	pulse firing	
05.354	有限点火	finite burn	
05.355	燃料附加损耗	fuel penalty	
05.356	执行角	execution angle	
05.357	极限环	limit cycle	
05.358	单边极限环	single side limit cycle	
05.359	双边极限环	two side limit cycle	
05.360	最小冲量极限环	minimum impulse limit cycle	
05.361	极限环角速度	angular rate of limit cycle	
05.362	大型挠性航天器	large flexible spacecraft vibration	

序　号	汉　文　名	英　文　名	注　　释
	的振动控制	control	
05.363	大角度机动控制	large angle maneuver control	
05.364	数字滤波器	digital filter	
05.365	卡尔曼滤波器	Kalman filter	
05.366	等倾角法	rhumb line method	
05.367	姿态控制精度	attitude control accuracy	
05.368	转速控制	rotation velocity control	
05.369	哟-哟装置	yo-yo device	又称"卫星消旋装置"。
05.370	天线机械消旋	mechanical despin for antenna	
05.371	天线电子消旋	electronic despin for antenna	
05.372	主动章动控制	active nutation control	
05.373	被动章动阻尼	passive nutation damping	
05.374	章动敏感器	nutation sensor	
05.375	章动阻尼器	nutation damper	
05.376	管球阻尼器	ball-in-tube damper	
05.377	摆式阻尼器	pendulum damper	
05.378	能量耗散	energy dissipation	
05.379	干扰力矩	disturbance torque	
05.380	环境力矩	environmental torque	
05.381	磁干扰力矩	magnetic disturbance torque	
05.382	周期性力矩	cyclic torque	
05.383	长期力矩	secular torque	
05.384	太阳辐射压干扰力矩	solar radiation disturbance torque	
05.385	航天器内力矩	spacecraft internal torque	
05.386	燃料晃动干扰力矩	disturbance torque by the fuel slosh	
05.387	临界干扰力矩	critical disturbance torque	
05.388	气动力矩	aerodynamic torque	
05.389	重力梯度力矩	gravity gradient torque	
05.390	地磁力矩	geomagnetic torque	
05.391	磁偶极子矩	magnetic dipole moment	
05.392	剩磁偶极子	residual magnetic dipole	
05.393	姿态动力学	attitude dynamics	
05.394	挠性航天器动力学	flexible spacecraft dynamics	

序　号	汉　文　名	英　文　名	注　释
05.395	带挠性附件的航天器动力学	spacecraft dynamics with flexible appendages	
05.396	带液体晃动的航天器动力学	spacecraft dynamics with liquid slosh	
05.397	刚性航天器动力学	rigid spacecraft dynamics	
05.398	多刚体航天器动力学	dynamics of multiple rigid body spacecraft	
05.399	自旋体	spinner	
05.400	陀螺体	gyrostat	
05.401	消旋体	despinner	
05.402	超自旋	super spin	
05.403	平旋	flat spin	
05.404	平旋恢复	flat spin recovery	
05.405	自旋轴	spin axis	
05.406	地球–太阳两面角	earth-sun rotation angle	
05.407	太阳角	sun angle	
05.408	地球角	earth angle	
05.409	同步控制器	synchronous controller	
05.410	轨道陀螺罗盘	orbit gyrocompass	
05.411	推力标定	thrust calibration	
05.412	质心位置偏差	deviation of mass center	
05.413	姿态控制规律	attitude control law	
05.414	控制力矩	control torque	
05.415	调宽调频控制	pulse width-pulse frequency modulation control	
05.416	交会对接	rendezvous and docking, RVD	
05.417	姿态敏感器	attitude sensor	
05.418	光学姿态敏感器	optical attitude sensor	
05.419	红外地球敏感器	infrared earth sensor, infrared horizon sensor	又称"红外地平仪"。
05.420	扫描地球敏感器	scanning earth sensor, scanning horizon sensor	
05.421	自旋扫描地球敏感器	spin scanning earth sensor, spin scanning horizon sensor	
05.422	圆锥扫描地球敏	conical scanning earth sensor, con-	

序　号	汉　文　名	英　文　名	注　释
	感器	ical scanning horizon sensor	
05.423	摆动扫描地球敏感器	swing scanning earth sensor, swing scanning horizon sensor	
05.424	飞轮扫描地球敏感器	wheel scanning earth sensor, wheel scanning horizon sensor	
05.425	反照地球敏感器	albedo earth sensor, albedo horizon sensor	
05.426	地平穿越式地球敏感器	horizon crossing indicator	
05.427	静态地球敏感器	static earth sensor, static horizon sensor	
05.428	自主式敏感器	autonomous sensor	
05.429	非自主式敏感器	non-autonomous sensor	
05.430	自旋速率敏感器	spinning rate sensor	
05.431	太阳敏感器	sun sensor	
05.432	仿真式太阳敏感器	analogue sun sensor	
05.433	数字式太阳敏感器	digital sun sensor	
05.434	编码式太阳敏感器	encoded sun sensor	
05.435	电荷耦合器件太阳敏感器	charge coupled device sun sensor, CCD sun sensor	
05.436	V 缝式太阳敏感器	V slit type sun sensor	
05.437	太阳出现敏感器	sun presence sensor	又称"0-1式敏感器"。
05.438	太阳跟踪器	sun tracker	
05.439	星敏感器	star sensor, stellar sensitometer	
05.440	星跟踪器	star tracker, stellar tracker	
05.441	框架式星跟踪器	gimbaled star tracker	
05.442	星图仪	star mapper	
05.443	星扫描器	star scanner	
05.444	固定探头式星跟踪器	fixed head star tracker	
05.445	析像管星敏感器	image dissector tube star sensor, IDT star sensor	
05.446	电荷耦合器件星	charge coupled device star sensor,	

序 号	汉 文 名	英 文 名	注 释
	敏感器	CCD star sensor	
05.447	电荷注入器件星敏感器	charge injection device star sensor, CID star sensor	
05.448	射频敏感器	radio frequency sensor	
05.449	磁强计	magnetometer	
05.450	辐射敏感元件	radio-sensitive element	
05.451	热敏电阻探测器	thermistor detector	
05.452	热电堆探测器	thermopile detector	
05.453	热释电探测器	pyroelectric detector	
05.454	光谱滤波器	spectral filter	
05.455	地平穿越	horizon crossing	
05.456	地入	earth-in	
05.457	地出	earth-out	
05.458	地中	earth-center	
05.459	地中相移	earth-center phase shift	
05.460	穿越时间	crossing time	
05.461	弦宽	chord length	
05.462	地平跟踪	horizon tracking	
05.463	零姿态	zero attitude	
05.464	冷空间补偿	cold space compensation	
05.465	辐射平衡	radiometric balance	
05.466	热失稳	thermal run away	
05.467	太阳保护	sun protection	
05.468	工作视场	working field of view, WFOV	
05.469	瞬时视场	instantaneous field of view, IFOV	
05.470	跟踪视场	tracking field of view, TFOV	
05.471	扫描视场	scanning field of view, SFOV	
05.472	地球太阳信号鉴别	discrimination between the earth and the sun light	
05.473	地球月球信号鉴别	discrimination between the earth and the moon light	
05.474	电子搜索	electronic search	
05.475	星搜索	star search	
05.476	星捕获	star acquisition	
05.477	星识别	star recognition	
05.478	星捕获概率	probability of star acquisition	
05.479	伪星捕获概率	probability of false star acquisition	

序　号	汉　文　名	英　文　名	注　释
05.480	星跟踪	star track	
05.481	散焦星图像	defocused star image	
05.482	太阳视直径	solar apparent diameter	
05.483	辐射出射度	radiant exitance	
05.484	质量排出装置	mass expulsive device	
05.485	冷气系统	cold gas system	
05.486	冷气增压系统	cold gas pressurization system	
05.487	热气系统	hot gas system	
05.488	汽化氨电热系统	vaporizing ammonia electrothermal system	
05.489	单组元推进系统	monopropellant propulsion system	
05.490	双组元推进系统	bipropellant propulsion system	
05.491	催化式肼单组元推进系统	catalytic monopropellant hydrazine system	
05.492	电热式肼单组元推进系统	electrothermal monopropellant hydrazine system	
05.493	增强电热式肼单组元推进系统	augmented electrothermal monopropellant hydrazine system	
05.494	落压比	blowdown ratio	又称"下吹比"。
05.495	落压式推进系统	blowdown propulsion system	又称"下吹式推进系统"。
05.496	热交换器加热气体增压系统	heated gas-heat exchanger pressurization system	
05.497	喷气反作用控制系统	jet reaction control system	
05.498	压缩气体反作用控制系统	pressurized-gas reaction control system	
05.499	电推进系统	electric propulsion system	
05.500	辅助推进系统	auxiliary propulsion system	
05.501	统一推进系统	unified propulsion system, integrated propulsion system	
05.502	双模式推进系统	dual mode propulsion system	
05.503	推力器	thruster, jet	
05.504	肼发动机	hydrazine engine	
05.505	离子推力器	ion thruster, ion jet	
05.506	接触型离子推力器	contact ion thruster	

序　号	汉　文　名	英　文　名	注　释
05.507	电子轰击型推力器	electron bombardment thruster	
05.508	胶体推力器	colloid thruster	
05.509	脉冲等离子体推力器	pulsed plasma thruster	
05.510	压力调节器	pressure regulator	
05.511	自锁阀	latching valve	
05.512	推力室阀	thrust chamber valve	
05.513	起动环境	start ambient condition	
05.514	冷起动	cold start	
05.515	温起动	warm start	
05.516	热起动	hot start	
05.517	阀门响应	valve response	
05.518	最长稳态工作时间	maximum steady state burn time	
05.519	稳态寿命	steady state life	
05.520	燃压衰减时间	chamber pressure decay time	
05.521	推力	thrust	
05.522	冲量	impulse	
05.523	最小电脉冲宽度	minimum electrical pulse width, MEPW	
05.524	单个脉冲的最小冲量	minimum impulse bit at MEPW	
05.525	旋转冲量	rotation impulse	
05.526	总脉冲次数	total pulses	
05.527	羽流	plume	
05.528	动量交换装置	momentum exchange device	
05.529	飞轮	flywheel	
05.530	惯性轮	inertia wheel	
05.531	磁轴承飞轮	magnetic bearing flywheel	
05.532	反作用轮	reaction wheel	
05.533	磁轴承反作用动量轮	magnetic bearing reaction momentum wheel	
05.534	动量轮	momentum wheel	
05.535	框架飞轮	gimbaled flywheel	
05.536	双框架飞轮	double gimbaled flywheel	
05.537	扫描飞轮	scan flywheel	

序 号	汉 文 名	英 文 名	注 释
05.538	控制力矩陀螺	control moment gyroscope, CMG	
05.539	磁力矩器	magnetic torquer	
05.540	丝带式转子组件	filament rotor assembly	
05.541	飞轮轴承组件	flywheel bearing unit	
05.542	结构阻尼	structural damping	
05.543	动量交换	momentum exchange	
05.544	动量储存能力	momentum storage capability	
05.545	动量偏置方式	bias momentum mode	
05.546	零动量方式	zero momentum mode	
05.547	周期性干扰力矩	periodic disturbing torque	
05.548	非周期性干扰力矩	non-periodic disturbing torque	
05.549	标称转速	nominal speed	
05.550	标称角动量	nominal angular momentum	
05.551	最大输出力矩	maximum output torque	
05.552	最大反作用力矩	maximum reaction torque	
05.553	速度控制范围	speed control range	
05.554	稳态功耗	steady state power consumption	
05.555	最大功耗	maximum power consumption	
05.556	轴承和功率传输组件	bearing and power transfer assembly, BAPTA	
05.557	直接驱动	direct drive	
05.558	间接驱动	indirect drive	
05.559	捕获模式	acquisition mode	
05.560	保持模式	hold mode	
05.561	正常模式	normal mode, cruise mode	
05.562	太阳电池阵驱动机构	solar array drive, SAD	
05.563	太阳电池阵速率稳定度	solar array rate stability	
05.564	保持力矩	hold torque	
05.565	天线定向系统	antenna pointing system, APS	
05.566	天线定向机构	antenna pointing mechanism	
05.567	机动跟踪	maneuver tracking	
05.568	步进电机	stepping motor	
05.569	步进角	stepping angle	
05.570	步距角	step size, step width	

序 号	汉 文 名	英 文 名	注 释
05.571	输出步距角	output step size	
05.572	伺服步距角	servo step size	
05.573	绝对 GPS	absolute GPS	
05.574	相对 GPS	relative GPS	
05.575	差分 GPS	differential GPS, DGPS	
05.576	自差分 GPS	self-differential GPS, SDGPS	
05.577	GPS 导航	GPS navigation	
05.578	GPS 定位	GPS position	
05.579	GPS 轨道确定	GPS orbit determination	又称"GPS 定轨"。
05.580	GPS 姿态确定	GPS attitude determination	又称"GPS 定姿"。
05.581	GPS 姿态和轨道确定系统	GPS attitude and orbit determination system	
05.582	INS/GPS 组合式导航系统	integrated INS/GPS navigation system	
05.583	局域差分 GPS	local area differential GPS, LADGPS	
05.584	广域差分 GPS	wide area differential GPS, WADGPS	又称"宽域差分GPS"。
05.585	选择利用性	selective availability, SA	
05.586	GPS 接收机	GPS receiver	
05.587	广域增强系统	wide area augmentation system, WAAS	又称"宽域增强系统"。
05.588	GPS 差分相位测量	GPS differential phase measurement	
05.589	GPS 跟踪	GPS tracking	
05.590	星基多普勒轨道和无线电定位组合系统	Doppler orbitography and radiopositioning integrated system by satellite, DORIS	

06. 空气动力学与飞行原理

序 号	汉 文 名	英 文 名	注 释
06.001	空气动力学	aerodynamics	
06.002	非定常空气动力学	unsteady aerodynamics	

序　号	汉　文　名	英　文　名	注　释
06.003	气动弹性力学	aeroelastics	
06.004	气动声学	aeroacoustics	
06.005	稀薄空气动力学	rarefied aerodynamics	
06.006	磁空气动力学	magnetoaerodynamics	
06.007	应用空气动力学	applied aerodynamics	
06.008	飞行器空气动力学	vehicle aerodynamics	
06.009	内流空气动力学	internal aerodynamics	
06.010	进气道空气动力学	inlet aerodynamics	
06.011	再入气体动力学	reentry gas dynamics	
06.012	气动热力学	aerothermodynamics	
06.013	黏性[流]空气动力学	viscous flow aerodynamics	
06.014	边界层空气动力学	boundary layer aerodynamics	
06.015	飞行数据辨识	identification from flight data	
06.016	气动仿真	aerodynamics simulation	
06.017	流体	fluid	
06.018	流体特征	characteristic of fluid	
06.019	介质	medium	
06.020	连续介质	continuous medium	
06.021	流体质点	fluid particle	
06.022	理想气体	ideal gas	
06.023	完全气体	perfect gas	
06.024	真实气体	real gas	
06.025	自由流	free stream	
06.026	流场	flow field	
06.027	流线	stream line	
06.028	脉线	streak line	
06.029	迹线	path line	
06.030	流管	stream tube	
06.031	流谱	flow pattern	
06.032	声速	sound speed	
06.033	驻点	stagnation point	
06.034	临界马赫数	critical Mach number	
06.035	压强	pressure	

序　号	汉 文 名	英 文 名	注　释
06.036	静压强	static pressure	
06.037	总压强	total pressure	
06.038	动压强	dynamic pressure	
06.039	顺压梯度	favorable pressure gradient	
06.040	逆压梯度	adverse pressure gradient	
06.041	速度势	velocity potential	
06.042	流体黏性	viscosity of fluid	
06.043	动力黏度	dynamic viscosity	
06.044	运动黏度	kinematic viscosity	
06.045	边界层	boundary layer	
06.046	层流	laminar flow	
06.047	湍流	turbulent flow	
06.048	层流边界层	laminar boundary layer	
06.049	湍流边界层	turbulent boundary layer	
06.050	转捩	transition	指从层流到湍流的过渡。
06.051	速度分布	velocity distribution	
06.052	速度场	velocity field	
06.053	速度剖面	velocity profile	
06.054	边界层厚度	boundary layer thickness	
06.055	边界层位移厚度	boundary layer displacement thickness	
06.056	边界层动量损失厚度	momentum loss thickness of boundary layer	
06.057	边界层能量损失厚度	energy loss thickness of boundary layer	
06.058	各向同性湍流	isotropic turbulence	
06.059	湍流斑	turbulent spot	
06.060	黏性底层	viscous sublayer	
06.061	边界层内层	inner layer of boundary layer	
06.062	边界层外层	outer layer of boundary layer	
06.063	黏性干扰	viscous interference	
06.064	黏性干扰参数	viscous interaction parameter	
06.065	边界层分离	separation of boundary layer	
06.066	层流分离	laminar separation	
06.067	湍流分离	turbulent separation	
06.068	流动分离	flow separation	

序　号	汉　文　名	英　文　名	注　释
06.069	气泡	bubble	
06.070	静态温度	static temperature	简称"静温"。
06.071	总温[度]	total temperature	
06.072	温度边界层	thermal boundary layer	
06.073	恢复温度	recovery temperature	
06.074	恢复系数	recovery coefficient	
06.075	绝热壁	adiabatic wall	
06.076	输运性质	transport property	
06.077	扩散	diffusion	
06.078	扩散系数	diffusion coefficient	
06.079	扩散边界层	diffusion boundary layer	
06.080	热传导	heat conduction	
06.081	热流密度	heat flux per unit time	
06.082	热导率	heat conduction coefficient, thermal conductivity	
06.083	热传递系数	heat transfer coefficient	
06.084	平均自由程	mean free path	
06.085	离解	dissociation	
06.086	离解度	dissociaty	
06.087	电离	ionization	
06.088	电离度	ionicity	
06.089	弛豫现象	relaxation phenomena	
06.090	弛豫时间	relaxation time	
06.091	弛豫方程	relaxation equation	
06.092	努塞特数	Nusselt number, Nu	
06.093	斯坦顿数	Stanton number, St	
06.094	克努森数	Knudsen number, Kn	
06.095	弗劳德数	Froude number	
06.096	施特鲁哈尔数	Strouhal number	
06.097	比热比	specific heat ratio	
06.098	马赫数	Mach number	
06.099	普朗特数	Plandtl number	
06.100	欧拉数	Euler number	
06.101	刘易斯数	Lewis number	
06.102	雷诺数	Reynolds number	
06.103	湍流度	turbulence	
06.104	量纲分析	dimensional analysis	

序　号	汉文名	英　文　名	注　释
06.105	π 定理	π theorem	
06.106	波	wave	
06.107	压缩性	compressibility	
06.108	马赫波	Mach wave	
06.109	马赫锥	Mach cone	
06.110	马赫角	Mach angle	
06.111	压缩波	compression wave	
06.112	膨胀波	expansion wave	
06.113	激波	shock wave	
06.114	正激波	normal shock wave	
06.115	斜激波	oblique shock wave	
06.116	脱体激波	detached shock wave	
06.117	附体激波	attached shock wave	
06.118	激波层	shock layer	
06.119	熵层	entropy layer	
06.120	熵吞	entropy layer swallowing	
06.121	激波边界层干扰	shock wave-boundary layer interaction	
06.122	λ 波	λ shock wave	
06.123	涡旋	vortex	又称"涡"。
06.124	环量	circulation	
06.125	涡量	vorticity	
06.126	涡核	vortex core	
06.127	涡线	vortex line	
06.128	涡管	vortex tube	
06.129	涡丝	vortex filament	
06.130	涡破裂	vortex bursting	
06.131	猝发	burst	
06.132	自由涡	free vortex	
06.133	自由涡面	free vortex surface	
06.134	附着涡	bound vortex	
06.135	附着涡面	bound vortex surface	
06.136	脱体涡	body-shedding vortex	
06.137	马蹄涡	horse-shoe vortex	
06.138	卡门涡街	Karman vortex street	
06.139	蛙跳式涡	leap-frogging of vortice	
06.140	翼梢涡	wing-tip vortex	

序　号	汉　文　名	英　文　名	注　释
06.141	体涡	body vortex	
06.142	涡声	vortex sound	
06.143	流动类型	pattern of flow	
06.144	低速流	low speed flow	
06.145	亚声速流	subsonic flow	
06.146	跨声速流	transonic flow	
06.147	超声速流	supersonic flow	
06.148	高超声速流	hypersonic flow	
06.149	稀薄气流	rarefied gas flow	
06.150	自由分子流	free molecular flow	
06.151	过渡流	transition flow	
06.152	滑移流	slip flow	
06.153	定常流	steady flow	
06.154	非定常流	unsteady flow	
06.155	绝热流	adiabatic flow	
06.156	等熵流	isentropic flow	
06.157	匀熵流	homoentropic flow	
06.158	普朗特–迈耶尔流	Prantdl-Meyer flow	
06.159	黏性流动	viscous flow	
06.160	平衡流动	equilibrium flow	
06.161	非平衡流动	non-equilibrium flow	
06.162	冻结流动	frozen flow	
06.163	催化特性	catalysis characteristics	
06.164	复合催化效率	compound catalysis efficiency	
06.165	化学反应流	chemical reaction flow	
06.166	化学反应速率	chemical reaction rate	
06.167	轴对称流	axisymmetrical flow	
06.168	二维流	two dimensional flow	
06.169	三维流	three dimensional flow	
06.170	锥型流	conical flow	
06.171	尾流	wake	
06.172	底部流动	base flow	
06.173	有旋流	rotational flow	
06.174	势流	potential flow	
06.175	流函数	stream function	
06.176	源流	source flow	

序　号	汉　文　名	英　文　名	注　　释
06.177	源流强度	strength of source flow	
06.178	汇流	sink flow	
06.179	偶极子流	doublet flow	
06.180	飞行器姿态	attitude of flight vehicle	
06.181	体轴坐标系	body-axis coordinate system	又称"弹体坐标系"。
06.182	速度坐标系	velocity coordinate system	
06.183	风洞坐标系	wind tunnel axis system	
06.184	天平坐标系	balance axis system	
06.185	攻角	angle of attack	
06.186	侧滑角	angle of sideslip	
06.187	横滚角	roll angle	又称"滚动角"。
06.188	俯仰角	pitch angle	
06.189	偏航角	yaw angle	
06.190	舵偏角	angle of rudder reflection	
06.191	归一变化率	normalized rate	
06.192	俯仰角速度	rate of pitch	
06.193	偏航角速度	rate of yaw	
06.194	滚动角速度	rate of roll	
06.195	失速	stall	
06.196	失速攻角	stall angle	
06.197	激波失速	shock stall	
06.198	静稳定性	static stability	
06.199	静稳定裕度	static stability marging	
06.200	飞行器滚摇	vehicle rock	
06.201	尾旋	tail spin	
06.202	配平角	trim angle	
06.203	配平攻角	trim angle of attack	
06.204	飞行器气动特性	aerodynamic characteristics of vehicle	
06.205	飞行环境	flight environment of vehicle	
06.206	空气动力特性	aerodynamic characteristics	简称"气动特性"。
06.207	有翼导弹气动特性	aerodynamic characteristics of winged missile	
06.208	运载火箭气动特性	aerodynamic characteristics of launch vehicle	
06.209	弹头气动特性	aerodynamic characteristics of nose	
06.210	气动载荷	aerodynamic loading	

序　号	汉　文　名	英　文　名	注　　释
06.211	气动热载荷	aerothermal load	
06.212	空气动力	aerodynamic force	
06.213	空气动力系数	aerodynamic coefficient	
06.214	压强系数	pressure coefficient	
06.215	气动合力	aerodynamic resultant	
06.216	升力	lift force	
06.217	升力系数	lift coefficient	
06.218	最大升力系数	maximum lift coefficient	
06.219	升力线斜率	slope of lift curve	
06.220	涡升力	vortex lift	
06.221	阻力	drag force, resistance	
06.222	阻力系数	drag coefficient	
06.223	升阻比	lift-drag ratio	
06.224	极曲线	polar	
06.225	黏性压差阻力	viscous pressure drag	
06.226	摩擦阻力	friction drag	
06.227	波阻	wave drag	
06.228	零升阻力	zero lift drag	
06.229	升致阻力	drag due to lift	
06.230	升致波阻	wave drag due to lift	
06.231	型阻	form drag	
06.232	底部阻力	base drag	
06.233	干扰阻力	interference drag	
06.234	干扰因子	interference factor	
06.235	机弹干扰	aircraft-missile interference	
06.236	有益干扰	beneficial interference	
06.237	地面效应	ground effect	
06.238	海面效应	sea effect	
06.239	阻力发散	drag divergence	
06.240	前缘吸力	leading-edge suction	
06.241	法向力	normal force	
06.242	轴向力	axial force	
06.243	横向力	transverse force	
06.244	侧力	lateral force	
06.245	扰动	disturbance	
06.246	脉动压力	pulsating pressure	
06.247	抖振	buffet	

序号	汉文名	英文名	注释
06.248	抖振边界	buffet boundary	
06.249	颤振	flutter	
06.250	俯仰力矩	pitching moment	
06.251	偏航力矩	yawing moment	
06.252	滚转力矩	rolling moment	
06.253	反滚转力矩	anti-rolling moment	
06.254	铰链力矩	hinge moment	
06.255	铰链力矩系数	hinge moment coefficient	
06.256	压心系数	center of pressure coefficient	
06.257	气动[力]中心	aerodynamic center	
06.258	马格努斯力	Magnus force	
06.259	马格努斯力矩	Magnus moment	
06.260	静导数	static derivative	
06.261	动导数	dynamic derivative	
06.262	旋转动导数	rotary dynamic derivative	
06.263	气动阻尼	aerodynamic damping	
06.264	下洗	downwash	
06.265	下洗诱导速度	downwash induced velocity	
06.266	洗流时差	lag of wash	
06.267	速度阻滞	speed deceleration	
06.268	声障	sonic barrier	
06.269	粒子云	particle cloud	
06.270	气动加热	aerodynamic heating	
06.271	热障	thermal barrier	
06.272	烧蚀	ablation	
06.273	热化学烧蚀	thermochemical ablation	
06.274	烧蚀图像	ablation pattern	
06.275	机械剥蚀	mechanical denuding	
06.276	真实气体效应	real gas effect	
06.277	非对称转捩	asymmetric transition	
06.278	滚动共振	rolling resonance	
06.279	飞行器的气动构型	aerodynamic configuration of vehicle	
06.280	正常式布局	normal configuration	
06.281	无尾布局	tailless configuration	
06.282	鸭式布局	canard configuration	
06.283	非周向对称布局	peripheral asymmetric configuration	

序 号	汉 文 名	英 文 名	注 释
06.284	融合体布局	blended configuration	
06.285	燃气舵	gas rudder	
06.286	进气道	intake	
06.287	特征长度	characteristic length	
06.288	长细比	slenderness ratio	
06.289	钝度比	bluntness ratio	
06.290	翼型	airfoil profile	
06.291	翼型中弧线	profile mean line	
06.292	翼型厚度	profile thickness	
06.293	翼弦	wing chord	
06.294	平均气动弦长	mean aerodynamic chord	
06.295	二维弹翼	two dimensional wing	
06.296	三维弹翼	three dimensional wing	
06.297	翼展	wing span	
06.298	内插翼	gross wing	
06.299	外露翼	exposed wing	
06.300	后掠角	sweepback angle	
06.301	展弦比	aspect ratio	
06.302	梢根比	taper ratio	
06.303	亚声速前缘	subsonic leading edge	
06.304	亚声速后缘	subsonic trailing edge	
06.305	弯曲头锥	bent cone	
06.306	控制翼弹头	nose with control wing	
06.307	倾斜转弯技术	bank to turn technique	
06.308	小不对称弹头	nose with small asymmetry	
06.309	气动技术应用	application of aerodynamic technology	
06.310	气动隐形技术	aerodynamic stealth technique	
06.311	层流翼型	laminar flow airfoil profile	
06.312	层流翼	laminar flow wing	
06.313	多种流线型翼	multiflow wing	
06.314	超临界翼型	supercritical airfoil profile	
06.315	三角翼	delta wing	
06.316	后掠翼	swept wing	
06.317	边条翼	strake wing	
06.318	涡旋发生器	vortex generator	又称"涡流发生器"。
06.319	近耦鸭式布局技	technique of close coupled canard	

序　号	汉　文　名	英　文　名	注　释
	术	configuration	
06.320	边界层控制	boundary layer control	
06.321	半升力再入	semi-lift reentry	
06.322	理论空气动力学	theoretical aerodynamics	
06.323	状态方程	equation of state	
06.324	克拉佩龙方程	Clapeyron equation	
06.325	范德瓦耳斯方程	van der Waals equation	
06.326	连续方程	equation of continuity	
06.327	N–S 方程	Navier-Stokes equation	全称"纳维–斯托克斯方程"。
06.328	动量方程	momentum equation	
06.329	欧拉方程	Euler equation	
06.330	能量方程	energy equation	
06.331	伯努利方程	Bernoulli equation	
06.332	全位势方程	full potential equation, generalized potential equation	
06.333	小扰动位势方程	small perturbation potential equation	
06.334	PNS 方程	parabolized Navier-Stokes equation	全称"抛物化 N-S 方程"。
06.335	边界层理论	boundary layer theory	
06.336	雷诺方程	Reynolds equation	
06.337	雷诺比拟关系式	Reynolds analogy relation	
06.338	马赫数无关原理	Mach number independence principle	
06.339	后掠翼独立性原理	independence principle of swept wing	
06.340	高超声速相似律	hypersonic similarity law	
06.341	茹科夫斯基定理	Joukowsky theorem	
06.342	库塔–茹科夫斯基条件	Kutta-Joukowsty condition	
06.343	薄翼理论	thin airfoil theory	
06.344	线性化理论	linearized theory	
06.345	升力线理论	lift line theory	
06.346	升力面理论	lift surface theory	
06.347	细长体理论	slender theory	
06.348	普朗特–格劳特	Prandtl-Glauert rule	

序　号	汉　文　名	英　文　名	注　　释
	法则		
06.349	卡门-钱公式	Karman-Tsien formula	
06.350	阿克雷特法则	Ackeret rule	
06.351	格特尔特法则	Gothert rule	
06.352	面元法	panel method	
06.353	涡格法	vortex lattice method	
06.354	跨声速面积律	transonic area law	
06.355	牛顿理论	Newtonian theory	
06.356	修正牛顿公式	modified Newtonian equation	
06.357	切锥法	tangent-cone method	
06.358	切楔法	tangent-wedge method	
06.359	激波膨胀波法	shock expansion method	
06.360	锥形流法	conical flow method	
06.361	爆炸波理论	blast wave theory	
06.362	等价锥热流计算	heat flux calculation of equivalent cones	
06.363	内伏牛顿流理论	embedded Newtonian flow theory	
06.364	黏性激波层方程	viscous shock-layer equation	
06.365	薄激波层理论	thin shock-layer theory	
06.366	烧蚀耦合计算	ablation coupling calculation	
06.367	奇异摄动法	singular perturbation	
06.368	蒙特卡罗方法	Monte Carlo method	
06.369	谱方法	spectral method	
06.370	计算空气动力学	computational aerodynamics	
06.371	离散化技术	discretization technique	
06.372	有限差分法	finite difference method	
06.373	时间相关法	time-dependent method	
06.374	差分格式	difference scheme	
06.375	激波装配法	shock fitting method	
06.376	激波捕捉法	shock capturing method	
06.377	直线法	method of line	
06.378	特征线法	method of characteristics	
06.379	网格生成技术	grid generation technique	
06.380	网格雷诺数	cell Reynolds number	
06.381	自适应网格技术	adaptive grid technique	
06.382	贴体坐标系	body-fitted coordinate system	
06.383	空间推进法	space marching method	

序 号	汉 文 名	英 文 名	注 释
06.384	迎风格式	up-wind scheme	
06.385	旋转格式	Jameson scheme	
06.386	穆曼–科尔格式	Murman-Cole scheme	
06.387	麦科马克格式	MacCormack scheme	
06.388	全变差下降格式	total variation decreasing scheme, TVD scheme	又称"TVD 格式"。
06.389	非振荡非自由参量耗散差分格式	non-oscillatory and non-free-parameter dissipation difference scheme, NND scheme	又称"NND 格式"。
06.390	人工压缩法	artificial compressibility method	
06.391	激波光滑处理	smooth treatment of shock wave	
06.392	湍流数值计算	numerical computation of turbulent flow	
06.393	雷诺应力	Reynolds stress	
06.394	湍流模型	turbulence model	
06.395	薄层假定	thin layer assumption	
06.396	人工黏性	artificial viscosity	
06.397	人工密度法	artificial density method	
06.398	实验空气动力学	experimental aerodynamics	
06.399	风洞	wind tunnel	
06.400	水洞	water tunnel	
06.401	水槽	water channel	
06.402	风浪槽	wind wave channel	
06.403	风洞试验	wind tunnel test	
06.404	风洞计算机一体化	wind tunnel-computer integration	
06.405	相似参数	similarity parameter	
06.406	相似性准则	similarity criterion	
06.407	几何相似	geometrical similarity	
06.408	流场相似	flow field similarity	
06.409	运动学相似性	kinematic similarity	
06.410	动力学相似性	dynamic similarity	
06.411	低速风洞	low speed wind tunnel	
06.412	高速风洞	high speed wind tunnel	
06.413	低湍流度风洞	low turbulence wind tunnel	
06.414	亚声速风洞	subsonic wind tunnel	
06.415	跨声速风洞	transonic wind tunnel	

序 号	汉 文 名	英 文 名	注 释
06.416	超声速风洞	supersonic wind tunnel	
06.417	三声速风洞	trisonic wind tunnel	
06.418	高超声速风洞	hypersonic wind tunnel	
06.419	超高速风洞	hypervelocity wind tunnel	
06.420	烟风洞	smoke wind tunnel	
06.421	尾旋风洞	spin wind tunnel	
06.422	阵风风洞	gust wind tunnel	
06.423	叶栅风洞	cascade wind tunnel	
06.424	自由飞风洞	free flight wind tunnel	
06.425	校测风洞	calibration wind tunnel	
06.426	热校测风洞	thermo-calibration wind tunnel	
06.427	大气边界层风洞	atmospheric boundary layer wind tunnel	
06.428	连续式风洞	continuous wind tunnel	
06.429	暂冲式风洞	intermittent wind tunnel	
06.430	脉冲式风洞	impulse wind tunnel	
06.431	吹气式风洞	blowdown wind tunnel	
06.432	吹吸式风洞	blowdown-indraft wind tunnel	
06.433	吹引式风洞	blowdown-ejection wind tunnel	
06.434	闭口式风洞	closed test section wind tunnel	
06.435	开口式风洞	open jet wind tunnel	
06.436	开路式风洞	open circuit wind tunnel	
06.437	闭路式风洞	closed circuit wind tunnel	
06.438	双回路风洞	double return wind tunnel	
06.439	双试验段风洞	duplex wind tunnel	
06.440	圆截面风洞	circular wind tunnel	
06.441	八角截面风洞	octagon wind tunnel	
06.442	椭圆形截面风洞	elliptic wind tunnel	
06.443	矩形截面风洞	rectangular wind tunnel	
06.444	圆角多边形风洞	polygon wind tunnel	
06.445	立式风洞	vertical wind tunnel	
06.446	低温风洞	cryogenic wind tunnel	
06.447	变密度风洞	variable density wind tunnel	
06.448	低密度风洞	low density wind tunnel	
06.449	全尺寸风洞	full scale wind tunnel	
06.450	二维风洞	two dimensional wind tunnel	
06.451	三维风洞	three dimensional wind tunnel	

序　号	汉　文　名	英　文　名	注　释
06.452	高雷诺数风洞	high Reynolds number wind tunnel	
06.453	喷气发动机驱动风洞	jet-driven wind tunnel	
06.454	氦气风洞	helium wind tunnel	
06.455	氮气风洞	nitrogen wind tunnel	
06.456	自修正风洞	self-correcting wind tunnel	
06.457	引导性风洞	pilot wind tunnel	
06.458	电弧加热器	arc heater	
06.459	叠片式电弧加热器	Macker type arc heater	
06.460	长分段式电弧加热器	long segment type arc heater	
06.461	管状电弧加热器	tube type arc heater	
06.462	电弧风洞	arc tunnel	
06.463	热射风洞	hotshot tunnel	
06.464	激波管	shock tube	
06.465	收缩激波管	converging shock tube	
06.466	扩张激波管	expanding shock tube	
06.467	激波风洞	shock tunnel	
06.468	炮风洞	gun tunnel	
06.469	长射式风洞	long shot tunnel	
06.470	管风洞	tube tunnel	
06.471	弹道靶	ballistic range	
06.472	逆流靶	counter flow range	
06.473	风洞本体	wind tunnel noumenon，wind tunnel body	
06.474	稳定段	settling chamber	
06.475	蜂窝器	honeycombs	
06.476	整流网	screens	
06.477	收缩段	contraction section	
06.478	收缩比	contraction ratio	
06.479	拉瓦尔喷管	Laval nozzle	
06.480	型面喷管	contoured nozzle	
06.481	锥型喷管	conical nozzle	
06.482	二维喷管	two dimensional nozzle	
06.483	固壁喷管	fixed wall nozzle	
06.484	插入箱	insert section	

序 号	汉 文 名	英 文 名	注 释
06.485	柔壁喷管	flexible plate nozzle	
06.486	单支点半柔壁喷管	half flexible plate nozzle with single hinge point	
06.487	多支点半柔壁喷管	half flexible plate nozzle with many hinge point	
06.488	多支点全柔壁喷管	all flexible plate nozzle with many hinge point	
06.489	第一喉道	first throat	
06.490	第二喉道	second throat	
06.491	多孔壁	porous wall	
06.492	驻室	plenum chamber	
06.493	开闭比	porosity	
06.494	变开闭比通气壁	variable porosity porous wall	
06.495	开孔壁	perforated wall	
06.496	开槽壁	slotted wall	
06.497	试验段	test section	
06.498	观察窗	observation window	
06.499	扩散段	diffuser	
06.500	拐角	corner	
06.501	拐角导流片	turning vane in corner	
06.502	换气装置	breather	
06.503	引射器	injector	
06.504	旁路	bypass pipe	
06.505	高速炮	high speed gun	
06.506	靶室	range tank	
06.507	风洞辅件	accessory of wind tunnel	
06.508	风扇系统	fan system	
06.509	预扭导流片	prerotating vane	
06.510	反扭导流片	anti-twist vane	
06.511	正反转双风扇	counterrotating fan	
06.512	风扇整流罩	fan nacelle	
06.513	气源系统	air supply system	
06.514	压缩机	compressor	
06.515	储气罐	storage tank	
06.516	空气处理系统	air treatment system	
06.517	油水分离器	oil water separator	
06.518	除油器	oil remover	

序　号	汉　文　名	英　文　名	注　释
06.519	干燥器	dryer	
06.520	再生系统	regeneration system	
06.521	密闭阀	airtight valve	
06.522	快速阀	quick action valve	
06.523	调压阀	pressure regulating valve	
06.524	蓄热式加热器	storage-type heater	
06.525	燃气加热器	gas-fired heater	
06.526	卵石床加热器	pebble-bed heater	
06.527	电阻带式加热器	electric resistance belt heater	
06.528	电阻管式加热器	electric resistance tube heater	
06.529	石墨电阻加热器	graphite resistance heater	
06.530	捕捉网	catching net	
06.531	消声器	silencer	
06.532	风洞运行	wind tunnel operation	
06.533	风洞仿真能力	wind tunnel simulation capability	
06.534	连续式风洞能量比	energy ratio of continuous tunnel	
06.535	吹气式风洞能量比	energy ratio of blowdown tunnel	
06.536	风洞压缩比	compression ratio of wind tunnel	
06.537	[风洞]吹风	operating wind tunnel	
06.538	空风洞运行	empty wind tunnel operation	
06.539	起动载荷	starting load	
06.540	阻塞试验	blockage test	
06.541	直通型运行	straight-through operation	
06.542	反射型运行	reflected shock operation	
06.543	接触面	contact surface	
06.544	缝合接触面运行	tailored contact surface operation	
06.545	点弧	arc-firing	
06.546	风洞工作介质	working medium of wind tunnel	
06.547	风洞气流污染	stream contamination of wind tunnel	
06.548	高速一维流	one dimensional high speed flow	
06.549	喉道加热	throat heating	
06.550	壅塞	choking	
06.551	等熵管流	isentropic flow in pipe	
06.552	绝热管流	adiabatic flow in pip	
06.553	等温管流	isothermal flow in pipe	

序　号	汉　文　名	英　文　名	注　释
06.554	非定常管流	unsteady flow in pipe	
06.555	喷管名义马赫数	nominal Mach number of nozzle	
06.556	凝结激波	condensation shock	
06.557	轴向静压梯度	static pressure gradient along tunnel axis	
06.558	速度均匀性	velocity uniformity	
06.559	气流方向均匀性	flow direction uniformity	
06.560	气流稳定性	flow stability	
06.561	气流动态品质	flow pulsation quality	
06.562	等离子体射流	plasma jet	
06.563	波的反射	reflection of wave	
06.564	风洞流量	wind tunnel flow rate	
06.565	试验段菱形区	diamond region of test section	
06.566	风洞背景噪声	background noise of wind tunnel	
06.567	风洞试验模型	model in wind tunnel	
06.568	阻塞度	blockage percentage	
06.569	允许阻塞度	permitted blockage percentage	
06.570	通气模型	ventilating model	
06.571	颤振模型	flutter model	
06.572	颤振简化模型	simplified model of flutter	
06.573	半模型	half model	
06.574	缝隙	crack	
06.575	弹托	sabot	
06.576	标准模型	standard model	
06.577	标模统校	unified calibration of standard model	
06.578	模型支架	model support	
06.579	尾支杆	support sting	
06.580	弯支杆	bent sting	
06.581	后掠式腰支杆	swept waist support	
06.582	α 机构	α angle mechanism	
06.583	β 机构	β angle mechanism	
06.584	插入机构	injection system	
06.585	人工转换	artificial transition	
06.586	绊线	trip thread	
06.587	粗糙带	rough strip	
06.588	自由飞模型	free flight model	

序 号	汉 文 名	英 文 名	注 释
06.589	仿真技术	simulation technology	
06.590	完全仿真	complete simulation	
06.591	部分仿真	partial simulation	
06.592	自准区仿真	self-accurate area simulation	
06.593	旋臂机试验	whirling arm testing	
06.594	自由落体试验	free-fall testing	
06.595	机翼流试验	wing flow testing	
06.596	流场测量	flow field survey	
06.597	流场品质	flow field quality	
06.598	风洞流场校测	flow field calibration of wind tunnel	
06.599	天平测力	aerodynamic balance measuring	
06.600	天平组测力	balances measuring	
06.601	压力分布试验	pressure distribution test	
06.602	标准模型试验	standard model test	
06.603	进气道试验	air intake test	
06.604	喘振	surging	
06.605	二维弹翼试验	two dimensional wing test	
06.606	动量法	momentum method	
06.607	半模型试验	half model test	
06.608	垫块法	model pad method	
06.609	反射平板法	reflection plate method	
06.610	映像部件法	image components method	
06.611	喷流试验	jet testing	
06.612	冷喷流试验	cold jet testing	
06.613	热喷流试验	hot jet testing	
06.614	固化喷流试验	solidified jet testing	
06.615	羽流试验	plume testing	
06.616	铰链力矩试验	hinge moment testing	
06.617	投放试验	jettison testing	
06.618	捕获轨迹法	captive trajectory method	
06.619	外挂物试验	external stores testing	
06.620	地面效应试验	ground effect testing	
06.621	旋转弹试验	rotating rocket testing	
06.622	小不对称弹头试验	small asymmetric nose testing	
06.623	动导数试验	dynamic derivative testing	
06.624	自由振动法	free oscillation method	

序　号	汉　文　名	英　文　名	注　释
06.625	强迫振动法	forced oscillation method	
06.626	气动弹性试验	aeroelastic effect test	
06.627	抖振试验	buffet test	
06.628	颤振试验	flutter test	
06.629	地面风载荷试验	ground wind test	
06.630	大攻角试验	test at high attack angle	
06.631	超声速平板烧蚀试验	supersonic plate ablation test	
06.632	湍流管烧蚀试验	ablation testing in turbulence pipe	
06.633	包罩试验	shroud test	
06.634	低温烧蚀材料试验	ablation test of low temperature ablator	
06.635	斜坡烧蚀试验	ramp method of ablation test	
06.636	等离子体诊断	plasma diagnostics	
06.637	测试技术	test technology	
06.638	非侵入测量	non-intrusive measurement	
06.639	热图技术	thermo-mapping technique	
06.640	电子束荧光技术	electron beam fluorescence technique	
06.641	风洞高速摄影技术	high speed photograph application in wind tunnel	
06.642	智能传感器	intelligent transducer	
06.643	多功能传感器	multi-function transducer	
06.644	光纤传感器	optical fiber transducer	
06.645	光谱法温度测量	spectroscopic temperature measurement	
06.646	温度效应	temperature effect	
06.647	温度自补偿	temperature self-compensation	
06.648	火箭撬技术	rocket-propelled sled technique	
06.649	湍流球	turbulence sphere	
06.650	文丘里管	Venturi tube	
06.651	烧蚀速度传感器	ablation rate transducer	
06.652	自动送进系统	automatic feed system	
06.653	热线风速仪	hot wire anemometer	
06.654	热膜风速仪	hot film anemometer	
06.655	激光多普勒风速计	laser-Doppler anemometer	

序　号	汉　文　名	英　文　名	注　释
06.656	光学俯仰传感器	optical pitch transducer	
06.657	推导式质量计	extract type mass fluxmeter	
06.658	激光光网探测器	laser screen generator	
06.659	五孔探头	five holes probe	
06.660	六孔探头	six holes probe	
06.661	七孔探头	seven holes probe	
06.662	风洞测量控制系统	measurement and control system of wind tunnel	
06.663	风洞程序控制	wind tunnel program control	
06.664	马赫数控制	Mach number control	
06.665	角度机构控制系统	angle control system	
06.666	风洞试验数据库	wind tunnel test data base	
06.667	天平	balance	
06.668	风洞天平	wind tunnel balance	又称"气动力天平"。
06.669	机械天平	mechanical type balance	
06.670	盒式天平	box type balance	
06.671	塔式天平	pyramidal balance	
06.672	台式天平	platform balance	
06.673	轭式天平	yoke balance	
06.674	秤杆元件天平	weigh beam balance	
06.675	电磁元件天平	electromagnetic unit balance	
06.676	手动机械天平	hand operated mechanobalance	
06.677	半自动机械天平	auto-manual mechanobalance	
06.678	自动机械天平	automatic mechanobalance	
06.679	机械天平恢复力矩	mechanobalance restoring moment	
06.680	机械天平静稳定度	mechanobalance static stability	
06.681	机械天平动稳定性	mechanobalance dynamic stability	
06.682	应变式天平	strain gage balance	
06.683	支杆式应变天平	strain gage balance with sting	
06.684	外式应变天平	external strain gage balance	
06.685	内式应变天平	internal strain gage balance	
06.686	水冷却应变天平	water cooled strain gauge balance	
06.687	单分量天平	single component balance	

序　号	汉　文　名	英　文　名	注　释
06.688	多分量天平	multi-component balance	
06.689	静态测力天平	static balance	
06.690	动态测力天平	dynamic balance	
06.691	静动组合天平	static-dynamic balance	
06.692	脉冲风洞天平	pulse wind tunnel balance	
06.693	压电式天平	piezoelectric type balance	
06.694	半导体天平	semiconductor balance	
06.695	半模型天平	half model balance	
06.696	微量天平	microbalance, low load balance	
06.697	铰链力矩天平	hinge moment balance	
06.698	磁悬挂天平	magnetic suspention balance	
06.699	马格努斯天平	Magnus balance	
06.700	天平不回零性	balance character of non-return to zero	
06.701	冲击不回零性	balance character of non-return to zero under starting load	
06.702	天平静校［准］	static calibration of balance	
06.703	校正架	calibration rig	
06.704	自动加载	autoloading	
06.705	自补偿静校［准］	self-compensation static calibration	
06.706	天平动校［准］	dynamic calibration of balance	
06.707	单元校准	single unit calibration	
06.708	多元校准	multi-units calibration	
06.709	惯性补偿	inertia compensation	
06.710	天平干扰	interaction of balance system	
06.711	干扰量	interference quantity	
06.712	天平力矩参考中心	moment reference center of balance	
06.713	天平校准参考中心	calibration center of balance	
06.714	静校精密度	static calibration precision	
06.715	静校准确度	static calibration accuracy	
06.716	名义攻角	nominal angle of attack	
06.717	U 型压力计	U-tube manometer	
06.718	单管压力计	single tube manometer	
06.719	多管压力计	multiple manometer	
06.720	力平衡式压力传	force-balance type pressure trans-	

序　号	汉文名	英文名	注　释
	感器	ducer	
06.721	排管	tube rake，takes	
06.722	皮托管	Pitot tube	
06.723	边界层皮托探针	Pitot probe of boundary layer	
06.724	移测装置	movable measuring device	
06.725	风速管	Pitot-static tube	
06.726	厚膜压力传感器	thick film pressure transducer	
06.727	溅射式压力传感器	splashing type pressure transducer	
06.728	机械式压力扫描阀	mechanical pressure scanner	
06.729	电子式压力扫描阀	electronic-scanned pressure sensor	
06.730	热电偶	thermocouple	
06.731	薄膜电阻温度计	thin film resistance thermometer	
06.732	塞式量热计	plug calorimeter	
06.733	总焓探针	total enthalpy probe	
06.734	示温涂料	temperature sensitive paint	
06.735	压敏漆	pressure sensitive paint	
06.736	红外比色测量仪	infrared colorithermometer	
06.737	显示方法	display method	
06.738	流动显示	flow visualization	
06.739	色流法	coloration flow method	
06.740	烟流法	smoke flow method	
06.741	激光诱导荧光	fluorescence induced by laser	
06.742	荧光微丝法	fluorescence microtuft method	
06.743	添加剂法	additive method	
06.744	氢气泡法	hydrogen bubble method	
06.745	空气泡法	air bubble method	
06.746	氦气泡法	helium bubble method	
06.747	液晶法	liquid crystal method	
06.748	显示仪器	display instrument	
06.749	阴影仪	shadowgraph system	
06.750	纹影仪	schlieren system	
06.751	彩色纹影仪	color schlieren system	
06.752	干涉仪	interferometer	
06.753	马赫-曾德尔干	Mach-Zehnder interferometer	

序 号	汉 文 名	英 文 名	注 释
	涉仪		
06.754	纹影干涉仪	schlieren-interferometer	
06.755	全息摄影术	holography	
06.756	激光全息照相	laser holography	
06.757	[影像]再现	reconstruction	
06.758	激光散斑	laser speckle	
06.759	激光散斑干涉仪	laser speckle interferometer	
06.760	光栅干涉仪	diffraction grating interferometer	
06.761	电子束流动显示	electron beam flow visualization	
06.762	辉光放电流动显示	flow visualization by luminescence	
06.763	光纤内流场显示	internal flow field visualization using optical fiber	
06.764	计算机流动显示	flow visualization by computer	
06.765	流动图像数字化	digitalization of flow picture	
06.766	伪彩色图像处理	pseudo color picture treatment	
06.767	蒸汽屏显示	vapor-screen method of flow visualization	
06.768	激光屏显示	laser-screen method of flow visualization	
06.769	试验数据误差	error of test data	
06.770	数据修正	data correction	
06.771	马赫数均方根误差	root-mean-square error of Mach number	
06.772	马赫数最大偏差	maximum deflection of Mach number	
06.773	标模试验精密度	precision of calibration model	
06.774	标模试验准确度	accuracy of calibration model	
06.775	容差	tolerance	
06.776	变差	variation	
06.777	测量重复性	repeatability of measurement	
06.778	不同期重复性	different term repeatability	
06.779	短期重复性	shot term repeatability	
06.780	长期重复性	long term repeatability	
06.781	实验修正法	experiment correction method	
06.782	经验修正法	experience correction method	
06.783	理论修正法	theoretical correction method	

序　号	汉　文　名	英　文　名	注　释
06.784	边界修正	boundary correction	
06.785	[风]洞壁干扰	wall interference	
06.786	阻塞效应	blockage effect	
06.787	尾流阻塞效应	wake blockage effect	
06.788	升力干扰	lift interference	
06.789	流线弯曲效应	stream line curvature effect	
06.790	下洗修正	downwash correction	
06.791	浮力修正	buoyancy correction	
06.792	支架干扰修正	support interference correction	
06.793	底部阻力修正	base drag correction	
06.794	雷诺数修正	Reynolds number correction	
06.795	自重修正	tare correction	
06.796	气流偏角修正	flow deflection angle correction	
06.797	镜像法	image method	
06.798	镜像支架	mirror support, image support	

07．航天测控与通信

序　号	汉　文　名	英　文　名	注　释
07.001	航天发射场	space launching site	
07.002	航天着陆场	space landing site	
07.003	航天发射基地	space launching base	
07.004	导弹试验场	missile test range	
07.005	首区	head area, up range	
07.006	末区	end area, down range	
07.007	航区	flight range	
07.008	落区	impact area, drop zone	
07.009	[美国]靶场间测量小组标准	Inter-Range Instrumentation Group standards, IRIG standards	简称"IRIG 标准"。
07.010	空间数据系统协商委员会建议	Recommendations of Consultative Committee for Space Data System, CCSDS	简称"CCSDS建议"。
07.011	测控	tracking telemetry and command, TT&C	
07.012	起始段测控	TT&C of initial phase	

序　号	汉　文　名	英　文　名	注　释
07.013	主动段测控	TT&C of boost phase	
07.014	自由［飞行］段测量	free flight phase measurement	
07.015	［轨道］运行段测控	TT&C of in-orbit phase	
07.016	入轨［段］测控	TT&C of injection phase	
07.017	返回段测控	TT&C of return phase	
07.018	实况记录	document recording	
07.019	起飞漂移量测量	take-off drift measurement	
07.020	再入［段］测量	reentry［phase］measurement	
07.021	目标特性测量	target signature measurement	
07.022	多目标测量	multi-target measurement	
07.023	落点测量	impact point measurement	
07.024	弹道测量	trajectory measurement	
07.025	外弹道测量	exterior trajectory measurement	又称"外测"。
07.026	轨道测量	orbit measurement	
07.027	［航天器］长期运行管理	spacecraft long-term operation management	
07.028	安全判决	safety decision	
07.029	安全控制	safety control	
07.030	姿态机动	attitude maneuver	又称"姿态调整"，简称"调姿"。
07.031	姿态保持	attitude keeping	
07.032	轨道机动	orbit maneuver	又称"变轨"。
07.033	轨道修正	orbit adjustment	
07.034	回归保持	recursion keeping	
07.035	太阳同步保持	sun-synchronous keeping	
07.036	高精度测量带	high accuracy measurement corridor	
07.037	航天测控网	space flight TT&C network	
07.038	卫星测控网	satellite TT&C network	
07.039	深空网	deep space network	
07.040	遥测监视网	telemetry and monitor network	
07.041	卫星测控中心	satellite control center	
07.042	数据交换中心	data exchange center	
07.043	测控站	TT&C station	
07.044	跟踪站	tracking station	又称"测量站"。
07.045	光学跟踪站	optical tracking station	又称"光学测量站"。

序　号	汉　文　名	英　文　名	注　释
07.046	雷达跟踪站	radar tracking station	又称"雷达测量站"。
07.047	遥测[接收]站	telemetry receive station	
07.048	遥控站	command and control station, tele-command station	
07.049	前置站	front station	
07.050	测量船	instrumentation ship	
07.051	测量飞机	instrumentation airplane	
07.052	测控系统	TT&C system	
07.053	航天测控系统	space flight TT&C system	
07.054	卫星测控系统	satellite TT&C system	
07.055	导弹测控系统	missile TT&C system	
07.056	轨道测量系统	orbit measurement system	
07.057	弹道测量系统	trajectory measurement system	
07.058	外弹道测量系统	exterior trajectory measurement system, trajectory tracking system, exterior ballistic measuring system	简称"外测系统"。
07.059	光学跟踪系统	optical tracking system	又称"光学测量系统"。
07.060	无线电跟踪系统	radio tracking system	又称"无线电测量系统"。
07.061	安全控制系统	safety control system	简称"安控系统"。
07.062	遥控系统	command and control system	
07.063	引导系统	designating system	
07.064	数据处理系统	data processing system	
07.065	监视显示系统	monitor and display system	
07.066	箭载测控分系统	rocket-borne TT&C subsystem	
07.067	航天器载测控分系统	spacecraft-borne TT&C subsystem	
07.068	测控保障系统	supporting system for TT&C	
07.069	卫星自主性	satellite autonomy	
07.070	卫星星座	satellite constellation	
07.071	卫星自主导航	autonomous navigation of satellite	
07.072	自主卫星	autonomous satellite	
07.073	全球导航卫星系统	global navigation satellite system, Glonass	
07.074	高弹道[飞行]	high trajectory test	

序 号	汉 文 名	英 文 名	注 释
	试验		
07.075	低弹道[飞行]试验	low trajectory test	
07.076	全程[飞行]试验	full range test	
07.077	测控系统工程	TT&C system engineering	
07.078	测控总体设计	TT&C system design	
07.079	测控要求	TT&C requirement	
07.080	测控计划	TT&C plan	
07.081	测控任务	TT&C task	
07.082	测控事件	TT&C event	
07.083	测控事件序列	sequence of TT&C event，TT&C procedure	又称"测控程序"。
07.084	测控任务分析	TT&C task analysis	
07.085	故障预案	fault countermeasure	又称"故障对策"。
07.086	测控覆盖率	TT&C coverage	
07.087	位置保持窗口	station keeping window	又称"定点保持窗口"。
07.088	天线方向[性]图	antenna pattern	
07.089	天线方向[性]图设计	antenna pattern design	
07.090	天线安装角	antenna setting angle	
07.091	火焰夹角	angle between flame central axis and line-of-sight of station	
07.092	跟踪性能设计	tracking performance requirement design	
07.093	链路设计	link budget	又称"信道计算"。
07.094	接收系统品质因素	merit factor of receiving system	
07.095	等效全向辐射功率	equivalent isotropic radiated power，EIRP	
07.096	测量站配置	station location	俗称"布站"。
07.097	测量船配置	instrumentation ship location	俗称"布船"。
07.098	遮蔽角	shielding angle	
07.099	视线	line of sight	又称"通视"。
07.100	最优观测几何条	optimal station geometry	

序 号	汉 文 名	英 文 名	注 释
	件		
07.101	误差传播	error propagation	
07.102	安全管道	safety corridor	又称"安全走廊"。
07.103	保护区	protected zone	
07.104	安全控制信息	safety control information	简称"安控信息"。
07.105	安全判据	safety criterion	
07.106	安全判决准则	safety decision rule	
07.107	告警线	alarm line	
07.108	炸毁线	destruction line	
07.109	信息交换	information exchange	
07.110	信息流程	information flow	
07.111	信息格式	information format	
07.112	等离子体鞘套	plasma sheath	
07.113	黑障区	blackout range	
07.114	对接联调	integration test	又称"单项联调"。
07.115	系统联试	system integration test	
07.116	大回路演练	full loop exercise, system rehearsal	
07.117	校飞	calibration flight	
07.118	精度校飞	accuracy calibration flight	
07.119	精度鉴定	accuracy evaluation	
07.120	性能校飞	performance calibration flight	
07.121	综合校飞	integrated calibration flight	
07.122	校飞航路	calibration flight route	
07.123	灯光导航	light navigation	
07.124	天地对接试验	space-ground integrating test	
07.125	卫星仿真器	satellite simulator	
07.126	联调仿真器	integration test simulator	
07.127	测控网仿真	TT&C network simulation	
07.128	外测[信息]仿真	tracking [information] simulation	
07.129	遥测[信息]仿真	telemetry [information] simulation	
07.130	控制仿真	control simulation	
07.131	正常[状态]仿真	normal state simulation	
07.132	故障[状态]仿真	fault state simulation	

序　号	汉　文　名	英　文　名	注　释
07.133	测控坐标系	coordinate system used in TT&C	
07.134	坐标转换	coordinate transformation	
07.135	实时数据处理	real-time data processing	
07.136	事后数据处理	post mission processing	
07.137	数据预处理	data pre-processing	
07.138	冗余信息	redundant information	
07.139	测量元素	measurement element	
07.140	微分求速	velocity derived by differential	
07.141	时间修正	time correction	
07.142	电波折射修正	radio wave refraction correction	
07.143	跟踪点不一致修正	tracking point inconsistency correction	
07.144	轴系误差修正	correction of axis system error	
07.145	误差特性统计	error characteristic statistics	
07.146	自校准	self correction	
07.147	最佳弹道估计	best estimation of trajectory	
07.148	误差模型辨识	error model identification	
07.149	误差模型	error model	
07.150	轨道改进	orbit correction	
07.151	摄动计算	perturbation calculation	
07.152	星历计算	ephemeris calculation	
07.153	星下点参数	sub-satellite point parameters	
07.154	外测数据处理	tracking data processing	
07.155	遥测数据处理	telemetry data processing, telemetry data reduction	
07.156	数据综合处理	synthetic data processing	
07.157	遥测外测数据时间零点对齐	telemetry and tracking data time zero alignment	
07.158	实时处理精度	real-time processing accuracy	
07.159	外测信息	metric information	
07.160	遥测信息	telemetry information	
07.161	指令信息	command information	
07.162	测量信息接收	measurement information receive	
07.163	测量信息加工	measurement information processing	
07.164	数据合理性检验	data reasonableness test	
07.165	信息源择优	optimal information source selection	
07.166	数据滤波	data filtering	

序　号	汉　文　名	英　文　名	注　释
07.167	数据平滑	data smoothing	
07.168	实时弹道计算	real-time ballistic calculation	
07.169	理论弹道	theoretical trajectory	
07.170	实测弹道	measured trajectory	
07.171	轨道确定	orbit determination	
07.172	引导参数计算	designating parameter calculation	
07.173	引导数据	designating data	又称"引导量"。
07.174	实时落点计算	real-time impact calculation	
07.175	准实时落点计算	near-real-time impact calculation	
07.176	落点预报	impact prediction	
07.177	落点纵向偏差	impact longitudinal deviation	
07.178	落点横向偏差	impact lateral deviation	
07.179	落点选择	impact selection	
07.180	实时记录	real-time recording	
07.181	实时打印	real-time print	
07.182	事后复演	post-mission replay	
07.183	异常处理	exception handling	
07.184	应急处理	emergency handling	
07.185	错误处理	fault handling	
07.186	初始轨道计算	preliminary orbit calculation	简称"初轨计算"。
07.187	轨道预报	orbit prediction	
07.188	控制信息	control information	
07.189	轨道控制量	orbit control quantity	
07.190	姿态控制量	attitude control quantity	
07.191	转速控制量	spin rate control quantity	
07.192	轨道改进方法	orbit correction method	
07.193	入轨精度	orbit injection accuracy	
07.194	定轨精度	orbit determination accuracy	
07.195	着陆点精度	landing point accuracy	
07.196	着陆点实时预报	landing point real-time prediction	
07.197	实时显示	real-time display	
07.198	飞行状态参数	flight status parameter	
07.199	弹道参数	trajectory parameter	
07.200	轨道参数	orbit parameter	
07.201	落点参数	impact parameter	
07.202	星下点轨迹	sub-satellite track	
07.203	设备状态参数	equipment status parameter	

序　号	汉　文　名	英　文　名	注　释
07.204	实时留迹记录	real-time track recording	
07.205	航行测量	measurement during sailing	
07.206	停泊测量	measurement during mooring	
07.207	甲板坐标系	deck coordinate system	
07.208	甲板高低角	deck elevation	
07.209	甲板方位角	deck bearing	
07.210	船姿船位[测量]系统	ship attitude & position measuring system	
07.211	船位精度	ship position accuracy	
07.212	船位漂移	drift of ship position	
07.213	船体姿态角	shipbody attitude angle	
07.214	艏摇	yaw motion	
07.215	横摇	roll motion	
07.216	纵摇	pitch motion	
07.217	艏摇角	yaw angle	
07.218	横摇角	roll angle	
07.219	纵摇角	pitch angle	
07.220	[船体]变形测量系统	[shipbody] deformation measurement system	
07.221	升沉测量系统	heaving measurement system	
07.222	挠曲变形	flexure deformation	
07.223	艏摇变形角	yaw deformation angle	
07.224	横摇变形角	roll deformation angle	
07.225	纵摇变形角	pitch deformation angle	
07.226	坞内标校	calibration in dock	又称"码头标校"。
07.227	水平取齐	horizontal alignment	
07.228	方位取齐	azimuth alignment	
07.229	水平基准	horizontal reference	
07.230	方位基准	azimuth reference	
07.231	装船要素	shipment element	
07.232	天线视角	antenna look angle	
07.233	船用条件	marine condition	
07.234	船体变形	shipbody deformation	
07.235	水下弹道测量	underwater ballistic measurement	
07.236	水柱测量雷达	water column instrumentation radar	
07.237	经纬仪	theodolite	
07.238	电影经纬仪	cinetheodolite	

序 号	汉 文 名	英 文 名	注 释
07.239	光电经纬仪	photo-electric theodolite	
07.240	电视跟踪测量系统	television tracking measurement system	
07.241	红外跟踪测量系统	infrared tracking measurement system	
07.242	激光跟踪测量系统	laser tracking measurement system	
07.243	激光测距经纬仪	theodolite with laser ranging	
07.244	标校经纬仪	theodolite for calibration	
07.245	摄影机	camera	又称"照相机"。
07.246	弹道相机	ballistic camera	
07.247	实时弹道相机	real-time ballistic camera	
07.248	航空摄影机	aero camera	
07.249	水下摄影机	underwater camera	
07.250	高速摄影机	high speed camera	
07.251	间歇式高速摄影机	intermittent high-speed camera	
07.252	补偿式高速摄影机	compensating high-speed camera	
07.253	同步高速摄影机	synchronous high-speed camera	
07.254	跟踪望远镜	tracking telescope	
07.255	电影望远镜	cine telescope	
07.256	光电望远镜	photo-electric telescope	
07.257	电视望远镜	television telescope	
07.258	红外望远镜	infrared telescope	
07.259	照相望远镜	photographic telescope	
07.260	自适应望远镜	adaptive telescope	
07.261	光学跟踪架	optical tracking mount	
07.262	实况记录系统	live recording system	
07.263	光雷达	optical radar	
07.264	激光雷达	laser radar, lidar	
07.265	脉冲激光雷达	pulse laser radar	
07.266	连续波激光雷达	continuous wave laser radar, CW laser radar	
07.267	红外雷达	infrared radar	
07.268	激光测距仪	laser rangefinder	
07.269	胶片判读仪	film reader	

序　号	汉　文　名	英　文　名	注　释
07.270	［照相］干板	photographic dry plate	
07.271	坐标测量仪	coordinate instrumentation	
07.272	光测合作目标	optical tracking cooperative target	
07.273	后向反射器	retroreflector	
07.274	激光角反射体	laser corner reflector	
07.275	玻璃微珠反射体	glass microball reflector	
07.276	曳光管	flare	
07.277	红外辐射测量仪	infrared radiometer	
07.278	光谱测量仪	optical spectrum instrumentation	
07.279	方位标	azimuth marker，azimuth reference pole	
07.280	距离标	range reference pole	
07.281	靶板	target panel	
07.282	活动靶标	moving target	
07.283	作用距离	ranging coverage	
07.284	测距精度	range accuracy	
07.285	测角精度	angle accuracy	
07.286	测速精度	range rate accuracy	
07.287	测距误差	range error	
07.288	测角误差	angle error	
07.289	测速误差	range rate error	
07.290	空间指向误差	space pointing error	
07.291	方位角误差	azimuth error	
07.292	仰角误差	elevation error	
07.293	跟踪方式	tracking mode	
07.294	手动跟踪	manual tracking	
07.295	半自动跟踪	semi-automatic tracking	
07.296	自动跟踪	automatic tracking	
07.297	红外自动跟踪	infrared automatic tracking	
07.298	激光自动跟踪	laser automatic tracking	
07.299	电视自动跟踪	television automatic tracking	
07.300	质心跟踪	centroid tracking	又称"形心跟踪"。
07.301	边缘跟踪	edge tracking	
07.302	最亮点跟踪	high light tracking	
07.303	随动跟踪	servo tracking	
07.304	跟踪性能	tracking performance	
07.305	［角］工作范围	［angle］operating range	

序　号	汉 文 名	英 文 名	注　释
07.306	方位角	azimuth	
07.307	仰角	elevation	
07.308	跟踪误差	tracking error	
07.309	跟踪精度	tracking accuracy	
07.310	跟踪角速度	tracking angular rate	
07.311	保精度跟踪角速度	tracking angular rate without degradation	
07.312	最大角速度	maximum angular rate	
07.313	跟踪角加速度	tracking angle acceleration	
07.314	保精度跟踪角加速度	tracking angle acceleration without degradation	
07.315	最大角加速度	maximum angular acceleration	
07.316	记录方式	recording mode	
07.317	胶片记录	film recording	
07.318	磁带记录	magnetic tape recording	
07.319	摄影频率	photographic frequency	
07.320	激光脉冲重复频率	laser pulse repetition frequency	
07.321	激光回波率	laser echo ratio	
07.322	摄影鉴别率	photographic resolution	
07.323	目视鉴别率	visual resolution	
07.324	有效反射面积	effective reflection area	
07.325	多目标处理能力	multi-target processing ability	
07.326	实时输出	real-time output	
07.327	目标识别	target recognition	
07.328	交会测量	intersection measurement	
07.329	外测体制	tracking system	
07.330	基线制	base line system	
07.331	多站制	multi-station system	
07.332	单站制	single-station system	
07.333	雷达	radar	
07.334	测量雷达	instrumentation radar	
07.335	脉冲测量雷达	pulse instrumentation radar	
07.336	单脉冲跟踪	monopulse tracking	
07.337	圆锥扫描跟踪	conical scanning tracking	
07.338	相控阵测量雷达	phased array instrumentation radar	
07.339	电扫描技术	electronically scan technology	

序　号	汉　文　名	英　文　名	注　释
07.340	相位扫描	phase-scanning	
07.341	频率扫描	frequency scanning	
07.342	单脉冲技术	monopulse technology	
07.343	脉冲压缩技术	pulse compression technology	
07.344	脉冲多普勒技术	pulsed Doppler technology	
07.345	雷达搜索	radar search	
07.346	距离跟踪	range tracking	
07.347	角跟踪	angle tracking	
07.348	应答跟踪	interrogating tracking	
07.349	反射跟踪	skin tracking	又称"表皮跟踪"，"雷达跟踪"。
07.350	被动跟踪	passive tracking	
07.351	多普勒跟踪	Doppler tracking	
07.352	最大工作范围	maximum operating range	又称"最大作用距离"。
07.353	保精度工作范围	operating range without degradation	又称"保精度作用距离"。
07.354	雷达分辨率	radar resolution	
07.355	角分辨率	angle resolution	
07.356	距离分辨率	range resolution	
07.357	频率分辨率	frequency resolution	
07.358	量化单位	quantization unit	
07.359	雷达标校	radar calibration	
07.360	故障自动检测	automatic failure monitor	
07.361	相控阵天线	phased array antenna	
07.362	移相器组件	phase shifter package	
07.363	波束控制系统	beam controlling system	简称"波控系统"。
07.364	子阵	subarray	
07.365	天线单元	antenna element	
07.366	波束宽度	beam width	
07.367	波束跃度	beam saltus	
07.368	扫描范围	scanning range	
07.369	捕获灵敏度	acquisition sensitivity	
07.370	捕获带	pull-in range	
07.371	测距系统	ranging system	
07.372	模糊距离	ambiguity range	
07.373	距离消模糊	resolution of range ambiguity	

序 号	汉 文 名	英 文 名	注 释
07.374	距离避盲	avoidance of range blind zone	
07.375	目标散射特性	target scattering characteristics	
07.376	雷达截面积	radar cross-section	
07.377	连续波测量雷达	continuous wave instrumentation radar, CW instrumentation radar	
07.378	无线电干涉仪	radio interferometer	
07.379	基线	base line	
07.380	短基线干涉仪	short base-line interferometer	
07.381	长基线干涉仪	long base-line interferometer	
07.382	微波统一系统	unified microwave system	
07.383	S波段统一系统	unified S-band system	
07.384	远程监控	remote monitor and control	
07.385	透明工作方式	transparent operation mode	
07.386	多站联用测量系统	multi-station joining tracking system	
07.387	引导	designation	
07.388	引导雷达	designation radar	
07.389	程序引导	program designation	
07.390	仿真引导	analog designation	
07.391	数字引导	digital designation	
07.392	互引导	mutual designation	
07.393	引导范围	designation range	
07.394	雷达测量网	radar instrumentation network	
07.395	火焰衰减	flame attenuation	
07.396	无模糊作用距离	un-ambiguity operating range	
07.397	稳定跟踪距离	stable tracking range	
07.398	距离和	range sum	
07.399	距离和变化率	range sum rate	
07.400	多普勒测速	Doppler range rate measurement	
07.401	双频测速仪	dual frequency range rate instrumentation	
07.402	双向测速	two-way range rate measurement	
07.403	发现概率	detection probability	
07.404	捕获	acquisition	
07.405	捕获概率	acquisition probability	
07.406	目标捕获	target acquisition	
07.407	距离捕获	range acquisition	

序　号	汉　文　名	英　文　名	注　释
07.408	角捕获	angle acquisition	
07.409	扫描	scan, sweep	
07.410	圆锥扫描	conical scanning	
07.411	线性扫描	linear scanning	
07.412	系统捕获时间	system acquisition time	
07.413	信标捕获时间	beacon acquisition time	
07.414	角捕获时间	angle acquisition time	
07.415	距离捕获时间	range acquisition time	
07.416	双向载波捕获时间	two-way carrier acquisition time	
07.417	伪[噪声]码	pseudo-noise code	又称"[伪]随机码（pseudorandom code）"。
07.418	侧音	side tone	
07.419	高侧音	high side tone	
07.420	低侧音	low side tone	
07.421	伪码测距	pseudorandom code ranging	又称"随机码测距"。
07.422	侧音测距	side tone ranging	
07.423	伪码侧音混合测距	hybrid pseudorandom code and side tone ranging	简称"码音混合测距"。
07.424	距离校零	zero range calibration	
07.425	校零变频器	zero calibration frequency converter	
07.426	校零应答机	zero calibration transponder	
07.427	有线校零	cable zero calibration	
07.428	无线校零	radio zero calibration	
07.429	事前校零	pre-mission zero calibration	
07.430	事后校零	post-mission zero calibration	
07.431	校准塔	calibration tower	
07.432	目标仿真器	target simulator	
07.433	应答机	transponder	
07.434	相参应答机	coherent transponder	
07.435	非相参应答机	non-coherent transponder	
07.436	单站触发	single-station triggering	
07.437	多站触发	multi-station triggering	
07.438	信标机	beacon	
07.439	遥控	telecommand	
07.440	遥控设备	telecommand equipment	
07.441	遥控终端	telecommand terminal	

序 号	汉 文 名	英 文 名	注 释
07.442	无线电遥控	radio telecommand	
07.443	编码遥控	coded telecommand	
07.444	模拟遥控	analog telecommand	
07.445	遥控主控台	telecommand master console	
07.446	遥控分控台	telecommand sub-console	
07.447	安全遥控	safety command and control	
07.448	炸毁指令	destruct command	
07.449	指令接收机	command receiver	
07.450	指令发射机	command transmitter	
07.451	指令解调器	command demodulator	
07.452	指令执行机构	command execution unit	
07.453	卫星同步控制器	satellite synchronous controller	
07.454	指令终端	command terminal	
07.455	本地发令	local commanding	
07.456	远程发令	remote commanding	
07.457	地面安全控制	ground safety control	
07.458	大环比对	major loop validation	
07.459	小环比对	minor loop validation	
07.460	指令容量	command capacity	
07.461	数据注入	data loading, data injection	
07.462	指令格式	command format	
07.463	指令编码	command encoding	
07.464	指令代码	command code	
07.465	一次指令	once command	
07.466	实时指令	real-time command	
07.467	延时指令	delayed command	
07.468	时间程序指令	time-program command	
07.469	复合指令	complex command	
07.470	自检指令	self-checking command	
07.471	解除保险指令	arm command	简称"解保指令"。
07.472	执行指令	execute command	
07.473	安全指令	safety command	
07.474	指令长度	length of command code	
07.475	指令重发	command retransmission	
07.476	指令连发	command continual transmission	
07.477	误指令	error command	
07.478	误指令概率	error command probability	

序　号	汉　文　名	英　文　名	注　释
07.479	虚指令	false command	
07.480	虚指令概率	false command probability	
07.481	漏指令	missed command	
07.482	漏指令概率	missed command probability	
07.483	实时处理计算机	real-time processing computer	
07.484	指挥控制中心计算机	command & control center computer	简称"指控中心计算机"。
07.485	测控站计算机	TT&C station computer	
07.486	双工计算机系统	duplex computer system	
07.487	多机计算机系统	multi-computer system	
07.488	分布式计算机系统	distributed computer system	
07.489	专用外部设备	special peripheral equipment	
07.490	通信控制处理机	communication control processor	
07.491	测控仿真系统	TT&C simulation system	
07.492	测控软件	TT&C software	
07.493	测控实时软件	TT&C real-time software	
07.494	实时系统软件	real-time system software	
07.495	实时操作软件	real-time operation software	
07.496	驱动程序	drive program	
07.497	管理程序	management program	
07.498	中断管理程序	interruption management program	
07.499	实时通信管理程序	real-time communication management program	
07.500	双工管理程序	duplex management program	
07.501	实时网络管理程序	real-time network management program	
07.502	应急处理程序	emergency processing program	
07.503	测试检查程序	benchmark routine, test and check program	
07.504	测控应用软件	TT&C application software	
07.505	实时应用软件	real-time application software	
07.506	实战程序	operational program	
07.507	校飞程序	calibration flight program	
07.508	联试程序	integration test program	
07.509	复演程序	replay program	
07.510	航天测控通信网	communication network for space	

序 号	汉 文 名	英 文 名	注 释
		flight test	
07.511	通信中心	communication center	
07.512	通信站	communication station	
07.513	指挥通信	command communication	
07.514	指挥调度通信系统	command dispatching and com-munication system	
07.515	指挥调度系统	command dispatching system	
07.516	指挥调度体制	command dispatching hierarchy	
07.517	会议调度	conference dispatching	
07.518	指挥调度设备	command dispatching equipment	
07.519	扬声调度单机	dispatching loudspeaker set	
07.520	指挥电话	command telephone	
07.521	勤务电话	service telephone	
07.522	通播	public address, broadcast	
07.523	分隔	separation	
07.524	越级	overstep	
07.525	专向	special way	
07.526	转接	transit	
07.527	实线用户	real line subscriber	
07.528	载波用户	carrier subscriber	
07.529	中继用户	trunk subscriber	
07.530	二线扬声	two wire loudspeaking	
07.531	四线扬声	four wire loudspeaking	
07.532	数据通信	data communication	
07.533	数据传输系统	data transmission systems	
07.534	通信协议	communication protocol	
07.535	数据分组交换网	data packet switching network	
07.536	数字数据传输网	digital data transmission network	
07.537	综合业务数字网	integrated service digital network	
07.538	基带传输	baseband transmission	
07.539	话带传输	voice-band transmission	
07.540	数据链路	data link	
07.541	数据电路	data circuit	
07.542	传输通道	transmission path	
07.543	传输通路	transmission channel	又称"传输信道"。
07.544	数据终端设备	data terminal equipment, DTE	
07.545	数字电路终接设	data circuit terminating equipment,	

序　号	汉　文　名	英　文　名	注　释
	备	DCTE	
07.546	调制解调器	modem	
07.547	数据复用器	data multiplexer	
07.548	数字复用	digital multiplexing	
07.549	数字复用设备	digital multiplex equipment	
07.550	信息速率	information rate	
07.551	数据传输速率	data transmission rate	
07.552	调制速率	modulation rate	
07.553	误码率	bit error ratio	
07.554	同步	synchronization	
07.555	异步	asynchronous	
07.556	时间统一系统	timing system	简称"时统"。
07.557	内时统	inside timing system	
07.558	外时统	outside timing system	
07.559	频标	frequency standard	
07.560	原子频标	atom frequency standard	
07.561	锁相晶体振荡器	phase locked crystal oscillator	
07.562	标准频率信号	frequency reference signal	
07.563	频率基准系统	reference frequency system	
07.564	频率准确度	frequency accuracy	
07.565	频率稳定度	frequency stability	
07.566	短期频率稳定度	short-term frequency stability	简称"瞬稳"。
07.567	阿伦方差	Allan variance	
07.568	频率漂移率	frequency drift rate	
07.569	标准时间信号	time reference signal	
07.570	时间基准系统	time reference system	
07.571	世界时	universal time	
07.572	历书时	ephemeris time	
07.573	原子时	atomic time	
07.574	协调世界时	universal time coordinated	
07.575	IRIG-B 格式时间码	IRIG-B format time code	全称"[美国]靶场间测量小组标准-B格式时间码"。
07.576	[二进制编码的]十进制时间码	binary coded decimal time code, BCD time code	简称"BCD 时间码"。
07.577	时统中心站	center timing station	

序 号	汉 文 名	英 文 名	注 释
07.578	时统分站	timing substation	
07.579	时统设备	timing equipment	
07.580	IRIG-B 码接口终端设备	IRIG-B-code interface terminal equipment	
07.581	定时	timing	
07.582	时延修正	time delay correction	
07.583	时统信号控制台	timing signal control panel	
07.584	校频	frequency calibration	
07.585	守时	time keeping	
07.586	授时	time transfer	
07.587	起飞相对时	take-off relative time	
07.588	起飞绝对时	take-off absolute time	
07.589	图像通信系统	image communication system	
07.590	发射场电视监视系统	launch site television monitor system	
07.591	安[全]控[制]电视监视系统	safe-control television monitor system	
07.592	数字电视系统	digital television system	
07.593	会议电视系统	conference television system	
07.594	保密通信系统	secret communication system	
07.595	信息安全	information safety	
07.596	密码	cryptography code	
07.597	密钥	cryptography key	
07.598	加密等级	secret grade	
07.599	专用卫星通信网	dedicated satellite communication network	
07.600	光缆通信系统	optical cable communication system	
07.601	数字微波通信系统	digital microwave communication system	
07.602	一点多址微波通信系统	point-to-multipoint microwave system	
07.603	无线电集群通信系统	radio aggregation communication system	
07.604	天–地通信系统	space-ground communication system	
07.605	通信网管理系统	communication network management system	

序 号	汉 文 名	英 文 名	注 释
07.606	岸船通信系统	shore-ship communication system, S-S communication system	
07.607	遥测	telemetry	
07.608	无线电遥测	radio telemetry	
07.609	有线遥测	wire telemetry	
07.610	时分制多路遥测	time division multiplexing telemetry	
07.611	频分制多路遥测	frequency division multiplexing telemetry	
07.612	码分制多路遥测	code division multiplexing telemetry	
07.613	沃尔什遥测	Walsh telemetry	
07.614	可编程遥测	programmable telemetry	
07.615	计算机遥测	computer telemetry system	
07.616	自适应遥测	adaptive telemetry	
07.617	实时遥测	real-time telemetry	
07.618	延时遥测	delayed telemetry	
07.619	记忆-重发遥测	memory-replay telemetry	
07.620	弹头遥测	warhead telemetry	
07.621	弹体遥测	missile-body telemetry	
07.622	卫星遥测	satellite telemetry	
07.623	载人飞船遥测	manned spacecraft telemetry	
07.624	运载火箭遥测	launch vehicle telemetry	
07.625	多弹头遥测	multihead telemetry	
07.626	战斗弹遥测	operational missile telemetry	
07.627	机动弹头遥测	maneuverable warhead telemetry	
07.628	再入遥测	reentry telemetry	
07.629	高 G 遥测	high G telemetry	
07.630	深空遥测	deep space telemetry	
07.631	穿地遥测	penetrating earth telemetry	
07.632	分包遥测	packet telemetry	
07.633	遥测站	telemetry station	
07.634	PC 遥测站	personal computer telemetry station	
07.635	遥测标准	telemetry standards	
07.636	遥测前端	telemetry front end	
07.637	遥测误差	telemetry errors	
07.638	回收遥测	recovery telemetry	
07.639	遥测大纲	telemetry program	
07.640	遥测实施方案	telemetry implement plan	

序　号	汉文名	英文名	注　释
07.641	遥测缓变参数	slow variation telemetry parameter	
07.642	遥测速变参数	fast variation telemetry parameter	
07.643	遥测指令参数	event telemetry parameter	
07.644	遥测连续参数	continuous telemetry parameter	
07.645	遥测脉冲参数	pulse telemetry parameter	
07.646	遥测计算机字	telemetry computer word	
07.647	同源校准	same source calibration	
07.648	异源校准	different source calibration	
07.649	信号调节器	signal conditioner	
07.650	采样编码器	sampler and coder	简称"采编器"。
07.651	箭上电缆网	cable network onboard	亦可用于星或船上电缆网。
07.652	箭上遥测天线	telemetry antenna onboard	亦可用于星或船上遥测天线。
07.653	采样定理	sampling theorem	
07.654	误字率	word-error ratio	
07.655	码速率	bit rate	
07.656	帧	frame	
07.657	子帧	minor frame	
07.658	副帧	subframe	
07.659	全帧	major frame	
07.660	帧格式	frame format	
07.661	码同步	bit synchronization	
07.662	帧同步	frame synchronization	
07.663	帧同步码	frame sync pattern	
07.664	副帧同步	subframe synchronization	
07.665	副帧同步码	subframe sync pattern	
07.666	识别字副帧同步	identification subframe synchronization, ID subframe synchronization	
07.667	反码副帧同步	inverse code subframe synchronization	
07.668	循环码副帧同步	cyclic code subframe synchronization	
07.669	最佳帧同步码	optimal frame sync pattern	
07.670	源包	source packet	
07.671	分段	segmentation	

序　号	汉　文　名	英　文　名	注　释
07.672	传送帧	transfer frame	
07.673	固态存储器	solid-state memory	
07.674	超倍采样	supercommutation	
07.675	起始电平	starting level, initial level	
07.676	校准电平	calibration level	
07.677	信道编码	channel encoding	
07.678	扩频	spread spectrum	
07.679	硬判决	hard decision	
07.680	软判决	soft decision	
07.681	误码测试仪	bit error tester	
07.682	噪声发生器	noise generator	
07.683	仿真信号源	signal simulator	
07.684	分集	diversity	
07.685	分集接收	diversity receiving	
07.686	极化分集	polarization diversity	
07.687	频率分集	frequency diversity	
07.688	空间分集	space diversity	
07.689	编码分集	code diversity	
07.690	磁［带］记录器	magnetic tape recorder	
07.691	计测磁记录器	instrumentation tape recorder	
07.692	中频带磁记录器	intermediate frequency tape recorder	
07.693	宽频带磁记录器	wideband tape recorder	
07.694	双倍密度记录	double-density recording	
07.695	直接记录	direct recording	
07.696	饱和记录	saturation recording	
07.697	调频记录	frequency modulation recording, FM recording	
07.698	检前记录	predetection recording	
07.699	检后记录	postdetection recording	
07.700	串行高密度记录	serial high-density recording	
07.701	旋转头磁记录器	helical scan recorder	
07.702	静电打印机	electrostatic printer	
07.703	热敏记录仪	heat-sensitive recorder	
07.704	快看显示	quick-look display, quick display	
07.705	条图显示	bar chart display	
07.706	数字显示	numeric display	

序　号	汉　文　名	英　文　名	注　释
07.707	可重组技术	reconfigurable technology	
07.708	关口	gateway	
07.709	闲置包	idle package	

08. 航 天 遥 感

序　号	汉　文　名	英　文　名	注　释
08.001	卫星遥感	satellite remote sensing	
08.002	可见光遥感	visible spectral remote sensing	
08.003	红外遥感	infrared remote sensing	
08.004	紫外遥感	ultraviolet remote sensing	
08.005	微波遥感	microwave remote sensing	
08.006	雷达遥感	radar remote sensing	
08.007	多光谱遥感	multi-spectral remote sensing	
08.008	可见光	visible light	
08.009	紫外光	ultraviolet light	
08.010	近红外	near infrared	
08.011	反射红外	reflective infrared	
08.012	短波红外	short-wave infrared	
08.013	中红外	middle infrared	
08.014	热红外	thermal infrared	
08.015	远红外	far infrared	
08.016	微波	microwave	
08.017	射频	radio frequency	
08.018	光谱	optical spectrum	
08.019	频谱	frequency spectrum	
08.020	频道	spectral channel, frequency channel	
08.021	吸收光谱	absorption spectrum	
08.022	电磁波	electromagnetic wave	
08.023	电磁场	electromagnetic field	
08.024	电磁场能量	energy of electromagnetic field	
08.025	电磁辐射	electromagnetic radiation	
08.026	辐射光谱	spectrum of radiation	
08.027	光谱辐射通量	spectral radiant flux	

序　号	汉　文　名	英　文　名	注　释
08.028	普朗克辐射体	Planck's radiant body	
08.029	夫琅禾费谱线	Fraunhofer line	
08.030	辐射校正	radiant correction	
08.031	辐亮度	radiance	
08.032	辐照度	irradiance	
08.033	照度	illuminance	
08.034	黑体	black body	
08.035	黑体源	black body resource	
08.036	黑体辐射	black body emission	
08.037	绝对温度	absolute temperature	
08.038	绝对湿度	absolute humidity	
08.039	太阳光谱	solar spectrum	
08.040	太阳光谱辐照度	solar spectrum irradiancy	
08.041	太阳辐射	solar radiation	
08.042	地球辐射	terrestrial radiation	
08.043	大气辐射	atmospheric radiation	
08.044	大气程辐射	atmospheric path radiation	
08.045	行星辐射收支	planetary radiation budget	
08.046	地球辐射收支	earth radiation budget	
08.047	地-气系统辐射收支	earth-atmosphere system radiation budget	
08.048	漫射天光	diffuse skylight	
08.049	地球反照率	earth albedo	
08.050	气溶胶	aerosol	
08.051	大气结构	atmospheric structure	
08.052	大气模式	atmospheric model	
08.053	大气效应	atmospheric effect	
08.054	大气光谱透过率	atmospheric spectral transmittance	
08.055	大气透射波段	atmospheric transmission bands	
08.056	大气能见度	atmospheric visibility	
08.057	大气吸收	atmospheric absorption	
08.058	大气衰减	atmospheric attenuation	
08.059	大气校正	atmospheric correction	
08.060	大气色散	atmospheric dispersion	
08.061	大气耗损	atmospheric loss	
08.062	大气噪声	atmospheric noise	
08.063	天电干扰	atmospheric interference	

序　号	汉　文　名	英　文　名	注　释
08.064	大气散射	atmospheric scattering	
08.065	大气散射效应	scattering effect in the atmosphere	
08.066	瑞利散射	Rayleigh scattering	
08.067	大气选择性散射	atmospheric selectivity scattering	
08.068	大气折射	atmospheric refraction	
08.069	大气湍流	atmospheric turbulence	
08.070	大气闪烁	atmospheric scintillation	
08.071	大气透射比	atmospheric transmittance	
08.072	大气窗口	atmospheric window	
08.073	大气自净作用	atmospheric self-purification	
08.074	大气品位指数	atmospheric quality index	
08.075	大气污染监测	atmospheric pollution monitoring	
08.076	大气光学厚度	atmospheric optical thickness	
08.077	发射	emission	
08.078	发射率	emissivity	
08.079	发射本领	emission capability	
08.080	吸收	absorption	
08.081	吸收率	absorptivity, absorptance, specific absorption	
08.082	吸收波段	absorption bands	
08.083	吸收系数	absorption coefficient	
08.084	吸收发射比	absorption-emissivity ratio	
08.085	反射	reflection	
08.086	反射率	reflectivity, reflectance, reflective index	
08.087	反射系数	reflectance coefficient	
08.088	反射特性	reflectance characteristics	
08.089	反射因子	reflectance factor	
08.090	双向反射比因子	bi-directional reflection factor	
08.091	透射率	transmissivity	
08.092	透射比	transmittance	
08.093	透射密度	transmissive density	
08.094	遥感平台	platform for remote sensing	
08.095	卫星遥感系统	satellite remote sensing system	
08.096	星载数据收集分系统	satellite base data collection subsystem	
08.097	遥感地面接收站	ground station of remote sensing	

序 号	汉 文 名	英 文 名	注 释
08.098	卫星观测系统	satellite observatories	
08.099	对地静止卫星	geostationary satellite	
08.100	地球同步对地观测系统	geosynchronous earth observation system，GEOS	
08.101	遥感器	remote sensor	
08.102	遥感相机	remote sensing camera	
08.103	地物相机	terrain camera	
08.104	恒星相机	stellar camera	
08.105	画幅式相机	frame camera	
08.106	全景式相机	panoramic camera	
08.107	航线式相机	strip camera	
08.108	节点式相机	node-point camera	
08.109	测量相机	space-born metric camera	
08.110	侦察相机	space-born reconnaissance camera	
08.111	专题制图仪	thematic mapper，TM	
08.112	红外相机	infrared camera	
08.113	近红外相机	near infrared camera	
08.114	红外扫描仪	infrared scanner	
08.115	紫外扫描仪	ultraviolet scanner	
08.116	多谱段扫描仪	multi-spectral scanner	
08.117	数字式多谱段扫描仪	digital multi-spectral scanner	
08.118	海洋水色成像仪	ocean color imager	
08.119	光谱仪	optical spectrometer	
08.120	成像光谱仪	imaging spectrometer	
08.121	返束光导管摄像机	return-beam vidicon camera，RBVC	
08.122	航天飞机成像光谱仪	shuttle imaging spectrometer，SIS	
08.123	卡塞格林望远镜	Cassegrain telescope	
08.124	CCD 相机	CCD camera，charge-coupled device camera	又称"电荷耦合器件摄像机"。
08.125	高分辨率红外辐射计	high resolution infrared radiometer	
08.126	散射计	scatterometer	
08.127	光度计	photometer	
08.128	紫外臭氧光谱仪	ultraviolet ozone spectrometer，UOS	

序　号	汉　文　名	英　文　名	注　　释
08.129	紫外太阳光谱仪	ultraviolet solar spectrometer, USS	
08.130	平流层紫外成像光谱仪	ultraviolet stratospheric imaging spectrometer, USIS	
08.131	高分辨率全球大气臭氧测量仪	high resolution global measurement of atmospheric ozone	
08.132	主动微波遥感	active microwave remote sensing	又称"有源微波遥感"。
08.133	被动微波遥感	passive microwave remote sensing	又称"无源微波遥感"。
08.134	微波遥感器	microwave remote sensor	
08.135	微波探测装置	microwave sounding unit, MSU	
08.136	微波辐射计	microwave radiometer	
08.137	全功率辐射计	total power radiometer	
08.138	微波散射计	microwave scatterometer	
08.139	雷达散射计	radar scatterometer	
08.140	雷达测高计	radar altimeter	
08.141	激光测高仪	laser altimeter	
08.142	扫描微波辐射计	scanning microwave radiometer	
08.143	扫描多通道微波辐射计	scanning multi-channel microwave radiometer	
08.144	微波大气探测辐射计	microwave atmospheric sounding radiometer	
08.145	迪克辐射计	Dicke radiometer	
08.146	真实孔径雷达	real aperture radar	
08.147	合成孔径雷达	synthetic aperture radar, SAR	
08.148	地球同步合成孔径雷达	geosynchronous synthetic aperture radar	
08.149	全聚焦合成孔径雷达	fully focused SAR	
08.150	聚束合成孔径雷达	spot beam SAR	
08.151	非聚束合成孔径雷达	unfocused SAR	
08.152	逆合成孔径雷达	inverse SAR	
08.153	合成孔径谐波雷达	harmonic SAR	
08.154	微波全息雷达	microwave hologram radar	

序　号	汉　文　名	英　文　名	注　释
08.155	侧视雷达	side-looking radar, SLR	
08.156	真实孔径侧视雷达	real aperture side-looking radar	
08.157	合成孔径侧视雷达	synthetic aperture side-looking radar	
08.158	合成干涉仪雷达	synthetic interferometer radar	
08.159	相干雷达	coherent radar	
08.160	航天飞机成像雷达	space shuttle imaging radar	
08.161	扫描微波频谱仪	scanning microwave spectrometer, SCAMS	
08.162	高级微波水汽遥感器	advanced microwave moisture sensor	
08.163	目标	target	
08.164	航天摄影	space photography	
08.165	卫星摄影	satellite photography	
08.166	绝对高度	absolute altitude	
08.167	高程	altitude	
08.168	航高	flight level, cardinal altitude	
08.169	绝对航高	absolute flying height	
08.170	相对航高	relative flying height	
08.171	太阳高度	solar altitude	
08.172	太阳高度角	solar elevation	
08.173	速高比	velocity to height ratio	
08.174	速高比计	velocity to height meter	
08.175	基高比	base to height ratio	
08.176	反射式光学系统	reflective optical system	
08.177	折射式光学系统	refractive optical system	
08.178	折反式光学系统	refractive and reflective optical system	
08.179	遮拦比	ratio of obstruction	
08.180	配准	registration	
08.181	主光学系统	primary optical system	
08.182	中继光学系统	relay optical system	
08.183	平行光	collimated light	
08.184	光程	optical path	
08.185	透镜	lens	

序　号	汉　文　名	英　文　名	注　释
08.186	准直透镜	collimating lens	
08.187	消球差透镜	aspherical lens	
08.188	消色差透镜	achromatic lens	
08.189	焦点	focus	
08.190	焦距	focal length	
08.191	焦平面	focal plane	
08.192	视场	field of view, FOV	
08.193	视场角	angle of field, angle of view, looking angle	
08.194	远焦的	afocal	
08.195	焦外系统	afocal system	
08.196	焦深	depth of focus	
08.197	景深	depth of field	
08.198	相机检定主距	calibrated focal length of camera	又称"镜箱焦距"。
08.199	等值焦距	equivalent focal length	
08.200	聚焦装置	focusing device	
08.201	自动调焦装置	automatic focusing device	
08.202	自动聚焦机构	autofocus mechanism	
08.203	遥控调焦	remote focusing	
08.204	变焦距	zoom	
08.205	变焦镜头	zoom lens	
08.206	变焦系统	zoom system, pancreatic system	
08.207	变焦立体镜	zoom stereoscope	
08.208	入射光瞳	entrance pupil	
08.209	出射光瞳	exit pupil	
08.210	光阑	diaphragm, stop	
08.211	孔径	aperture	又称"光圈"。
08.212	相对孔径	relative aperture	
08.213	孔径比	aperture ratio	
08.214	光圈调节[装置]	aperture setting	
08.215	可调光圈	adjustable aperture	
08.216	视场光阑	field stop	
08.217	孔径光阑	aperture stop	又称"有效光阑"。
08.218	可变光阑	variable diaphragm	
08.219	像幅	frame of image, format	
08.220	亮度	brightness, brilliance	

序 号	汉 文 名	英 文 名	注 释
08.221	亮度范围	brightness range	
08.222	曝光[量]	exposure	
08.223	预曝光	pre-exposure	
08.224	曝光表	exposure meter	
08.225	曝光时间	exposure time	
08.226	实际曝光时间	real exposure time	
08.227	曝光宽容度	exposure latitude	
08.228	自动曝光控制装置	automatic exposure control device	
08.229	曝光过度	burn out	
08.230	曝光间隔	exposure interval	
08.231	饱和曝光量	saturation exposure	
08.232	快门	shutter	
08.233	快门效率	shutter efficiency	
08.234	滤光片	filter	
08.235	滤光系数	filter factor	
08.236	平均透过率	mean transmissivity	
08.237	偏振	polarization	
08.238	偏振光	polarized light	
08.239	偏振片	polaroid	
08.240	偏振滤光片	polarizing filter	
08.241	防渐晕滤光片	antivignetting filter	
08.242	分光	splitting	
08.243	分光镜	beam splitter	
08.244	带通滤光片	band-pass filter	
08.245	分色滤光片	color separation filter	
08.246	截止滤光片	cutoff filter	
08.247	中性滤光片	neutral filter	
08.248	杂光	stray light	
08.249	消杂光	eliminate stray light	
08.250	杂光系数	coefficient of stray light	
08.251	挡光板	baffle	
08.252	挡光筒	baffling barrel	
08.253	遮光罩	shade	
08.254	消光	extinction	
08.255	消光系数	extinction coefficient, extinction index	又称"消光率"。

序　号	汉　文　名	英　文　名	注　释
08.256	像面照度	illuminance of image plane	
08.257	清晰度	definition	
08.258	色度	chromaticity	
08.259	色度图	chromaticity diagram	
08.260	色分辨率	chromatic resolving power	
08.261	彩色体	color body	
08.262	消色体	achromatic body	
08.263	感色度	color sensitivity	
08.264	色饱和度	color saturation	
08.265	[彩]色	color	
08.266	像差	aberration	
08.267	色散	dispersion	
08.268	色[像]差	chromatism, chromatic aberration	
08.269	单色光	monochromatic light	
08.270	单色像差	monochromatic aberration	
08.271	球[面像]差	spherical aberration	
08.272	彗[形像]差	coma	
08.273	场曲	field curvature	
08.274	像散	astigmatism	
08.275	畸变	distortion	
08.276	弥散圆	circle of confusion	
08.277	空间频率	spatial frequency	
08.278	光学传递函数	optical transfer function, OTF	
08.279	调制传递函数	modulation transfer function, MTF	
08.280	相位传递函数	phase transfer function, PTF	
08.281	奈奎斯特频率	Nyquist frequency	
08.282	分辨率	resolution	
08.283	目视分辨率	visible resolution	
08.284	摄影分辨率	photographic resolution	
08.285	静态摄影分辨率	static photographic resolution	
08.286	动态摄影分辨率	dynamic photographic resolution	
08.287	径向分辨率	sagittal resolution, radial resolution	
08.288	切向分辨率	tangent resolution	
08.289	空间分辨率	spatial resolution	
08.290	地面分辨率	ground resolution	
08.291	面积加权平均分辨率	area weighted average resolution, AWAR	

序　号	汉　文　名	英　文　名	注　释
08.292	辐射分辨率	radiometric resolution, radiation resolution	
08.293	光谱分辨率	spectral resolution	
08.294	像元分辨率	pixel resolution	
08.295	时间分辨率	time resolution	
08.296	温度分辨率	temperature resolution	
08.297	像元配准	pixel registration	
08.298	光栅	grating	
08.299	衍射	diffraction	
08.300	衍射光栅	diffraction grating	
08.301	闪耀角	blazed angle	
08.302	闪耀光栅	blazed grating	
08.303	输片机构	transport mechanism	
08.304	供片卷筒	supply spool	
08.305	暗盒	cassette, magazine	
08.306	回收片盒	recovery cassette	
08.307	量片辊	metering roller	
08.308	连续绕片	continuous wind	
08.309	间隙量片	intermittence wind	
08.310	储片机构	film storing mechanism	
08.311	输片张力控制系统	[film transportation] tensile control mechanism	
08.312	展平机构	flatten mechanism	
08.313	网格	reseau, graticule mesh	
08.314	框标	collimating mark, fiducial mark	
08.315	像片框标	fiducial mark of the photograph	
08.316	机械框标	mechanical fiducial mark	
08.317	光学框标	optical fiducial mark	
08.318	注记装置	annotation equipment	
08.319	立体摄影测量	stereo triangulation, stereo photo-grammetric survey	
08.320	中心投影	center projection	
08.321	地面控制点	ground control point	
08.322	像点	image point	
08.323	像主点	principal point	
08.324	立体像对	pair of stereoscopic pictures, stereopair	

序　号	汉文名	英文名	注　释
08.325	视差	parallax	
08.326	像移	image motion	
08.327	像移补偿	image motion compensation, IMC	
08.328	像移补偿装置	image motion compensation device	
08.329	像移补偿精度	accuracy of image motion compensation	
08.330	径向畸变	radial distortion	
08.331	切向畸变	tangential distortion	
08.332	全景畸变	panoramic distortion	
08.333	像移补偿畸变	image motion compensation distortion	
08.334	摄影坐标系	photographic coordinate system	
08.335	摄影测量坐标系	photogrammetric coordinate system	又称"像平面坐标系"。
08.336	像片方位元素	orientation element	
08.337	内方位元素	elements of interior orientation	
08.338	外方位元素	elements of exterior orientation	
08.339	渐晕	vignetting	
08.340	像差渐晕	aberration vignetting	
08.341	恒星星等	stellar magnitude	
08.342	阈值星等	magnitude of threshold	
08.343	可测星等	measurable magnitude	
08.344	定向精度	orientation accuracy	
08.345	恒星敏感器	stellar sensor	
08.346	几何校正	geometric correction, geometric rectification	
08.347	校正仪	rectifier, rectifying apparatus	
08.348	地球曲率校正	earth curvature rectification	
08.349	姿态误差校正	attitude error rectification	
08.350	胶片	photographic film	
08.351	全色胶片	panchromatic film, pan film	
08.352	彩色胶片	color film, autochrome	
08.353	彩色反转胶片	color reverse film	
08.354	红外胶片	infrared film	
08.355	彩色红外胶片	color infrared film	
08.356	胶片变形	deformation of film	
08.357	胶片卷曲	film curl	

序　号	汉　文　名	英　文　名	注　释
08.358	胶片粘连	cohesion of film	
08.359	感光度	actinism, light sensitivity	
08.360	胶片感光度	film speed	
08.361	航空胶片感光度	aerial film speed	
08.362	美国标准协会感光度	American Standards Association film speed, ASA speed	
08.363	感光性	photo sensitivity	
08.364	感光层	photo sensitive coating	
08.365	感光乳胶	photographic emulsion	
08.366	胶片片基	[film] base	
08.367	密度	density	
08.368	背景密度	background density	
08.369	颗粒度	granularity	
08.370	胶片解像力	resolution of film	
08.371	感光特性曲线	sensitometric characteristic curve, hand D curve	
08.372	光谱感光度曲线	spectral sensitivity curve	
08.373	反差系数 γ	contrast coefficient γ	
08.374	对比度	contrast ratio	
08.375	灰雾度	fog	
08.376	灰度等级	gray level	
08.377	灰阶	gray scale	
08.378	假彩色	false color	
08.379	假彩色合成	false-color composite	
08.380	假彩色还原	false-color rendition	
08.381	探测器	detector	
08.382	探测元件	detective cell	
08.383	电荷耦合器件	charge-coupled device, CCD	
08.384	时间延迟积分器件	time delay integration device, TDI device	
08.385	光电探测器	photodetector	
08.386	光电发射	photoemission	
08.387	光电系统	photoelectric system	
08.388	背景限光电探测器	background limited photodetector	
08.389	红外探测器	infrared detector	
08.390	单元探测器	single-element detector	

序 号	汉 文 名	英 文 名	注 释
08.391	多元探测器	multi-element detector	
08.392	阵列探测器	detector array	
08.393	线阵[列]探测器	linear array detector	
08.394	面阵[列]探测器	area array detector	
08.395	凝视阵列	starring array	
08.396	镶嵌阵列	mosaic array	
08.397	拼接	butting	
08.398	像元	pixel	
08.399	探测器一致性	detector conformity	
08.400	串扰	cross talk	又称"串音"。
08.401	探测时间常数	time constant of detector	
08.402	探测率	detectivity	符号为"D"。
08.403	归一化探测率	normalized detectivity	符号为"D*"。
08.404	响应率	responsibility	
08.405	探测器量子效率	detective quantum efficiency, DQE	
08.406	响应量子效率	responsive quantum efficiency, RQE	
08.407	截止波长	cutoff wavelength	
08.408	暗电流	dark current	
08.409	信噪比	signal-noise ratio	
08.410	均方根噪声	root-mean-square noise, rms noise	
08.411	峰-峰噪声	peak to peak noise	
08.412	相干噪声	coherent noise	
08.413	均方根噪声电压	root-mean-square noise voltage	
08.414	均方根噪声电流	root-mean-square noise current	
08.415	噪声频谱	noise spectrum	
08.416	噪声等效曝光量	noise equivalent exposure, NEE	
08.417	噪声等效功率	noise equivalent power, NEP	
08.418	黑体噪声等效功率	black body noise equivalent power	
08.419	光谱噪声等效功率	spectral noise equivalent power	
08.420	噪声等效反射比差	noise equivalent reflectance difference, NERD	
08.421	噪声等效温差	noise equivalent temperature dif-	

序　号	汉　文　名	英　文　名	注　释
		ference，NETD，NEDT	
08.422	最小可探测温差	minimum detectable temperature difference，MDTD	
08.423	最小可分辨温差	minimum resolvable temperature difference，MRTD	
08.424	推扫	push broom	
08.425	摆动扫描	oscillating scan	
08.426	圆扫描	circular scan	
08.427	并联扫描	parallel scan	
08.428	串联扫描	serial scan	
08.429	串并联扫描	serial and parallel scan	
08.430	扫描角	scanning angle	
08.431	扫描速率	scanning rate	
08.432	扫描效率	scanning efficiency	
08.433	扫描角监控器	scan angle monitor	
08.434	扫描线校正器	scan line corrector	
08.435	回扫时间	flyback time	
08.436	扫描重叠率	scanning overlap coefficient	
08.437	纵向重叠率	longitudinal overlap	
08.438	横向重叠率	transverse overlap	
08.439	重叠系数	overlap coefficient	
08.440	定标	calibration	
08.441	绝对辐射定标	absolute radiometric calibration	
08.442	相对辐射定标	relative radiometric calibration	
08.443	辐射定标装置	radiometric calibration device	
08.444	太阳定标器	solar calibrator	
08.445	内定标器	internal calibrator	
08.446	地球屏	earth shield	
08.447	冷窗	cold window	
08.448	热窗	heat window	
08.449	冷屏	cold shield	
08.450	冷光阑	cold stop	
08.451	球面	sphere surface	
08.452	非球面	aspherical surface	
08.453	菲涅耳面	Fresnel surface	
08.454	反射面	reflecting surface	
08.455	双曲面	hyperboloid surface	

序　号	汉　文　名	英　文　名	注　　释
08.456	椭球面	ellipsoid surface	
08.457	抛物面	parabolic surface	
08.458	刈幅	swath	
08.459	传输效率	transmission efficiency	
08.460	数据率	data rate	
08.461	侧视范围	swath steering range	
08.462	动态范围	dynamic range	
08.463	电荷传输效率	charge transfer efficiency, CTE	
08.464	采样保持	sample and hold	
08.465	传输时钟	transfer clock	
08.466	读出时钟	readout clock	
08.467	像元复位偏压	pixel reset bias	
08.468	像元复位时钟	pixel reset clock	
08.469	输出复位时钟	output reset clock	
08.470	预触发器	pre-trigger	
08.471	控制信号	control signal	
08.472	输出信号	output signal	
08.473	自动增益控制	automatic gain control	
08.474	帧抓取器	frame grabber	
08.475	帧速率	frame rate	
08.476	帧读出	frame readout	
08.477	帧传输	frame transfer	
08.478	热沉	heat sink	
08.479	读出寄存器	readout register	
08.480	移位寄存器	shift register	
08.481	线读出	line readout	
08.482	积分时间	integration time	
08.483	量化	quantization, digitization	又称"数字化"。
08.484	数字传输	digital communication	
08.485	数字图像	digital image	
08.486	数字仿真	digital simulation	
08.487	数模转换	digital to analogy conversion	
08.488	数据压缩	data compression	
08.489	图像数据压缩	image data compression	
08.490	压缩比	compression ratio	
08.491	固定数据存储技术	permanent-data storage technology	

序　号	汉　文　名	英　文　名	注　释
08.492	数字图像处理系统	digital image processing system	
08.493	遥感数据处理中心	data processing center of remote sensing	
08.494	地理信息遥感数据库	remote sensing data base of geographical information	
08.495	判读	identification, interpretation	
08.496	图像判读	photo interpretation	
08.497	光谱特征	spectral feature, spectral signature	
08.498	发射波谱特征	feature of emission spectrum	
08.499	反射波谱特征	reflectance spectral feature	
08.500	图像处理	image processing	
08.501	光学信息处理	optical information processing	
08.502	光学处理器	optical processor	
08.503	数字处理器	digital processor	
08.504	光学数字处理器	optical digital processor	
08.505	快速傅里叶变换	fast Fourier transform, FFT	
08.506	［图］像质［量］	image quality	
08.507	图像识别	image recognition	
08.508	图像退化	image degradation	
08.509	图像增强	image enhancement	
08.510	边缘增强	boundary enhance	
08.511	图像镶嵌	image mosaic	
08.512	图像放大	image magnification, zoom	又称"［图像］细化"。
08.513	放大［率］	magnification	
08.514	放大倍数	magnification factor	
08.515	垂直摄影	vertical photography	
08.516	遥感影像	remote sensing image	
08.517	遥感图像	remote sensing picture	
08.518	扫描影像	scan-image	
08.519	摄影影像	photographic image	
08.520	合成天线	synthetic antenna	
08.521	聚焦合成天线	focused synthetic antenna	
08.522	非聚焦合成天线	unfocused synthetic antenna	
08.523	合成孔径长度	length of synthetic aperture	
08.524	合成孔径天线	synthetic aperture antenna	
08.525	真实孔径长度	length of real aperture	

序　号	汉　文　名	英　文　名	注　释
08.526	真实天线	real antenna	
08.527	余割平方波束天线	cosecant-squared beam antenna	
08.528	主波束效率	main beam efficiency	
08.529	波束锐化比	beam sharpening ratio	
08.530	多普勒波束锐化	Doppler beam sharpening	
08.531	极化	polarization	
08.532	水平极化	horizontal polarization	
08.533	垂直极化	vertical polarization	
08.534	正交极化	cross polarization	
08.535	去极化	depolarization	
08.536	复介电常数	complex dielectric constant	
08.537	雷达回波	radar returns	
08.538	相干回波	coherent echo	
08.539	海面杂波	sea clutter	
08.540	地［面］杂波	land clutter	
08.541	雷达反射率	radar reflectivity	
08.542	散射	scattering	
08.543	散射系数	scattering coefficient	
08.544	散射正交截面	scattering cross section	
08.545	粗糙度	roughness	
08.546	粗糙表面	rough surface	
08.547	平滑表面	smooth surface	
08.548	镜面反射	specular reflection	
08.549	点散射体	point scatter	
08.550	谐振单元	resonant element	
08.551	面扩展目标	area extensive target	
08.552	面散射	area scattering	
08.553	体散射	volume scattering	
08.554	布拉格谐振	Bragg resonance	
08.555	后向散射	back scattering	
08.556	校准目标	calibration target	
08.557	相干	coherent	
08.558	相干载波	coherent carrier	
08.559	相干散射	coherent scattering	
08.560	非相干散射	non-coherent scattering	
08.561	趋肤深度	skin depth	

序　号	汉　文　名	英　文　名	注　释
08.562	表观温度	apparent temperature	
08.563	［频谱］发射率	spectrum emissivity	
08.564	天线温度	antenna temperature	
08.565	亮［度］温度	brightness temperature	
08.566	入射角	angle of incidence	
08.567	俯角	depression angle	
08.568	天底点	nadir	
08.569	天底偏角	off-nadir angle, angle of view from nadir	
08.570	入射余角	grazing angle	
08.571	方向效应	orientation effect	
08.572	雷达视向	radar look-directions	
08.573	方位方向	azimuth direction	
08.574	距离方向	range direction	
08.575	雷达立体观测	radar stereo-viewing	
08.576	相干接收	coherent receiving	
08.577	相干接收机	coherent receiver	
08.578	相关接收机	correlation receiver	
08.579	零平衡接收机	zero-equilibrium receiver, Dicke receiver	又称"迪克接收机"。
08.580	雷达发射机	radar transmitter	
08.581	脉冲压缩	pulse compression	
08.582	线性调频脉冲	chirp	
08.583	数字线性调频［脉冲］	digital chirp	
08.584	去线性调频［脉冲］	de-chirping	
08.585	时间带宽［乘］积	time-bandwidth product, BT［product］	
08.586	真实孔径分辨率	resolution of real aperture	
08.587	合成孔径分辨率	resolution of synthetic aperture	
08.588	斜距分辨率	slant range resolution	
08.589	横向分辨率	cross-track resolution	
08.590	方位分辨率	azimuth resolution	
08.591	光斑	speckle	
08.592	多视技术	multiple-look technique	
08.593	距离模糊	range ambiguity	

序　号	汉　文　名	英　文　名	注　释
08.594	方位模糊	azimuth ambiguity	
08.595	杂乱回波	clutter echo	
08.596	回波锁定	echo lock	
08.597	距离游动	range walk	
08.598	距离弯曲	range curvature	
08.599	驻留时间	dwell time	
08.600	探测器驻留时间	dwell time of detector	
08.601	同步检波器	synchronous detector	
08.602	天空喇叭	sky horn	
08.603	相位检波器	phase detector	
08.604	脉冲重复频率	pulse repetition frequency	
08.605	同步检波	synchronous detection	
08.606	匹配滤波器	matched filter	
08.607	相位历程	phase history	
08.608	多普勒相移	Doppler phase shift	
08.609	多普勒频移	Doppler frequency shift	

09. 航 天 能 源

序　号	汉　文　名	英　文　名	注　释
09.001	航天能源	space power source	
09.002	化学电源	electrochemical power source	
09.003	电池	electric battery	
09.004	一次电池	primary battery	
09.005	贮备电池	reserve battery	
09.006	自动激活锌银电池	automatically activated zinc-silver battery	
09.007	热电池	thermal battery	
09.008	熔融盐电池	molten-salt electrolyte cell	
09.009	锂金属硫化物电池	lithium-metal sulfide cell	
09.010	锂二氧化硫电池	lithium-sulfur dioxide cell	
09.011	锂亚硫酰氯电池	lithum-thionyl chloride cell	
09.012	钠硫电池	sodium-sulfur battery	
09.013	蓄电池	storage battery，secondary battery	又称"二次电池"。

序 号	汉 文 名	英 文 名	注 释
09.014	酸性电池	acid battery	
09.015	铅酸蓄电池	lead-acid storage battery	
09.016	免维护蓄电池	maintenance-free battery	
09.017	碱性电池	alkaline battery	
09.018	镉镍蓄电池	cadmium-nickel storage battery	
09.019	烧结式镉镍蓄电池	sintered type cadmium-nickel battery	
09.020	密封镉镍蓄电池	sealed cadmium-nickel battery	
09.021	方型镉镍蓄电池	rectangular cadmium-nickel battery	
09.022	圆柱型镉镍蓄电池	cylindrical cadmium-nickel battery	
09.023	锌银蓄电池	zinc-silver battery	
09.024	氢镍蓄电池	hydrogen-nickel battery	
09.025	金属氢化物镍电池	metal-hydrogen nickel battery	
09.026	锂离子蓄电池	lithium-ions battery	
09.027	燃料电池	fuel cell	
09.028	离子交换膜燃料电池	ion exchange membrane fuel cell	
09.029	培根型燃料电池	Bacon type fuel cell	
09.030	磷酸电解质燃料电池	phosphoric acid electrolyte fuel cell	
09.031	熔融碳酸盐燃料电池	molten carbonate fuel cell	
09.032	氢-氧燃料电池	hydrogen-oxygen fuel cell	
09.033	电极反应	electrode reaction	
09.034	第三电极	third electrode	
09.035	参比电极	reference electrode	
09.036	电极电位	electrode potential	
09.037	电极极化	polarization of electrode	
09.038	钝化	passivation	
09.039	电池容量	capacity of cell	
09.040	理论容量	theoretical capacity	
09.041	额定容量	rated capacity	
09.042	比容量	specific capacity	
09.043	比能量	specific energy	
09.044	比功率	specific power	

序　号	汉　文　名	英　文　名	注　释
09.045	额定电压	rated voltage, normal voltage	
09.046	开路电压	open circuit voltage	
09.047	工作电压	operating voltage	
09.048	负载电压	on-load voltage	
09.049	平稳电压	steady voltage	
09.050	平均电压	average voltage	
09.051	中点电压	mid-point voltage	
09.052	高阶电压	high plateau voltage	
09.053	起始电压	initial voltage	
09.054	峰值电压	peak voltage	
09.055	终点电压	final voltage	
09.056	截止电压	cutoff voltage	
09.057	端电压	terminal voltage	
09.058	电压精度	voltage accuracy	
09.059	电压稳定度	voltage stability	
09.060	充电	charge	
09.061	充电率	charge rate	
09.062	充电深度	depth of charge, degree of charge	又称"充电程度"。
09.063	充电效率	charge efficiency	
09.064	安时效率	ampere-hour efficiency	
09.065	充电接受能力	charge acceptance	
09.066	充电保持能力	charge retention	
09.067	放电	discharge	
09.068	放电深度	depth of discharge	
09.069	放电效率	discharge efficiency	
09.070	放电[倍]率	rate of discharge	
09.071	预放电	preliminary discharge	
09.072	浅放电	shallow discharge	
09.073	深放电	deep discharge	
09.074	初始温度	initial temperature	
09.075	环境温度	ambient temperature	
09.076	临界温度	critical temperature	
09.077	循环	cycle	
09.078	循环寿命	cycle life	
09.079	电池内阻	internal resistance of cell	
09.080	短路电流	short circuit current	
09.081	记忆效应	memory effect	

序　号	汉　文　名	英　文　名	注　释
09.082	极性变换	reversal	又称"反极"。
09.083	热失控	thermal run away	
09.084	恒流充电	constant-current charge	
09.085	恒压充电	constant-voltage charge	
09.086	脉冲充电	pulse charge	
09.087	涓流充电	trickle charge	
09.088	浮充电	floating charge	
09.089	快速充电	fast charge	
09.090	不对称交流电充电	asymmetric alternating current charge	
09.091	全充电态	fully-charge condition	
09.092	过充电	over charge	
09.093	反充电	reverse charge	
09.094	分段充电	step charge	
09.095	自放电	self-discharge	
09.096	自放电率	self-discharge rate	
09.097	充放电制	charge and discharge regime	
09.098	倍率	rate	
09.099	小时率	hour rate	
09.100	爬碱	electrolyte creepage	指化学电池的析碱现象。
09.101	氧复合	oxygen recombination	
09.102	单体电池	cell, single cell	
09.103	电池组	battery	
09.104	正极	positive electrode	
09.105	负极	negative electrode	
09.106	极片	plate	又称"极板"。
09.107	隔膜	membrane, separator, diaphragm	
09.108	极柱	terminal	
09.109	正极柱	positive terminal	
09.110	负极柱	negative terminal	
09.111	[电池]壳体	case, container	
09.112	[单体]盖	cover	
09.113	电池伏安特性曲线	V-I characteristic curve of cell	
09.114	气塞	vent plug	
09.115	太阳电池	solar cell	

序 号	汉 文 名	英 文 名	注 释
09.116	硅太阳电池	silicon solar cell	
09.117	单晶硅太阳电池	single crystalline silicon solar cell	
09.118	背场太阳电池	back surface field solar cell	
09.119	背反射太阳电池	back surface reflection solar cell	
09.120	背场背反射太阳电池	back surface field and back surface reflection solar cell	
09.121	卷包式太阳电池	wrap-around type solar cell	
09.122	整体二极管太阳电池	integral diode solar cell	
09.123	单体太阳电池	single solar cell	
09.124	薄膜太阳电池	thin film solar cell	
09.125	掺锂太阳电池	lithium-doped solar cell	
09.126	叠层太阳电池	stacked solar cell, cascade solar cell	
09.127	化合物半导体太阳电池	compound semiconductor solar cell	
09.128	Ⅱ-Ⅵ族太阳电池	Ⅱ-Ⅵ group solar cell	
09.129	Ⅲ-Ⅴ族太阳电池	Ⅲ-Ⅴ group solar cell	
09.130	砷化镓太阳电池	gallium arsenide solar cell	
09.131	磷化铟太阳电池	indium phosphide solar cell	
09.132	低阻高效太阳电池	low resistance high efficiency solar cell	
09.133	紫光太阳电池	violet solar cell	
09.134	异质结太阳电池	heterojunction solar cell	
09.135	同质结太阳电池	homojunction solar cell	
09.136	多结太阳电池	multijunction solar cell	
09.137	常规太阳电池	conventional solar cell	
09.138	垂直结太阳电池	vertical junction solar cell	
09.139	聚光太阳电池	concentrator solar cell	
09.140	锗砷化镓太阳电池	Ge-gallium arsenide solar cell	
09.141	硅砷化镓太阳电池	Si-gallium arsenide solar cell	
09.142	多结砷化镓太阳电池	multijunction gallium arsenide solar cell	

序　号	汉　文　名	英　文　名	注　释
09.143	标准太阳电池	standard solar cell	
09.144	一级标准太阳电池	primary standard solar cell	
09.145	二级标准太阳电池	secondary standard solar cell	
09.146	工作标准太阳电池	working standard solar cell	
09.147	光生电流	photo-generated current, photocurrent	
09.148	光生电压	photo-generated voltage	
09.149	量子效率	quantum efficiency	
09.150	收集效率	collection efficiency	
09.151	短路电流密度	short-circuit current density	
09.152	最大功率	maximum power	
09.153	最大功率点	maximum power point	
09.154	工作点	operation point	
09.155	最佳负载	optimum load	
09.156	最佳工作电压	optimum operating voltage	
09.157	最佳工作电流	optimum operating current	
09.158	转换效率	conversion efficiency	
09.159	太阳电池伏安特性曲线	V-I characteristic curve of solar cell	
09.160	反向偏压	reverse bias	
09.161	光电效应	photoelectric effect	
09.162	光生伏打效应	photovoltaic effect	
09.163	激活	activation	
09.164	光电子	photoelectron	
09.165	光子吸收	absorption of the photons	
09.166	光谱响应	spectral response	
09.167	绝对光谱响应	absolute spectral response	
09.168	相对光谱响应	relative spectral response	
09.169	光谱灵敏度	spectral sensitivity	
09.170	绝对光谱灵敏度	absolute spectral sensitivity	
09.171	相对光谱灵敏度	relative spectral sensitivity	
09.172	电流温度系数	current temperature coefficient	
09.173	电压温度系数	voltage temperature coefficient	
09.174	填充因数	fill factor, curve factor	又称"曲线因子"。

序　号	汉　文　名	英　文　名	注　　释
09.175	串联电阻	series resistance	
09.176	并联电阻	shunt resistance	
09.177	单体太阳电池的有效光照面积	active area of a solar cell	
09.178	欧姆接触	ohmic contact	
09.179	辐照试验	irradiation test	
09.180	粒子辐射损伤	particle radiation damage	
09.181	减反射膜	antireflection coating	
09.182	盖片	cover	
09.183	整体盖片	integral cover	
09.184	互连条	inter connector	
09.185	太阳电池组件	solar cell module	
09.186	太阳电池组件面积	solar cell module area	
09.187	组件效率	module efficiency	
09.188	组件实际效率	practical module efficiency	
09.189	平板式组件	flat plate module	
09.190	聚光太阳电池组件	photovoltaic concentrator module	
09.191	太阳电池阵	solar cell array	
09.192	太阳电池阵翼	solar cell array wing	
09.193	卷式太阳电池阵	roll-up type solar array	
09.194	折叠式太阳电池阵	fold-out type solar array	
09.195	壳体式太阳电池阵	body-mounted type solar array	
09.196	桨叶式太阳电池阵	paddle type solar array	
09.197	聚光太阳电池方阵	photovoltaic concentrator solar array	
09.198	太阳电池阵效率	efficiency of solar array	
09.199	太阳电池阵的实际效率	practical efficiency of solar array	
09.200	太阳电池阵的重量比功率	weight to power ratio of solar array	
09.201	功率预算	power budget	
09.202	太阳电池阵的面	area to power ratio of solar array	

序　号	汉 文 名	英 文 名	注　释
	积比功率		
09.203	太阳电池阵的面积利用率	area utilization of solar array	
09.204	太阳电池阵额定功率	rated power of solar array	
09.205	寿命初期	beginning of lifetime, BOL	
09.206	寿命末期	end of lifetime, EOL	
09.207	太阳电池阵初期功率	solar array power at the BOL	
09.208	太阳电池阵末期功率	solar array power at the EOL	
09.209	组合损失	assembling loss	
09.210	阴影分析	shadowing analysis	
09.211	阴影功率下降	degradation from shadowing power	
09.212	总负载裕量	overall load margin	
09.213	总功率分配单元	bus power distribution unit	
09.214	太阳电池温度	solar cell temperature	
09.215	太阳电池底板	solar cell basic plate	
09.216	太阳电池板	solar cell panel	
09.217	刚性底板	rigid plate	
09.218	柔性底板	flexible plate	
09.219	标准工作条件	standard operating condition	
09.220	标定值	calibration value	
09.221	大气质量	air mass, AM	
09.222	总辐照度	global irradiance, solar global irradiance	又称"太阳辐照度"。
09.223	太阳光伏能源系统	solar photovoltaic energy system	
09.224	电源控制设备	power control electronics	
09.225	太阳电池的等效电路	equivalent circuit of solar cell	
09.226	母线电压	bus voltage	
09.227	二分点功率预算	power budget during equinox	
09.228	二至点功率预算	power budget during solstice	
09.229	稳态太阳仿真器	steady solar simulator	
09.230	脉冲式太阳仿真器	pulse solar simulator	

序　号	汉　文　名	英　文　名	注　释
09.231	加速寿命试验	accelerated life test	
09.232	热离子转换器	thermionic converter	
09.233	温差发电器	thermoelectric power generator	
09.234	核电源系统	nuclear power system	

10.　航天发射试验与地面设备

序　号	汉　文　名	英　文　名	注　释
10.001	发射	launch	
10.002	发射试验	launching test	
10.003	系留试验	captive test	
10.004	飞行试验	flight test	
10.005	商业发射	commercial launch	
10.006	卫星发射	satellite launch	
10.007	航天器发射	spacecraft launch	
10.008	载人飞船发射	manned spacecraft launch	
10.009	空间站发射	space station launch	
10.010	航天指挥中心	space command center	
10.011	航天发射中心	space launching center	
10.012	卫星发射中心	satellite launching center	
10.013	航天测控中心	space tracking telemetry and control center	
10.014	指挥控制中心	command and control center	
10.015	发射控制中心	launching and control center	
10.016	航天联合指挥部	space flight united headquarter	
10.017	发射任务指挥部	launch mission headquarter	
10.018	飞行控制指挥部	flight control headquarter	简称"飞控指挥部"。
10.019	测试[协调]组	test [coordination] team	
10.020	发射领导组	launch leading team	
10.021	技术安全组	technical safety team	
10.022	技术质量组	technical quality team	
10.023	安全保卫组	safeguard team	
10.024	发射工作队	launch working team, test group	
10.025	发射操作队	launch operating team	
10.026	发射试验大纲	launch experiment outline	

序　号	汉　文　名	英　文　名	注　释
10.027	合练	rehearsal, combind training	
10.028	机械合练	mechanism rehearsal	
10.029	电气合练	electric installation rehearsal	
10.030	加注合练	loading rehearsal	
10.031	航区合练	flight range rehearsal	
10.032	全区合练	rehearsal of all region	
10.033	合练大纲	rehearsal outline	
10.034	发射任务书	mission document	
10.035	发射计划网络图	launch plan network chart	
10.036	测试发射操作规程	test-launch operation rules	
10.037	测试发射预案	test-launch preplan	
10.038	加注方案	loading plan	
10.039	初步分析报告	initial analysis report	
10.040	结果数据处理报告	result data handling report	
10.041	飞行结果分析	flight trial evaluation	
10.042	试验保障方案	experiment ensure plan	
10.043	手动测试	manual test	又称"人工测试"。
10.044	自动化测试	automatic test, automated testing	
10.045	半自动测试	semi-automatic test	
10.046	计算机辅助测量和控制	computer aided measurement and control, CAMAC	
10.047	CAMAC 测试	CAMAC test	
10.048	VXI 总线测试	VXI bus test	
10.049	定性测试	qualitative test	
10.050	定量测试	quantitative test	
10.051	静态测试	static test	
10.052	动态测试	dynamic test	
10.053	测试方法	test method	
10.054	测试点	test point	
10.055	水平测试	horizontal test	
10.056	垂直测试	vertical test	
10.057	单元测试	unit test	
10.058	分系统测试	subsystem test	
10.059	总检查	general inspection	
10.060	综合测试	integrated test, integrated checkout	

序 号	汉 文 名	英 文 名	注 释
10.061	综合试验	integrated experiment, complex experiment	
10.062	匹配试验	matching test	
10.063	模拟飞行	flight simulation	简称"模飞"。
10.064	进场	approach	
10.065	转载	transit	
10.066	地面设备	ground equipment	
10.067	地面设备状态检查	ground support equipment state check	
10.068	外观检查	exterior check	
10.069	考机	general inspection for the whole machine	
10.070	内部查看	interior examination	
10.071	气压试验	air pressure test	
10.072	气密性检查	gas leak inspection	简称"气检"。
10.073	贮箱气检	gas leak inspection of tank	
10.074	气瓶气检	gas leak inspection of bottle	
10.075	活门气检	gas leak inspection of valve	
10.076	漏气量	gas leak quantity	
10.077	漏气率	gas leak rate	
10.078	增压	pressurization	
10.079	泄压	depressurization	
10.080	气枕压强	gas cushion pressure	
10.081	单项检查	individual check	
10.082	功能检查	function check	
10.083	匹配检查	matching check	
10.084	兼容测试	compatibility test	
10.085	无线电静默	radio silence	
10.086	平台开闭锁检查	platform switch lock check	
10.087	箭–地接口检查	rocket-ground port check	
10.088	产品组装	article assembly	
10.089	航天器火箭联合检查	spacecraft-rocket unite check	
10.090	开舱	opening modules	
10.091	清舱	clearing modules	
10.092	封舱	closing modules	
10.093	转运	transfer	

序　号	汉　文　名	英　文　名	注　释
10.094	分段运输	single-segment transportation	
10.095	整体运输	integral transportation	
10.096	水平整体运输	integral horizontal transportation	
10.097	垂直整体运输	integral vertical transportation	
10.098	运载火箭转运	launch vehicle transfer	
10.099	平台转运	platform transfer	
10.100	有效载荷转运	payload transfer	
10.101	航天器转运	spacecraft transfer	
10.102	卫星转运	satellite transfer	
10.103	测试设备转运	test facility transfer	
10.104	公路转运	road transfer	
10.105	铁路转运	railway transfer	
10.106	轨道转运	rail transfer	
10.107	发射综合设施	launch complex	
10.108	技术厂房	technical preparation building	
10.109	发射工位	launching workplace	
10.110	垂直发射	vertical launch	
10.111	水平发射	horizontal launch	
10.112	发射月	launch month	
10.113	发射日	launch day	
10.114	发射时	launching time	
10.115	发射窗口	launch window	
10.116	发射窗口前沿	launch window beginning	
10.117	发射窗口后沿	launch window ending	
10.118	发射方向	launching direction	简称"射向"。
10.119	发射条件	launching condition	
10.120	最低发射条件	lowest launching condition	
10.121	最佳发射条件	optimal launching condition	
10.122	发射点	launch point	
10.123	发射方位[角]	launch azimuth	
10.124	惯性坐标	inertial coordinate	
10.125	箭体坐标	launch vehicle coordinate	
10.126	平台坐标	platform coordinate	
10.127	大地坐标	geodetic coordinate	
10.128	地理坐标	geographic coordinate	
10.129	吊装	hoisting	
10.130	起竖	erection	

序　号	汉　文　名	英　文　名	注　释
10.131	对接	mating	
10.132	对中定位	pad aligning at the central point	
10.133	火箭垂直度	launch vehicle verticality	
10.134	垂直度调整	verticality adjustment	
10.135	瞄准	aiming	
10.136	方位瞄准	azimuth aiming	
10.137	粗瞄	coarse aiming	
10.138	精瞄	exact aiming, fine aiming	
10.139	瞄准点	aiming point	
10.140	自动瞄准	automatic aiming	
10.141	地面瞄准	ground aiming	
10.142	地面瞄准总误差	resultant error of ground aiming	
10.143	方位瞄准精度	accuracy of azimuth aiming	
10.144	准直	collimation	
10.145	装定角度	setting angle	
10.146	加注	loading, filling	
10.147	化验	chemical analysis	
10.148	推进剂化验	propellant chemical analysis	
10.149	加注前检查	check before the loading	
10.150	加注信号联试	loading signal unite test	
10.151	加注升降温	loading up-down the temperature	
10.152	诸元计算	synthesized data count	
10.153	地面加注系统	ground loading system	
10.154	常规[推进剂]加注系统	conventional propellant loading system	
10.155	氧化剂加注系统	oxidizer loading system	
10.156	燃烧剂加注系统	fuel loading system	
10.157	推进剂蒸发	propellant evaporation	
10.158	液氮调试	liquid nitrogen test	
10.159	连续加注	continuous loading	
10.160	推进剂加注流量	propellant loading flow rate	
10.161	推进剂加注流速	propellant loading flow velocity	
10.162	大流量加注	large flow rate filling	
10.163	小流量加注	low flow rate filling	
10.164	开式加注	opened loading	
10.165	闭式加注	closed loading	
10.166	开式转注	opened transferring	

序 号	汉 文 名	英 文 名	注 释
10.167	小流量加注控制	slow filling control	
10.168	低温加注系统	cryogenic loading system	
10.169	液氢加注系统	liquid hydrogen loading system	
10.170	补充加注	topping, replenishment	简称"补加"。
10.171	自动补加	auto-topping	
10.172	连续补加	continuous topping	
10.173	加注压强	filling pressure	
10.174	真空度	degree of vacuum	
10.175	真空多层绝热	vacuum multi-layer insulation	
10.176	低温系统	cryogenic system	
10.177	低温测量	cryogenic measurement	
10.178	低温试验	low temperature test	
10.179	低温密封	low temperature sealing	
10.180	低温吸附	cryogenic absorption	
10.181	吹除	blow off, purge	
10.182	管路吹除	blow pipe, blow-line purging	
10.183	氮气吹除	nitrogen blow-off	
10.184	氦气吹除	helium blow-off	
10.185	泵腔吹除	pump cavity blow-off	
10.186	吹除压强	purging pressure	
10.187	空调净化	air conditioning purge	
10.188	抽真空	vacuum-pumping	
10.189	共底抽真空	co-base vacuum-pumping	
10.190	气封	gas seal	
10.191	氦封	helium seal	
10.192	加注液位	loading liquid level	
10.193	零液位	zero liquid level	
10.194	起始液位	initial liquid level	
10.195	Ⅰ液位	1st liquid level	
10.196	Ⅱ液位	2nd liquid level	
10.197	Ⅲ液位	3rd liquid level	
10.198	剩余液位	residual liquid level	
10.199	转注	transit-fueling	
10.200	瞬时流量	instant flow rate	
10.201	累积加注量	accumulated filling throughout	
10.202	两相流	two phase flow	
10.203	气体置换	gas replacement	

序 号	汉 文 名	英 文 名	注 释
10.204	氮气置换	nitrogen replacement	
10.205	氦气置换	helium replacement	
10.206	终期置换	final replacement	
10.207	预冷	pre-cooling	
10.208	自流预冷	pre-cooling by auto-flow	
10.209	增压预冷	pre-cooling by pressurization	
10.210	稳定系统测试	stabilization system test	
10.211	制导系统测试	guidance system test	
10.212	气象保障系统	meteorological support system	
10.213	临射检查	prelaunch inspection	
10.214	航天员进舱	space crew enter spacecraft	
10.215	发射准备时间	launch preparation time	
10.216	倒[数]计时	countdown	
10.217	倒计时程序	countdown procedure	
10.218	开拍	start photographing	
10.219	转[内]电	switch to internal power	
10.220	程序配电	program power distribution	
10.221	程序脉冲	program pulse	
10.222	时序	time sequence	
10.223	步序	step sequence	
10.224	时串	time series	
10.225	飞行时串	flight time series	
10.226	点火	ignition	
10.227	自动点火	automatic ignition	
10.228	手动点火	manual ignition	
10.229	点火时串	ignition time series	
10.230	起飞	lift-off, take-off	
10.231	起飞零点	lift-off zero, take-off zero	
10.232	起飞漂移	lift-off drift	
10.233	漂移量	drift value	
10.234	推力线调整	thrust line adjustment	
10.235	逃逸参数注入	escape data injection	
10.236	允许逃逸	permit escape	
10.237	逃逸告警	escape warning	
10.238	待发段逃逸	readied segment escape	
10.239	弹射逃逸	eject escape	
10.240	滑道逃逸	slide escape	

序　号	汉　文　名	英　文　名	注　释
10.241	搜索	search	
10.242	着陆点	landing point	
10.243	着陆点散布范围	dispersion area of landing point	
10.244	着陆散布度	landing discursiveness	
10.245	溅落海域	splashdown zone, splashdown area	
10.246	关机	cutoff, shutdown	
10.247	紧急关机	emergency cutoff	
10.248	耗尽关机	exhausted cutoff	
10.249	射程关机	range cutoff	
10.250	速度关机	velocity cutoff	
10.251	制导关机	guidance cutoff	
10.252	保护关机	protective cutoff	
10.253	关机余量	allowance for cutoff	
10.254	关机精度	cutoff accuracy	
10.255	安全自毁	safety self-destruct	
10.256	姿态失稳	attitude instability	
10.257	解爆	remove exploding, disexplosion	
10.258	引爆	exploding	
10.259	延时引爆	delayed exploding	
10.260	发射预案	launch reserve scheme	
10.261	发射演练	launch drill	
10.262	仿真飞行	simulated flight	
10.263	仿真发射	simulated launch	
10.264	仿真演练	simulated drill	
10.265	故障处置预案	failure handling program	
10.266	载人航天发射场	launch site for manned space flight	
10.267	着陆场	landing site	
10.268	主着陆场	major landing site	
10.269	副着陆场	alternate landing site	
10.270	撤场	withdrawal	
10.271	应急着陆区	emergency landing zone	
10.272	技术[准备]区	technical area	
10.273	有效载荷准备间	payload preparation room	
10.274	航天器装配测试厂房	spacecraft assembly and test building	
10.275	[载人]飞船装配测试厂房	manned spacecraft assembly and test building	

序　号	汉　文　名	英　文　名	注　释
10.276	逃逸塔装配测试厂房	escape tower assembly and test building	
10.277	［载人］飞船加注间	manned spacecraft loading room	
10.278	卫星加注厂房	satellite loading building	
10.279	整流罩扣罩间	fairing install room	
10.280	乘员设备装备间	space-crew equipment preparation room	
10.281	运载火箭装配测试厂房	launch vehicle assembly and test building	
10.282	卫星装配测试厂房	satellite assembly and test building	
10.283	垂直总装测试厂房	vertical assembly and test building	
10.284	单元测试楼	component test building	
10.285	转载间	transit hall	
10.286	起竖厅	erecting hall	
10.287	检漏厂房	building for leak detection	
10.288	X射线探伤厂房	X-ray detection building	
10.289	固体发动机总装厂房	solid propellant motor assembly building	
10.290	气瓶库	gas bottle depot	
10.291	气源站	gas supply station	
10.292	配气间	gas distribution room	
10.293	火工品贮存库	ordnance warehouse, pyrotechnics warehouse	
10.294	火工品检测间	ordnance checkout room, pyrotechnics checkout room	
10.295	火工品装配间	ordnance assembly room, pyrotechnics assembly room	
10.296	洁净室	clean room	
10.297	接地网	grounding lattice	
10.298	回路阻值	loop resistance value	
10.299	接地电阻	grounding resistance	
10.300	工艺接地	technical grounding	
10.301	保护［性］接地	protective grounding, protective earthing	

序　号	汉　文　名	英　文　名	注　　释
10.302	防雷接地	lightning grounding	
10.303	单独接地	independent grounding	
10.304	单点接地	single-point grounding	
10.305	发射场坪	launching level ground	
10.306	发射塔	launch tower	
10.307	勤务塔	service tower	
10.308	活动式勤务塔	mobile service tower	
10.309	固定式勤务塔	fixed service tower	
10.310	脐带塔	umbilical tower	
10.311	推进剂贮存库	propellant storage depot	
10.312	加注控制室	loading control room	
10.313	射频转接塔	RF transform tower	
10.314	防回弹装置	resilience-proof device	
10.315	强制脱落机构	forced disengagement	
10.316	脐带电缆	umbilical cable	
10.317	电缆摆杆	cable swinging rod	
10.318	电缆通廊	cable channel	
10.319	电缆井道	cable shaft	
10.320	安全出舱滑道	emergency egress chute	
10.321	航天员安全掩体	astronaut safety bunker	
10.322	登舱臂	climbing module arm	
10.323	回转平台	turn table	
10.324	升降平台	lifting table	
10.325	发射台	launch pad	
10.326	活动发射台	mobile launch pad	
10.327	发射台导轨	launch pad rail	
10.328	发射台转轨装置	change-over rail mechanism for launch pad	
10.329	发射台调平机构	launching pad leveling mechanism	
10.330	发射释放机构	launch release mechanism	
10.331	发射台支承盘	bearing plate for launching pad	
10.332	发射台支架	launch pad support	
10.333	发射台折倒臂	launch pad transportation	
10.334	导流槽	flame diversion trough	
10.335	导流面	guide face	
10.336	导流锥	deflection cone	
10.337	冲击角	shock angle	

序号	汉文名	英文名	注释
10.338	冲击高度	shock height	
10.339	起飞压板	lift-off claming strip	
10.340	起飞托盘	lift-off support plate	
10.341	起飞触点	lift-off contact	
10.342	防风拉杆	wind-proof pull rod	
10.343	氢气燃烧池	gas hydrogen combustion pool	
10.344	氢气排放塔	gas hydrogen exhaust tower	
10.345	氧气排放塔	gas oxygen exhaust tower	
10.346	地下电源间	underground power room	
10.347	推进剂转注间	propellant transfusing room	
10.348	废液处理厂	waste liquid treatment station	
10.349	洗消间	wash and disinfectant house	
10.350	避雷塔	lightning-tower	
10.351	高速摄影间	high speed photography house	
10.352	电视摄影间	television pick-up house	
10.353	污水处理站	sewage treatment station	
10.354	废气排放塔	waste gas exhaust tower	
10.355	均压网	equalizing lattice	
10.356	特殊燃料贮存区	special fuel storage zone	简称"特燃区"。
10.357	指挥区	command area	
10.358	航天员营区	astronaut camp	
10.359	勤务区	logistic support area	
10.360	遥测地面站	telemetry earth station	
10.361	应急救生站	emergency rescue station	
10.362	限制区	restricted area	
10.363	应急返回着陆区	landing zone of emergency return	
10.364	应急救生着陆区	landing zone of emergency rescue	
10.365	芯级一级落区	core and first stage impact area	
10.366	逃逸塔落区	impact area of escape tower	
10.367	整流罩落区	impact area of payload fairing	
10.368	地面辅助设备	ground support equipment, GSE	又称"地面支持设备"。
10.369	地面维护设备	ground maintenance equipment	
10.370	油-气悬挂拖车	oil-gas hooked trailer	
10.371	平板拖车	flat-bed trailer	
10.372	公路运输拖车	trailer	
10.373	整流罩公路运输	fairing trailer	

序 号	汉 文 名	英 文 名	注 释
	车		
10.374	整流罩-有效载荷公路运输车	fairing/payload trailer	
10.375	箭体公路运输车	launch vehicle trailer	
10.376	助推级公路运输车	booster trailer	
10.377	整流罩半罩运输车	half-fairing trailer	
10.378	空调净化牵引车	air conditioning cleaned tractor	
10.379	铁路运输车	rail transporter	
10.380	整流罩铁路运输车	fairing rail transporter	
10.381	铁路支架车	rail carriage	
10.382	铁路平板车	railway platform truck	
10.383	箭体铁路运输车	launch vehicle railway platform truck, launch vehicle rail transporter	
10.384	助推级铁路运输车	booster rail transporter	
10.385	运输起竖发射车	transporter-erector-launcher, TEL	
10.386	运输试验	transportation test	
10.387	气液减震器	pneumatic-hydraulic shock absorber	
10.388	支承托架	frame support bracket	
10.389	整流罩半罩铁轮支架车	half-fairing iron wheel carriage	
10.390	箭体铁轮支架车	launch vehicle iron wheel carriage	
10.391	助推级铁轮支架车	booster iron wheel carriage	
10.392	级间段铁轮支架车	interstage section iron wheel carriage	
10.393	整流罩装配型架	fairing assembling frame	
10.394	吊篮	lifting cage, lifting car	
10.395	装配型架铁轮支架车	assembling frame iron wheel carriage	
10.396	氧化剂运输车	oxidizer transporter	
10.397	燃烧剂运输车	fuel transporter	
10.398	偏二甲肼铁路运	UDMH railway tank transporter	

序　号	汉　文　名	英　文　名	注　　释
	输车		
10.399	四氧化二氮铁路运输车	nitrogen tetroxide railway tank transporter	
10.400	液氢铁路加注运输车	liquid hydrogen railway loading vehicle	
10.401	液氧加注补加车	liquid oxygen loading and topping truck	
10.402	液氮加注补加车	liquid nitrogen loading and topping vehicle	
10.403	氦气瓶车	helium bottle truck	
10.404	氦压缩机车	helium compressor truck	
10.405	气体压缩机车	gas compressor truck	
10.406	气源车	air source truck	
10.407	装配型架垂直停放平台	assembling frame vertical stand	
10.408	卫星停放平台	satellite stand	
10.409	封闭空间升降平台	sealed room elevating operation platform	
10.410	高空作业平台	high-altitude operation platform	
10.411	吊具小车	hoisting tool bogie	
10.412	液氢加注活门测试工作梯	liquid hydrogen loading valve checking ladder	
10.413	发动机舱测试工作梯	engine compartment checking ladder	
10.414	星罩工作梯	fairing working ladder	
10.415	助推级水平测试工作梯	booster horizontal checking ladder	
10.416	助推级七管连接器工作梯	booster seven pipe connector working ladder	
10.417	升降工作梯	elevating ladder	
10.418	水平测试工作梯	horizontal checking ladder	
10.419	装卸吊具工作梯	handing hoisting device working ladder	
10.420	高可移动工作台	high removable worktable	
10.421	测试工作台	test table	
10.422	箭体水平吊具	launch vehicle horizontal sling	
10.423	助推级水平吊具	booster horizontal sling	

序　号	汉　文　名	英　文　名	注　释
10.424	尾翼包装箱吊具	tail package sling	
10.425	多功能水平吊具	multifunctional horizontal sling	
10.426	箭体翻转吊具	launch vehicle turning sling	
10.427	星罩半罩翻转吊具	half-fairing turning sling	
10.428	助推级翻转吊具	booster turning sling	
10.429	卫星密封容器吊具	satellite sealed container hoisting tool, satellite sealed container sling	
10.430	吊篮吊具	lifting cage sling	
10.431	氧化剂加注连接器	oxidizer loading connector	
10.432	燃烧剂加注连接器	fuel loading connector	
10.433	氧化剂溢出连接器	oxidizer overflow connector	
10.434	燃烧剂溢出连接器	fuel overflow connector	
10.435	氧化剂光电传感器	oxidizer photoelectric sensor	
10.436	燃烧剂光电传感器	fuel photoelectric sensor	
10.437	氧化剂过滤器	oxidizer filter	
10.438	燃烧剂过滤器	fuel filter	
10.439	推进剂液面传感器	propellant level transducer	
10.440	推进剂液面指示器	propellant level indicator	
10.441	氧化剂加注口支架	oxidizer filling port support mount	
10.442	燃烧剂加注口支架	fuel filling port support mount	
10.443	加注控制台	loading test-control desk	
10.444	加注信号台	loading signal board	
10.445	清泄配气台	cleaning-drain gas distribution board	
10.446	加注软管	flexible hose for loading	

序 号	汉 文 名	英 文 名	注 释
10.447	加注硬管	hard hose for loading	
10.448	氧化剂加注软管	oxidizer loading flexible hose	
10.449	氧化剂溢出软管	oxidizer overflow flexible hose	
10.450	燃烧剂加注软管	fuel loading flexible hose	
10.451	燃烧剂溢出软管	fuel overflow flexible hose	
10.452	清泄软管	cleaning-drain flexible hose	
10.453	贮罐	storage tank	
10.454	呼吸阀	breathing valve	
10.455	地面加注阀	ground loading valve	
10.456	氧化剂增压系统	oxidizer pressurizing system	
10.457	氧化剂加注口	oxidizer filler	
10.458	推进剂加注设备	propellant loading equipment	
10.459	推进剂加注温度	propellant loading temperature	
10.460	推进剂加泄管	propellant fill-drain lines	
10.461	液氢加注液路系统	liquid hydrogen loading liquid line system	
10.462	液氢加注测控系统	liquid hydrogen loading measuring and control system	
10.463	液氢加注控制台	liquid hydrogen loading test-control desk	
10.464	液氢加泄配气台	liquid hydrogen fill-drain gas distribution board	
10.465	液氢氮配气台	liquid hydrogen nitrogen gas distribution board	
10.466	液氢加注控制机	liquid hydrogen loading controller	
10.467	液氢加注微机站	liquid hydrogen loading microcomputer station	
10.468	氢氧排气自动脱落连接器	hydrogen-oxygen vent auto-disconnect coupler	
10.469	液氢加泄自动脱落连接器	liquid hydrogen fill-drain auto-disconnect coupler	
10.470	液氢加泄自动脱落连接器支架	liquid hydrogen fill-drain auto-disconnect coupler support mount	
10.471	氢排气自动脱落连接器支架	hydrogen vent auto-disconnect coupler support mount	
10.472	液氢加注监测系统	liquid hydrogen loading monitoring system	

序　号	汉　文　名	英　文　名	注　释
10.473	液氢加注连接器接头	liquid hydrogen loading connector fitting	
10.474	液氧加注系统	liquid oxygen loading system	
10.475	液氧加注液路系统	liquid oxygen loading liquid line system	
10.476	液氧加注测控系统	liquid oxygen loading measuring and control system	
10.477	液氧加注控制台	liquid oxygen loading test-control desk	
10.478	液氧泵	liquid oxygen pump	
10.479	液氧地面用气系统	liquid oxygen ground gas distribution system	
10.480	液氧固定贮罐	liquid oxygen storage tank	
10.481	液氧加泄配气台	liquid oxygen fill-drain gas distribution board	
10.482	液氧过冷器	liquid oxygen supercooler	
10.483	液氧加注连接器接头	liquid oxygen loading connector fitting	
10.484	液氧氮配气台	liquid oxygen nitrogen distribution board	
10.485	液氧加注控制机	liquid oxygen loading controller	
10.486	冷氦热交换器	heat exchanger of cold helium	
10.487	液氧加泄自动脱落连接器	liquid oxygen fill-drain auto-disconnect connector	
10.488	液氧加泄自动脱落连接器支架	liquid oxygen fill-drain auto-disconnect connector support mount	
10.489	液氧加注场地控制台	on-site liquid oxygen loading console	
10.490	液氮加注系统	liquid nitrogen loading system	
10.491	液氮加注液路系统	liquid nitrogen loading liquid line system	
10.492	液氮用气系统	liquid nitrogen distribution system	
10.493	液氮加注测控系统	liquid nitrogen loading measuring and control system	
10.494	加注信号电缆	signal cable for loading	
10.495	加注管	filler pipe	
10.496	压差变换器	differential pressure conditioner	

序 号	汉 文 名	英 文 名	注 释
10.497	压差传感器	differential pressure transducer	
10.498	压差液面计	differential pressure liquid level indicator	
10.499	加注信号箱	loading signal box	
10.500	真空金属软管	vacuum metal flexible pipe	
10.501	真空金属硬管	vacuum metal hard pipe	
10.502	低温连接器	low temperature connector	
10.503	低温球阀	cryogenic ball valve	
10.504	低温推进剂贮箱	cryogenic propellant tank	
10.505	压力传感器	pressure transducer	
10.506	低温温度传感器	cryogenic temperature sensor	
10.507	气瓶组	gas bottle set	
10.508	气体分配器	gas distributor	
10.509	空调软管	air conditioning hose	
10.510	通用测试设备	general test facility	
10.511	专用测试设备	special test facility	
10.512	内部测试设备	internal test facility	
10.513	外部测试设备	external test facility	
10.514	工艺支架	technical support mount	
10.515	供气系统	gas supply system	
10.516	冷氦连接器	cold helium connector	
10.517	冷氦连接器支架	cold helium connector support mount	
10.518	常温连接器	normal temperature connector	
10.519	空调连接器	air conditioning connector	
10.520	空调连接器支架	air conditioning connector support mount	
10.521	七管连接器	seven pipe connector	
10.522	气管连接器	air tube connector	
10.523	低压软管	low pressure hose	
10.524	高压软管	high pressure hose	
10.525	氦气瓶库配气台	gas distribution board of helium bottle depot	
10.526	氦气配气台	helium gas distribution board	
10.527	氮气配气台	nitrogen gas distribution board	
10.528	空气配气台	air distribution board	
10.529	助推器配气台	gas distribution board of booster	

序　号	汉　文　名	英　文　名	注　释
10.530	动力控制台	power plant control console	
10.531	动力继电器柜	power plant relay cabinet	
10.532	净化器	cleaner	
10.533	气动快速脱落连接器	pneumatic quick-disconnect coupling	
10.534	气动控制台	pneumatic console	
10.535	等效器	simulator, equivalent device	又称"模拟器"。
10.536	过滤器	filter	
10.537	电缆转接箱	cable connection box	
10.538	真空泵	vacuum pump	
10.539	球形气瓶	spherical gas bottle	
10.540	空调管路系统	air conditioning pipe system	
10.541	尾端加温管路系统	tail section heating line system	
10.542	尾端加温控制台	tail section heating gas distribution console	
10.543	尾端加温器	tail section heater	
10.544	激光瞄准仪	laser aiming instrument	
10.545	导轨	sliding guide	
10.546	基座	base	
10.547	方位角数字显示仪	azimuth digital display instrument	
10.548	瞄准信号控制仪	aiming signal control instrument	
10.549	CCD 图像显示仪	CCD image display instrument	
10.550	CCD 图像切换仪	CCD image sequential switcher	
10.551	标杆仪	pole device, pole instrument	
10.552	反射直角棱镜装置	reflection right-angle prism device	
10.553	对零表	alignment zero instrument	
10.554	扩束装置	parallel beam expand device	
10.555	激光装置	laser device	
10.556	光电准直管	photoelectric collimating tube, photoelectric collimator	
10.557	水准器	bubble level	
10.558	三脚架	tripod	

序 号	汉 文 名	英 文 名	注 释
10.559	瞄准标杆	aiming pole，aiming post	

11. 航天医学与载人航天

序 号	汉 文 名	英 文 名	注 释
11.001	航天员系统	astronaut system	
11.002	载人航天器	manned spacecraft	
11.003	无人航天器	unmanned spacecraft	
11.004	生物卫星	biological satellite，biosatellite	
11.005	生物舱	biological module，biocapsule	
11.006	居住舱	habitation module	
11.007	适居性	habitability	
11.008	舱外活动	extravehicular activity，EVA	
11.009	航天员选拔训练中心	astronaut selection and training center，ASTC	简称"航天员选训中心"。
11.010	航天员医学监督中心	astronaut medical monitoring center	简称"航天医监中心"。
11.011	航天医学数据库	space medicine database	
11.012	载人航天器回收	manned spacecraft recovery	
11.013	航天员	astronaut，cosmonaut	
11.014	指令长	commander	
11.015	航天驾驶员	pilot astronaut，PA	
11.016	任务专家	mission specialist，MS	
11.017	载荷专家	payload specialist，PS	
11.018	航天乘员组	space crew	
11.019	随船工程师	mission engineer	
11.020	随船医生	mission doctor	
11.021	预备航天员	astronaut candidate	
11.022	候补航天乘员组	backup space flight crew	
11.023	宜人试验	man-rating test	
11.024	性能试验	performance test	
11.025	设计输入	design input	
11.026	设计输出	design output	
11.027	标准化大纲	standardization program	
11.028	安全性可靠性大	safety and reliability program	

序　号	汉　文　名	英　文　名	注　释
	纲		
11.029	系统接口	system interface	
11.030	系统集成	system integration	
11.031	系统评价	system evaluation	
11.032	系统可靠性	system reliability	
11.033	系统安全性	system safety	
11.034	系统可维修性	system maintainability	
11.035	系统试验	system test	
11.036	系统鉴定	system certification	
11.037	航天实施医学	space operational medicine	
11.038	航天员选拔	astronaut selection	
11.039	航天员选拔标准	astronaut selection criteria	
11.040	基础选拔	general selection	
11.041	医学选拔	medical selection	
11.042	临床选拔	clinical selection	
11.043	特殊功能选拔	special function selection	
11.044	特因耐力选拔	specific factor tolerance selection	
11.045	[航天]特殊环境适应性	specific environmental adaptability	
11.046	心理学选拔	psychological selection	
11.047	心理精神检查	psycho-psychiatric examination	
11.048	生理耐受限值	physiological tolerance limit	
11.049	急性缺氧检查	acute hypoxia examination	
11.050	低压缺氧检查	hypobaric hypoxia examination	
11.051	低压敏感性检查	hypobaric susceptibility test	
11.052	加速度耐力检查	acceleration tolerance examination	
11.053	立位耐力检查	orthostatic tolerance examination	
11.054	下体负压试验	lower body negative pressure test	
11.055	前庭功能检查	vestibular function examination	
11.056	心肺功能检查	cardiovascular and pulmonary function test	
11.057	心血管功能检查	cardiovascular function examination	
11.058	选拔综合评定	selection integrated evaluation	
11.059	航天员训练	astronaut training	
11.060	航天员训练大纲	astronaut training program	
11.061	训练手册	training manual, training handbook	
11.062	航天员飞行手册	astronaut flight handbook	

序　号	汉　文　名	英　文　名	注　释
11.063	基础训练	basic training	
11.064	体能训练	physical fitness training	
11.065	心理训练	psychological training	
11.066	飞行程序训练	flight procedure training	
11.067	载荷任务训练	payload mission training	
11.068	航天环境适应性训练	space environment adaptation training	
11.069	模拟失重训练	simulated weightlessness training	
11.070	加速度耐力训练	acceleration tolerance training	
11.071	前庭功能训练	vestibular function training	
11.072	飞行训练	flight training	
11.073	飞行任务训练	flight mission training	
11.074	综合训练	integrated training	
11.075	应急训练	emergency training	
11.076	跳伞训练	jumper training	
11.077	生存训练	survival training	
11.078	隔绝训练	isolation training	
11.079	营救训练	rescue training	
11.080	航天飞行技能训练	space flight skill training	
11.081	专业技术训练	professional technique training	
11.082	空间实验操作训练	space experiment operation training	
11.083	综合演练	integrated rehearsal	
11.084	乘员组训练	crew training	
11.085	训练综合评定	training comprehensive evaluation	
11.086	航天员医学监督与保障	astronaut medical monitoring and support	
11.087	航天员健康管理	astronaut health care	
11.088	航天员医学监督	astronaut medical monitoring	
11.089	航天医师	space flight doctor	
11.090	航天药理学	space pharmacology	
11.091	航天药剂学	space pharmaceutics	
11.092	航天药物动力学	space pharmacokinetics	
11.093	航天员药箱	astronaut medical kit	
11.094	航天药物	space drugs	
11.095	航天员健康状况	astronaut health state assessment	

序　号	汉　文　名	英　文　名	注　释
	判断		
11.096	遥医学	telemedicine	
11.097	飞行前医学检查	preflight medical examination	
11.098	飞行前医学分析	preflight medical analysis	
11.099	飞行中医学分析	inflight medical analysis	
11.100	飞行后医学分析	postflight medical analysis	
11.101	飞行后医学监督和保障	postflight medical monitoring and support	
11.102	航天员医学鉴定	astronaut medical certification	
11.103	航天员〔保健〕医师	astronaut care doctor	
11.104	放飞标准	flight permission criteria	
11.105	飞行中止标准	flight abortion criteria	
11.106	航天生理医学	space physiology and medicine	
11.107	重力生理学	gravitational physiology	
11.108	生理效应	physiological effect	
11.109	失重生理效应	weightlessness physiological effect	
11.110	航天免疫学	space flight immunology	
11.111	航天内分泌学	space endocrinology	
11.112	航天血液学	space hematology	
11.113	航天心血管失调	cardiovascular deconditioning in space	
11.114	航天红细胞量减少	red blood cell mass reduction in space, red corpuscle mass reduction in space	
11.115	航天体液调节	body fluid regulation in space	
11.116	体液转移	body fluid shift	
11.117	新陈代谢	metabolism	
11.118	骨-肌	bone-muscle	
11.119	运动耐力	exercise tolerance	
11.120	下体负压	lower body negative pressure, LBNP	
11.121	立位耐力	orthostatic tolerance	
11.122	运动功能减退	hypokinesia	
11.123	航天肌肉萎缩	muscle atrophy in space	
11.124	航天骨矿物质脱失	bone mineral loss in space	

序　号	汉　文　名	英　文　名	注　释
11.125	航天适应综合征	space adaptation syndrome	
11.126	航天运动病	space motion sickness	
11.127	航天运动病易感性	space motion sickness susceptibility	
11.128	失重仿真	weightlessness simulation	
11.129	卧床实验	bed rest experiment	
11.130	干浸法	dry immersion	
11.131	浸水试验	water immersion test	
11.132	头低位倾斜	head down tilt, HDT	
11.133	头高位倾斜	head up tilt, HUT	
11.134	失重对抗措施	weightlessness countermeasures	
11.135	空间定向	spatial orientation	
11.136	科里奥利刺激效应	Coriolis stimulation effect	
11.137	感觉冲突假说	sensory conflict hypothesis	
11.138	视–前庭失匹配	oculo-vestibular disconjugation	
11.139	前庭功能不对称假说	vestibular function asymmetry hypothesis	
11.140	视反转试验	ocular counter rolling test	
11.141	过载引起的意识丧失	G-induced loss of consciousness, G-LOC	
11.142	着陆冲击耐力	landing impact tolerance	
11.143	开伞冲击耐力	parachute opening shock tolerance	
11.144	航天神经科学	space neural science	
11.145	中枢重调	central readjustment	
11.146	生物节律	biological rhythm	
11.147	昼夜节律	circadian rhythm	
11.148	再适应	readaptation	
11.149	航天病理学	space pathology	
11.150	航天贫血症	space anemia	
11.151	航天骨疏松	space bone osteoporosis	
11.152	减压病	decompression sickness	
11.153	屈肢症	bends	
11.154	体液沸腾	ebullism	
11.155	航天员心理学评定	astronaut psychological evaluation	
11.156	社会隔绝	social isolation	

序　号	汉　文　名	英　文　名	注　释
11.157	警觉	vigilance	
11.158	心理应激	psychological stress	
11.159	生物反馈	biofeedback	
11.160	感知运动能力	perceptive-motor performance	
11.161	精神疲劳	mental fatigue	
11.162	长期航天效应	long term space flight effect	
11.163	自我心理调节	self psychological regulation	
11.164	航天卫生学	space hygienics	
11.165	航天毒理学	space toxicology	
11.166	航天器环境污染	spacecraft environment contaminant	
11.167	航天器消毒	spacecraft sterilization	
11.168	航天员检疫	astronaut quarantine	
11.169	航天环境医学	space environmental medicine	
11.170	空间辐射	space radiation	
11.171	减压易感性	decompression susceptibility	
11.172	氧债	oxygen debt	
11.173	缺氧耐力	hypoxia tolerance	
11.174	快速减压	rapid decompression	
11.175	预吸氧	preoxygenation	
11.176	氧张力	oxygen tension	
11.177	耗氧量	oxygen consumption	
11.178	循环代偿障碍	circulatory decompensation	
11.179	呼吸代偿障碍	respiratory decompensation	
11.180	航天生理应激	space physiological stress	
11.181	热应激	heat stress	
11.182	航天员决策	astronaut decision-making	
11.183	航天人体测量学	space anthropometry	
11.184	航天员工作能力	astronaut work capacity	
11.185	航天员生产能力	astronaut productivity	
11.186	航天员作息制度	astronaut work rest schedule	
11.187	天-地通信	space-ground communication	
11.188	可及性	reachability	
11.189	人员因素	human factor	
11.190	人员失误	human error	
11.191	人员可靠性	human reliability	
11.192	人机交互	man-machine interaction	
11.193	人机界面	man-machine interface	

序　号	汉　文　名	英　文　名	注　释
11.194	人机功能分配	man-machine function allocation	
11.195	工作区布局	workplace layout	
11.196	人工控制	manual control	
11.197	工作负荷	workload	
11.198	视觉作业	visual task	
11.199	听觉阈	hearing threshold	
11.200	视觉告警	visual warning	
11.201	听觉告警	auditory warning	
11.202	语音告警	phonic warning	
11.203	三维告警	three dimensional warning	
11.204	航天服	space suit	
11.205	舱内航天服	intravehicular space suit	
11.206	通风服	ventilation garment	
11.207	航天服循环系统	space suit circulation system	
11.208	服装风机	suit ventilator	
11.209	应急氧源	emergency oxygen tank	
11.210	服装供氧	suit oxygen supply	
11.211	服装通风	suit ventilation	
11.212	再循环阀	recirculation valve	
11.213	航天服压力制度	space suit pressure schedule	
11.214	服装压力调节器	suit pressure regulator	
11.215	航天员通信头戴	astronaut communication headsets	
11.216	尿收集袋	urine collection bag	
11.217	舱外航天服	extravehicular space suit	
11.218	硬式航天服	hard space suit	
11.219	液冷服	liquid cooling garment	
11.220	气密限制层	encapsulating layer	
11.221	隔热防护层	thermal protection layer	
11.222	微流星防护服	micrometeoroid protection garment	
11.223	航天头盔	space helmet	
11.224	航天靴	space boots	
11.225	航天手套	space gloves	
11.226	舱内活动服	intravehicular activity clothing, IVA clothing	
11.227	抗荷装备	anti-G equipment	
11.228	航天睡袋	space sleeping bag	
11.229	航天食品	space food	

序　号	汉　文　名	英　文　名	注　释
11.230	航天食品管理	space food management	
11.231	食品加热装置	foods heat unit	
11.232	餐具	eating utensils	
11.233	食品残渣收集器	foods debris taper	
11.234	航天员营养	astronaut nutrition	
11.235	航天代谢	space metabolism	
11.236	航天食谱	space recipe	
11.237	应急食品	contingency food	
11.238	救生食品	survival food	
11.239	即食食品	ready-to-eat food	
11.240	复水食品	rehydratable food	
11.241	复水饮料	rehydratable beverage	
11.242	复水包装	rehydratable packaging	
11.243	热稳定食品	thermostabilized food	
11.244	中水分食品	intermediate moisture food	
11.245	辐照食品	irradiated food	
11.246	饮用水	potable water	
11.247	航天动力因素与救生	space dynamic factors and survival	
11.248	救生包	survival kit	
11.249	弹射救生	ejection survival	
11.250	弹射加速度	ejection acceleration	
11.251	加速度防护	acceleration protection	
11.252	持续性加速度	sustained acceleration	
11.253	短时间加速度	short-duration acceleration	
11.254	正向加速度	positive acceleration	符号为"$+G_z$"。
11.255	负向加速度	negative acceleration	符号为"$-G_z$"。
11.256	横向加速度	transverse acceleration	符号为"$\pm G_x$"。
11.257	侧向加速度	lateral acceleration	符号为"$\pm G_y$"。
11.258	赋形座椅	contoured seat	
11.259	抗荷动作	anti-G maneuver	
11.260	气流吹袭	windblast	
11.261	冲击加速度耐受限值	impact acceleration tolerance limit	
11.262	开伞冲击	parachute opening shock	
11.263	振动加速度	vibration acceleration	
11.264	航天环境控制与	space environment control and life	

序　号	汉　文　名	英　文　名	注　释
	生命保障系统	support system	
11.265	供气调压系统	atmosphere supply and pressure control system	
11.266	座舱压力制度	cabin pressure schedule	
11.267	超临界低温贮存	supercritical cryogenic storage	
11.268	高压气态贮存	high pressure gas storage	
11.269	化学氧贮存	chemical oxygen storage	
11.270	化学氧发生器	chemical oxygen generator	
11.271	座舱增压	cabin pressurization	
11.272	座舱压力调节器	cabin pressure regulator	
11.273	舱压安全阀	cabin pressure relief valve	
11.274	应急供氧系统	emergency oxygen supply system	
11.275	应急供氧阀	emergency oxygen supply valve	
11.276	复压	repressurization	
11.277	氧分压强	oxygen partial pressure	
11.278	供气调节器	gas supply regulator	
11.279	减压器	pressure reducer	
11.280	压力平衡阀	pressure balance valve	
11.281	手动截止阀	manual shutoff valve	
11.282	单向阀	check valve	
11.283	供气组件	gas supply assembly	
11.284	排气组件	gas deflation assembly	
11.285	吸气阻力	inspiratory resistance	
11.286	氧气面罩	oxygen mask	
11.287	高压氧气系统	high pressure oxygen system	
11.288	充氧阀	oxygen fill valve	
11.289	充氮阀	nitrogen fill valve	
11.290	催化氧化器	catalytic oxidizer	
11.291	连续供氧流量调节器	constant oxygen flow regulator	
11.292	安全工作压强	safe working pressure	
11.293	通风净化系统	air ventilation and purification system	
11.294	座舱风扇	cabin fan	
11.295	离心式风机	centrifugal compressor	
11.296	空气再生器	air regenerator	
11.297	座舱大气风速	wind rate of cabin	

序　号	汉　文　名	英　文　名	注　释
11.298	空气过滤器	air filter	
11.299	空气净化装置	air purification unit	
11.300	二氧化碳清除	carbon dioxide removal	
11.301	大气微量污染控制	atmospheric trace contamination control	
11.302	温度与湿度控制系统	temperature and humidity control system	
11.303	辐射散热器	radiator	
11.304	再生式热交换器	heat regenerative exchanger	
11.305	座舱热交换器	cabin heat exchanger	
11.306	水净化器	water sublimator	
11.307	冷凝热交换器	condensate and heat exchanger	
11.308	界面热交换器	inter exchanger	
11.309	水蒸发器	water evaporator	
11.310	温控阀	temperature control valve	
11.311	冷却板	cold plates	
11.312	水分离器	water separator	
11.313	离心式水分离器	centrifugal water separator	
11.314	冷却液循环泵	coolant recirculation pump	
11.315	水管理系统	water management system	
11.316	废水收集器	waste water collector	
11.317	水分配器	water dispenser	
11.318	冷水器	water chiller	
11.319	热水器	water heater	
11.320	水过滤器	water filter	
11.321	饮水箱	potable water tank	
11.322	饮水器	water drinker	
11.323	供水压力调节器	water supply pressure regulator	
11.324	微生物污染控制	microbial contaminant control	
11.325	检测与控制系统	detect and control system	
11.326	大气参数检测	atmospheric parameter measurement	
11.327	故障检测与报警	fault detect and warning	
11.328	总压控制	total pressure control	
11.329	氧分压控制	oxygen partial pressure control	
11.330	二氧化碳分压控制	carbon dioxide partial pressure control	
11.331	温度控制	temperature control	

序　号	汉　文　名	英　文　名	注　释
11.332	湿度控制	humidity control	
11.333	废物收集与管理系统	waste collection and management system	
11.334	废物收集器	waste collector	
11.335	大便收集	feces collection	
11.336	小便收集	urine collection	
11.337	废物处理	waste treatment	
11.338	除臭装置	odor removal	
11.339	细菌过滤器	bacteria filter	
11.340	火焰检测系统	fire detection system	
11.341	灭火系统	fire suppression system	
11.342	离子感烟探测器	ionization smoke detector	
11.343	光电感烟探测器	photoelectric smoke detector	
11.344	差定温探测器	rate-of-rise fixed temperature detector	又称"固定温升探测器"。
11.345	灭火器	fire extinguisher	
11.346	再生式生命保障系统	regenerative life support system	
11.347	二氧化碳浓缩器	carbon dioxide concentrator	
11.348	二氧化碳收集	carbon dioxide collection	
11.349	二氧化碳还原技术	carbon dioxide reduction technique	
11.350	水再生技术	water regeneration technique	
11.351	空间制氧	space oxygen generation	
11.352	便携式生命保障系统	portable life support system	
11.353	脐带式生命保障系统	umbilical life support system	
11.354	非再生式生命保障系统	nonregenerative life support system	
11.355	半再生式生命保障系统	semiregenerative life support system	
11.356	受控生态生命保障系统	controlled ecological life support system	
11.357	生物生命保障系统	biological life support system	
11.358	航天医学工程设	space medico-engineering facilities	

序　号	汉　文　名	英　文　名	注　　释
	施		
11.359	航天训练仿真设备	space flight training simulation facilities	
11.360	全任务航天训练仿真器	full-mission space flight simulator	
11.361	固定基[训练]仿真器	fixed base training simulator, FBTS	
11.362	运动基[训练]仿真器	motion base training simulator, MBTS	
11.363	部分任务训练器	partial task trainer	
11.364	计算机辅助训练器	computer aided trainer, CAT	
11.365	姿态控制训练器	attitude control trainer	
11.366	视景系统	visual system	
11.367	教员台	instructor station	
11.368	座舱仪表系统	cabin instrument system	
11.369	音响环境仿真	audio environment simulation	
11.370	隔离实验室	isolation laboratory	
11.371	航天医监医保设备	space medical monitoring and support facilities	
11.372	地面医监台	ground-based medical monitoring station	
11.373	舱内医监设备	onboard medical monitoring instrument	
11.374	生物医学遥测	biomedical telemetry	
11.375	舱内保健设备	onboard health care facilities	
11.376	跑台	treadlemill	又称"跑步机"。
11.377	企鹅服	penguin suit	
11.378	负压裤	negative pressure trousers	
11.379	自行车功量计	bicycle ergometer	
11.380	高压氧舱	hyperbaric oxygen chamber	
11.381	航天医学仿真实验设备	space medicine simulation test facilities	
11.382	人体离心机	human centrifuge	
11.383	冲击塔	impact tower	
11.384	试验假人	testing dummy	
11.385	暖体假人	thermal manikin	

序 号	汉 文 名	英 文 名	注 释
11.386	代谢仿真装置	metabolic simulation device	
11.387	滑轨车	track sled	
11.388	多功能转椅	multifunctional rotating chair	
11.389	电动四柱秋千	electrical four-pole swing	
11.390	倾斜台	tilt table	
11.391	卧床实验设备	bed rest experiment facilities	
11.392	仿真失重水槽	water tank of simulated weightless-ness	
11.393	低压舱	hypobaric chamber	
11.394	快速减压舱	rapid decompression chamber	
11.395	低压温度试验舱	hypobaric and temperature test chamber	
11.396	航天环境仿真设备	space flight environment simulation facilities	
11.397	天象仪	planetarium	
11.398	落塔	drop tower	
11.399	中性浮力仿真器	neutral buoyancy simulator	
11.400	失重试验飞机	parabolic flight test aircraft	
11.401	载人振动实验设备	manned vibrator	
11.402	声环境实验室	sound environment test chamber	
11.403	隔声室	sound insulating chamber	

12. 航 天 材 料

序 号	汉 文 名	英 文 名	注 释
12.001	航天材料	space material	
12.002	［先进］柔性防热材料	［advanced］flexible thermal protection material	
12.003	［先进］柔性绝热材料	［advanced］flexible insulation material	
12.004	绝热层	adiabatic layer, heat insulation layer	
12.005	过烧	burning	
12.006	缓冲层	cushion layer	

序　号	汉　文　名	英　文　名	注　释
12.007	隔热层	thermal insulating layer	
12.008	热反射层	heat-reflecting layer	
12.009	防热涂层	thermal protection coating	
12.010	隔热材料	thermal insulation material	
12.011	多层隔热材料	multilayer insulation material	
12.012	热结构材料	thermal structure material	
12.013	天线窗防热盖板	antenna window thermal shielded cover plate	
12.014	碳-碳复合材料	carbon-carbon composite	
12.015	碳-碳化硅复合材料	carbon fiber reinforced silicon carbide matrix composite	
12.016	细编穿刺碳-碳	fine weaving pierced fiber carbon, FWFC-C/C	
12.017	陶瓷防热瓦	ceramic insulation tile	
12.018	石墨防热材料	thermal protection graphite material	
12.019	可重复使用防热材料	reusable thermal protection material	
12.020	烧蚀材料	ablative material, ablator	
12.021	烧蚀率	ablating rate	
12.022	低密度烧蚀材料	low density ablator	
12.023	烧蚀防热材料	thermal-protect ablation material	
12.024	阻燃性	flame resistance	又称"防燃烧性"。
12.025	阻燃剂	fire retardancy	
12.026	三向碳-碳	3-directional C/C	
12.027	四向碳-碳	4-directional C/C	
12.028	高硅氧	refrasil	
12.029	黏附	adhesion	
12.030	胶黏剂	adhesive	
12.031	增黏剂	tackifier	
12.032	胶接装配	adhesive joint assembly	又称"套装"。
12.033	底胶	primer	
12.034	胶层	adhesive layer	
12.035	剥离强度	peel strength	
12.036	胶接强度	adhesive strength	
12.037	胶接接头	bonding joint	
12.038	内聚	cohesion	
12.039	内聚破坏	cohesive failure	

序　号	汉　文　名	英　文　名	注　释
12.040	胶体稳定性	colloidal stability	
12.041	塑料	plastic	
12.042	微孔塑料	cellular plastic	
12.043	泡沫塑料	foamed plastic	
12.044	泡沫橡胶	foamed rubber	
12.045	聚[氨基甲酸]酯泡沫塑料	polyurethane-foam plastic，PUR-foam plastic	
12.046	软质聚氨脂泡沫塑料	flexible polyurethane foams	
12.047	硬质聚氨脂泡沫塑料	rigid polyurethane foams	
12.048	热塑性塑料	thermoplastic plastic	
12.049	氟塑料	fluoroplastic	
12.050	热固性塑料	thermosetting plastic	
12.051	增强塑料	reinforced plastic	
12.052	玻璃纤维增强塑料	glass fiber reinforced plastic	
12.053	有机纤维增强塑料	organic fiber reinforced plastic	
12.054	玻璃布层压制品	glass cloth laminate	
12.055	聚酰胺	polyamide，PA	
12.056	聚酰亚胺树脂	polyimide resin	
12.057	双马[来酰亚胺]树脂	bismaleimide resin，BMI resin	
12.058	氟烃树脂	fluorocarbon resin	
12.059	氟[烃]油	fluorocarbon oil	
12.060	聚四氟乙烯	polytetrafluoroethylene，PTFE	
12.061	机械结合	mechanical bond	
12.062	反应结合	reaction bond	
12.063	金属间化合物	intermetallic compound	
12.064	混杂复合材料	hybrid composite	
12.065	金属基复合材料	metal matrix composite	
12.066	铝基复合材料	aluminum matrix composite	
12.067	钛基复合材料	titanium matrix composite	
12.068	树脂基复合材料	resin matrix composite	
12.069	石墨铝复合材料	aluminum graphite composite	
12.070	硼铝复合材料	aluminum boron composite	

序　号	汉　文　名	英　文　名	注　释
12.071	颗粒增强复合材料	particulate reinforced composite	
12.072	纤维增强复合材料	fiber reinforced composite	
12.073	单向纤维复合材料	unidirectional fibrous composite materials	
12.074	碳纤维复合材料	carbon fiber composite material	
12.075	陶瓷基复合材料	fiber reinforced ceramic composite	
12.076	金属陶瓷	metal ceramic, cermet	
12.077	石英陶瓷	quartz-ceramics	
12.078	石英玻璃	quartz glass	
12.079	陶瓷密封环	ceramic-seal ring	
12.080	喷涂陶瓷密封环	spraying-ceramic seal ring	
12.081	三向石英复合材料	three-direction quartz fiber reinforced quartz composite, 3D SiO_2/SiO_2	
12.082	三向石英增强二氧化硅复合材料	three-direction quartz fiber reinforced SiO_2 composite	
12.083	碳化硅-碳化硅复合材料	silicon carbide fiber reinforced silicon carbide matrix composite, SiC/SiC	
12.084	加固天线窗材料	hardened antenna window material	
12.085	固溶强化	solution hardening	
12.086	弥散强化	dispersion strengthening	
12.087	弥散强化复合材料	dispersion strengthening composites	
12.088	基体	matrix	
12.089	基体裂纹	matrix cracking	
12.090	强界面	strong interface	
12.091	弱界面	weak interface	
12.092	增强相	reinforcing phase	
12.093	纵向强化	longitudinal strengthening	
12.094	横向强化	transverse strengthening	
12.095	聚集	coalescence	
12.096	脱层	delamination	
12.097	分层	delamination	

序　号	汉　文　名	英　文　名	注　释
12.098	贫化	depletion	
12.099	修补接头效率	repair joint efficiency	
12.100	树脂淤积	resin pocket	
12.101	贫树脂区	resin starved region	
12.102	树脂含量	resin content	
12.103	可溶性树脂含量	soluble resin content	
12.104	蜂窝夹层结构	honeycomb sandwich construction	
12.105	夹层结构修补技术	sandwich construction repair technique	
12.106	表面处理剂	surface treating agent	
12.107	焊料	solder, brazing solder	
12.108	倾点	pour point	
12.109	焊前处理	preweld treatment	
12.110	焊后处理	postweld treatment	
12.111	电位分析	potentiometric analysis	
12.112	焊接性	weldableness	
12.113	焊缝强度	weld strength	
12.114	焊接裂纹敏感性	welding crack sensibility	
12.115	焊接变形	welding deformation	
12.116	涂层	coating	
12.117	涂层性能	property of coating	
12.118	涂层污染	coating contamination	
12.119	涂层退化	coating degradation	
12.120	颜料	pigment	
12.121	低发射率颜料	low-emittance pigment	
12.122	配色	color matching	
12.123	迷彩涂层	coating with pattern painting	
12.124	导电涂层	conductive coating	
12.125	电磁屏蔽涂层	coating for EMI shielding	
12.126	温控涂层	thermal control coating	
12.127	高温涂层	high temperature coating	
12.128	高温防护涂层	high temperature protection coating	
12.129	高温抗氧化涂层	high temperature oxidation-resistant coating	
12.130	难熔金属高温抗氧化涂层	high temperature oxidation-resistant coating for refractory	
12.131	电化学涂层	electrochemical coating	

序 号	汉 文 名	英 文 名	注 释
12.132	真空沉积涂层	vacuum deposited coating	
12.133	热控带	thermal control adhesive coating	
12.134	防火涂料	fire-retardant paint	
12.135	三防涂料	three-resistance coating	
12.136	加固层	consolidating layer	
12.137	离子镀膜	ion film plating	
12.138	梯度功能材料	function-graded material	
12.139	发汗材料	sweat-out material	
12.140	透波材料	electromagnetic wave transparent material	
12.141	阻尼材料	damping material	
12.142	防振材料	vibration absorption material	
12.143	介电材料	dielectric material	
12.144	介电监控	dielectric monitoring	
12.145	介电性能	dielectric properties	
12.146	柔性毡	flexible felt	
12.147	腐蚀	corrosion	
12.148	大气腐蚀	atmosphere corrosion	
12.149	海洋大气腐蚀	marine atmosphere corrosion	
12.150	盐水腐蚀	salt water corrosion	
12.151	化学腐蚀	chemical corrosion	
12.152	电化学腐蚀	electrochemical corrosion	
12.153	浓差电池腐蚀	concentration cell corrosion	
12.154	电偶腐蚀	galvanic corrosion	
12.155	接触腐蚀	contact corrosion	
12.156	应力腐蚀	stress corrosion	
12.157	缝隙腐蚀	crevice corrosion	
12.158	环境腐蚀	environmental corrosion	
12.159	金属腐蚀	metal corrosion	
12.160	晶间腐蚀	intergranular corrosion	
12.161	微观腐蚀	microetch	
12.162	宏观腐蚀	macroetch	
12.163	点蚀	pitting	
12.164	腐蚀麻点	corrosion pit	
12.165	腐蚀速率	corrosion rate	
12.166	腐蚀疲劳	corrosion fatigue	
12.167	缓蚀剂	inhibiter	

序　号	汉　文　名	英　文　名	注　释
12.168	抗侵蚀材料	erosion resistant material	
12.169	钢	steel	
12.170	高强钢	high strength steel	
12.171	耐蚀钢	chemical resistant steel, corrosion resistant steel	
12.172	耐热钢	heat resisting steel, heat resistant steel	
12.173	超导[性]金属	superconducting metal	
12.174	合金	alloy	
12.175	铸造合金	casting alloy, foundry alloy	
12.176	锻造合金	forging alloy	
12.177	硬质合金	hard alloy, cemented carbide	
12.178	高温合金	high temperature alloy	
12.179	铁基合金	iron based alloy	
12.180	镍基合金	nickel based alloy	
12.181	钴基合金	cobalt based alloy	
12.182	铌基合金	niobium based alloy	
12.183	粉末冶金合金	powder metallurgical alloy	
12.184	难熔合金	refractory alloy	
12.185	易熔合金	fusible alloy	
12.186	共晶合金	eutectic alloy	
12.187	钎焊合金	brazing alloy	
12.188	铍合金	beryllium alloy	
12.189	镁合金	magnesium alloy	
12.190	镁铝合金	magnesium aluminum alloy	
12.191	镁铁氧体	magnesium ferrite	
12.192	镁锂合金	magnesium lithium alloy	
12.193	铝合金	aluminum alloy	
12.194	铝铜合金	aluminum copper alloy	
12.195	铝锂合金	aluminum lithium alloy	
12.196	铝镁合金	aluminum magnesium alloy	
12.197	铝钛合金	aluminum titanium alloy	
12.198	高强度铝合金	high strength aluminum alloy	
12.199	铜合金	copper alloy	
12.200	黄铜	brass	
12.201	青铜	bronze	
12.202	铜镍合金	copper nickel alloy	

序　号	汉　文　名	英　文　名	注　释
12.203	钛合金	titanium alloy	
12.204	钛铝合金	titanium aluminum alloy	
12.205	钛铝钒合金	titanium aluminum vanadium alloy	
12.206	钛钒合金	titanium vanadium alloy	
12.207	磁性合金	magnetic alloy	
12.208	润滑剂	lubricant	
12.209	润滑脂	grease	
12.210	润滑油	lubricating oil	
12.211	基础油	base oil	
12.212	矿物油	mineral oil	
12.213	液压油	hydraulic oil	
12.214	合成油	synthetic oil	
12.215	硅油	silicone oil	
12.216	自润滑材料	self-lubricating material	
12.217	固体润滑剂	solid lubricant	
12.218	偏析	segregation	
12.219	馏程	distillation range	
12.220	伪装	camouflage	
12.221	伪装材料	camouflage material	
12.222	伪装技术	camouflage technology	
12.223	伪装网	camouflage net	
12.224	迷彩伪装色	dazzle camouflage schemes	
12.225	可见光伪装	visual camouflage	
12.226	隐蔽	concealment	
12.227	吸收剂	absorbent	
12.228	吸收体	absorber	
12.229	微波吸收材料	microwave absorbing material	
12.230	有机多功能透波材料	organic multifunctional electromagnetic wave transparent material	
12.231	雷达波吸收结构	radar absorbing structure，RAS	
12.232	隐形	stealth	
12.233	隐形材料	stealth material	
12.234	隐形技术	stealth technology	
12.235	石墨	graphite	
12.236	浸渍无机盐碳石墨	carbon-graphite impregnated with inorganic salt	
12.237	浸渍金属碳石墨	carbon-graphite impregnated with	

序　号	汉　文　名	英　文　名	注　释
		metal	
12.238	浸渍树脂碳石墨	carbon-graphite impregnated with resin	
12.239	浸渍磷酸盐碳石墨	carbon-graphite impregnated with phosphate	
12.240	石墨密封环	graphite-seal ring	
12.241	碳石墨耐磨材料	wear resistance carbon-graphite material	
12.242	可探测性	detectability	
12.243	测试分析技术	test and analysis technology	
12.244	卡计法	calorimeter method	
12.245	反射计法	reflectometer method	
12.246	辐射计法	radiometer method	
12.247	电子显微镜	electron microscope	
12.248	离子显微境	ion microscope	
12.249	光学显微镜	optical microscope	
12.250	偏光显微镜	polarizing microscope	
12.251	红外显微镜	infrared microscope	
12.252	电子探针	electronic probe	
12.253	扫描电镜	scanning electron microscope	
12.254	质谱仪	mass spectrometer	
12.255	核磁共振谱仪	nuclear magnetic resonance spectrometer	
12.256	液相色谱仪	liquid chromatograph	
12.257	傅里叶变换红外光谱仪	Fourier transformation infrared spectrometer	
12.258	激光热导仪	laser conductometer	
12.259	护热式平板热导仪	guarded hot plate conductometer	
12.260	示差扫描量热仪	differential scanning calorimeter	
12.261	比热容测定仪	specific heat calorimeter	
12.262	表面分析仪	surface analysis instrument	
12.263	极谱分析	polarographic analysis	
12.264	发射光谱分析	emission spectrum analysis	
12.265	光谱反射特性	spectral reflection characteristics	
12.266	光度分析	photometric analysis	
12.267	光电比色分析	photoelectric colorimetry	

序 号	汉 文 名	英 文 名	注 释
12.268	色谱分析	chromatographic analysis	又称"色层分析"。
12.269	电化学分析	electrochemical analysis	
12.270	热像图	thermal image	
12.271	热解重量分析	thermogravimetric analysis	简称"热重分析"。
12.272	差热分析	differential thermal analysis	
12.273	有限元分析	finite element analysis	
12.274	网格分析	network analysis	
12.275	湿热效应	hydrothermal effect	
12.276	霉菌孢子	fungal spore	
12.277	霉菌试验	mould test, fungus test	
12.278	脆化	embrittle	
12.279	氢脆	hydrogen embrittlement	
12.280	回火脆性	temper brittleness	
12.281	疲劳极限	fatigue limit	
12.282	抗剪强度	shear strength	
12.283	层间剪切强度	inter-laminar shear strength	
12.284	抗压强度	compressive strength	
12.285	抗拉强度	tensile strength	
12.286	抗扭强度	torsional strength	
12.287	扭矩–扭角曲线	torque-torsional angle curve	
12.288	短时高温强度极限	strength limit of short time in high temperature	
12.289	持久强度极限	stress-rupture limit, long time limit	
12.290	韧性	toughness	
12.291	捻度	twist	
12.292	黏度	viscosity	
12.293	黏度指数	viscosity index	
12.294	绝对黏度	absolute viscosity	
12.295	蠕变	creep	
12.296	缺陷	defect	
12.297	冶金缺陷	metallurgical defect	
12.298	焊接缺陷	weld defect	
12.299	弹性	elasticity	
12.300	弹性模量	modulus of elasticity	
12.301	杨氏模量	Young's modulus	
12.302	复弹性模量	complex modulus of elasticity	

序　号	汉　文　名	英　文　名	注　释
12.303	伸长率	percentage elongation	
12.304	临界值	critical value	
12.305	屈服点	yield point	
12.306	塑性	plasticity	
12.307	超塑性	superplasticity	
12.308	持久塑性	stress-rupture plasticity, long time plasticity	
12.309	裂缝	flaw	
12.310	裂纹	crack	
12.311	表面裂纹	external crack	
12.312	内部裂纹	internal crack	
12.313	扩展裂纹	running crack	
12.314	显微裂纹	microscopic crack	
12.315	时效裂纹	aging crack	
12.316	淬火裂纹	quench crack	
12.317	龟裂	fissure	
12.318	界面反应	interface reaction	
12.319	断裂	fracture	又称"断口"。
12.320	穿晶断裂	transgranular fracture	
12.321	晶间断裂	intercrystalline fracture, intercrystalline rupture	
12.322	断口金相学	fractography	
12.323	缺口敏感性	notch sensitivity	
12.324	摩擦力	friction force	
12.325	摩擦系数	friction coefficient	
12.326	允许应力	permissible stress	
12.327	内应力	internal stress	
12.328	复合应力	combined stresses	
12.329	焊接应力	welding stress	
12.330	应力松弛	stress relaxation	
12.331	应变硬化	strain hardening	
12.332	应力-应变曲线	stress-strain curve	
12.333	冲击	impact	
12.334	冲击韧度	impact toughness	
12.335	冲击敏感性	impact sensitivity	
12.336	亮度对比度	brightness contrast	
12.337	组织	structure	

序　号	汉　文　名	英　文　名	注　释
12.338	显微组织	microstructure	又称"高倍组织"。
12.339	宏观组织	macrostructure	又称"低倍组织"。
12.340	过热组织	overheated structure	
12.341	疏松	macroshrinkage	
12.342	橘皮状表面	orange peel	又称"鳄皮现象（alligator effect）"。
12.343	混杂结构	hybrid structure	
12.344	夹杂物	inclusion	
12.345	目视检查	visual inspection	又称"外观检查"。
12.346	空隙率	void content	
12.347	电阻率	electrical resistivity	
12.348	表面电阻	surface electrical resistance	
12.349	体积电阻	volume electrical resistance	
12.350	磁性	magnetic property	
12.351	热阻	thermal resistance	
12.352	热损	heat loss	
12.353	比热容	specific heat capacity	
12.354	热扩散率	thermal diffusivity	
12.355	热膨胀系数	thermal expansion coefficient	
12.356	辐射系数	radiation coefficient	
12.357	酸值	acid value	
12.358	泄漏	leakage	
12.359	泄漏率	leakage rate	
12.360	闭孔率	rate of closed hole	
12.361	滞弹性	anelasticity	
12.362	各向异性	anisotropy	
12.363	各向同性	isotropy	
12.364	材料性能	material property	
12.365	特性指标	performance index	
12.366	稳定剂	stabilizer	
12.367	催化剂	catalyst	
12.368	促进剂	accelerator	
12.369	添加剂	additive	
12.370	交联剂	crosslinking agent	
12.371	稀释剂	diluent	
12.372	分散剂	dispersing agent	
12.373	增塑剂	plasticizer	

序　号	汉　文　名	英　文　名	注　释
12.374	稠化剂	thickener	
12.375	发泡剂	foaming agent	
12.376	培养基	culture medium	
12.377	保管期	preservation period	
12.378	贮存期	storage life	
12.379	设计贮存期	designed storage life	
12.380	估算贮存期	estimated storage life	
12.381	固有贮存期	natural storage life	
12.382	生产周转期	production turnaround	
12.383	动密封	dynamic seal, moving seal	
12.384	静密封	static seal	
12.385	密封件	seal	
12.386	密封胶	sealant	
12.387	相容性	compatibility	
12.388	耐久性	durability	
12.389	纺织物	textile	又称"纺织品"。
12.390	［纤维］织物	fabric	
12.391	编织带	braid	
12.392	编织物	knitting	特指"针织品"。
12.393	编织［法］	weave	
12.394	纤维	fiber	
12.395	线	thread, string	
12.396	纱	yarn	
12.397	晶须	whisker	
12.398	纤维浸润性	fiber wetness	
12.399	纤维预处理	pretreatment of fiber	
12.400	单向预浸带	unidirectional prepreg tape	
12.401	挥发物含量	volatile content	
12.402	润湿角	wetting angle	
12.403	溶解与润湿结合	dissolution and wetting bond	
12.404	混合定律	mixing rule	
12.405	单位面积纤维质量	fiber weight of unit area	
12.406	皱折	wrinkle	
12.407	防静电性	static electricity resistance	
12.408	阻抗匹配层	impedance matching layer	

13. 航天制造工艺

序　号	汉　文　名	英　文　名	注　　释
13.001	工艺	technology, technique, process	
13.002	工艺参数	technological parameter, process parameter	
13.003	工艺装备	process tool, tooling	简称"工装"。
13.004	专用工艺装备	special tooling	简称"专用工装"。
13.005	扩散工艺	diffusion technique	
13.006	常压碳化工艺	atmosphere pressure carbonization process	
13.007	平面工艺	planar technique	
13.008	外延工艺	epitaxy technique	
13.009	薄膜技术	thin film technology	
13.010	纳米技术	nanotechnology	
13.011	特种加工	non-traditional machining	
13.012	数控加工	numerical control machining	
13.013	丝网印刷	screen printing	
13.014	展成法	generating	
13.015	批次	lot, batch	
13.016	组批	combined lots	
13.017	装配	assembly	
13.018	总装配	general assembly	
13.019	装配型架	assembly jig	
13.020	微组装	micromounting	
13.021	变形加工	deformation process	
13.022	铸造	casting, founding, foundry	
13.023	砂型铸造	sand casting process, sand mold casting	
13.024	壳型铸造	shell mold casting	
13.025	压力铸造	pressure die casting, die casting	简称"压铸"。
13.026	低压铸造	low pressure [die] casting	
13.027	差压铸造	counter pressure casting	又称"反压铸造"。
13.028	挤压铸造	squeeze casting	
13.029	离心铸造	true centrifugal casting, centrifugal casting	

序 号	汉 文 名	英 文 名	注 释
13.030	无冒口铸造	head-free casting	
13.031	熔模铸造	fusible pattern molding, lost-wax molding, investment casting	又称"失蜡铸造"。
13.032	熔模石膏型铸造	plaster molding for investment casting	
13.033	金属型铸造	gravity die casting, permanent mold casting	又称"永久型铸造"。
13.034	板料成形	sheet forming	
13.035	变薄拉深	ironing	
13.036	拉延	drawing	又称"拉深"。
13.037	拉弯	stretch bending	
13.038	拉弯成形	stretch-wrap forming	
13.039	弯管	pipe bending	
13.040	拉形	stretch forming	
13.041	液压成形	hydraulic forming	
13.042	液压拉延	hydro-drawing, hydraulic drawing	
13.043	剪切	shearing	
13.044	冲孔	punching, piercing	
13.045	冲裁	blanking	
13.046	精密冲裁	fine blanking, precision blanking	
13.047	聚氨酯冲裁	polyurethane pad blanking	
13.048	液压–橡皮囊成形	rubber-diaphragm hydraulic forming	
13.049	模压成形	compression molding	
13.050	层压成形	laminating molding	
13.051	闸压成形	press-brake forming	
13.052	胀形	bulging	
13.053	橡皮拉深	rubber pad drawing	
13.054	橡皮成形	rubber pad forming	
13.055	静液挤压	hydrostatic extrusion	
13.056	旋压	spinning, metal spinning	
13.057	旋压成形	spin shaping, spin forming	
13.058	普通旋压	[conventional] spinning	俗称"擀形"。
13.059	变薄旋压	power spinning, shear spinning, flow turning	又称"强力旋压"。
13.060	缩径旋压	necking in spindown	
13.061	扩径旋压	expanding, bulging	

序　号	汉 文 名	英 文 名	注　释
13.062	筒形变薄旋压	tube spinning, tube flow forming	
13.063	锥形变薄旋压	cone spinning, tube shear spinning	又称"剪切旋压"。
13.064	电铸	electroforming	
13.065	电铸成形	electrotyping process	
13.066	高能成形	high energy rate forming	
13.067	电磁成形	electromagnetic forming	
13.068	电磁浇注	electromagnetic pouring	
13.069	电液成形	electro-hydraulic forming	
13.070	爆炸成形	explosive forming	
13.071	超低温预成形	super cryogenic temperature preforming	
13.072	滚弯成形	roll forming	
13.073	软模成形	flexible die forming	
13.074	注射成形	injection moulding	又称"注塑"。
13.075	手糊成形	hand lay-up	
13.076	树脂传递模成形	resin transfer molding	
13.077	挤拉成形	pultrusion process, pultrude	
13.078	热压	hot pressing	
13.079	热压釜成形	autoclave moulding	
13.080	锻造	forging	
13.081	模锻	die forging, drop forging	
13.082	多向模锻	multi-ram forging	
13.083	液态模锻	liquid metal forging, melted metal squeezing	
13.084	胎模锻	loose tooling forging, open die forging	
13.085	热模锻	hot die forging	
13.086	等温锻	isothermal forging	
13.087	自由锻	open die forging, flat die forging	
13.088	辊锻	roll forging	
13.089	径向锻造	radial forging	又称"旋转锻造"。
13.090	粉末锻造	powder forging	
13.091	型辊成形	contour roll forming	
13.092	热膨胀模成形	thermal expansion molding	
13.093	摆动辗压	rotary forging	
13.094	辗环	ring rolling	
13.095	超塑成形	superplastic forming	

序　号	汉　文　名	英　文　名	注　释
13.096	扩散连接	diffusion bonding	
13.097	等温超塑性锻造	isothermal superplastic forging	
13.098	控制轧制	controlled rolling	
13.099	切削加工	cutting	
13.100	毛坯	blank	
13.101	刨削	planning, shaping	
13.102	插削	slotting	
13.103	车削	turning	
13.104	镜面车削	mirror turning	
13.105	铣削	milling	
13.106	仿形铣削	copy milling, profile milling	又称"靠模铣削"。
13.107	化学铣削	chemical milling	
13.108	磨削	grinding	
13.109	无心磨削	centerless grinding	
13.110	镜面磨削	mirror grinding	
13.111	精密配磨	precision pair grinding	
13.112	研磨	lapping	
13.113	珩磨	honing	
13.114	锪削	spotting	
13.115	拉削	broaching, pull broaching	
13.116	钻孔	drilling	
13.117	铰孔	reaming	
13.118	扩孔	core drilling	
13.119	镗削	boring	
13.120	滚齿	[gear] hobbing	
13.121	剃齿	[gear] shaving	
13.122	刀具	cutting tool	
13.123	金刚石刀具	diamond cutter	
13.124	金刚石切削	diamond cutting	
13.125	超精密加工	ultraprecision machining	
13.126	微细加工	microfabrication	
13.127	微进给	microfeed	
13.128	微切削加工	micromachining	
13.129	改性加工	modification process	
13.130	热处理	heat treatment	
13.131	固溶热处理	solution heat treatment	
13.132	稀土[元素]化	chemical heat treatment with rare	

序　号	汉　文　名	英　文　名	注　释
	学热处理	earth element	
13.133	光亮热处理	bright heat treatment	
13.134	真空热处理	vacuum heat treatment	
13.135	形变热处理	thermomechanical treatment, TMT	
13.136	流态床热处理	heat treatment in fluidized bed	
13.137	激光热处理	laser heat treatment	
13.138	磁场热处理	magnetic heat treatment	
13.139	可控气氛热处理	controlled atmosphere heat treat-ment	
13.140	表面改性	surface modification	
13.141	淬火	quench hardening, quenching	
13.142	表面淬火	surface hardening, surface quench-ing	
13.143	局部淬火	selective hardening, localized quench hardening	
13.144	光亮淬火	bright quenching, clean hardening	
13.145	真空淬火	vacuum quenching, vacuum hardening	
13.146	等温淬火	isothermal hardening, isothermal quenching	
13.147	感应加热淬火	induction hardening	
13.148	激光淬火	laser hardening, laser transforma-tion hardening	
13.149	渗氮	nitriding, nitrogen case hardening	
13.150	渗钒	vanadizing	
13.151	渗钼	molybdenumizing	
13.152	渗铍	berylliumizing	
13.153	渗碳	carburizing, carburization	
13.154	软氮化	soft nitriding	
13.155	磷化	phosphating	
13.156	碳氮共渗	carbonitriding	
13.157	气体渗碳	gas carburizing	
13.158	化学气相渗透	chemical vapor infiltration	
13.159	退火	annealing	
13.160	光亮退火	bright annealing, clean annealing, light annealing	
13.161	均匀化退火	homogenizing annealing	

序　号	汉　文　名	英　文　名	注　释
13.162	扩散退火	diffusion annealing	
13.163	去应力退火	stress relieving, stress relief annealing	
13.164	回火	tempering	
13.165	高温回火	high temperature tempering	
13.166	正火	normalizing	
13.167	调质	quenching and tempering	即"淬火与回火"。
13.168	转化处理	conversion treatment	
13.169	粗化处理	roughening	
13.170	稳定化处理	stabilizing treatment, stabilizing	
13.171	时效[处理]	aging	
13.172	人工时效[处理]	artificial aging	
13.173	自然时效[处理]	natural aging	
13.174	天然稳定化处理	seasoning	又称"天然时效"。
13.175	加荷时效	load up ageing	
13.176	深冷处理	subzero treatment, cryogenic treatment	
13.177	高低温循环处理	high and low temperature cycling treatment	
13.178	表面活性化结合	surface activated bonding	
13.179	表面处理	surface treatment	
13.180	表面清理	surface cleaning	
13.181	清洗	cleaning	
13.182	等离子清洗	plasma cleaning	
13.183	酸洗	[acid] pickling, dipping	
13.184	喷砂	sand blasting	
13.185	喷丸	shot blasting, grit blasting	
13.186	抛光	polishing, buffing	
13.187	电抛光	electropolishing	
13.188	精密去毛刺	precision deburring	
13.189	化学沉积	chemical deposition	
13.190	气相沉积	vapor deposition	
13.191	化学气相沉积	chemical vapor deposition, CVD	
13.192	低压化学气相沉积	low-pressure chemical vapor deposition	

序 号	汉 文 名	英 文 名	注 释
13.193	高压化学气相沉积	high pressure chemical vapor deposition	
13.194	物理气相沉积	physical vapor deposition, PVD	
13.195	超高真空物理气相沉积	ultra-high-vacuum physical vapor deposition	
13.196	雾化喷射沉积	spray atomization and deposition	
13.197	蒸发沉积	evaporating deposition	
13.198	激光化学气相沉积	laser chemical vapor deposition	
13.199	激光物理气相沉积	laser physical vapor deposition	
13.200	脉冲激光沉积	pulsed laser deposition	
13.201	磁过滤电弧沉积	magnetically filter arc deposition	
13.202	等离子体离子辅助沉积	plasma ion-assisted deposition	
13.203	离子束沉积	ion beam depositing	
13.204	离子束辅助沉积	ion beam assisted depositing	
13.205	离子束增强沉积	ion beam enhanced depositing	
13.206	溅射	sputtering	
13.207	离子束溅射	ion beam sputtering	
13.208	溅射沉积	sputtering deposition	
13.209	离子束溅射沉积	ion beam sputter depositing	
13.210	镀膜	film plating	
13.211	化学镀[膜]	chemical plating, electroless plating	
13.212	真空镀[膜]	vacuum deposition	又称"真空蒸发镀 (vacuum vapor plating)"。
13.213	电镀	electroplating	
13.214	光亮电镀	bright plating	
13.215	复合电镀	composite plating	
13.216	合金电镀	alloy plating	
13.217	复合可调整合金镀	composition modulated alloy plating	
13.218	高速电镀	high speed electrodeposition	
13.219	脉冲电镀	pulse plating	
13.220	离子镀	ion plating	

序　号	汉　文　名	英　文　名	注　释
13.221	针入度	penetration degree	
13.222	等离子喷涂法	plasma spraying method	
13.223	镀后处理	treatment after plating	
13.224	上玻璃釉法	vitreous	
13.225	低压反应离子镀	low-voltage ion reactive plating	
13.226	离子束辅助渗镀	ion beam assisted intermingling depositing	
13.227	金属喷镀	metal spraying	
13.228	热浸镀	hot dipping	
13.229	滚镀	barrel plating	
13.230	包覆	coating	又称"涂覆"。
13.231	离心包覆	centrifugal coating	
13.232	表面涂覆	surface coating	
13.233	喷涂	spray coating	
13.234	静电喷涂	electrostatic spraying	
13.235	粉末静电喷涂	electrostatic powder spraying	
13.236	等离子弧喷涂	plasma spraying	
13.237	喷涂包覆	spraying coating	
13.238	喷涂发泡	spray coating foaming	
13.239	热喷涂	thermal spraying	
13.240	喷漆	spray painting, spraying lacquer	
13.241	涂装	painting	
13.242	化学氧化	chemical oxidation	
13.243	预处理	pretreatment	
13.244	预氧化	preoxidized	
13.245	发蓝处理	bluing	俗称"发黑"。
13.246	发黑处理	blackening	
13.247	金属化	metallization	
13.248	石墨化	graphitization	
13.249	瓷质阳极化	electrochemical enamelizing	
13.250	导电氧化	electric conductive oxidation	
13.251	电化学氧化	electrochemical oxidation	
13.252	阳极［氧］化	anodizing	
13.253	铬酸阳极［氧］化	chromic acid anodizing	
13.254	硫酸阳极［氧］化	sulfur acid anodizing	

序　号	汉 文 名	英 文 名	注　释
13.255	脉冲阳极[氧]化	pulse anodizing	
13.256	绝缘阳极[氧]化	electric insulation anodizing	
13.257	硬质阳极[氧]化	hard anodizing	
13.258	激光准直	laser alignment	
13.259	激光加工	laser beam machining	
13.260	激光打孔	laser beam perforation	
13.261	激光切割	laser beam cutting	
13.262	激光熔覆	laser melting coating	
13.263	激光动平衡	laser dynamic balancing	
13.264	磁脉冲加工	magnetic impulse machining	
13.265	电火花加工	spark-erosion machining, electrical discharge machining, EDM	
13.266	电火花穿孔	spark-erosion perforation	
13.267	电火花线切割	spark-erosion wire cutting	
13.268	电子束加工	electron beam machining, EBM	
13.269	电子束打孔	electron beam perforation	
13.270	离子束加工	ion beam machining	
13.271	等离子加工	plasma machining	
13.272	等离子体湮没改性	plasma immersed modification	
13.273	离子束混合	ion beam mixing	
13.274	放电加工	electro-discharge machining	
13.275	电解加工	electrochemical machining, ECM, electrolytic machining	
13.276	电解型腔加工	electrolytic forming	
13.277	高能束加工	high energy beam machining	
13.278	超声波加工	ultrasonic machining	
13.279	超声波穿孔	ultrasonic perforating	
13.280	超声波清洗	ultrasonic cleaning	
13.281	高压水切割	high pressure water jet cutting	
13.282	焊接	welding	
13.283	波峰钎焊	wave soldering, flow soldering	
13.284	烙铁钎焊	iron soldering	
13.285	炉中钎焊	furnace brazing, furnace soldering	

序　号	汉　文　名	英　文　名	注　　释
13.286	软钎焊	soldering	
13.287	硬钎焊	brazing	
13.288	真空硬钎焊	vacuum brazing	
13.289	超声波软钎焊	ultrasonic soldering	
13.290	感应钎焊	induction brazing, induction soldering	
13.291	浸渍钎焊	dip brazing, dip soldering	
13.292	扩散焊	diffusion welding	
13.293	扩散钎焊	diffusion brazing	
13.294	电阻钎焊	resistance brazing, resistance soldering	
13.295	热等静压	heat isostatic pressing	
13.296	热等静压扩散焊	heat iso-hydrostatic diffusion welding	
13.297	电子束焊	electron beam welding	
13.298	真空电子束焊	vacuum electron beam welding	
13.299	局部真空电子束焊	local vacuum electron beam welding	
13.300	惰性气体保护焊	inert-gas welding, inert-gas shielded arc welding	
13.301	混合气体保护焊	mixed gas welding	
13.302	等离子弧焊	plasma arc welding	
13.303	变极性等离子弧焊	plasma arc welding with adjustable polarity parameters	
13.304	脉冲等离子弧焊	pulsed-plasma arc welding	
13.305	微束等离子弧焊	micro-plasma arc welding	
13.306	脉冲氩弧焊	argon shielded arc welding-pulsed arc	
13.307	熔化极惰性气体保护焊	metal inert-gas welding	
13.308	熔化极脉冲氩弧焊	gas metal arc welding-pulsed arc	
13.309	钨极惰性气体保护焊	gas tungsten arc welding, GTAW	
13.310	钨极脉冲氩弧焊	argon tungsten pulsed arc welding	
13.311	全位置焊	orbital arc welding	
13.312	气相再流焊	vapor phase reflow soldering	

序　号	汉　文　名	英　文　名	注　释
13.313	红外线再流焊	infrared reflow soldering	
13.314	塞焊	plug welding	
13.315	熔焊	fusion welding	
13.316	浸焊	immersed solder	
13.317	缝焊	seam welding	
13.318	点焊	spot welding	
13.319	胶接点焊	spot-weld bonding, weld bonding	
13.320	脉冲点焊	pulsed spot welding, multiple-impulse welding	
13.321	电容储能点焊	condenser discharge spot welding	
13.322	电阻点焊	resistance spot welding	
13.323	滚点焊	roll spot welding	
13.324	氦弧焊	helium shielded arc welding	
13.325	激光焊	laser beam welding	
13.326	定位焊	tack welding	
13.327	对接焊	butt welding	
13.328	摩擦焊	friction welding	
13.329	精密焊	precision welding	
13.330	热压焊	thermocompression bonding	
13.331	手工焊	manual welding	
13.332	自动焊	automatic welding	
13.333	电弧焊	arc welding	
13.334	超声波焊	ultrasonic welding	
13.335	装药	charge	
13.336	灌浆	grouting	
13.337	封装	encapsulation	
13.338	灌封	embedding	
13.339	铆接	riveting	
13.340	铆接试验	riveting test	
13.341	抽芯铆接	cherry riveting	
13.342	埋头铆接	flush riveting	
13.343	单面铆接	blind riveting	
13.344	压铆	press riveting	
13.345	定位铆	registration riveting	
13.346	高抗剪铆接	high antishearing riveting	
13.347	环槽铆钉铆接	hooked riveting with lock rivet	
13.348	螺纹空心铆接	hollow riveting with screw	

序　号	汉　文　名	英　文　名	注　释
13.349	密封铆接	sealing riveting	
13.350	自封铆接	self-sealed riveting	
13.351	胶接	bonding	
13.352	带缠绕成形	tape winding	
13.353	带倾斜缠绕	tape inclined position winding	
13.354	带重叠缠绕	tape plane winding	
13.355	平面缠绕	planar winding	
13.356	湿法缠绕	wet winding	
13.357	干法缠绕	dry winding	
13.358	螺旋缠绕	spiral winding	
13.359	纵向缠绕	longitudinal winding	
13.360	纤维缠绕成形	filament winding moulding	
13.361	预浸料	prepreg	
13.362	真空封接	vacuum seal	
13.363	真空灌胶	vacuum glue pouring	
13.364	袋压成形	bag moulding	
13.365	二次胶接	second bonding	
13.366	发泡	foaming	
13.367	浇注	pouring, casting	
13.368	浇注发泡	pouring foaming	
13.369	固化	curing	
13.370	共固化	co-curing	
13.371	后固化	postcure	
13.372	分层固化	multi-shell curing	
13.373	冷固化	cold setting	
13.374	固化条件	cure condition	
13.375	固化度	degree of cure	
13.376	环向缠绕	hoop winding	
13.377	浸胶	impregnation	
13.378	浸渍	impregnating	
13.379	高压浸渍	high pressure impregnation	
13.380	黏结	gluing, adhesive-bonding	
13.381	定向凝固	directional solidification	
13.382	快速凝固	rapid solidification	
13.383	光刻	photolithography	
13.384	X 射线光刻	X-ray lithography	
13.385	接触光刻	contact lithograph	

序　号	汉　文　名	英　文　名	注　释
13.386	准分子激光光刻	excimer lithography	
13.387	外延生长过程	epitaxial process	
13.388	直接金属掩模	direct metal mask	
13.389	离子注入	ion implantation	
13.390	等离子体源离子注入	plasma source ion implantation	
13.391	刻蚀	etching	又称"蚀刻"。
13.392	溅射刻蚀	sputtering etching	
13.393	等离子蚀刻	plasma etching	
13.394	反应离子蚀刻	reactive ion etching	
13.395	离子束蚀刻	ion beam etching	
13.396	反应离子束蚀刻	reactive ion beam etching	
13.397	调试	debugging	
13.398	稳定性测试	stability test	
13.399	取样	sampling	
13.400	检验	inspection	
13.401	抽样检验	sampling inspection	
13.402	断口检验	fracture examination	
13.403	金相检验	metallographic examination, metallographic inspection	
13.404	无损检验	nondestructive inspection, nondestructive testing	
13.405	超声波探伤	ultrasonic flaw detection	
13.406	磁粉探伤	magnetic particle inspection	
13.407	无损探伤	nondestructive flaw detection	
13.408	渗透探伤	penetrant flaw detection	
13.409	荧光渗透探伤	fluorescent penetrant flaw detection	
13.410	多余物检查	checking of redundant substance	
13.411	激光全息检测	laser holography testing	
13.412	射线透照检查	radiographic inspection	
13.413	涡流检测	eddy current testing	
13.414	超声波检测	ultrasonic testing, ultrasonic inspection	
13.415	声发射检测	acoustic emission testing, acoustic emission inspection	
13.416	着色渗透检测	dye penetrant flaw testing	
13.417	称量	weighing mass	

序　号	汉　文　名	英　文　名	注　释
13.418	点滴腐蚀试验	dropping corrosion test	
13.419	检漏	leak detection	
13.420	氦质谱检漏	helium mass spectrum leak detection	
13.421	气泡检漏	leak detection by bubble	
13.422	荧光检漏	fluorescence leak detection	
13.423	真空检漏	vacuum leak detection	
13.424	剪切试验	shear test	
13.425	静平衡试验	static balance test	
13.426	动平衡试验	dynamic balancing test	
13.427	老化	aging, weathering	
13.428	老化试验	ageing test	
13.429	自然老化	natural aging	
13.430	热老化试验	thermal ageing test	
13.431	加速老化试验	accelerated ageing test	
13.432	硬度试验	hardness test	
13.433	布氏硬度试验	Brinell hardness test	
13.434	洛氏硬度试验	Rockwell hardness test	
13.435	疲劳试验	fatigue test	
13.436	破坏性试验	destructive test	
13.437	气密性试验	air tight test, tightness test	
13.438	强度试验	strength test	
13.439	压力试验	pressure test	
13.440	振动试验	vibration test	
13.441	冲击试验	impact test	
13.442	盐雾试验	salt spray test	
13.443	液压试验	hydraulic pressure test	
13.444	质心测定	center of mass determination	
13.445	光谱分析	spectrographic analysis, spectral analysis	
13.446	真空插管浇注	vacuum tube casting	
13.447	真空充气	vacuum gas filling	
13.448	真空充油	vacuum oil filling	
13.449	真空除气	vacuum degassing	
13.450	真空浇注	vacuum casting	
13.451	真空浸渍	vacuum impregnation	
13.452	真空蒸发	vacuum evaporation	

14. 航天器结构强度与航天环境工程

序 号	汉 文 名	英 文 名	注 释
14.001	结构	structure	
14.002	结构强度	structural strength	
14.003	外力	external force	
14.004	内力	inner force	
14.005	表面力	surface force	
14.006	集中力	concentrated force	
14.007	体积力	body force	
14.008	应力	stress	
14.009	主应力	principal stress	
14.010	应变	strain	
14.011	主应变	principal strain	
14.012	变形	deformation	
14.013	剪切弹性模量	shearing elastic modulus	
14.014	泊松比	Poisson's ratio	
14.015	胡克定律	Hook's law	
14.016	强度	strength	
14.017	刚度	stiffness, rigidity	
14.018	脆性	brittleness	
14.019	硬度	hardness	
14.020	强度准则	criterion of strength	
14.021	柔度	flexibility, compliance	
14.022	挠度	deflection	
14.023	比例极限	proportional limit	
14.024	弹性极限	elastic limit	
14.025	屈服极限	yield limit	
14.026	极限强度	ultimate strength	
14.027	工作载荷	working load	
14.028	设计载荷	design load	
14.029	极限载荷	ultimate load	
14.030	安全裕度	margin of safety	
14.031	局部失稳	local buckling	
14.032	总体失稳	general buckling	
14.033	应力集中	stress concentration	

序 号	汉 文 名	英 文 名	注 释
14.034	疲劳寿命	fatigue life	
14.035	有限元法	finite element method	
14.036	结构建模	structural modeling	
14.037	单元	element	
14.038	超单元	hyperelement	
14.039	子结构	substructure	
14.040	节点	node	
14.041	广义位移	generalized displacement	
14.042	广义内力	generalized internal force	
14.043	形函数	shape function	
14.044	边界节点	boundary node	
14.045	边界元	boundary element	
14.046	内部单元	internal element	
14.047	约束单元	constraint element	
14.048	坐标变换矩阵	transformation matrix of coordinates	
14.049	单元刚度矩阵	element stiffness matrix	
14.050	柔度矩阵	flexibility matrix	
14.051	边界刚度矩阵	boundary stiffness matrix	
14.052	质量矩阵	mass matrix	
14.053	单点约束	single-point constraint	
14.054	多点约束	multi-point constraint	
14.055	相容质量矩阵	compatible mass matrix	
14.056	有限元网络	mesh of finite element	
14.057	非协调元	incompatible element	
14.058	能量释放率	energy release rate	
14.059	裂纹扩展阻力	crack growth resistance	
14.060	线性弹性断裂力学	linear elastic fracture mechanics	
14.061	塑性区尺寸	plastic zone size	
14.062	应力强度因子	stress intensity factor	
14.063	应力强度因子阈值	threshold of stress intensity factor	
14.064	裂纹形状因子	crack shape factor	
14.065	动态断裂韧性	dynamic fracture toughness	
14.066	起始断裂	fracture initiation	又称"开裂角"。
14.067	应变能密度	strain energy density	
14.068	断裂应力	fracture stress	

序　号	汉　文　名	英　文　名	注　释
14.069	弹塑性断裂力学	elastic-plastic fracture mechanics	
14.070	j 积分	j-contour integral	
14.071	初始裂纹深度	initial crack depth	
14.072	临界裂纹深度	critical crack depth, crack depth at fracture	
14.073	疲劳裂纹扩展速率	fatigue crack growth rate	
14.074	裂纹扩展速率	crack growth rate	
14.075	剩余寿命	residual life	
14.076	纤维拉伸强度	tensile strength of fiber	
14.077	基体拉压强度	tensile or compressive strength of matrix	
14.078	单层	lamina	
14.079	叠层	laminate	
14.080	铺设角	ply angle	
14.081	拉压刚度矩阵	tensile compressive stiffness matrix	
14.082	弯曲刚度矩阵	bending stiffness matrix	
14.083	叠层的极限强度	ultimate strength of the laminate	
14.084	层间应力	inter-laminar stress	
14.085	层间剪切	inter-laminar shear	
14.086	比强度	strength-to-density ratio	
14.087	比刚度	stiffness-to-density ratio	
14.088	结构静强度试验	structure static strength test	
14.089	结构刚度试验	structure stiffness test	
14.090	静力[载荷]试验	static load test	
14.091	破坏载荷试验	failure load test	
14.092	设计载荷试验	design load test	
14.093	拉伸试验	tensile test	
14.094	扭转试验	torsion test	
14.095	弯曲试验	bending test	
14.096	内压试验	internal pressure test	
14.097	外压试验	external pressure test	
14.098	轴压试验	axial compression test	
14.099	破坏	failure	
14.100	总体破坏	total failure	
14.101	局部破坏	local failure	

序号	汉文名	英文名	注释
14.102	边界条件	boundary condition	
14.103	光弹性试验	photoelasticity test	
14.104	偏[振]光镜	polariscope	
14.105	热分析	thermal analysis	
14.106	热应力	thermal stress	
14.107	热载荷	thermal load	
14.108	气动热弹性	aerothermo-elasticity	
14.109	高低温试验	high-low temperature test	
14.110	热防护系统试验	thermal protection system test	
14.111	激光全息干涉仪	laser holographic interferometer	
14.112	瞬态表面温度探头	transient surface temperature probe	
14.113	热声环境	thermoacoustic environment	
14.114	热边界层	thermal boundary layer	
14.115	驻点温度	stagnation temperature	
14.116	绝热壁温度	adiabatic wall temperature	
14.117	温度恢复系数	temperature recovery coefficient	
14.118	温度场	temperature field	
14.119	热冲击	thermal shock	
14.120	热循环	thermal cycle	
14.121	热阻系数	thermal resistance coefficient	
14.122	热绝缘	thermal insulation	
14.123	热功当量	mechanical equivalent of heat	
14.124	结构传热试验	structural heat transfer test	
14.125	结构热振动试验	structural thermal vibration transfer	
14.126	结构热外压试验	structural thermal external pressure test	
14.127	结构热低压试验	structural thermal low pressure test	
14.128	结构热防护试验	structural thermal protection test	
14.129	结构热稳定性试验	structural thermal stability test	
14.130	激励	excitation	
14.131	响应	response	
14.132	基础	foundation	
14.133	惯性系统	inertial system	
14.134	等效系统	equivalent system	
14.135	自由度	degree of freedom, DOF	

序　号	汉　文　名	英　文　名	注　释
14.136	单自由度系统	single-degree-of-freedom system	
14.137	多自由度系统	multi-degree-of freedom system	
14.138	连续系统	continuous system	
14.139	主惯性轴	principal axis of inertia	
14.140	传递函数	transfer function	
14.141	传递阻抗	transfer impedance	
14.142	传递导纳	transfer mobility	
14.143	背景噪声	background noise	
14.144	振动	vibration	
14.145	周期振动	periodic vibration	
14.146	随机振动	random vibration	
14.147	噪声	noise	
14.148	白噪声	white noise	
14.149	粉红色噪声	pink noise	
14.150	窄带随机振动	narrow-band random vibration	
14.151	宽带随机振动	broad-band random vibration	
14.152	优势频率	dominant frequency	
14.153	稳态振动	steady-state vibration	
14.154	瞬态振动	transient vibration	
14.155	强迫振动	forced vibration	
14.156	自激振动	self-excited vibration	
14.157	基本周期	fundamental period	
14.158	谐波	harmonic	
14.159	次谐波	subharmonic	
14.160	拍频	beat frequency	
14.161	角频率	angular frequency	
14.162	简谐量	simple harmonic quantity	
14.163	准正弦波	quasi-sinusoid	
14.164	峰值	peak value	
14.165	总位移	excursion	
14.166	波峰因数	crest factor	
14.167	振动严酷度	vibration severity	
14.168	振动模态	mode of vibration	
14.169	固有[振动]模态	natural mode of vibration	
14.170	振型	vibration shape, mode shape	
14.171	耦合模态	coupled mode	

序　号	汉　文　名	英　文　名	注　释
14.172	正则模态	normal mode	
14.173	模态辨识	modal identification	
14.174	参数辨识	parameter identification	
14.175	模态综合	modal synthesis	
14.176	模态试验	modal test	
14.177	特性试验	characteristic test	
14.178	正弦调谐	sine tuning	
14.179	曲线拟合	curve fitting	
14.180	相位共振	phase resonance	
14.181	相位分离	phase separation	
14.182	总体模态	global mode	
14.183	局部模态	local mode	
14.184	前处理	pre-processing	
14.185	后处理	post-processing	
14.186	模态质量	modal mass	
14.187	模态刚度	modal stiffness	
14.188	频率响应函数	frequency response function	
14.189	多输入多输出	multiinput-multioutput	
14.190	单输入多输出	singleinput-multioutput	
14.191	局部共振	local resonance	
14.192	振型斜率	mode shape slope	
14.193	耦合振动	coupling vibration	
14.194	参与因数	participant factor	
14.195	正交性检查	orthogonality check	
14.196	正交性判据	orthogonality criterion	
14.197	自由–自由状态	free-free state	
14.198	锤击试验	hammer test	
14.199	位移导纳	receptance	又称"动柔度"。
14.200	速度导纳	mobility	又称"迁移率"。
14.201	加速度导纳	entrance	又称"惯量"。
14.202	动刚度	dynamic stiffness	
14.203	机械阻抗	mechanical impedance	
14.204	视在质量	apparent mass	
14.205	集中质量	lumped mass	
14.206	黏性阻尼	viscous damping	
14.207	临界阻尼	critical damping	
14.208	非线性阻尼	non-linear damping	

序　号	汉　文　名	英　文　名	注　释
14.209	品质因数	quality factor, q factor	
14.210	阻塞力	blocked force	
14.211	共振	resonance	
14.212	共振频率	resonance frequency	
14.213	固有频率	natural frequency	
14.214	次谐波共振响应	subharmonic response	
14.215	功能失常	malfunction	
14.216	损伤	damage	
14.217	数据采集	data acquisition	
14.218	实时分析	real-time analysis	
14.219	采样频率	sampling frequency	
14.220	折叠频率	foldover frequency	
14.221	频率混淆	frequency aliasing	
14.222	窗函数	window function	
14.223	模数转换	analogue to digital conversion, A/D conversion	
14.224	结构动力学	structural dynamics	
14.225	故障分析	failure analysis	
14.226	参考谱	reference spectrum	
14.227	谱密度矩阵	spectral density matrix	
14.228	自功率谱	auto-power spectrum	
14.229	互功率谱	cross-power spectrum	
14.230	相干函数	coherence function	
14.231	迭代	iteration	
14.232	试验件	test article	
14.233	报警限	alarm limit	
14.234	中断限	abort limit	
14.235	回路时间	loop time	
14.236	统计误差	statistical error	
14.237	统计自由度	statistical degrees of freedom	
14.238	置信度	confidence level	
14.239	时间历程	time history	
14.240	冲程	stroke	
14.241	惯性质量	inertial mass	
14.242	地震震动质量	seismic mass	
14.243	时间历程复现	time history duplication	
14.244	谱估计	spectrum estimate	

序　号	汉　文　名	英　文　名	注　释
14.245	谱线数	number of spectral line	
14.246	随机谱	random spectrum	
14.247	数据采集系统	data acquisition system	
14.248	采样	sample	
14.249	准平稳	quasi-stationary	
14.250	增益	gain	
14.251	环境	environment	
14.252	环境工程	environment engineering	
14.253	航天环境工程	space environment engineering	
14.254	航天器环境	spacecraft environment	
14.255	卫星环境	satellite environment	
14.256	自然环境	natural environment	
14.257	地面环境	ground environment	
14.258	气候环境	climate environment	
14.259	运输环境	transportation environment	
14.260	诱导环境	induced environment	
14.261	力学环境	mechanical environment	
14.262	发射环境	launch environment	
14.263	再入环境	reentry environment	
14.264	正常环境	normal environment	
14.265	周围环境	ambient environment	
14.266	环境预示	environment prediction	
14.267	环境设计余量	environment design margin	
14.268	最高预示环境	maximum predicted environment	
14.269	环境应力	environmental stress	
14.270	环境效应	environmental effect	
14.271	缩比模型试验	scale model test	
14.272	试验允许偏差	test tolerance	
14.273	地面仿真试验	ground simulation test	
14.274	环境试验	environmental test	
14.275	初样试验	prototype test	
14.276	研制试验	development test	
14.277	原型飞行试验	protoflight test	
14.278	综合环境试验	combined environment test	
14.279	综合环境可靠性试验	combined environment reliability test	
14.280	质量控制试验	quality control test	

序　号	汉　文　名	英　文　名	注　　释
14.281	抽样试验	sampling test	
14.282	等效技术	equivalence techniques	
14.283	加速因子	accelerated factor	
14.284	试验[规范和标准]取舍	test tailoring	又称"试验剪裁"。
14.285	过试验	overtesting	
14.286	欠试验	undertesting	
14.287	试验剖面	test profile	
14.288	设计剖面	design profile	
14.289	声振环境	vibroacoustic environment	
14.290	振动环境	vibration environment	
14.291	随机振动环境	random vibration environment	
14.292	瞬态振动环境	transient vibration environment	
14.293	随机振动试验	random vibration test	
14.294	正弦振动试验	sine vibration test	
14.295	正弦扫描试验	sine sweep test	
14.296	正弦定频试验	sine dwell test	
14.297	线性扫描率	linear sweep rate	
14.298	对数频率扫描率	logarithmic frequency sweep rate	
14.299	交越频率	crossover frequency	
14.300	均衡	equalization	
14.301	补偿	compensation	
14.302	平均控制	average control	
14.303	响应控制	response control	
14.304	下凹控制	notching control	
14.305	电动振动台	electrodynamics vibration generator	
14.306	液压式振动台	hydraulic vibration generator	
14.307	[水平]滑台	[horizontal] slip table	
14.308	多点激振系统	multi-point vibration excitation system	
14.309	多振动台系统	multishaker system	
14.310	声环境	acoustic environment	
14.311	气动噪声	aerodynamic noise	
14.312	火箭排气噪声	rocket exhaust noise	
14.313	声压级	sound pressure level	
14.314	总声压级	overall sound pressure level	
14.315	声强	sound intensity	

序　号	汉　文　名	英　文　名	注　释
14.316	声功率	sound power	
14.317	声场	sound field	
14.318	混响场	reverberation field	
14.319	行波场	progressive wave field	
14.320	指向系数	direction index	
14.321	声阻抗	acoustic impedance	
14.322	振型能量	mode shape energy	
14.323	振型密度	mode shape density	
14.324	声疲劳试验	acoustic fatigue test	
14.325	混响试验	reverberation test	
14.326	行波[声]试验	progressive wave test	
14.327	混响室	reverberation chamber	
14.328	行波管	progressive wave tube，travelling wave tube，TWT	
14.329	消声室	anechoic chamber	
14.330	电气动式换能器	electro-pneumatic transducer	
14.331	电液式换能器	electro-hydraulic transducer	
14.332	冲击环境	shock environment	
14.333	爆炸冲击环境	pyroshock environment	
14.334	撞击	impact	
14.335	着陆撞击	landing impact	
14.336	冲击脉冲	shock pulse	
14.337	经典冲击脉冲	classic shock pulse	
14.338	半正弦冲击脉冲	half-sine shock pulse	
14.339	后峰锯齿冲击脉冲	final peak sawtooth shock pulse	
14.340	脉冲上升时间	pulse rise time	
14.341	脉冲下降时间	pulse drop-off time	
14.342	爆震	blast，detonation	
14.343	冲击波	shock wave	
14.344	冲击[响应]谱	shock [response] spectrum	
14.345	加速度冲击[响应]谱	acceleration shock [response] spectrum	
14.346	最大冲击[响应]谱	maximum shock [response] spectrum	
14.347	阻抗匹配法	impedance match method	
14.348	整流罩分离试验	fairing separation test	

序　号	汉　文　名	英　文　名	注　释
14.349	级间分离试验	stage separation test	
14.350	瞬态冲击试验	transient shock test	
14.351	爆炸冲击试验	pyroshock test	
14.352	冲击谱合成	spectrum synthesis shock	
14.353	冲击试验机	shock test machine	
14.354	落下式冲击试验机	drop shock test machine	
14.355	爆炸冲击仿真器	pyroshock simulator	
14.356	加速度环境	acceleration environment	
14.357	离心机	centrifuge	
14.358	火箭撬	rocket sled	
14.359	气候试验	climate test	
14.360	温度冲击试验	temperature shock test	
14.361	温度循环试验	temperature cycling test	
14.362	低气压试验	low pressure test	
14.363	潮湿试验	humidity test	
14.364	湿热试验	humidity-heat test	
14.365	闪电试验	lightning test	
14.366	空间环境效应	space environment effect	
14.367	空间环境模式	space environment model	
14.368	空间环境预报	space environment forecast	
14.369	空间环境报警	space environment warning	
14.370	空间辐射环境	space radiation environment	
14.371	电离辐射环境	ionizing radiation environment	
14.372	太阳电磁辐射	solar electromagnetic radiation	
14.373	太阳 X 射线	solar X-ray	
14.374	太阳紫外辐射	solar ultraviolet radiation	
14.375	太阳可见光辐射	solar visible radiation	
14.376	太阳红外辐射	solar infrared radiation	
14.377	太阳射电辐射	solar radio emission	
14.378	射电辐射	radio emission	
14.379	太阳常数	solar constant	
14.380	太阳耀斑	solar flare	
14.381	太阳黑子	sunspot	
14.382	太阳活动性	solar activity	
14.383	辐射	radiation	
14.384	辐射体	radiation body	

序 号	汉 文 名	英 文 名	注 释
14.385	热辐射	thermal radiation	
14.386	光辐射	light radiation	
14.387	核辐射	nuclear radiation	
14.388	贯穿辐射	penetration radiation	
14.389	电离辐射	ionizing radiation	
14.390	X 射线辐射	X-ray radiation	
14.391	热 X 射线	thermal X-ray	
14.392	核辐射环境	nuclear radiation environment	
14.393	辐射能	radiant energy	
14.394	辐射通量	radiant flux	
14.395	临界通量	critical flux	
14.396	辐射强度	radiation intensity	
14.397	辐射通量密度	radiant flux density	
14.398	辐射温度	radiation temperature	
14.399	谱辐射强度	spectrum intensity	
14.400	谱辐照度	spectrum irradiance	
14.401	绝对太阳通量	absolute solar flux	
14.402	反照率	albedo	
14.403	核电磁脉冲	nuclear electromagnetic pulse	
14.404	源区电磁脉冲	source-region electromagnetic pulse	
14.405	高空电磁脉冲	high-altitude electromagnetic pulse	
14.406	粒子辐射	particle radiation	
14.407	空间粒子辐射	space particle radiation	
14.408	太阳粒子辐射	solar particle radiation	
14.409	太阳宇宙线	solar cosmic ray	
14.410	银河宇宙线	Galactic cosmic ray	
14.411	太阳粒子事件	solar particle event	
14.412	太阳质子事件	solar proton event	
14.413	太阳耀斑质子	solar flare proton	
14.414	宇宙线强度	cosmic ray intensity	
14.415	宇宙线爆发	cosmic ray burst	
14.416	截止能量	cutoff energy	
14.417	截止刚度	cutoff rigidity	
14.418	辐射带	radiation belt	
14.419	［地球］内辐射带	inner radiation belt ［of the earth］	
14.420	［地球］外辐射	outer radiation belt ［of the earth］	

序　号	汉　文　名	英　文　名	注　　释
	带		
14.421	南大西洋辐射异常	South Atlantic radiation anomaly	
14.422	人工辐射带	artificial radiation belt	
14.423	人工电子带	artificial electron belts	
14.424	捕获粒子	trapped particles	
14.425	捕获辐射	trapped radiation	
14.426	捕获辐射模式	trapped radiation model	
14.427	辐射带模式	radiation belt model	
14.428	放射性沉降	radioactive fallout, radioactive deposition	
14.429	沉降粒子	precipitate particles	
14.430	通量	flux	
14.431	累积通量	fluence	
14.432	轨道积分通量	orbital integrated flux	
14.433	辐射防护	radiation protection	
14.434	辐射损伤	radiation damage	
14.435	辐射剂量	radiation dose	
14.436	总剂量	total dose	
14.437	总电离剂量	total ionizing dose	
14.438	辐射剂量率	radiation dose rate	
14.439	等剂量线	isodose line	
14.440	剂量率响应	dose rate response	
14.441	单粒子事件	single [partical] event	
14.442	单粒子翻转事件	single event upset, SEU	
14.443	单粒子锁定事件	single event latchup, SEL	
14.444	单粒子事件效应	single event effect	
14.445	单粒子烧毁事件	single event burnout, SEB	
14.446	单粒子多位翻转	single event multiple bit upset	
14.447	单粒子功能中断事件	single event functional interrupt	
14.448	单粒子硬错误	single hard error	
14.449	软错误	soft error	
14.450	硬错误	hard error	
14.451	放射医学	radiation medicine	
14.452	核易损性	nuclear vulnerability	
14.453	抗核加固	nuclear hardening	

序　号	汉　文　名	英　文　名	注　释
14.454	抗辐射加固	radiation hardening	
14.455	抗辐射加固器件	radiation hardened component	
14.456	核生存能力	nuclear survivability	
14.457	均衡加固	balanced hardening	
14.458	加固分配	hardness allocation	
14.459	加固设计	hardness design	
14.460	核试验	nuclear test	
14.461	高空核试验	high-altitude nuclear test	
14.462	空爆	atmospheric explosion	
14.463	高空爆炸	high explosion	
14.464	爆心投影点	ground zero	
14.465	核爆中心	nuclear explosion center	
14.466	核环境	nuclear environment	
14.467	瞬态中子	instantaneous neutron	
14.468	缓发中子	delayed neutron	
14.469	剩余核辐射	residual nuclear radiation	
14.470	人造极光	artificial aurora	
14.471	放射性云	radioactive cloud	
14.472	系统电磁脉冲	system-generated electromagnetic pulse	
14.473	内电磁脉冲	internal electromagnetic pulse	
14.474	核电磁脉冲效应	effect of nuclear electromagnetic pulse	
14.475	核电磁脉冲耦合	nuclear electromagnetic pulse coupling	
14.476	瞬时效应	transient effect	
14.477	永久效应	permanent effect	
14.478	永久性损伤	permanent damage	
14.479	功能失灵	functional failure	
14.480	功能损坏	functional damage	
14.481	屏蔽系数	shielding factor	
14.482	等离子体	plasma	
14.483	太阳风	solar wind	
14.484	日冕物质抛射	coronal mass emission	
14.485	冷等离子体	cold plasma	
14.486	卫星充电	satellite charging	
14.487	卫星放电	satellite discharging	

序　号	汉　文　名	英　文　名	注　释
14.488	表面充电	surface charging	
14.489	体充电	bulk charging	
14.490	卫星电位	satellite potential	
14.491	电弧放电	arc discharge	
14.492	电离层模式	ionosphere model	
14.493	国际参考电离层模式	international reference ionosphere model	
14.494	电离层暴	ionosphere storm	
14.495	电离层闪烁	ionosphere scintillation	
14.496	电离层吸收	ionosphere absorption	
14.497	磁环境	magnetic environment	
14.498	空间磁场	space magnetic field	
14.499	行星际磁场	interplanetary magnetic field	
14.500	磁扇形	magnetic sector	
14.501	地磁场	geomagnetic field	
14.502	地球磁层	earth magnetosphere	
14.503	磁壳	magnetic shell	
14.504	捕获区	trapping region	
14.505	地磁扰动	geomagnetic disturbance	
14.506	磁暴	magnetic storm	
14.507	磁层亚暴	magnetospheric substorm	
14.508	磁场模式	magnetic field model	
14.509	国际参考[地]磁场模式	international geomagnetic reference field mode, IGRF mode	
14.510	磁刚度	magnetic rigidity	
14.511	地磁指数	geomagnetic index	
14.512	磁坐标系	magnetic coordinate system	
14.513	流星体	meteoroid	
14.514	微流星体	micrometeoroid	
14.515	流星体模式	meteoroid model	
14.516	太空碎片	space debris	
14.517	轨道碎片	orbit debris	
14.518	太空碎片环境	space debris environment	
14.519	[太空]碎片质量分布	distribution of debris mass	
14.520	[太空]碎片危害	debris hazard	

序 号	汉 文 名	英 文 名	注 释
14.521	[太空]碎片分布模式	debris distribution model	
14.522	太空碎片通量	flux of space debris	
14.523	[太空]碎片通量模式	debris flux model	
14.524	太空碎片仿真	simulation of space debris	
14.525	太空碎片防护	protection of space debris	
14.526	在轨爆炸	explosion on orbit	
14.527	在轨破裂	rupture on orbit	
14.528	碎片云	debris cloud	
14.529	超高速撞击	hypervelocity impact	
14.530	惠普尔缓冲屏	Whipple bumper shield	
14.531	超高速撞击试验	hypervelocity impact test	
14.532	弹道极限曲线	ballistic limit curve	
14.533	喷射动量	eject momentum	
14.534	动量增益	momentum gain	
14.535	二次撞击	secondary impact	
14.536	背向散射碎片	backscattered debris	
14.537	长期暴露装置	long duration exposure facility	
14.538	无破碎侵彻	no-disruptive penetration	
14.539	多次冲击防护屏	multi-shock shield	
14.540	双层网格防护屏	mesh double bumper shield	
14.541	混合多次冲击防护屏	hybrid multi-shock shield	
14.542	碎片增长率	debris growing rate	
14.543	二级轻气炮	two-stage light gas gun	
14.544	验证板	witness plate	
14.545	抗撞能力	impact resistance	
14.546	热层	thermosphere	
14.547	马歇尔工程热层模式	Marshall engineering thermosphere model	
14.548	质谱计非相干散射模式	mass spectrometer incoherent scatter model	
14.549	阻力加速度	drag acceleration	
14.550	阻力效应	drag effect	
14.551	轨道衰变	orbital decay	
14.552	轨道衰变模式	orbital decay model	

序　号	汉　文　名	英　文　名	注　释
14.553	轨道寿命	orbital life	
14.554	原子氧	atom oxygen	
14.555	原子氧流量模式	atomic oxygen fluence model	
14.556	真空热环境	thermal vacuum environment	
14.557	冷黑［背景］	cold black［background］	
14.558	真空	vacuum	
14.559	高真空	high vacuum	
14.560	超高真空	ultrahigh vacuum	
14.561	解吸［附作用］	desorption	
14.562	真空冷焊	vacuum cold welding	
14.563	真空干摩擦	vacuum dry friction	
14.564	真空升华	vacuum sublimation	
14.565	真空放电	vacuum discharge	
14.566	材料放气	material outgassing	
14.567	材料去气	material degassing	
14.568	材料质量损失	material mass loss	简称"材料质损"。
14.569	材料污染	material contamination	
14.570	颗粒污染	particle contamination	
14.571	分子污染	molecular contamination	
14.572	洁净度	cleanliness	
14.573	污染等级	class of contamination	
14.574	羽焰	exhaust plume	
14.575	空间仿真	space simulation	
14.576	空间环境仿真	space environment simulation	
14.577	空间环境试验	space environment test	
14.578	热试验	thermal test	
14.579	热平衡试验	thermal balance test	
14.580	入射热流法	incident heat flux method	
14.581	吸收热流法	absorbed heat flux method	
14.582	瞬变热流法	transient heat flux method	
14.583	试验工况	operating condition of test	
14.584	极端工况	extreme operating condition	
14.585	瞬变工况	transient operating condition	
14.586	热真空试验	thermal vacuum test	
14.587	热循环试验	thermal cycling test	
14.588	真空烘烤	vacuum bakeout	
14.589	冷浸	cold soak	

序 号	汉 文 名	英 文 名	注 释
14.590	热浸	thermal soak	
14.591	变温率	temperature change rate	
14.592	温度循环	temperature cycle	
14.593	电晕放电试验	corona test	
14.594	空间[环境]仿真器	space [environment] simulator	
14.595	热真空舱	thermal vacuum chamber	
14.596	运动仿真器	motion simulator	
14.597	真空室	vacuum chamber	
14.598	极限压强	ultimate pressure	
14.599	真空抽气系统	vacuum pumping system	
14.600	无油抽气系统	oil-free pumping system	
14.601	低温泵	cryopump	
14.602	氦深冷板	helium cryopanel	
14.603	真空阀门	vacuum valve	
14.604	冷阱	cold trap	
14.605	液氮系统	liquid nitrogen system	
14.606	气氮加热系统	gaseous nitrogen warm-up system	
14.607	气氦系统	gaseous helium system	
14.608	红外仿真试验	infrared simulation test	
14.609	红外仿真器	infrared simulator	
14.610	红外辐射源	infrared radiation source	
14.611	红外加热器	infrared heater	
14.612	红外灯阵	infrared lamp arrays	
14.613	红外加热笼	infrared heating cage	
14.614	温度控制屏	temperature controlled shroud	又称"温度控制板（temperature controlled panel）"。
14.615	太阳仿真试验	solar simulation test	
14.616	太阳仿真器	solar simulator	
14.617	灯室	lamp house	
14.618	光学系统	optical system	
14.619	聚光镜	collector	
14.620	同轴投影系统	on-axis projection system	
14.621	离轴准直系统	off-axis collimated system	
14.622	离轴准直拼装式系统	off-axis collimated modular system	

序 号	汉 文 名	英 文 名	注 释
14.623	积分透镜	integration lens	
14.624	人用气闸	man lock	
14.625	紧急复压系统	emergency repressurization system	
14.626	检漏试验	leak test	
14.627	粗检漏试验	gross leak test	
14.628	精检漏试验	fine leak test	
14.629	氦检漏试验	helium leak test	
14.630	漏率	leak rate	
14.631	真空检漏系统	vacuum leak detecting system	
14.632	氦质谱仪检漏系统	helium mass-spectrometer detecting system	
14.633	四极质谱仪	quadruple mass-spectrometer	
14.634	残余气体分析仪	residual gas analyzer	
14.635	真空冷焊试验	vacuum cold welding test	
14.636	干摩擦试验	dry friction test	
14.637	真空光学试验台	vacuum optical test bench	
14.638	红外辐射计定标设备	infrared radiometer calibration facility	
14.639	真空充电与放电试验	vacuum charging and discharging test	
14.640	火箭发动机高空试验	rocket engine high altitude test	
14.641	空间点火试验	space ignition test	
14.642	火箭羽焰试验	rocket plume test	
14.643	紫外试验	ultraviolet test	
14.644	粒子辐照试验	particle irradiation test	
14.645	磁亚暴仿真设备	magnetic substorm simulation facility	
14.646	原子氧试验	atomic oxygen test	
14.647	原位测量	in-situ measurement	
14.648	微流星仿真器	micrometeorite simulator	
14.649	轻气炮	light gas gun	
14.650	电磁兼容性	electromagnetic compatibility, EMC	
14.651	电磁干扰	electromagnetic interference, EMI	
14.652	传导发射	conducted emission	
14.653	传导敏感度	conducted susceptibility	
14.654	辐射发射	radiated emission	

序　号	汉　文　名	英　文　名	注　释
14.655	辐射敏感性	radiated susceptibility	
14.656	吸波室	anechoic chamber	
14.657	有效载荷试验场	payload range	
14.658	磁试验	magnetic test	
14.659	磁敏感性	magnetic susceptibility	
14.660	剩磁矩	residual magnetic moment	
14.661	充磁	magnetization	
14.662	退磁	demagnetization	
14.663	磁试验设备	magnetic test facility	
14.664	主线圈	main coil	
14.665	等效线圈	equivalent coil	
14.666	失重	weightlessness	
14.667	零重力	zero gravity	
14.668	微重力	microgravity	
14.669	人造重力	artificial gravity	
14.670	邦德数	Bond number	
14.671	临界邦德数	critical Bond number	
14.672	韦伯数	Weber number	
14.673	浸润性液体	wetting liquid	
14.674	非浸润性液体	nonwetting liquid	
14.675	l-G 仿真试验	l-G simulation test	
14.676	失重仿真试验	weightlessness simulation test	
14.677	飞机仿真试验	aircraft simulation test	
14.678	落塔试验	drop tower test	
14.679	微重力试验	microgravity test	
14.680	卫星搭载环境试验	satellite piggyback environment test	
14.681	气球载落舱试验	balloon-borne drop capsule test	
14.682	落管试验	drop tube test	
14.683	轨道飞行试验	orbital flight test	
14.684	探空火箭试验	sounding rocket test	
14.685	中性浮力试验	neutral buoyancy test	
14.686	水浸仿真试验	water-immersion simulation test	

15. 航天计量与测试

序　号	汉　文　名	英　文　名	注　释
15.001	计量[学]	metrology	
15.002	法制计量[学]	legal metrology	
15.003	国防计量[学]	national defence metrology	
15.004	量值传递	dissemination of the value of q quantity	
15.005	溯源性	traceability	
15.006	计量管理	metrological management	
15.007	计量监督	metrological supervision	
15.008	计量确认	metrological confirmation	
15.009	计量保证	metrological assurance	
15.010	计量保证体系	metrological assurance system	
15.011	计量检定规程	regulation of metrological verification	
15.012	检定系统[表]	verification scheme	
15.013	检定证书	verification certificate	
15.014	检定结果[不合格]通知书	rejection notice of verification	
15.015	校准证书	calibration certificate	
15.016	校准实验室	calibration laboratory	
15.017	检验证书	certificate of inspection	
15.018	定级证书	grading certificate	
15.019	可测量	measurable quantity	
15.020	量制	system of quantities	
15.021	基本量	base quantity	
15.022	导出量	derived quantity	
15.023	量纲	dimension of a quantity	
15.024	量纲为1的量	quantity of dimension one	
15.025	[测量]单位	unit [of measurement]	
15.026	[测量]单位符号	symbol of a unit [of measurement]	
15.027	[测量]单位制	system of units [of measurement]	
15.028	一贯导出测量单位	coherent derived unit of measurement	简称"一贯单位"。

序　号	汉　文　名	英　文　名	注　释
15.029	一贯[测量]单位制	coherent system of unit [of measurement]	
15.030	国际单位制	International System of Units, SI	
15.031	法定测量单位	legal unit of measurement	
15.032	基本[测量]单位	base unit [of measurement]	
15.033	导出[测量]单位	derived unit [of measurement]	
15.034	制外[测量]单位	off-system unit [of measurement]	
15.035	倍数[测量]单位	multiple unit [of measurement]	
15.036	分数[测量]单位	submultiple unit [of measurement]	
15.037	[量]值	value [of a quantity]	
15.038	[量的]真值	true value [of a quantity]	
15.039	[量的]约定真值	conventional true value [of a quantity]	
15.040	[量的]数值	numerical value [of a quantity]	
15.041	约定参照标尺	conventional reference scale	
15.042	测量	measurement	
15.043	校准	calibration	又称"标定"。
15.044	检定	verification	
15.045	分度	graduation	
15.046	[标准物质的]定值	certification [of a reference material]	
15.047	比对	comparison	
15.048	核查	check	
15.049	调准	alignment	
15.050	调整	adjustment	
15.051	[测量]标准的保持	conservation of [measurement] standard	
15.052	测量技术	measurement technique	
15.053	测量原理	principle of measurement	
15.054	测量程序	measurement procedure	
15.055	测量方法	method of measurement	
15.056	测量过程	measurement process	

序　号	汉 文 名	英 文 名	注　释
15.057	测量过程控制	measurement process control	
15.058	测量对象	measuring object	
15.059	被测量	measurand	
15.060	影响量	influence quantity	
15.061	测量信号	measurement signal	
15.062	［被测量的］变换值	transformed value ［of a measurand］	
15.063	几何量测量	geometric measurement	
15.064	热测量	thermal measurement	
15.065	力学测量	mechanical measurement	
15.066	电磁测量	electromagnetic measurement，EM measurement	
15.067	无线电测量	radio measurement	
15.068	时间频率测量	time and frequency measurement	
15.069	电子［学］测量	electronic measurement	
15.070	光学测量	optical measurement	
15.071	化学测量	chemical measurement	
15.072	声学测量	acoustic measurement	
15.073	电磁兼容［性］测量	electromagnetic compatibility measurement，EMC measurement	
15.074	磁导率测量	permeability measurement	
15.075	电磁干扰测量	electromagnetic interference measurement，EMI measurement	
15.076	电磁敏感度测量	electromagnetic sensitivity measurement，EM sensitivity measurement	
15.077	场强测量	field strength measurement	
15.078	频谱特性测量	spectral characteristic measurement	
15.079	屏蔽室屏蔽效能测量	shielding efficacy measurement of shielding room	
15.080	传导发射测量	conduction emission measurement	
15.081	传导敏感度测量	conduction sensitivity measurement	
15.082	辐射发射测量	radiation emission measurement	
15.083	辐射敏感度测量	radiation sensitivity measurement	
15.084	天线电缆耦合测量	antenna cable coupling measurement	
15.085	接地和搭接电阻	grounding and lapping resistance	

序　号	汉　文　名	英　文　名	注　释
	测量	measurement	
15.086	传导发射安全系数测量	conduction emission safety factor measurement	
15.087	辐射发射安全系数测量	radiation emission safety factor measurement	
15.088	电磁引爆引燃安全系数测量	EM detonation and firing safety factor measurement	
15.089	雷电放电敏感度测量	thunderstreak discharge sensitivity measurement	
15.090	核电磁脉冲敏感度测量	nuclear EM pulse sensitivity measurement	
15.091	静电放电干扰测量	electrostatic discharge interference measurement	
15.092	静电放电敏感度测量	electrostatic discharge sensitivity measurement	
15.093	吸波材料电磁特性测量	EM characteristics measurement of wave-absorption materials	
15.094	TEMPEST 性能测量	TEMPEST performance measurement	
15.095	系统电磁兼容性试验	EMC test of systems	
15.096	电磁干扰诊断技术	EMI diagnosing technology	
15.097	辐射测量	radiation measurement	
15.098	放射性测量	radioactive measurement	
15.099	电离层辐射测量	ionospheric radiation measurement	
15.100	靶场测量	target range measurement	
15.101	弹道坐标测量	ballistic coordinate measurement	
15.102	飞行测量	flight measurement	
15.103	飞行轨迹测量	flight path measurement	
15.104	飞行载荷测量	flight load measurement	
15.105	飞行振动测量	flight vibration measurement	
15.106	接触测量	contact measurement	
15.107	非接触测量	noncontact measurement	
15.108	静态测量	static measurement	
15.109	动态测量	dynamic measurement	
15.110	稳态测量	steady state measurement	

序　号	汉　文　名	英　文　名	注　释
15.111	瞬态测量	instantaneous measurement	
15.112	实时测量	real-time measurement	
15.113	现场测量	on-site measurement	
15.114	在线测量	on-line measurement	
15.115	远距离测量	long distance measurement	
15.116	绝对测量	absolute measurement	
15.117	相对测量	relative measurement	
15.118	比较测量	comparison measurement	
15.119	组合测量	measurement in a closed series	
15.120	等精度测量	equal precision measurement	
15.121	非等精度测量	unequal precision measurement	
15.122	摄影测量	photogrammetry	
15.123	基本测量方法	fundamental method of measurement	
15.124	定义测量方法	definitive method of measurement	
15.125	替代测量方法	substitution method of measurement	
15.126	微差测量方法	differential method of measurement	
15.127	零位测量方法	null method of measurement	
15.128	直接测量法	direct method of measurement	
15.129	间接测量法	indirect method of measurement	
15.130	测量结果	result of a measurement	
15.131	标准场强法	standard field strength method	
15.132	标准天线法	standard antenna method	
15.133	［测量器具的］示值	indication ［of a measuring instrument］	
15.134	未修正结果	uncorrected result	
15.135	已修正结果	corrected result	
15.136	修正值	correction	
15.137	修正因子	correction factor	
15.138	测量精密度	precision of measurement	
15.139	测量准确度	accuracy of measurement	
15.140	［测量］不确定度	uncertainty ［of measurement］	
15.141	［测量结果的］重复性	repeatability ［of results of measurement］	
15.142	［测量结果的］复现性	reproducibility ［of results of measurement］	

序 号	汉 文 名	英 文 名	注 释
15.143	标准物质标准值	certified value of reference material	
15.144	测量总体	measurement population	
15.145	测量样本	measurement sample	
15.146	[测量]统计量	statistic quantity [of measurement]	
15.147	[测量]估计值	estimate [of measurement]	
15.148	[测量]误差	error [of measurement]	
15.149	相对误差	relative error	
15.150	随机误差	random error	
15.151	系统误差	systematic error	
15.152	粗[大误]差	gross error	
15.153	偏差	deviation	
15.154	[测量的]算术平均值	arithmetic average [of measurement]	
15.155	实验标准偏差	experimental standard deviation	
15.156	加权算术平均值	weighted arithmetic average	
15.157	加权算术平均值的实验标准偏差	experimental standard deviation of weighted arithmetic average	
15.158	标准不确定度	standard uncertainty	
15.159	[不确定度的]A类评定	type A evaluation [of uncertainty]	
15.160	[不确定度的]B类评定	type B evaluation [of uncertainty]	
15.161	A类标准不确定度	type A standard uncertainty	
15.162	B类标准不确定度	type B standard uncertainty	
15.163	合成标准不确定度	combined standard uncertainty	
15.164	扩展不确定度	expanded uncertainty	
15.165	包含因子	coverage factor	
15.166	测量设备	measuring equipment	
15.167	测量系统	measuring system	
15.168	测量仪器	measuring instrument	
15.169	测量链	measuring chain	
15.170	实物量具	material measure	
15.171	显示式[测量]	displaying [measuring] instrument	

序　号	汉　文　名	英　文　名	注　释
	仪器		
15.172	记录式[测量]仪器	recording [measuring] instrument	
15.173	比较式[测量]仪器	comparison [measuring] instrument	
15.174	累计式[测量]仪器	totalizing [measuring] instrument	
15.175	积分式[测量]仪器	integrating [measuring] instrument	
15.176	模拟式测量仪器	analogue measuring instrument	
15.177	数字式测量仪器	digital measuring instrument	
15.178	场强测量仪	field strength meter	
15.179	检测器	detector	
15.180	发送器	transmitter	
15.181	[测量]标准	[measurement] standard	
15.182	国际[测量]标准	international [measuring] standard	
15.183	国家[测量]标准	national [measurement] standard	
15.184	主标准	primary standard	
15.185	副标准	secondary standard	
15.186	参照标准	reference standard	
15.187	工作标准	working standard	
15.188	传递标准	transfer standard	
15.189	核查标准	check standard	
15.190	搬运式标准	travelling standard	
15.191	标准物质	reference material	
15.192	有证标准物质	certified reference material	
15.193	军用标准物质	military reference material	
15.194	测量设备特性	characteristics of measuring equipment	
15.195	标称范围	nominal range	
15.196	量程	span	
15.197	标称值	nominal value	
15.198	测量范围	measurement range	
15.199	仪器常数	instrument constant	
15.200	响应特性	response characteristic	

序　号	汉　文　名	英　文　名	注　释
15.201	灵敏度	sensitivity	
15.202	敏感度	susceptibility	
15.203	磁导率	[magnetic] permeability	
15.204	鉴别力[阈]	discrimination [threshold]	
15.205	漂移	drift	
15.206	死区	dead band, dead zone	又称"不灵敏区"。
15.207	迟滞	hysteresis	
15.208	准确度	accuracy	
15.209	准确度等级	accuracy class	
15.210	重复性	repeatability	
15.211	标准条件	reference conditions	
15.212	额定工作条件	rated operating conditions	
15.213	极限条件	limiting condition	
15.214	[示值]误差	error [of indication]	
15.215	最大允许误差	maximum permissible error	
15.216	基值误差	datum error	
15.217	零值误差	zero error	
15.218	零漂	zero drift	
15.219	固有误差	intrinsic error	
15.220	偏移	bias	
15.221	测试	testing	
15.222	试验	test	
15.223	能力测试	proficiency testing	
15.224	性能测试	performance testing	
15.225	自测	self-testing	
15.226	顺序测试	sequence testing	
15.227	系统测试	system test	
15.228	零位测试	zero testing	
15.229	地面测试	ground test	
15.230	发射前测试	prelaunch testing	
15.231	计算机辅助测试	computer aided testing, CAT	
15.232	测试环境	test environment	
15.233	测试软件	test software	
15.234	测试范围	test area	
15.235	测试目标	test target	
15.236	测试方式	test mode	
15.237	在线测试	on-line test	

序　号	汉　文　名	英　文　名	注　释
15.238	离线测试	off-line test	
15.239	测试程序	test program	
15.240	测试顺序	test sequence	
15.241	测试逻辑	test logic	
15.242	测试指标	test specification	
15.243	测试参数	test parameter	
15.244	测试图形	test pattern	
15.245	测试数据	test data	
15.246	测试记录	test record	
15.247	测试报告	test report	
15.248	测试中心	test center	
15.249	测试实验室	test laboratory	
15.250	自动测试模块	automatic test module	
15.251	测试设备	test equipment, test facility	
15.252	半自动测试设备	semi-automatic test equipment	
15.253	自动测试设备	automatic test equipment，ATE	
15.254	测试仪	tester	
15.255	气体测试仪	gas tester	
15.256	燃料测试仪	fuel tester	
15.257	伺服系统测试仪	servomechanism tester	
15.258	导弹电控测试装置	missile electrical harness tester	
15.259	例行试验	routine test	
15.260	高温试验	high temperature test	
15.261	磨损试验	wear test	
15.262	平衡试验	balancing test	
15.263	动态试验	dynamic test	
15.264	真空试验	vacuum test	
15.265	航天器发射前试验	spacecraft prelaunch test	

16. 引 信

序 号	汉 文 名	英 文 名	注 释
16.001	引信	fuze	
16.002	触发引信	contact fuze	
16.003	非触发引信	noncontact fuze	
16.004	近炸引信	proximity fuze	
16.005	主动式引信	active fuze	
16.006	半主动式引信	semiactive fuze	
16.007	被动式引信	passive fuze	
16.008	主被动引信	active-passive fuze	
16.009	电引信	electrical fuze	
16.010	无线电引信	radio fuze	
16.011	米波引信	meter wave fuze	
16.012	微波引信	microwave fuze	
16.013	毫米波引信	millimeter wave fuze	
16.014	雷达引信	radar fuze	
16.015	脉冲雷达引信	pulsed radar fuze	
16.016	自差式无线电引信	autodyne radio fuze	
16.017	多普勒无线电引信	Doppler radio fuze	
16.018	连续波多普勒引信	continuous wave Doppler fuze, CW Doppler fuze	
16.019	脉冲多普勒引信	pulsed Doppler fuze	
16.020	调频无线电引信	frequency modulation radio fuze, FM radio fuze	
16.021	调频测距引信	frequency modulation ranging fuze, FM ranging fuze	
16.022	调频边带引信	frequency modulation sideband fuze, FM sideband fuze	
16.023	制导引信	guidance fuze	
16.024	指令引信	command fuze	
16.025	噪声雷达引信	noise radar fuze	
16.026	复合调制雷达引信	multiple modulation radar fuze	

序 号	汉 文 名	英 文 名	注 释
16.027	伪随机码引信	pseudorandom code fuze	
16.028	伪随机码调相引信	pseudorandom code phase-modulated fuze	
16.029	伪随机码调频引信	pseudorandom code frequency-modulated fuze	
16.030	伪随机脉位引信	pseudorandom pulse position fuze	
16.031	随机码引信	random code fuze	
16.032	比相雷达引信	phase comparison radar fuze	
16.033	电容引信	capacitance fuze	
16.034	感应场引信	induction field fuze	
16.035	磁引信	magnetic fuze	
16.036	压电引信	piezoelectric fuze	
16.037	声引信	acoustic fuze	
16.038	周炸引信	ambient fuze	
16.039	压力引信	pressure fuze	
16.040	气压引信	barometric fuze	
16.041	水压引信	hydrostatic fuze	
16.042	光学引信	optical fuze	
16.043	双通道光学引信	bichannel optical fuze	
16.044	红外引信	infrared fuze	
16.045	激光引信	laser fuze	
16.046	脉冲激光引信	pulse laser fuze	
16.047	连续波激光引信	continuous wave laser fuze, CW laser fuze	
16.048	扫描式激光引信	scanning laser fuze	
16.049	时间引信	time fuze	又称"定时引信"。
16.050	电子时间引信	electronic time fuze	
16.051	钟表时间引信	clock time fuze	
16.052	机械引信	mechanical fuze	
16.053	隔离火帽型引信	primer-safety fuze	
16.054	隔离雷管型引信	detonator-safety fuze	
16.055	遥测引信	telemetry fuze	
16.056	假引信	dummy fuze	
16.057	复合引信	combined fuze	
16.058	导引头一体化引信	integrated fuze with homing head	
16.059	空爆引信	airburst fuze	

序　号	汉　文　名	英　文　名	注　释
16.060	惯性引信	inertial fuze	
16.061	灵巧引信	smart fuze	
16.062	自适应引信	adaptive fuze	
16.063	串联引爆系统	series fuzing system	
16.064	并联引爆系统	parallel fuzing system	
16.065	串并联引爆系统	series-parallel fuzing system	
16.066	引爆控制系统	fuzing control system	
16.067	引信作用距离	fuze function range	
16.068	引信灵敏度	fuze sensitivity	
16.069	触发引信灵敏度	sensitivity of contact fuze	
16.070	引信瞬发度	fuze instantaneity	
16.071	接触觉察	contact sensing	
16.072	感应觉察	induction sensing	
16.073	引信装定	fuze setting	
16.074	预先装定	presetting	
16.075	遥控装定	remote setting	
16.076	安全状态	safe condition	
16.077	隔离状态	interrupted condition	
16.078	待爆状态	armed condition	
16.079	待爆指令	arming command	
16.080	引信启动	fuze actuation	
16.081	启动阈	actuation threshold	
16.082	启动信号	actuation signal	
16.083	引爆指令	initiation command	
16.084	振动噪声	vibration noise	
16.085	过早炸	premature burst	
16.086	早炸	early burst	
16.087	迟炸	late burst	
16.088	漏炸	non-initiation	
16.089	发火	ignition	
16.090	瞎火	dud	
16.091	光学引信光路角	angle of light path of optical fuze	
16.092	光学引信视场角	field of view of optical fuze	
16.093	光学引信探测角	detective field of optical fuze	
16.094	引信雷达方程	fuze radar range equation	
16.095	引信分辨力	resolution capability of fuze	
16.096	距离截止特性	range cutoff characteristic	

序 号	汉 文 名	英 文 名	注 释
16.097	速度模糊	velocity ambiguity	
16.098	多普勒效应	Doppler effect	
16.099	体目标效应	extended target effect	
16.100	面目标效应	surface target effect	
16.101	局部照射	partial illumination	
16.102	全部照射	full illumination	
16.103	引信盲区	fuze dead zone	
16.104	近区效应	close area effect	
16.105	引信与战斗部配合	fuze-warhead matching	简称"引战配合"。
16.106	交会条件	encounter conditions	
16.107	遭遇段	encounter phase of trajectory	
16.108	相对速度	relative velocity	
16.109	接近速度	close velocity	
16.110	脱靶点	miss point	
16.111	脱靶量	miss distance	
16.112	脱靶方向	miss direction	
16.113	共面交会	coplanar encounter	
16.114	非共面交会	non-coplanar encounter	
16.115	交会角	encounter angle	
16.116	启动点	actuation point	
16.117	[爆]炸点	burst point	
16.118	[爆]炸点分布密度	burst point distribution density	
16.119	爆炸高度	burst height	简称"炸高"。
16.120	引信启动规律	actuation law of fuze	
16.121	引信与战斗部配合效率	fuze-warhead matching efficiency	简称"引战配合效率"。
16.122	最佳配合	optimized matching	
16.123	最佳启动点	optimum actuation point	
16.124	最佳启动时刻	optimum actuation moment	
16.125	最佳启动规律	optimized actuation law	
16.126	引信启动概率	probability of fuze actuation	
16.127	引信启动角	fuze actuation angle	
16.128	引信启动角散布	dispersion of fuze actuation angle	
16.129	引信启动半径	fuze actuation radius	
16.130	引信启动区	fuze actuation zone	

序 号	汉 文 名	英 文 名	注 释
16.131	引信反应区	fuze reaction zone	
16.132	引信延迟时间	fuze delay time	
16.133	固有延时	inherent delay	
16.134	可调延时	adjustable delay	
16.135	惯性延时	inertial delay	
16.136	累积延时	cumulative delay	
16.137	自适应延时	adaptive delay	
16.138	定角引爆	initiation at fixed angle	
16.139	定距引爆	initiation at fixed range	
16.140	定向引爆	directional initiation	
16.141	战斗部动态杀伤区	dynamic killing zone of warhead	
16.142	敏感装置	sensing device	
16.143	目标探测装置	target detecting device	
16.144	着发机构	percussing device	
16.145	擦地炸机构	grazing impact mechanism	
16.146	碰撞开关	impact switch	
16.147	冲击闭合器	shock closer	
16.148	压电机构	piezoelectric device	
16.149	发火机构	ignition device	
16.150	增幅速率选择电路	envelope growth selection circuit	
16.151	延时电路	time delay circuit	
16.152	引信执行电路	fuze firing circuit	
16.153	定时器	timer	
16.154	钟表机构	clock mechanism	
16.155	延时机构	delay mechanism	
16.156	传爆系列	explosive train	
16.157	直列式传爆系列	direct line explosive train	
16.158	火帽	primer	
16.159	电点火头	electric igniter	
16.160	电发火管	electric squib	
16.161	雷管	detonator	
16.162	电雷管	electric detonator	
16.163	导爆药柱	lead explosive	
16.164	传爆药柱	booster grain	
16.165	扩爆药柱	auxiliary booster grain	

序 号	汉 文 名	英 文 名	注 释
16.166	火药起动器	explosive actuator	
16.167	惯性开关	inertia switch	
16.168	闭锁机构	locking mechanism	
16.169	隔离机构	interrupter	
16.170	自毁机构	self-destructor	
16.171	引信电源	fuze power supply	
16.172	保险装置	safety device	又称"安全装置"。
16.173	待爆	arming	又称"解除保险"。
16.174	远程待爆	long distance arming	
16.175	远程待爆时间	long distance arming time	
16.176	近程待爆	short distance arming	
16.177	［安全与解除］保险装置	safety and arming device	
16.178	安全执行机构	safety and firing mechanism	
16.179	引信天线	fuze antenna	
16.180	引信天线方向图	fuze antenna pattern	
16.181	引信天线波瓣倾角	inclination angle of fuze antenna pattern	
16.182	收发天线隔离度	isolation between transmitting and receiving antenna	
16.183	同轴开槽天线	slotted coaxial antenna	
16.184	矩形波导开槽天线	slotted rectangular waveguide antenna	
16.185	微带天线	microstrip antenna	
16.186	环形天线	loop antenna	
16.187	弹体赋形天线	missile shaping antenna	
16.188	引信全向天线	omnidirectional antenna of fuze	
16.189	引信定向天线	directional antenna of fuze	
16.190	可变波束引信天线	variable-beam antenna of fuze	
16.191	引信主天线	main fuze antenna	
16.192	引信辅天线	auxiliary fuze antenna	
16.193	噪声干扰	noise jamming	
16.194	引信抗干扰性	fuze counter jamming	
16.195	距离选择	range selection	
16.196	距离截止	range cutoff	
16.197	方向选择	direction selection	

序　号	汉　文　名	英　文　名	注　释
16.198	频率选择	frequency selection	
16.199	增幅选择	envelope growth selection	
16.200	时间选择	time selection	
16.201	灵敏度时间控制	sensitivity-time control, STC	
16.202	喷气发动机[叶片]调制效应	jet engine modulation effect, JEM effect	
16.203	旁瓣抑制	sidelobe depression	
16.204	光谱滤波	spectrum filtering	
16.205	空间滤波	space filtering	
16.206	目标模型	target model	
16.207	目标缩比模型	target scaled model	
16.208	引信仿真	fuze simulation	
16.209	引信静态仿真	fuze static simulation	
16.210	引信准动态仿真	fuze quasi-dynamic simulation	
16.211	引信动态仿真	fuze dynamic simulation	
16.212	引信电磁缩比动态仿真	fuze electromagnetic scaled dynamic simulation	
16.213	引信电磁全尺寸动态仿真	fuze electromagnetic full scale dynamic simulation	
16.214	引战配合计算机图形仿真	computer graphic simulation of fuze-warhead matching	
16.215	引信物理仿真	fuze physical simulation	
16.216	引信水声仿真	fuze hydro-acoustic simulation	
16.217	引信数学仿真	fuze mathematical simulation	
16.218	引信半实物仿真	hardware in loop fuze simulation	
16.219	引战配合数学仿真	mathematical simulation of fuze-warhead matching	
16.220	引战配合光学仿真	optical simulation of fuze-warhead matching	
16.221	目标仿真	target simulation	
16.222	引信火箭撬试验	rocket sled test for fuze	
16.223	引信柔性滑轨试验	rope-sled test for fuze	
16.224	引信灵敏度测试	fuze sensitivity test	
16.225	引信敲击试验	fuze strike test	
16.226	引信绕飞试验	flyover test for fuze	
16.227	引信挂飞试验	fuze captive carrying test	

序　号	汉　文　名	英　文　名	注　释
16.228	引信单元测试	fuze unit test	
16.229	引信例行试验	fuze routine test	
16.230	引信冲击试验	fuze shock test	
16.231	引信振动试验	fuze vibration test	
16.232	引信跌落试验	fuze drop test	
16.233	引信瞬发度试验	fuze instantaneity test	
16.234	引信延时性能试验	fuze time-delay characteristic test	
16.235	引信安全性试验	fuze safety test	

17. 航 天 机 器 人

序　号	汉　文　名	英　文　名	注　释
17.001	机械手	manipulator	又称"操作机"。
17.002	固定顺序机械手	fixed sequence manipulator	
17.003	机器人	robot	
17.004	工业机器人	industrial robot	
17.005	示教再现机器人	playback robot	
17.006	移动式机器人	mobile robot, locomotive robot	
17.007	机器人系统	robot system	
17.008	机器人学	robotics	
17.009	操作员	operator	
17.010	编程人员	programmer	
17.011	安装	installation	
17.012	投入运行	commissioning	
17.013	驱动器	actuator	
17.014	轴	axis	
17.015	臂	arm	
17.016	腕	wrist	
17.017	多关节结构	articulated structure	
17.018	棱柱型关节	prismatic joint	
17.019	滑动关节	sliding joint	
17.020	转动关节	rotary joint	
17.021	分布式关节	distributed joint	
17.022	机械接口	mechanical interface	

序 号	汉 文 名	英 文 名	注 释
17.023	末端执行器	end-effector	
17.024	末端执行器耦合装置	end-effector coupling device	
17.025	手形爪	gripper	
17.026	远心柔顺装置	remote center compliance device，RCC device	
17.027	直角坐标机器人	rectangular robot	
17.028	圆柱坐标机器人	cylindrical robot	
17.029	极坐标机器人	polar robot	
17.030	关节形机器人	articulated robot	
17.031	桁架式机器人	gantry robot	
17.032	摆动式机器人	pendular robot	
17.033	龙骨式机器人	spine robot	
17.034	位姿	pose	
17.035	校准位姿	alignment pose	
17.036	达到位姿	attained pose	
17.037	路径	path	
17.038	大地坐标系	geodetic coordinate system	
17.039	基座坐标系	base coordinate system	
17.040	机械接口坐标系	mechanical interface coordinate system	
17.041	关节坐标系	joint coordinate system	
17.042	运动空间	motion space	
17.043	最大空间	maximum space	
17.044	限定空间	restricted space	
17.045	操作空间	operational space	
17.046	工作空间	working space	
17.047	工具中心点	tool center point，TCP	
17.048	作业程序	task program	
17.049	控制程序	control program	
17.050	作业编程	task programming	
17.051	手工数据输入编程	manual data input programming	
17.052	示教编程	teach programming	
17.053	显路径编程	explicit path programming	
17.054	目标指向编程	goal directed programming	
17.055	位姿到位姿控制	pose to pose control	

序　号	汉　文　名	英　文　名	注　释
17.056	连续路径控制	continuous path control	
17.057	传感信息控制	sensory control	
17.058	学习控制	learning control	
17.059	主动适应性	active accommodation	
17.060	柔顺性	compliance	
17.061	搜索功能	search function	
17.062	操作模式	operation mode	
17.063	自动模式	automatic mode	
17.064	手动模式	manual mode	
17.065	保持	hold	
17.066	停止	stop	
17.067	紧急停止	emergency stop	
17.068	示教盒	teach pendant	
17.069	操纵杆	joystick	
17.070	正常工作条件	normal operating condition	
17.071	负载	load	
17.072	额定负载	rated load, nominal load	
17.073	极限负载	limiting load	
17.074	静态刚度	static stiffness	
17.075	静态柔度	static compliance	
17.076	最大力矩	maximum torque	
17.077	路径速度	path velocity	
17.078	路径加速度	path acceleration	
17.079	位姿精度	pose accuracy	
17.080	位姿重复精度	pose repeatability	
17.081	位姿稳态时间	pose stabilization time	
17.082	位姿超调量	pose overshoot	
17.083	位姿精度漂移	drift of pose accuracy	
17.084	路径精度	path accuracy	
17.085	路径重复精度	path repeatability	
17.086	路径速度精度	path velocity accuracy	
17.087	路径速度重复精度	path velocity repeatability	
17.088	路径速度波动量	path velocity fluctuation	
17.089	循环时间	cycle time	
17.090	标准循环	standard cycle	
17.091	遥操作系统	remote operating system	

序 号	汉 文 名	英 文 名	注 释
17.092	遥控机械手	teleoperator	
17.093	遥操作技术	teleoperation	
17.094	遥现技术	telepresence	
17.095	遥控机器人	telerobot	
17.096	自主式机器人	autonomous robot	
17.097	舱内活动机器人	intravehicular activity robot	
17.098	舱外活动机器人	extravehicular activity robot	
17.099	自由飞行机器人	free flying robot	
17.100	行星考察机器人	planetary exploration robot	
17.101	飞行遥控机器人服务器	flight telerobotic servicer, FTS	
17.102	使神号机械臂	Hermes robot arm, HERA	
17.103	机器人技术实验装置	robot technology experiment device, ROTEX	
17.104	航天飞机遥控机械手系统	shuttle remote manipulator system, SRMS	
17.105	空间站遥控机械手系统	space station remote manipulator system, SSRMS	
17.106	动式机器人服务系统	mobile [robot] servicing system, MSS	
17.107	空间自由飞行器机械手	space free flight unit manipulator	
17.108	技术实验卫星机械手	engineering test satellite manipulator, technological test satellite manipulator	
17.109	漫游机器人	rover	

18. 可 靠 性

序 号	汉 文 名	英 文 名	注 释
18.001	可靠性	reliability	
18.002	系统效能	system effectiveness	
18.003	可信性	dependability	
18.004	准备	readiness	
18.005	准备完好率	readiness rate	

序 号	汉 文 名	英 文 名	注 释
18.006	使用准备完好率	operational readiness	又称"战备完好性"。
18.007	待机准备完好率	standby readiness	
18.008	技术准备完好率	technical readiness	
18.009	可用性	availability	
18.010	固有可用性	inherent availability	
18.011	可达可用性	achieved availability	
18.012	使用可用性	operational availability	
18.013	测试性	testability	
18.014	保障性	supportability	
18.015	可追溯性	traceability	
18.016	兼容性	compatibility	
18.017	固有能力	capability	
18.018	环境条件	environmental conditions	
18.019	任务剖面	mission profile	
18.020	寿命剖面	life profile	
18.021	运行剖面	operation profile	
18.022	寿命周期	life cycle	
18.023	寿命周期费用	life cycle cost	
18.024	寿命周期费用分析	life cycle cost analysis	
18.025	可靠性维修性	reliability and maintanability, r&m	
18.026	可靠性维修性合同参数	r&m contractual parameter	
18.027	可靠性维修性使用参数	r&m operational parameter	
18.028	目标值	goal	
18.029	阈[值]	threshold	
18.030	规定值	specified value	
18.031	最低可接受值	minimum acceptable value	
18.032	分配值	allocated value	
18.033	预计值	predicted value	
18.034	合同评审	contract review	
18.035	综合后勤保障	integrated logistic support	
18.036	后勤保障分析	logistic support analysis	
18.037	设计评审	design review	
18.038	产品保证	product assurance	
18.039	产品保证大纲	product assurance program	

序　号	汉　文　名	英　文　名	注　释
18.040	剪裁	tailoring	
18.041	鉴定过程	qualification process	
18.042	鉴定试验	qualification test	
18.043	鉴定合格	be qualified	
18.044	验收	acceptance	
18.045	验收试验	acceptance test	
18.046	确认	validation	
18.047	验证	verification	
18.048	认证	certification	
18.049	使用周期	operating cycle	
18.050	任务时间	mission time	
18.051	延误时间	delay time	
18.052	能工作时间	up time	又称"作业时间"。
18.053	不能工作时间	down time	又称"停机时间"。
18.054	不工作时间	non-operative time	
18.055	待命时间	standby time, alert time	
18.056	并行工程	concurrent engineering	
18.057	综合产品小组	integrated product team，IPT	
18.058	质量	quality	又称"品质"。
18.059	质量要求	requirements for quality	
18.060	质量保证体系	quality assurance system	
18.061	质量保证	quality assurance	
18.062	质量保证模式	quality assurance mode	
18.063	质量保证大纲	quality assurance program	
18.064	质量方针	quality policy	
18.065	质量策划	quality planning	
18.066	质量成本	quality-related costs	
18.067	质量计划	quality plan	
18.068	质量管理	quality management	
18.069	全面质量管理	total quality management	
18.070	质量监督	quality surveillance	
18.071	质量控制	quality control	
18.072	质量记录跟踪卡	quality record tracing card	
18.073	质量分析	quality analysis	
18.074	质量反馈	quality feedback	
18.075	质量改进	quality improvement	
18.076	质量环	quality loop	

序　号	汉　文　名	英　文　名	注　释
18.077	质量认证	quality certification	
18.078	质量审核	quality audit	
18.079	质量审核员	quality auditor	
18.080	质量评价	quality assessment	
18.081	质量手册	quality manual	
18.082	质量损失	quality loss	
18.083	质量问题归零	turning quality problem to zero	
18.084	质量功能展开	quality function deploy, QFD	
18.085	电气电子机电零件	electrical, electronic and electro-mechanical part, EEE part	又称"EEE 零件"。
18.086	国际标准化组织	International Organization for Standardization, ISO	
18.087	ISO9000 族	ISO9000 family	
18.088	合格	conformity, compliance	
18.089	不合格	nonconformity	
18.090	合格供应商目录	qualified supplier list	
18.091	产品履历书	product log	
18.092	产品责任	product liability	
18.093	产品证明书	product certificate	
18.094	合格证书	certificate of conformity, certificate of compliance	
18.095	出厂评审	ex-factory review	
18.096	放行准则	exit criteria	
18.097	软件质量保证	software quality assurance	
18.098	重要件	important part	
18.099	关键件	critical parts	
18.100	关键软件	critical software	
18.101	特许件	waiver	
18.102	替代件	substitute parts	
18.103	技术状态管理	configuration management	
18.104	技术状态更改控制	configuration change control	
18.105	完整性控制	integrity control	
18.106	七专	seven-special parts	航天专用元器件。
18.107	生产许可	production permit	
18.108	问题	problem	
18.109	问题分析	problem analysis	

序　号	汉　文　名	英　文　名	注　释
18.110	趋势分析	trend analysis	
18.111	问题趋势分析	problem trend analysis	
18.112	重大问题	significant problem	
18.113	重大问题报告	significant problem report	
18.114	优选元器件清单	preferred parts list	
18.115	有限使用期产品	limited operating life item	
18.116	有限寿命产品	limited life item	
18.117	有限贮存期产品	limited shelf life item	
18.118	质量与可靠性	quality and reliability, Q&R	
18.119	质量与可靠性信息系统	Q&R information system, Q&R data system	
18.120	基本可靠性	basic reliability	
18.121	任务可靠性	mission reliability	
18.122	可靠性保证大纲	reliability assurance program	
18.123	可靠性工作计划	reliability program plan	
18.124	发射成功率	launching success rate	
18.125	待命可靠度	alert reliability	
18.126	发射可靠度	launching reliability	
18.127	运载可靠度	carrying reliability	
18.128	飞行可靠度	flying reliability	
18.129	卫星在轨测试交付可靠度	reliability of satellite in orbit test	
18.130	贮存可靠度	storage reliability	
18.131	单点失效	single point failure, spf	
18.132	单点失效概率	probability of spf	
18.133	软件可靠性	software reliability	
18.134	故障	fault	
18.135	失效	failure	
18.136	故障率	fault rate	
18.137	失效率	failure rate	
18.138	发射场故障率	site fault rate	
18.139	平均无故障工作时间	mean time between failures, MTBF	
18.140	平均失效发生时间	mean time to failure, MTTF	
18.141	平均任务持续时间	mean mission duration time, MMDT	

序 号	汉 文 名	英 文 名	注 释
18.142	可靠性框图	reliability block diagram	
18.143	可靠性模型	reliability model	
18.144	可靠性分配	reliability allocation	
18.145	可靠性预计	reliability prediction	
18.146	可靠性增长	reliability growth	
18.147	失效模式	failure mode	
18.148	失效模式与影响 分析	failure mode and effect analysis, FMEA	
18.149	失效模式、影响 与危害度分析	failure mode, effect and criticality analysis, FMECA	
18.150	失效分析	failure analysis	
18.151	约定层次	indenture level	
18.152	严酷度	severity	
18.153	故障原因	fault cause	
18.154	失效影响	failure effect	
18.155	失效机理	failure mechanism	
18.156	危害度	criticality	
18.157	危害度分析	criticality analysis	
18.158	危害度类别	criticality category	
18.159	故障运行	failure operation	
18.160	故障判据	failure criteria	
18.161	故障树	fault tree	
18.162	故障树分析	fault tree analysis, FTA	
18.163	容差分析	tolerance analysis	
18.164	最坏情况分析	worst condition analysis	
18.165	潜在状态	sneak condition	
18.166	潜在通路分析	sneak circuit analysis	
18.167	可靠性验证	reliability verification	
18.168	寿命	lifetime, life	
18.169	寿命单位	life unit	
18.170	使用寿命	service life, useful life	
18.171	可靠性监控	reliability monitoring	
18.172	可靠性试验	reliability test	
18.173	可靠性验证试验	reliability verification test	
18.174	老炼	burn-in	
18.175	筛选	screening	
18.176	环境应力筛选	environmental stress screening,	

序 号	汉 文 名	英 文 名	注 释
		ESS	
18.177	可靠性增长试验	reliability growth test	
18.178	耐久性试验	endurance test	
18.179	加速试验	accelerated test	
18.180	寿命试验	life test	
18.181	贮存试验	storage test	
18.182	工作寿命加速试验	operating life accelerated test	
18.183	贮存寿命加速试验	storage life accelerated test	
18.184	可靠性增长管理	reliability growth management	
18.185	失效报告、分析与纠正措施系统	failure reporting, analysis and corrective action system, FRACAS	
18.186	独立故障	independent fault	
18.187	从属故障	dependent fault	
18.188	关联故障	relevant fault	
18.189	非关联故障	non-relevant fault	
18.190	责任故障	chargeable fault	
18.191	非责任故障	non-chargeable fault	
18.192	共模故障	common mode fault	
18.193	共因故障	common cause fault	
18.194	间歇故障	intermittent fault	
18.195	渐变故障	gradual fault	
18.196	瞬时故障	transient fault	
18.197	偶然故障	random fault	
18.198	潜在故障	potential fault	
18.199	系统性故障	systematic fault	
18.200	致命性故障	critical fault	
18.201	灾难性故障	catastrophic fault	
18.202	软件故障	software fault	
18.203	过应力	overstress	
18.204	降额	derating	
18.205	容错	fault-tolerance	
18.206	冗余	redundancy	
18.207	热备份	hot spare	
18.208	冷备份	cold spare	

序 号	汉 文 名	英 文 名	注 释
18.209	温备份	warm spare	
18.210	降级	degradation	
18.211	维修性	maintainability	
18.212	任务维修性	mission maintainability	
18.213	维修性模型	maintainability model	
18.214	维修性分配	maintainability allocation	
18.215	维修性预计	maintainability prediction	
18.216	维修性分析	maintainability analysis	
18.217	维修性管理	maintainability management	
18.218	维修性保证	maintainability assurance	
18.219	维修性保证大纲	maintainability assurance program	
18.220	维修性工作计划	maintainability program plan	
18.221	不可修复产品	non-repairable item	
18.222	可修复产品	repairable item	
18.223	发射场设备更换率	site equipment change rate	
18.224	大修	overhaul	
18.225	第一次大修期	time to first overhaul	
18.226	返工	rework	
18.227	修理	repair	
18.228	维护	servicing	
18.229	维修	maintenance	
18.230	维修作业	maintenance activity	
18.231	维修事件	maintenance event	
18.232	维修级别	maintenance level	
18.233	计划维修	scheduled maintenance	
18.234	非计划维修	unscheduled maintenance	
18.235	软件维护	software maintenance	
18.236	预防性维修	preventive maintenance	
18.237	修复性维修	corrective maintenance	
18.238	维修时间	maintenance time	
18.239	维修工时	maintenance man-hours	
18.240	维修工时率	maintenance ratio	
18.241	测试性设计	testability design	
18.242	故障检测	fault detection	
18.243	故障定位	fault localization	
18.244	故障隔离	fault isolation	

序号	汉文名	英文名	注释
18.245	故障隔离率	fault isolation rate	
18.246	故障检测率	fault detect rate	
18.247	虚警率	false alarm rate	
18.248	机内测试	built-in test	
18.249	可更换单元	replaceable units	
18.250	互换性	interchangeability	
18.251	可达性	accessibility	
18.252	安全性	safety	
18.253	软件安全性	software safety	
18.254	安全关键件	safety critical part	
18.255	危险	hazard	
18.256	残余危险	residual hazard	
18.257	危险等级	hazard level	
18.258	危险分析	hazard analysis	
18.259	风险	risk	
18.260	风险分析	risk analysis	
18.261	故障安全	fail safe	
18.262	航天员安全性	astronaut safety	
18.263	救生措施	rescue action	
18.264	确定的事故	credible accident	
18.265	人员能力损失	loss of personnel capability	
18.266	事故	accident	
18.267	事故预防	accident prevention	
18.268	事件树分析	event tree analysis	
18.269	意外事件分析	contingency analysis	

英 汉 索 引

A

aberration　像差　08.266

aberration vignetting　像差渐晕　08.340

ablating rate　烧蚀率　12.021

ablation　烧蚀　06.272

ablation coupling calculation　烧蚀耦合计算　06.366

ablation pattern　烧蚀图像　06.274

ablation rate transducer　烧蚀速度传感器　06.651

ablation testing in turbulence pipe　湍流管烧蚀试验　06.632

ablation test of low temperature ablator　低温烧蚀材料试验　06.634

ablation thickness　烧蚀厚度　03.367

ablative material　烧蚀材料　12.020

ablative thermal protection　烧蚀防热　03.365

ablator　烧蚀材料　12.020

abort limit　中断限　14.234

absolute altitude　绝对高度　08.166

absolute flying height　绝对航高　08.169

absolute GPS　绝对 GPS　05.573

absolute humidity　绝对湿度　08.038

absolute measurement　绝对测量　15.116

absolute radiometric calibration　绝对辐射定标　08.441

absolute solar flux　绝对太阳通量　14.401

absolute spectral response　绝对光谱响应　09.167

absolute spectral sensitivity　绝对光谱灵敏度　09.170

absolute temperature　绝对温度　08.037

absolute viscosity　绝对黏度　12.294

absorbed heat flux method　吸收热流法　14.581

absorbent　吸收剂　12.227

absorber　吸收体　12.228

absorptance　吸收率　08.081

absorption　吸收　08.080

absorption bands　吸收波段　08.082

absorption coefficient　吸收系数　08.083

absorption-emissivity ratio　吸收发射比　08.084

absorption of the photons　光子吸收　09.165

absorption spectrum　吸收光谱　08.021

absorptivity　吸收率　08.081

accelerated ageing test　加速老化试验　13.431

accelerated factor　加速因子　14.283

accelerated life test　加速寿命试验　09.231

accelerated test　加速试验　18.179

acceleration environment　加速度环境　14.356

acceleration protection　加速度防护　11.251

acceleration shock［response］spectrum　加速度冲击［响应］谱　14.345

acceleration time of engine during start transient　发动机起动加速性　04.164

acceleration tolerance examination　加速度耐力检查　11.052

acceleration tolerance training　加速度耐力训练　11.070

accelerator　促进剂　12.368

accelerometer　加速度计　05.137

accelerometer coordinate system　加速度计坐标系　05.057

acceptance　验收　18.044

acceptance test　验收试验　18.045

access　舱口　02.168

accessibility　可达性　18.251

access opening　人孔　02.214

accessory of wind tunnel　风洞辅件　06.507

accident　事故　18.266

accident prevention　事故预防　18.267

accumulated duration［of engine］　［发动机］累积工作时间　04.170

accumulated filling throughout　累积加注量　10.201

accuracy　准确度　15.208

accuracy allocation　精度分配　02.252

accuracy calibration flight　精度校飞　07.118

accuracy class 准确度等级 15.209

accuracy distribution 精度分配 02.252

accuracy evaluation 精度鉴定 07.119

accuracy of azimuth aiming 方位瞄准精度 10.143

accuracy of calibration model 标模试验准确度 06.774

accuracy of image motion compensation 像移补偿精度 08.329

accuracy of measurement 测量准确度 15.139

achieved availability 可达可用性 18.011

achromatic body 消色体 08.262

achromatic lens 消色差透镜 08.188

acid battery 酸性电池 09.014

[acid] pickling 酸洗 13.183

acid value 酸值 12.357

Ackeret rule 阿克雷特法则 06.350

acoustic cavity 声腔 04.275

acoustic emission inspection 声发射检测 13.415

acoustic emission testing 声发射检测 13.415

acoustic environment 声环境 14.310

acoustic fatigue test 声疲劳试验 14.324

acoustic fuze 声引信 16.037

acoustic impedance 声阻抗 14.321

acoustic measurement 声学测量 15.072

acquisition 捕获 07.404

acquisition mode 捕获模式 05.559

acquisition probability 捕获概率 07.405

acquisition sensitivity 捕获灵敏度 07.369

actinism 感光度 08.359

activation 激活 09.163

active accommodation 主动适应性 17.059

active area of a solar cell 单体太阳电池的有效光照面积 09.177

active attitude control 主动姿态控制 05.322

active attitude stabilization 主动姿态稳定 05.296

active fuze 主动式引信 16.005

active microwave remote sensing 主动微波遥感，＊有源微波遥感 08.132

active nutation control 主动章动控制 05.372

active-passive fuze 主被动引信 16.008

active thermal control 主动式热控制 03.254

actuation law of fuze 引信启动规律 16.120

actuation point 启动点 16.116

actuation signal 启动信号 16.082

actuation threshold 启动阈 16.081

actuator 驱动器 17.013

acute hypoxia examination 急性缺氧检查 11.049

adaptive control 自适应控制 05.327

adaptive delay 自适应延时 16.137

adaptive fuze 自适应引信 16.062

adaptive grid technique 自适应网格技术 06.381

adaptive telemetry 自适应遥测 07.616

adaptive telescope 自适应望远镜 07.260

A/D conversion 模数转换 14.223

additive 添加剂 12.369

additive method 添加剂法 06.743

adhesion 黏附 12.029

adhesive 胶黏剂 12.030

adhesive-bonding 黏结 13.380

adhesive joint assembly 胶接装配，＊套装 12.032

adhesive layer 胶层 12.034

adhesive strength 胶接强度 12.036

adiabatic flow 绝热流 06.155

adiabatic flow in pip 绝热管流 06.552

adiabatic layer 绝热层 12.004

adiabatic wall 绝热壁 06.075

adiabatic wall temperature 绝热壁温度 14.116

adjustable aperture 可调光圈 08.215

adjustable delay 可调延时 16.134

adjustment 调整 15.050

[advanced] flexible insulation material [先进]柔性绝热材料 12.003

[advanced] flexible thermal protection material [先进]柔性防热材料 12.002

advanced inertial reference sphere 高级惯性参数球 05.096

advanced microwave moisture sensor 高级微波水汽遥感器 08.162

adverse pressure gradient 逆压梯度 06.040

aerial film speed 航空胶片感光度 08.361

aerial retrieval 空中回收 03.372

aeroacoustics 气动声学 06.004

aero camera 航空摄影机 07.248

aerodynamic balance measuring 天平测力 06.599

aerodynamic center 气动[力]中心 06.257

aerodynamic characteristics 空气动力特性，＊气动

特性　06.206

aerodynamic characteristics of launch vehicle　运载火箭气动特性　06.208

aerodynamic characteristics of nose　弹头气动特性　06.209

aerodynamic characteristics of vehicle　飞行器气动特性　06.204

aerodynamic characteristics of winged missile　有翼导弹气动特性　06.207

aerodynamic coefficient　空气动力系数　06.213

aerodynamic configuration of vehicle　飞行器的气动构型　06.279

aerodynamic damping　气动阻尼　06.263

aerodynamic force　空气动力　06.212

aerodynamic heating　气动加热　06.270

aerodynamic loading　气动载荷　06.210

aerodynamic noise　气动噪声　14.311

aerodynamic pressure center of reentry vehicle　再入飞行器压心　03.355

aerodynamic resultant　气动合力　06.215

aerodynamics　空气动力学　06.001

aerodynamics simulation　气动仿真　06.016

aerodynamic stabilization　气动稳定　05.309

aerodynamic stealth technique　气动隐形技术　06.310

aerodynamic torque　气动力矩　05.388

aeroelastic effect test　气动弹性试验　06.626

aeroelastics　气动弹性力学　06.003

aerosol　气溶胶　08.050

aerospace　航空航天　01.030

aerospace plane　空天飞机　02.053

aerospace system engineering　航空航天系统工程　01.034

aerothermal load　气动热载荷　06.211

aerothermodynamics　气动热力学　06.012

aerothermo-elasticity　气动热弹性　14.108

afocal　远焦的　08.194

afocal system　焦外系统　08.195

aft skirt of case　壳体后裙　04.278

ageing test　老化试验　13.428

aging　时效[处理]　13.171,老化　13.427

aging crack　时效裂纹　12.315

aiming　瞄准　10.135

aiming azimuth　瞄准方位角　02.083

aiming point　瞄准点　10.139

aiming pole　瞄准标杆　10.559

aiming post　瞄准标杆　10.559

aiming signal control instrument　瞄准信号控制仪　10.548

air bubble method　空气泡法　06.745

airburst fuze　空爆引信　16.059

air conditioning cleaned tractor　空调净化牵引车　10.378

air conditioning connector　空调连接器　10.519

air conditioning connector support mount　空调连接器支架　10.520

air conditioning hose　空调软管　10.509

air conditioning pipe system　空调管路系统　10.540

air conditioning purge　空调净化　10.187

aircraft-missile interference　机弹干扰　06.235

aircraft simulation test　飞机仿真试验　14.677

air distribution board　空气配气台　10.528

air drop　空投　03.394

air filter　空气过滤器　11.298

airfoil parachute　翼伞　03.383

airfoil profile　翼型　06.290

air intake test　进气道试验　06.603

airlock [module]　气闸舱，*气密过渡舱　03.088

air mass　大气质量　09.221

air pressure test　气压试验　10.071

air purification unit　空气净化装置　11.299

air regenerator　空气再生器　11.296

air rescue　空中营救　03.419

AIRS　高级惯性参数球　05.096

air source truck　气源车　10.406

air supply system　气源系统　06.513

air tight test　气密性试验　13.437

airtight valve　密闭阀　06.521

air treatment system　空气处理系统　06.516

air tube connector　气管连接器　10.522

air ventilation and purification system　通风净化系统　11.293

alarm limit　报警限　14.233

alarm line　告警线　07.107

albedo　反照率　14.402

albedo earth sensor　反照地球敏感器　05.425

albedo horizon sensor 反照地球敏感器 05.425

alert reliability 待命可靠度 18.125

alert time 待命时间 18.055

alignment 对准 05.030，调准 15.049

alignment error 对准误差 05.187

alignment pose 校准位姿 17.035

alignment prism 瞄准棱镜 05.079

alignment transfer 对准传递 05.034

alignment zero instrument 对零表 10.553

alkaline battery 碱性电池 09.017

Allan variance 阿伦方差 07.567

all flexible plate nozzle with many hinge point 多支点全柔壁喷管 06.488

* alligator effect 鳄皮现象 12.342

allocated value 分配值 18.032

allowance for cutoff 关机余量 10.253

alloy 合金 12.174

alloy plating 合金电镀 13.216

all thruster attitude control system 全推力器姿态控制系统 05.316

alternate landing site 副着陆场 10.269

altimeter 高度计 03.398

altitude 高程 08.167

altitude rocket engine 高空火箭发动机 04.017

aluminum alloy 铝合金 12.193

aluminum boron composite 硼铝复合材料 12.070

aluminum copper alloy 铝铜合金 12.194

aluminum graphite composite 石墨铝复合材料 12.069

aluminum lithium alloy 铝锂合金 12.195

aluminum magnesium alloy 铝镁合金 12.196

aluminum matrix composite 铝基复合材料 12.066

aluminum titanium alloy 铝钛合金 12.197

AM 大气质量 09.221

ambient environment 周围环境 14.265

ambient fuze 周炸引信 16.038

ambient temperature 环境温度 09.075

ambiguity range 模糊距离 07.372

American Standards Association film speed 美国标准协会感光度 08.362

ampere-hour efficiency 安时效率 09.064

anagalactic nebula 河外星系 01.024

analog designation 仿真引导 07.390

analogous torquing 仿真施矩，* 模拟加矩 05.092

analog telecommand 模拟遥控 07.444

analogue measuring instrument 模拟式测量仪器 15.176

analogue sun sensor 仿真式太阳敏感器 05.432

analogue to digital conversion 模数转换 14.223

anechoic chamber 消声室 14.329

anechoic chamber 吸波室 14.656

anelasticity 滞弹性 12.361

angle accuracy 测角精度 07.285

angle acquisition 角捕获 07.408

angle acquisition time 角捕获时间 07.414

angle between flame central axis and line-of-sight of station 火焰夹角 07.091

angle control system 角度机构控制系统 06.665

angle error 测角误差 07.288

α angle mechanism α 机构 06.582

β angle mechanism β 机构 06.583

angle of attack 攻角 06.185

angle of climb 爬升角 05.015

angle of drift 漂移角，* 航偏角 05.241

angle of field 视场角 08.193

angle of incidence 入射角 08.566

angle of light path of optical fuze 光学引信光路角 16.091

angle of rudder reflection 舵偏角 06.190

angle of sideslip 侧滑角 06.186

angle of view 视场角 08.193

angle of view from nadir 天底偏角 08.569

[angle] operating range [角]工作范围 07.305

angle resolution 角分辨率 07.355

angle tracking 角跟踪 07.347

angular frequency 角频率 14.161

angular momentum desaturation 角动量卸载，* 角动量去饱和 05.338

angular momentum dumping 角动量卸载，* 角动量去饱和 05.338

angular momentum exchange control 角动量交换式控制 05.335

angular momentum unloading 角动量卸载，* 角动量去饱和 05.338

angular rate of limit cycle 极限环角速度 05.361

angular velocity of precession 进动角速度 05.111

angular vibration test 角振动试验 05.225

anisotropy 各向异性 12.362

annealing 退火 13.159

annotation equipment 注记装置 08.318

anodizing 阳极［氧］化 13.252

antenna cable coupling measurement 天线电缆耦合测量 15.084

antenna element 天线单元 07.365

antenna look angle 天线视角 07.232

antenna pattern 天线方向［性］图 07.088

antenna pattern design 天线方向［性］图设计 07.089

antenna pointing mechanism 天线定向机构 05.566

antenna pointing system 天线定向系统 05.565

antenna setting angle 天线安装角 07.090

antenna temperature 天线温度 08.564

antenna window thermal shielded cover plate 天线窗防热盖板 12.013

anti-G equipment 抗荷装备 11.227

anti-G maneuver 抗荷动作 11.259

antireflection coating 减反射膜 09.181

anti-rolling moment 反滚转力矩 06.253

anti-sloshing baffles 防晃板 02.165

anti-twist vane 反扭导流片 06.510

antivignetting filter 防渐晕滤光片 08.241

aperture 孔径，＊光圈 08.211

aperture ratio 孔径比 08.213

aperture setting 光圈调节［装置］ 08.214

aperture stop 孔径光阑，＊有效光阑 08.217

apogee 远地点 03.188

apogee engine 远地点发动机 03.321

apogee injection 远地点注入 05.239

apogee kick rocket engine 远地点火箭发动机 04.024

apogee kick rocket motor 远地点火箭发动机 04.024

apparent acceleration 视加速度 02.070

apparent mass 视在质量 14.204

apparent temperature 表观温度 08.562

apparent velocity 视速度 02.069

application of aerodynamic technology 气动技术应用 06.309

applied aerodynamics 应用空气动力学 06.007

applied satellite 应用卫星 03.017

approach 进场 10.064

APS 天线定向系统 05.565

arc discharge 电弧放电 14.491

arc-firing 点弧 06.545

arc heater 电弧加热器 06.458

arc tunnel 电弧风洞 06.462

arc welding 电弧焊 13.333

area array detector 面阵［列］探测器 08.394

area extensive target 面扩展目标 08.551

area monitoring reconnaissance satellite 普查型侦察卫星 03.032

area scattering 面散射 08.552

area to power ratio of solar array 太阳电池阵的面积比功率 09.202

area utilization of solar array 太阳电池阵的面积利用率 09.203

area weighted average resolution 面积加权平均分辨率 08.291

argon shielded arc welding-pulsed arc 脉冲氩弧焊 13.306

argon tungsten pulsed arc welding 钨极脉冲氩弧焊 13.310

argument of perigee 近地点幅角 03.184

arithmetic average［of measurement］ ［测量的］算术平均值 15.154

arm 臂 17.015

arm command 解除保险指令，＊解保指令 07.471

armed condition 待爆状态 16.078

arming 待爆，＊解除保险 16.173

arming command 待爆指令 16.079

earth 地球 01.010

article assembly 产品组装 10.088

articulated robot 关节形机器人 17.030

articulated structure 多关节结构 17.017

artificial aging 人工时效［处理］ 13.172

artificial aurora 人造极光 14.470

artificial celestial body 人造天体 01.022

artificial compressibility method 人工压缩法 06.390

artificial density method 人工密度法 06.397

artificial earth satellite 人造地球卫星 03.002

artificial electron belts 人工电子带 14.423

artificial gravity　人造重力　14.669

artificial radiation belt　人工辐射带　14.422

artificial satellite　人造卫星　01.045

artificial transition　人工转换　06.585

artificial viscosity　人工黏性　06.396

ASA speed　美国标准协会感光度　08.362

ascending node　升交点　03.185

aspect ratio　展弦比　06.301

aspherical lens　消球差透镜　08.187

aspherical surface　非球面　08.452

assembling frame iron wheel carriage　装配型架铁轮支架车　10.395

assembling frame vertical stand　装配型架垂直停放平台　10.407

assembling loss　组合损失　09.209

assembly　装配　13.017

assembly jig　装配型架　13.019

assembly test　组件试验　04.364

ASTC　航天员选拔训练中心，*航天员选训中心　11.009

asteroid　小行星　01.016

astigmatism　像散　08.274

astrodynamics　航天动力学，*星际航行动力学　01.059

astronaut　航天员　11.013

astronaut camp　航天员营区　10.358

astronaut candidate　预备航天员　11.021

astronaut care doctor　航天员[保健]医师　11.103

astronaut communication headsets　航天员通信头戴　11.215

astronaut decision-making　航天员决策　11.182

astronaut flight handbook　航天员飞行手册　11.062

astronaut health care　航天员健康管理　11.087

astronaut health state assessment　航天员健康状况判断　11.095

astronautics　航天学，*宇宙航行学　01.026

astronaut medical certification　航天员医学鉴定　11.102

astronaut medical kit　航天员药箱　11.093

astronaut medical monitoring　航天员医学监督　11.088

astronaut medical monitoring and support　航天员医学监督与保障　11.086

astronaut medical monitoring center　航天员医学监督中心，*航天医监中心　11.010

astronaut nutrition　航天员营养　11.234

astronaut productivity　航天员生产能力　11.185

astronaut psychological evaluation　航天员心理学评定　11.155

astronaut quarantine　航天员检疫　11.168

astronaut safety　航天员安全性　18.262

astronaut safety bunker　航天员安全掩体　10.321

astronaut selection　航天员选拔　11.038

astronaut selection and training center　航天员选拔训练中心，*航天员选训中心　11.009

astronaut selection criteria　航天员选拔标准　11.039

astronaut system　航天员系统　11.001

astronaut training　航天员训练　11.059

astronaut training program　航天员训练大纲　11.060

astronaut work capacity　航天员工作能力　11.184

astronaut work rest schedule　航天员作息制度　11.186

astronomy satellite　天文卫星　03.015

asymmetric alternating current charge　不对称交流电充电　09.090

asymmetric transition　非对称转换　06.277

asynchronous　异步　07.555

asynchronous gyro motor　异步陀螺电机　05.161

ATE　自动测试设备　15.253

atmosphere corrosion　大气腐蚀　12.148

atmosphere pressure carbonization process　常压碳化工艺　13.006

atmosphere supply and pressure control system　供气调压系统　11.265

atmospheric absorption　大气吸收　08.057

atmospheric attenuation　大气衰减　08.058

atmospheric boundary layer wind tunnel　大气边界层风洞　06.427

atmospheric correction　大气校正　08.059

atmospheric dispersion　大气色散　08.060

atmospheric effect　大气效应　08.053

atmospheric explosion　空爆　14.462

atmospheric interference　天电干扰　08.063

atmospheric loss　大气耗损　08.061

atmospheric model　大气模式　08.052

atmospheric noise　大气噪声　08.062

atmospheric optical thickness　大气光学厚度
　08.076

atmospheric parameter measurement　大气参数检测
　11.326

atmospheric path radiation　大气程辐射　08.044

atmospheric perturbation　大气摄动　03.203

atmospheric pollution monitoring　大气污染监测
　08.075

atmospheric pressure control　大气静压控制　03.406

atmospheric quality index　大气品位指数　08.074

atmospheric radiation　大气辐射　08.043

atmospheric refraction　大气折射　08.068

atmospheric scattering　大气散射　08.064

atmospheric scintillation　大气闪烁　08.070

atmospheric selectivity scattering　大气选择性散射
　08.067

atmospheric self-purification　大气自净作用　08.073

atmospheric spectral transmittance　大气光谱透过率
　08.054

atmospheric structure　大气结构　08.051

atmospheric trace contamination control　大气微量污
　染控制　11.301

atmospheric transmission bands　大气透射波段
　08.055

atmospheric transmittance　大气透射比　08.071

atmospheric turbulence　大气湍流　08.069

atmospheric visibility　大气能见度　08.056

atmospheric window　大气窗口　08.072

atom frequency standard　原子频标　07.560

atomic oxygen fluence model　原子氧流量模式
　14.555

atomic oxygen test　原子氧试验　14.646

atomic time　原子时　07.573

atom oxygen　原子氧　14.554

attached shock wave　附体激波　06.117

attained pose　达到位姿　17.036

attitude　姿态　05.013

attitude acquisition　姿态捕获　05.251

attitude angle　姿态角　05.014

attitude angle transducer　姿态角传感器　05.088

attitude angular velocity　姿态角速度　05.294

attitude control　姿态控制　03.319

attitude control accuracy　姿态控制精度　05.367

attitude control law　姿态控制规律　05.413

attitude control mode　姿态控制模式　05.326

attitude control quantity　姿态控制量　07.190

attitude control rocket engine　姿态控制火箭发动机,
　＊姿控火箭发动机　04.022

attitude control rocket motor　姿态控制火箭发动机,
　＊姿控火箭发动机　04.022

attitude control subsystem　姿态控制分系统,＊姿控
　分系统　03.115

attitude control system　姿态控制系统　02.242

attitude control trainer　姿态控制训练器　11.365

attitude determination　姿态确定　05.267

attitude determination accuracy　姿态确定精度
　05.272

attitude disturbance　姿态扰动　05.277

attitude drift　姿态漂移　05.276

attitude dynamics　姿态动力学　05.393

attitude error　姿态误差　05.274

attitude error rectification　姿态误差校正　08.349

attitude estimation　姿态估计　05.289

attitude geometry　姿态几何　05.285

attitude instability　姿态失稳　10.256

attitude keeping　姿态保持　07.031

attitude maneuver　姿态机动,＊姿态调整,＊调姿
　07.030

attitude measurement　姿态测量　05.266

attitude measurement accuracy　姿态测量精度
　05.271

attitude measurement system　姿态测量系统　05.265

attitude motion　姿态运动　05.275

attitude of flight vehicle　飞行器姿态　06.180

attitude parameter　姿态参数　05.290

attitude prediction　姿态预估　05.273

attitude rate　姿态角速度　05.294

attitude reacquisition　姿态再次捕获　05.254

attitude sensor　姿态敏感器　05.417

attitude stability　姿态稳定度　05.286

attitude stabilization　姿态稳定　05.295

audio environment simulation　音响环境仿真
　11.369

auditory warning　听觉告警　11.201

augmented electrothermal monopropellant hydrazine system 增强电热式胼单组元推进系统 05.493

autochrome 彩色胶片 08.352

autoclave moulding 热压釜成形 13.079

autodyne radio fuze 自差式无线电引信 16.016

autofocus mechanism 自动聚焦机构 08.202

autogenous pressurization system 自生增压系统 04.073

autoloading 自动加载 06.704

auto-manual mechanobalance 半自动机械天平 06.677

automated testing 自动化测试 10.044

automatic aiming 自动瞄准 10.140

automatically activated zinc-silver battery 自动激活锌银电池 09.006

automatic exposure control device 自动曝光控制装置 08.228

automatic failure monitor 故障自动检测 07.360

automatic feed system 自动送进系统 06.652

automatic focusing device 自动调焦装置 08.201

automatic gain control 自动增益控制 08.473

automatic ignition 自动点火 10.227

automatic mechanobalance 自动机械天平 06.678

automatic mode 自动模式 17.063

automatic test 自动化测试 10.044

automatic test equipment 自动测试设备 15.253

automatic test module 自动测试模块 15.250

automatic tracking 自动跟踪 07.296

automatic welding 自动焊 13.332

autonomous attitude determination 自主姿态确定 05.268

autonomous navigation 自主导航 05.234

autonomous navigation of satellite 卫星自主导航 07.071

autonomous robot 自主式机器人 17.096

autonomous satellite 自主卫星 07.072

autonomous sensor 自主式敏感器 05.428

autonomous station keeping 自主位置保持 05.245

auto-power spectrum 自功率谱 14.228

auto-topping 自动补加 10.171

auxiliary booster grain 扩爆药柱 16.165

auxiliary fuze antenna 引信辅天线 16.192

auxiliary propulsion system 辅助推进系统 05.500

availability 可用性 18.009

average control 平均控制 14.302

average pressure 平均压强 04.185

average thrust 平均推力 04.125

average voltage 平均电压 09.050

avoidance of range blind zone 距离避盲 07.374

AWAR 面积加权平均分辨率 08.291

axial compression test 轴压试验 14.098

axial-flow pump 轴流泵 04.347

axial-flow turbine 轴流式涡轮 04.342

axial force 轴向力 06.242

axial load factor 轴向过载 02.111

axial thrust balancing devices 轴向力平衡装置 04.350

axis 轴 17.014

axisymmetrical flow 轴对称流 06.167

azimuth 方位 05.016，方位角 07.306

azimuth aiming 方位瞄准 10.136

azimuth alignment 方位取齐 07.228

azimuth ambiguity 方位模糊 08.594

azimuth caging 方位锁定 05.077

azimuth digital display instrument 方位角数字显示仪 10.547

azimuth direction 方位方向 08.573

azimuth error 方位角误差 07.291

azimuth locking 方位锁定 05.077

azimuth marker 方位标 07.279

azimuth reference 方位基准 07.230

azimuth reference pole 方位标 07.279

azimuth resolution 方位分辨率 08.590

B

background density 背景密度 08.368

background limited photodetector 背景限光电探测器 08.388

background noise 背景噪声 14.143

background noise of wind tunnel 风洞背景噪声 06.566

backscattered debris 背向散射碎片 14.536

back scattering 后向散射 08.555

back surface field and back surface reflection solar cell 背场背反射太阳电池 09.120

back surface field solar cell 背场太阳电池 09.118

back surface reflection solar cell 背反射太阳电池 09.119

backup space flight crew 候补航天乘员组 11.022

Bacon type fuel cell 培根型燃料电池 09.029

bacteria filter 细菌过滤器 11.339

baffle 隔板 04.274, 挡光板 08.251

baffling barrel 挡光筒 08.252

bag moulding 袋压成形 13.364

balance 天平 06.667

balance axis system 天平坐标系 06.184

balance character of non-return to zero 天平不回零性 06.700

balance character of non-return to zero under starting load 冲击不回零性 06.701

balanced hardening 均衡加固 14.457

balances measuring 天平组测力 06.600

balancing test 平衡试验 15.262

ball-in-tube damper 管球阻尼器 05.376

ballistic camera 弹道相机 07.246

ballistic coordinate measurement 弹道坐标测量 15.101

ballistic limit curve 弹道极限曲线 14.532

ballistic range 弹道靶 06.471

ballistic reentry 弹道式再入 03.340

ballistics 弹道学 02.058

balloon-borne drop capsule test 气球载落舱试验 14.681

ball-socked nozzle 球窝喷管 04.310

band-pass filter 带通滤光片 08.244

bandwidth of attitude control system 姿态控制系统带宽 05.344

bank to turn technique 倾斜转弯技术 06.307

BAPTA 轴承和功率传输组件 05.556

bar chart display 条图显示 07.705

bareload 空载 02.040

bare weight 空重 02.039

barometric fuze 气压引信 16.040

barrel plating 滚镀 13.229

base 基座 10.546

baseband transmission 基带传输 07.538

base coordinate system 基座坐标系 17.039

base drag 底部阻力 06.232

base drag correction 底部阻力修正 06.793

base flow 底部流动 06.172

base heat protection 底部防热 02.210

base line 基线 07.379

base line system 基线制 07.330

base oil 基础油 12.211

base quantity 基本量 15.021

base to height ratio 基高比 08.175

base unit〔of measurement〕 基本〔测量〕单位 15.032

basic reliability 基本可靠性 18.120

basic training 基础训练 11.063

batch 批次 13.015

battery 电池组 09.103

bay section 舱段 02.167

BCD time code 〔二进制编码的〕十进制时间码, * BCD 时间码 07.576

beacon 信标机 07.438

beacon acquisition time 信标捕获时间 07.413

bead support nozzle 珠承喷管 04.311

beam controlling system 波束控制系统, * 波控系统 07.363

beam saltus 波束跃度 07.367

beam sharpening ratio 波束锐化比 08.529

beam splitter 分光镜 08.243

beam width 波束宽度 07.366

beam with variable cross-section 变截面梁 02.176

beam zone 波束区 03.240

bearing 方位 05.016

bearing and power transfer assembly 轴承和功率传输组件 05.556

bearing plate for launching pad 发射台支承盘 10.331

beat frequency 拍频 14.160

bed rest experiment 卧床实验 11.129

bed rest experiment facilities 卧床实验设备 11.391

beginning of lifetime 寿命初期 09.205

benchmark routine 测试检查程序 07.503

bending stiffness matrix 弯曲刚度矩阵 14.082

bending test 弯曲试验 14.095

bends 屈肢症 11.153

beneficial interference 有益干扰 06.236

bent cone 弯曲头锥 06.305

bent sting 弯支杆 06.580

be qualified 鉴定合格 18.043

Bernoulli equation 伯努利方程 06.331

beryllium alloy 铍合金 12.188

berylliumizing 渗铍 13.152

best estimation of trajectory 最佳弹道估计 07.147

bias 偏置 05.218，偏移 15.220

bias momentum mode 动量偏置方式 05.545

bias stability 偏置稳定性 05.219

bichannel optical fuze 双通道光学引信 16.043

bicycle ergometer 自行车功量计 11.379

bi-directional reflection factor 双向反射比因子 08.090

binary coded decimal time code ［二进制编码的］十进制时间码，＊BCD 时间码 07.576

binary pulse circuit 二元脉冲电路 05.094

binary pulse width modulation circuit 二元脉冲调宽电路 05.095

biocapsule 生物舱 11.005

biofeedback 生物反馈 11.159

biological life support system 生物生命保障系统 11.357

biological module 生物舱 11.005

biological rhythm 生物节律 11.146

biological satellite 生物卫星 11.004

biomedical telemetry 生物医学遥测 11.374

biosatellite 生物卫星 11.004

bipropellant 双组元推进剂 04.090

bipropellant propulsion system 双组元推进系统 05.490

bipropellant rocket engine 双组元［推进剂］火箭发动机 04.047

bismaleimide resin 双马［来酰亚胺］树脂 12.057

bit error ratio 误码率 07.553

bit error tester 误码测试仪 07.681

bit rate 码速率 07.655

bit synchronization 码同步 07.661

black body 黑体 08.034

black body emission 黑体辐射 08.036

black body noise equivalent power 黑体噪声等效功率 08.418

black body resource 黑体源 08.035

blackening 发黑处理 13.246

blackout range 黑障区 07.113

bladder propellant tank 囊式贮箱 04.358

bladder specific penetration mass 贮囊渗透速率 04.241

blank 毛坯 13.100

blanking 冲裁 13.045

blast 爆震 14.342

blast wave theory 爆炸波理论 06.361

blazed angle 闪耀角 08.301

blazed grating 闪耀光栅 08.302

bleed system 排泄系统 04.069

blended configuration 融合体布局 06.284

blind riveting 单面铆接 13.343

blockage effect 阻塞效应 06.786

blockage percentage 阻塞度 06.568

blockage test 阻塞试验 06.540

blocked force 阻塞力 14.210

blowdown-ejection wind tunnel 吹引式风洞 06.433

blowdown feed system 落压式供应系统 04.058

blowdown-indraft wind tunnel 吹吸式风洞 06.432

blowdown propulsion system 落压式推进系统，＊下吹式推进系统 05.495

blowdown ratio 落压比，＊下吹比 05.494

blowdown wind tunnel 吹气式风洞 06.431

blow-line purging 管路吹除 10.182

blow off 吹除 10.181

blow pipe 管路吹除 10.182

bluing 发蓝处理，＊发黑 13.245

bluntness ratio 钝度比 06.289

BMI resin 双马［来酰亚胺］树脂 12.057

body-axis coordinate system 体轴坐标系，＊弹体坐标系 06.181

body-fitted coordinate system 贴体坐标系 06.382

body fluid regulation in space 航天体液调节 11.115

body fluid shift 体液转移 11.116

body force 体积力 14.007

body-mounted type solar array 壳体式太阳电池阵 09.195

body-shedding vortex 脱体涡 06.136

body-stabilized attitude control system　本体稳定姿态控制系统　05.317

body vortex　体涡　06.141

BOL　寿命初期　09.205

bonded structure　黏接结构　02.149

bonding　胶接　13.351

bonding joint　胶接接头　12.037

Bond number　邦德数　14.670

bone mineral loss in space　航天骨矿物质脱失　11.124

bone-muscle　骨-肌　11.118

booster　助推器　02.015

booster engine　助推发动机　04.014

booster grain　传爆药柱　16.164

booster horizontal checking ladder　助推级水平测试工作梯　10.415

booster horizontal sling　助推级水平吊具　10.423

booster iron wheel carriage　助推级铁轮支架车　10.391

booster motor　助推发动机　04.014

booster pump　增压泵，＊预压泵　04.349

booster rail transporter　助推级铁路运输车　10.384

booster seven pipe connector working ladder　助推级七管连接器工作梯　10.416

booster trailer　助推级公路运输车　10.376

booster turbopump　增压涡轮泵　04.339

booster turning sling　助推级翻转吊具　10.428

boost pump　增压泵，＊预压泵　04.349

boost turbopump　增压涡轮泵　04.339

border　边框　02.172

boring　镗削　13.119

boundary condition　边界条件　14.102

boundary correction　边界修正　06.784

boundary element　边界元　14.045

boundary enhance　边缘增强　08.510

boundary layer　边界层　06.045

boundary layer aerodynamics　边界层空气动力学　06.014

boundary layer control　边界层控制　06.320

boundary layer displacement thickness　边界层位移厚度　06.055

boundary layer theory　边界层理论　06.335

boundary layer thickness　边界层厚度　06.054

boundary node　边界节点　14.044

boundary stiffness matrix　边界刚度矩阵　14.051

bound vortex　附着涡　06.134

bound vortex surface　附着涡面　06.135

box part　盒形件　02.205

box type balance　盒式天平　06.670

Bragg resonance　布拉格谐振　08.554

braid　编织带　12.391

brake parachute　减速伞　03.381

braking　制动　03.348

brass　黄铜　12.200

brazing　硬钎焊　13.287

brazing alloy　钎焊合金　12.187

brazing solder　焊料　12.107

breather　换气装置　06.502

breathing valve　呼吸阀　10.454

bright annealing　光亮退火　13.160

bright heat treatment　光亮热处理　13.133

brightness　亮度　08.220

brightness contrast　亮度对比度　12.336

brightness range　亮度范围　08.221

brightness temperature　亮[度]温度　08.565

bright plating　光亮电镀　13.214

bright quenching　光亮淬火　13.144

brilliance　亮度　08.220

Brinell hardness test　布氏硬度试验　13.433

brittleness　脆性　14.018

broaching　拉削　13.115

broad-band random vibration　宽带随机振动　14.151

broadcast　通播　07.522

broadcasting satellite　广播卫星　03.040

broadcasting subsystem　广播分系统　03.107

bronze　青铜　12.201

brushless DC torque motor　无刷直流力矩电机　05.084

BT［product］　时间带宽[乘]积　08.585

bubble　气泡　06.069

bubble level　水准器　10.557

buffet　抖振　06.247

buffet boundary　抖振边界　06.248

buffet test　抖振试验　06.627

buffing　抛光　13.186

building for leak detection 检漏厂房 10.287

built-in test 机内测试 18.248

bulging 胀形 13.052, 扩径旋压 13.061

bulk charging 体充电 14.489

buoyancy correction 浮力修正 06.791

burn-in 老炼 18.174

burning 过烧 12.005

burning final pressure 燃烧终点压强 04.187

burning rate coefficient 燃速系数 04.208

burning rate pressure exponent 燃速压强指数 04.209

burning [surface] area 燃烧面积 04.202

burning surface to port area ratio 燃通面积比 04.204

burning surface to throat area ratio 燃喉面积比

04.203

burn out 曝光过度 08.229

burnout mass 关机点质量 02.036

burst 猝发 06.131

burst height 爆炸高度, *炸高 16.119

burst point [爆]炸点 16.117

burst point distribution density [爆]炸点分布密度 16.118

bus power distribution unit 总功率分配单元 09.213

bus voltage 母线电压 09.226

butting 拼接 08.397

butt welding 对接焊 13.327

bypass pipe 旁路 06.504

C

cabin door 舱门 02.169

cabin fan 座舱风扇 11.294

cabin heat exchanger 座舱热交换器 11.305

cabin instrument system 座舱仪表系统 11.368

cabin pressure regulator 座舱压力调节器 11.272

cabin pressure relief valve 舱压安全阀 11.273

cabin pressure schedule 座舱压力制度 11.266

cabin pressurization 座舱增压 11.271

cable 电缆网 02.226

cable channel 电缆通廊 10.318

cable connection box 电缆转接箱 10.537

cable harness 电缆束 02.227

cable net 电缆网 02.226

cable network onboard 箭上电缆网 07.651

cable shaft 电缆井道 10.319

cable swinging rod 电缆摆杆 10.317

cable zero calibration 有线校零 07.427

cadmium-nickel storage battery 镉镍蓄电池 09.018

caging 锁定 05.105

caging time 锁定时间 05.106

calibrated focal length of camera 相机检定主距, *镜箱焦距 08.198

calibration 定标 08.440, 校准, *标定 15.043

calibration center of balance 天平校准参考中心 06.713

calibration certificate 校准证书 15.015

calibration flight 校飞 07.117

calibration flight program 校飞程序 07.507

calibration flight route 校飞航路 07.122

calibration in dock 坞内标校, *码头标校 07.226

calibration laboratory 校准实验室 15.016

calibration level 校准电平 07.676

calibration rig 校正架 06.703

calibration target 校准目标 08.556

calibration tower 校准塔 07.431

calibration value 标定值 09.220

calibration wind tunnel 校测风洞 06.425

calorimeter method 卡计法 12.244

CAMAC 计算机辅助测量和控制 10.046

CAMAC test CAMAC测试 10.047

camera 摄影机, *照相机 07.245

camouflage 伪装 12.220

camouflage material 伪装材料 12.221

camouflage net 伪装网 12.223

camouflage technology 伪装技术 12.222

canard configuration 鸭式布局 06.282

capability 固有能力 18.017

capacitance fuze 电容引信 16.033

capacitance-type sensor 电容式传感器 05.172

capacitive pickoff 电容式传感器 05.172

capacity of cell 电池容量 09.039

capillary injector 毛细管喷注器 04.266

captive test 系留试验 10.003

captive-test rocket 试车[火]箭 02.049

captive trajectory method 捕获轨迹法 06.618

carbon-carbon composite 碳-碳复合材料 12.014

carbon dioxide collection 二氧化碳收集 11.348

carbon dioxide concentrator 二氧化碳浓缩器 11.347

carbon dioxide partial pressure control 二氧化碳分压控制 11.330

carbon dioxide reduction technique 二氧化碳还原技术 11.349

carbon dioxide removal 二氧化碳清除 11.300

carbon fiber composite material 碳纤维复合材料 12.074

carbon fiber reinforced silicon carbide matrix composite 碳-碳化硅复合材料 12.015

carbon-graphite impregnated with inorganic salt 浸渍无机盐碳石墨 12.236

carbon-graphite impregnated with metal 浸渍金属碳石墨 12.237

carbon-graphite impregnated with phosphate 浸渍磷酸盐碳石墨 12.239

carbon-graphite impregnated with resin 浸渍树脂碳石墨 12.238

carbonitriding 碳氮共渗 13.156

carboxyl terminated polybutadiene propellant 端羧基聚丁二烯推进剂 04.106

carburization 渗碳 13.153

carburizing 渗碳 13.153

cardinal altitude 航高 08.168

cardiovascular and pulmonary function test 心肺功能检查 11.056

cardiovascular deconditioning in space 航天心血管失调 11.113

cardiovascular function examination 心血管功能检查 11.057

cargo spacecraft 运货飞船 03.062

carrier rocket 运载火箭 02.002

carrier subscriber 载波用户 07.528

carrying reliability 运载可靠度 18.127

cascade solar cell 叠层太阳电池 09.126

cascade wind tunnel 叶栅风洞 06.423

case ［电池］壳体 09.111

case bonded grain 壳体黏结式药柱 04.294

case insulation 壳体绝热层 04.280

Cassegrain telescope 卡塞格林望远镜 08.123

cassette 暗盒 08.305

casting 铸造 13.022，浇注 13.367

casting alloy 铸造合金 12.175

CAT 计算机辅助训练器 11.364，计算机辅助测试 15.231

catalysis characteristics 催化特性 06.163

catalyst 催化剂 12.367

catalyst bed 催化剂床 04.273

catalytic monopropellant hydrazine system 催化式肼单组元推进系统 05.491

catalytic oxidizer 催化氧化器 11.290

catastrophic fault 灾难性故障 18.201

catching net 捕捉网 06.530

cavitation 气蚀 04.234

cavitation allowance 气蚀裕度 04.236

cavitation specific angular speed 气蚀比转速 04.228

CCD 电荷耦合器件 08.383

CCD camera CCD 相机，*电荷耦合器件摄像机 08.124

CCD image display instrument CCD 图像显示仪 10.549

CCD image sequential switcher CCD 图像切换仪 10.550

CCD star sensor 电荷耦合器件星敏感器 05.446

CCD sun sensor 电荷耦合器件太阳敏感器 05.435

CCSDS 空间数据系统协商委员会建议，*CCSDS 建议 07.010

CDB propellant 交联双基推进剂 04.099

celestial guidance 星光制导 02.244

celestial-inertial integrated guidance 天文-惯性组合制导 05.009

celestial-inertial integrated navigation 天文-惯性组合导航 05.010

cell 单体电池 09.102

cell Reynolds number 网格雷诺数 06.380

cellular plastic 微孔塑料 12.042

cellular structure 网格结构 02.152

cemented carbide 硬质合金 12.177

centerless grinding 无心磨削 13.109

center of mass 质心 02.107

center of mass determination 质心测定 13.444

center of pressure 压心 02.108

center of pressure coefficient 压心系数 06.256

center projection 中心投影 08.320

center timing station 时统中心站 07.577

central readjustment 中枢重调 11.145

centrifugal casting 离心铸造 13.029

centrifugal coating 离心包覆 13.231

centrifugal compressor 离心式风机 11.295

centrifugal injector 离心式喷注器 04.259

centrifugal pump 离心泵 04.346

centrifugal water separator 离心式水分离器 11.313

centrifuge 离心机 14.357

centroid tracking 质心跟踪, *形心跟踪 07.300

CEP 圆概率误差, *圆公算偏差 05.042

ceramic insulation tile 陶瓷防热瓦 12.017

ceramic-seal ring 陶瓷密封环 12.079

cermet 金属陶瓷 12.076

certificate of compliance 合格证书 18.094

certificate of conformity 合格证书 18.094

certificate of inspection 检验证书 15.017

certification 认证 18.048

certification〔of a reference material〕 〔标准物质的〕定值 15.046

certified reference material 有证标准物质 15.192

certified value of reference material 标准物质标准值 15.143

chamber pressure decay time 燃压衰减时间 05.520

chamber thrust 推力室推力 04.130

change-over rail mechanism for launch pad 发射台转轨装置 10.328

channel encoding 信道编码 07.677

characteristic chamber length 燃烧室特征长度 04.189

characteristic length 特征长度 06.287

characteristic of fluid 流体特征 06.018

characteristics of measuring equipment 测量设备特性 15.194

characteristic test 特性试验 14.177

characteristic velocity 特征速度 04.191

charge 充电 09.060, 装药 13.335

chargeable fault 责任故障 18.190

charge acceptance 充电接受能力 09.065

charge and discharge regime 充放电制 09.097

charge-coupled device 电荷耦合器件 08.383

charge-coupled device camera CCD相机, *电荷耦合器件摄像机 08.124

charge coupled device star sensor 电荷耦合器件星敏感器 05.446

charge coupled device sun sensor 电荷耦合器件太阳敏感器 05.435

charge efficiency 充电效率 09.063

charge injection device star sensor 电荷注入器件星敏感器 05.447

charge rate 充电率 09.061

charge retention 充电保持能力 09.066

charge transfer efficiency 电荷传输效率 08.463

check 核查 15.048

check before the loading 加注前检查 10.149

checking of redundant substance 多余物检查 13.410

checkout equipment for satellite 卫星测试设备 03.302

check standard 核查标准 15.189

check valve 单向阀 11.282

chemical analysis 化验 10.147

chemical corrosion 化学腐蚀 12.151

chemical deposition 化学沉积 13.189

chemical heat treatment with rare earth element 稀土〔元素〕化学热处理 13.132

chemical measurement 化学测量 15.071

chemical-milled structure 化铣结构 02.147

chemical milling 化学铣削 13.107

chemical oxidation 化学氧化 13.242

chemical oxygen generator 化学氧发生器 11.270

chemical oxygen storage 化学氧贮存 11.269

chemical plating 化学镀〔膜〕 13.211

chemical pressurization system 化学增压系统 04.074

chemical propulsion 化学推进 04.001

chemical reaction flow 化学反应流 06.165

chemical reaction rate 化学反应速率 06.166

chemical resistant steel 耐蚀钢 12.171

chemical rocket engine 化学火箭发动机 04.006

chemical rocket motor 化学火箭发动机 04.006

chemical vapor deposition 化学气相沉积 13.191

chemical vapor infiltration 化学气相渗透 13.158

chemistry of the solar system 太阳系化学 01.120

cherry riveting 抽芯铆接 13.341

chilldown system 预冷系统 04.068

chirp 线性调频脉冲 08.582

choking 壅塞 06.550

chord length 弦宽 05.461

chromatic aberration 色[像]差 08.268

chromaticity 色度 08.258

chromaticity diagram 色度图 08.259

chromatic resolving power 色分辨率 08.260

chromatism 色[像]差 08.268

chromatographic analysis 色谱分析，*色层分析 12.268

chromic acid anodizing 铬酸阳极[氧]化 13.253

CID star sensor 电荷注入器件星敏感器 05.447

cine telescope 电影望远镜 07.255

cinetheodolite 电影经纬仪 07.238

cinetheodolite tracking system 电影经纬仪跟踪系统 02.287

circadian rhythm 昼夜节律 11.147

circle of confusion 弥散圆 08.276

circular error probable 圆概率误差，*圆公算偏差 05.042

circular scan 圆扫描 08.426

circular wind tunnel 圆截面风洞 06.440

circulation 环量 06.124

circulatory decompensation 循环代偿障碍 11.178

Clapeyron equation 克拉佩龙方程 06.324

classic shock pulse 经典冲击脉冲 14.337

class of contamination 污染等级 14.573

clean annealing 光亮退火 13.160

cleaner 净化器 10.532

clean hardening 光亮淬火 13.144

cleaning 清洗 13.181

cleaning-drain flexible hose 清泄软管 10.452

cleaning-drain gas distribution board 清泄配气台 10.445

cleanliness 洁净度 14.572

clean propellant 洁净推进剂 04.114

clean room 洁净室 10.296

clearing modules 清舱 10.091

climate environment 气候环境 14.258

climate test 气候试验 14.359

climbing module arm 登舱臂 10.322

clinical selection 临床选拔 11.042

clock mechanism 钟表机构 16.154

clock time fuze 钟表时间引信 16.051

close area effect 近区效应 16.104

closed circuit wind tunnel 闭路式风洞 06.437

closed cycle 闭式循环 04.078

closed loading 闭式加注 10.165

closed test section wind tunnel 闭口式风洞 06.434

close look reconnaissance satellite 详查型侦察卫星 03.033

close velocity 接近速度 16.109

closing modules 封舱 10.092

clutter echo 杂乱回波 08.595

CMDB propellant 复合改性双基推进剂 04.100

CMG 控制力矩陀螺 05.538

coalescence 聚集 12.095

coarse aiming 粗瞄 10.137

coasting-flight phase 滑行段 02.064

coasting time 滑行时间 04.171

coating 涂层 12.116，包覆，*涂覆 13.230

coating contamination 涂层污染 12.118

coating degradation 涂层退化 12.119

coating for EMI shielding 电磁屏蔽涂层 12.125

coating with pattern painting 迷彩涂层 12.123

cobalt based alloy 钴基合金 12.181

co-base vacuum-pumping 共底抽真空 10.189

co-curing 共固化 13.370

code diversity 编码分集 07.689

code division multiplexing telemetry 码分制多路遥测 07.612

coded telecommand 编码遥控 07.443

coefficient of stray light 杂光系数 08.250

coherence function 相干函数 14.230

coherent 相干 08.557

coherent carrier 相干载波 08.558

coherent derived unit of measurement 一贯导出测量

单位，* 一贯单位 15.028

coherent echo 相干回波 08.538

coherent noise 相干噪声 08.412

coherent radar 相干雷达 08.159

coherent receiver 相干接收机 08.577

coherent receiving 相干接收 08.576

coherent scattering 相干散射 08.559

coherent system of unit [of measurement] 一贯[测量]单位制 15.029

coherent transponder 相参应答机 07.434

cohesion 内聚 12.038

cohesion of film 胶片粘连 08.358

cohesive failure 内聚破坏 12.039

cold black [background] 冷黑[背景] 14.557

cold gas pressurization system 冷气增压系统 05.486

cold gas system 冷气系统 05.485

cold helium connector 冷氦连接器 10.516

cold helium connector support mount 冷氦连接器支架 10.517

cold jet testing 冷喷流试验 06.612

cold plasma 冷等离子体 14.485

cold plates 冷却板 11.311

cold setting 冷固化 13.373

cold shield 冷屏 08.449

cold soak 冷浸 14.589

cold space compensation 冷空间补偿 05.464

cold spare 冷备份 18.208

cold start 冷起动 05.514

cold start test 冷起动试验 04.365

cold stop 冷光阑 08.450

cold trap 冷阱 14.604

cold window 冷窗 08.447

collection efficiency 收集效率 09.150

collector 聚光镜 14.619

collimated light 平行光 08.183

collimating lens 准直透镜 08.186

collimating mark 框标 08.314

collimation 准直 10.144

colloidal stability 胶体稳定性 12.040

colloid thruster 胶体推力器 05.508

color [彩]色 08.265

coloration flow method 色流法 06.739

color body 彩色体 08.261

color film 彩色胶片 08.352

color infrared film 彩色红外胶片 08.355

color matching 配色 12.122

color reverse film 彩色反转胶片 08.353

color saturation 色饱和度 08.264

color schlieren system 彩色纹影仪 06.751

color sensitivity 感色度 08.263

color separation filter 分色滤光片 08.245

coma 彗[形像]差 08.272

combind training 合练 10.027

combined environment reliability test 综合环境可靠性试验 14.279

combined environment test 综合环境试验 14.278

combined fuze 复合引信 16.057

combined lots 组批 13.016

combined standard uncertainty 合成标准不确定度 15.163

combined stresses 复合应力 12.328

combustion chamber 燃烧室 04.251

combustion chamber pressure 燃烧室压强 04.182

combustion chamber pressure roughness 燃烧室压力不稳定度 04.194

combustion instability 燃烧不稳定性 04.245

combustion tap-off cycle 抽气循环 04.081

comet 彗星 01.020

command and control center 指挥控制中心 10.014

command and control station 遥控站 07.048

command and control system 遥控系统 07.062

command area 指挥区 10.357

command capacity 指令容量 07.460

command code 指令代码 07.464

command communication 指挥通信 07.513

command continual transmission 指令连发 07.476

command & control center computer 指挥控制中心计算机，* 指控中心计算机 07.484

command demodulator 指令解调器 07.451

command dispatching and communication system 指挥调度通信系统 07.514

command dispatching equipment 指挥调度设备 07.518

command dispatching hierarchy 指挥调度体制 07.516

command dispatching system 指挥调度系统 07.515

command encoding 指令编码 07.463

commander 指令长 11.014

command execution unit 指令执行机构 07.452

command format 指令格式 07.462

command fuze 指令引信 16.024

command information 指令信息 07.161

command receiver 指令接收机 07.449

command retransmission 指令重发 07.475

command telephone 指挥电话 07.520

command terminal 指令终端 07.454

command transmitter 指令发射机 07.450

commercial launch 商业发射 10.005

commissioning 投入运行 17.012

common bulkhead 共底 02.162

common cause fault 共因故障 18.193

common mode fault 共模故障 18.192

common module 公用舱 03.077

common platform 公用平台 03.074

communication center 通信中心 07.511

communication control processor 通信控制处理机 07.490

communication network for space flight test 航天测控通信网 07.510

communication network management system 通信网管理系统 07.605

communication protocol 通信协议 07.534

communication satellite 通信卫星 03.039

communication station 通信站 07.512

communications transponder 通信转发器 03.108

communication subsystem 通信分系统 03.106

comparative planetology 比较行星学 01.128

comparison 比对 15.047

comparison measurement 比较测量 15.118

comparison [measuring] instrument 比较式[测量]仪器 15.173

compass bearing 罗方位 05.019

compatibility 相容性 12.387,兼容性 18.016

compatibility test 兼容测试 10.084

compatible mass matrix 相容质量矩阵 14.055

compensating high-speed camera 补偿式高速摄影机 07.252

compensation 补偿 14.301

compensator 补偿器 02.199

complete reusable space vehicle 完全重复使用运载器 02.056

complete simulation 完全仿真 06.590

complex command 复合指令 07.469

complex dielectric constant 复介电常数 08.536

complex experiment 综合试验 10.061

complex modulus of elasticity 复弹性模量 12.302

compliance 柔度 14.021,柔顺性 17.060,合格 18.088

component test building 单元测试楼 10.284

composite modified double-base propellant 复合改性双基推进剂 04.100

composite plating 复合电镀 13.215

composite propellant 复合推进剂 04.101

composite structure 复合材料结构 02.143

composition modulated alloy plating 复合可调整合金镀 13.217

compound catalysis efficiency 复合催化效率 06.164

compound semiconductor solar cell 化合物半导体太阳电池 09.127

compressibility 压缩性 06.107

compression molding 模压成形 13.049

compression ratio 压缩比 08.490

compression ratio of wind tunnel 风洞压缩比 06.536

compression wave 压缩波 06.111

compressive strength 抗压强度 12.284

compressor 压缩机 06.514

computational aerodynamics 计算空气动力学 06.370

computer aided measurement and control 计算机辅助测量和控制 10.046

computer aided testing 计算机辅助测试 15.231

computer aided trainer 计算机辅助训练器 11.364

computer graphic simulation of fuze-warhead matching 引战配合计算机图形仿真 16.214

computer telemetry system 计算机遥测 07.615

concealment 隐蔽 12.226

concentrated force 集中力 14.006

concentrated load 集中载荷 02.112

concentration cell corrosion 浓差电池腐蚀 12.153

concentrator solar cell 聚光太阳电池 09.139

concentric tube injector 同轴式喷注器 04.262

conceptual design 方案设计 02.022

concurrent engineering 并行工程 18.056

condensate and heat exchanger 冷凝热交换器 11.307

condensation shock 凝结激波 06.556

condenser discharge spot welding 电容储能点焊 13.321

conducted emission 传导发射 14.652

conducted susceptibility 传导敏感度 14.653

conduction emission measurement 传导发射测量 15.080

conduction emission safety factor measurement 传导发射安全系数测量 15.086

conduction sensitivity measurement 传导敏感度测量 15.081

conductive coating 导电涂层 12.124

cone spinning 锥形变薄旋压，＊剪切旋压 13.063

conference dispatching 会议调度 07.517

conference television system 会议电视系统 07.593

confidence level 置信度 14.238

configuration change control 技术状态更改控制 18.104

configuration design 外形设计 02.032

configuration management 技术状态管理 18.103

conformity 合格 18.088

conical flow 锥型流 06.170

conical flow method 锥形流法 06.360

conical nozzle 锥型喷管 06.481

conical scanning 圆锥扫描 07.410

conical scanning earth sensor 圆锥扫描地球敏感器 05.422

conical scanning horizon sensor 圆锥扫描地球敏感器 05.422

conical scanning tracking 圆锥扫描跟踪 07.337

coning error 圆锥误差 05.045

conocyl grain 锥柱形药柱 04.293

conservation of [measurement] standard [测量]标准的保持 15.051

consolidating layer 加固层 12.136

constant-current charge 恒流充电 09.084

constant oxygen flow regulator 连续供氧流量调节器 11.291

constant pressure feed system 恒压式供应系统 04.057

constant strength beam 等强度梁 02.178

constant-voltage charge 恒压充电 09.085

constraint element 约束单元 14.047

contact corrosion 接触腐蚀 12.155

contact fuze 触发引信 16.002

contact ion thruster 接触型离子推力器 05.506

contact lithograph 接触光刻 13.385

contact measurement 接触测量 15.106

contact sensing 接触觉察 16.071

contact surface 接触面 06.543

container [电池]壳体 09.111

contingency analysis 意外事件分析 18.269

contingency food 应急食品 11.237

contingency mode 应急模式 05.351

continuous data system 连续数据系统 05.341

continuous loading 连续加注 10.159

continuous medium 连续介质 06.020

continuous path control 连续路径控制 17.056

continuous system 连续系统 14.138

continuous telemetry parameter 遥测连续参数 07.644

continuous topping 连续补加 10.172

continuous wave Doppler fuze 连续波多普勒引信 16.018

continuous wave instrumentation radar 连续波测量雷达 07.377

continuous wave laser fuze 连续波激光引信 16.047

continuous wave laser radar 连续波激光雷达 07.266

continuous waves radar tracking system 连续波雷达跟踪系统 02.286

continuous wind 连续绕片 08.308

continuous wind tunnel 连续式风洞 06.428

contoured nozzle 特型喷管 04.304，型面喷管 06.480

contoured seat 赋形座椅 11.258

contour roll forming 型辊成形 13.091

contraction ratio 收缩比 06.478

contraction section　收缩段　06.477

contract review　合同评审　18.034

contrast coefficient γ　反差系数 γ　08.373

contrast ratio　对比度　08.374

control accuracy　控制精度　05.269

control bias capability　偏置控制能力　05.336

control information　控制信息　07.188

controlled atmosphere heat treatment　可控气氛热处理　13.139

controlled ecological life support system　受控生态生命保障系统　11.356

controlled rolling　控制轧制　13.098

control moment gyroscope　控制力矩陀螺　05.538

control of orientation　定向控制　05.348

control program　控制程序　17.049

control signal　控制信号　08.471

control simulation　控制仿真　07.130

control system　控制系统　02.004

control system model　控制系统模型　02.258

control system of rocket　[火箭的]控制系统　02.240

control torque　控制力矩　05.414

conventional propellant　常规推进剂　04.095

conventional propellant loading system　常规[推进剂]加注系统　10.154

conventional reference scale　约定参照标尺　15.041

conventional solar cell　常规太阳电池　09.137

[conventional] spinning　普通旋压，*擀形　13.058

conventional true value [of a quantity]　[量的]约定真值　15.039

converging shock tube　收缩激波管　06.465

conversion efficiency　转换效率　09.158

conversion treatment　转化处理　13.168

coolant recirculation pump　冷却液循环泵　11.314

coordinate instrumentation　坐标测量仪　07.271

coordinate system　坐标系　03.177

coordinate system used in TT&C　测控坐标系　07.133

coordinate transformation　坐标转换　07.134

coordinate transformation device　坐标变换器　05.087

coplanar encounter　共面交会　16.113

co-planar transfer　共面转移　03.221

copper alloy　铜合金　12.199

copper nickel alloy　铜镍合金　12.202

copy milling　仿形铣削，*靠模铣削　13.106

core and first stage impact area　芯级一级落区　10.365

core drilling　扩孔　13.118

Coriolis [acceleration] correction　科氏[加速度]修正，*科里奥利加速度修正　05.040

Coriolis stimulation effect　科里奥利刺激效应　11.136

corner　拐角　06.500

coronal mass emission　日冕物质抛射　14.484

corona test　电晕放电试验　14.593

corrected result　已修正结果　15.135

correction　修正值　15.136

correction factor　修正因子　15.137

correction factor for characteristic velocity　特征速度因子　04.193

correction factor for thrust coefficient　推力系数因子　04.133

correction of axis system error　轴系误差修正　07.144

corrective loop　修正回路　05.076

corrective maintenance　修复性维修　18.237

correlation receiver　相关接收机　08.578

corrosion　腐蚀　12.147

corrosion fatigue　腐蚀疲劳　12.166

corrosion pit　腐蚀麻点　12.164

corrosion rate　腐蚀速率　12.165

corrosion resistant steel　耐蚀钢　12.171

corrugated plate thrust chamber　波纹板式推力室　04.252

cosecant-squared beam antenna　余割平方波束天线　08.527

cosmic abundance of elements　元素宇宙丰度　01.119

cosmic ray　宇宙线　01.112

cosmic ray burst　宇宙线爆发　14.415

cosmic ray intensity　宇宙线强度　14.414

cosmic velocity　宇宙速度　01.060

cosmonaut　航天员　11.013

countdown　倒[数]计时　10.216

countdown procedure 倒计时程序 10.217

counter flow range 逆流靶 06.472

counter pressure casting 差压铸造，＊反压铸造 13.027

counterrotating fan 正反转双风扇 06.511

coupled longitudinal vibration 纵向耦合振动 02.094

coupled mode 耦合模态 14.171

coupling of orbit and attitude 轨道和姿态耦合 05.278

coupling vibration 耦合振动 14.193

cover ［单体］盖 09.112

cover 盖片 09.182

coverage factor 包含因子 15.165

coverage zone 覆盖区 03.241

crack 缝隙 06.574，裂纹 12.310

crack depth at fracture 临界裂纹深度 14.072

crack growth rate 裂纹扩展速率 14.074

crack growth resistance 裂纹扩展阻力 14.059

crack shape factor 裂纹形状因子 14.064

credible accident 确定的事故 18.264

creep 蠕变 12.295

crest factor 波峰因数 14.166

crevice corrosion 缝隙腐蚀 12.157

crew subsystem 乘员分系统 03.128

crew training 乘员组训练 11.084

criterion of strength 强度准则 14.020

critical Bond number 临界邦德数 14.671

critical crack depth 临界裂纹深度 14.072

critical damping 临界阻尼 14.207

critical disturbance torque 临界干扰力矩 05.387

critical fault 致命性故障 18.200

critical flux 临界通量 14.395

critical inclination 临界倾角 03.213

criticality 危害度 18.156

criticality analysis 危害度分析 18.157

criticality category 危害度类别 18.158

critical Mach number 临界马赫数 06.034

critical net positive suction head 临界净正抽吸压头 04.232

critical parachute open altitude 临界开伞高度 03.391

critical parachute open dynamic pressure 临界开伞动

压 03.393

critical parachute open speed 临界开伞速度 03.392

critical parts 关键件 18.099

critical software 关键软件 18.100

critical speed 临界转速 04.230

critical temperature 临界温度 09.076

critical value 临界值 12.304

cross coupling ［通道］交叉耦合 05.279

crossing time 穿越时间 05.460

crosslinked double-base propellant 交联双基推进剂 04.099

crosslinking agent 交联剂 12.370

crossover frequency 交越频率 14.299

cross polarization 正交极化 08.534

cross-power spectrum 互功率谱 14.229

cross talk 串扰，＊串音 08.400

cross-track resolution 横向分辨率 08.589

cruise mode 正常模式 05.561

cruising attitude 滑行姿态 05.283

cruising phase 滑行段 02.064

cryogenic absorption 低温吸附 10.180

cryogenic ball valve 低温球阀 10.503

cryogenic loading system 低温加注系统 10.168

cryogenic measurement 低温测量 10.177

cryogenic propellant 低温推进剂 04.096

cryogenic propellant rocket engine 低温推进剂火箭 发动机 04.050

cryogenic propellant tank 低温推进剂贮箱 10.504

cryogenic system 低温系统 10.176

cryogenic temperature sensor 低温温度传感器 10.506

cryogenic treatment 深冷处理 13.176

cryogenic wind tunnel 低温风洞 06.446

cryopump 低温泵 14.601

cryptography code 密码 07.596

cryptography key 密钥 07.597

CTE 电荷传输效率 08.463

CTPB propellant 端羧基聚丁二烯推进剂 04.106

culture medium 培养基 12.376

cumulative delay 累积延时 16.136

cure condition 固化条件 13.374

curing 固化 13.369

current temperature coefficient 电流温度系数 09.172

curve factor 填充因数，＊曲线因子 09.174

curve fitting 曲线拟合 14.179

cushion layer 缓冲层 12.006

cutoff 关机 10.246

cutoff accuracy 关机精度 10.254

cutoff energy 截止能量 14.416

cutoff equation 关机方程 02.257

cutoff filter 截止滤光片 08.246

cutoff impulse 后效冲量 04.150

cutoff rigidity 截止刚度 14.417

cutoff voltage 截止电压 09.056

cutoff wavelength 截止波长 08.407

cutting 切削加工 13.099

cutting tool 刀具 13.122

CVD 化学气相沉积 13.191

CW Doppler fuze 连续波多普勒引信 16.018

CW instrumentation radar 连续波测量雷达 07.377

CW laser fuze 连续波激光引信 16.047

CW laser radar 连续波激光雷达 07.266

cycle 循环 09.077

cycle life 循环寿命 09.078

cycle time 循环时间 17.089

cyclic code subframe synchronization 循环码副帧同步 07.668

cyclic torque 周期性力矩 05.382

cylindrical cadmium-nickel battery 圆柱型镉镍蓄电池 09.022

cylindrical robot 圆柱坐标机器人 17.028

D

damage 损伤 14.216

damper 阻尼器 05.176

damping material 阻尼材料 12.141

damping ratio of slosh 晃动阻尼比 03.442

damping structure 阻尼结构 02.146

dark current 暗电流 08.408

data acquisition 数据采集 14.217

data acquisition system 数据采集系统 14.247

data circuit 数据电路 07.541

data circuit terminating equipment 数字电路终接设备 07.545

data collection subsystem 数据收集分系统 03.104

data communication 数据通信 07.532

data compression 数据压缩 08.488

data correction 数据修正 06.770

data exchange center 数据交换中心 07.042

data filtering 数据滤波 07.166

data handling subsystem 数据管理分系统，＊数管分系统 03.123

data injection 数据注入 07.461

data link 数据链路 07.540

data loading 数据注入 07.461

data multiplexer 数据复用器 07.547

data packet switching network 数据分组交换网 07.535

data pre-processing 数据预处理 07.137

data processing center of remote sensing 遥感数据处理中心 08.493

data processing system 数据处理系统 07.064

data rate 数据率 08.460

data reasonableness test 数据合理性检验 07.164

data relay satellite 数据中继卫星 03.042

data smoothing 数据平滑 07.167

data terminal equipment 数据终端设备 07.544

data transmission rate 数据传输速率 07.551

data transmission subsystem 数据传输分系统，＊数传分系统 03.120

data transmission systems 数据传输系统 07.533

datum error 基值误差 15.216

dazzle camouflage schemes 迷彩伪装色 12.224

DB propellant 双基推进剂 04.097

DCTE 数字电路终接设备 07.545

dead band 死区，＊不灵敏区 15.206

dead zone 死区，＊不灵敏区 15.206

debonding 脱黏 04.283

debris cloud 碎片云 14.528

debris distribution model ［太空］碎片分布模式 14.521

debris flux model ［太空］碎片通量模式 14.523

debris growing rate 碎片增长率 14.542

debris hazard ［太空］碎片危害 14.520

debugging 调试 13.397

deceleration parachute 减速伞 03.381

de-chirping 去线性调频［脉冲］ 08.584

deck bearing 甲板方位角 07.209

deck coordinate system 甲板坐标系 07.207

deck elevation 甲板高低角 07.208

decompression sickness 减压病 11.152

decompression susceptibility 减压易感性 11.171

dedicated satellite communication network 专用卫星通信网 07.599

deep discharge 深放电 09.073

deep space 深空 01.003

deep-space detecting and tracking system 深空探测与跟踪系统 02.280

deep space network 深空网 07.039

deep space telemetry 深空遥测 07.630

defect 缺陷 12.296

definition 清晰度 08.257

definitive method of measurement 定义测量方法 15.124

deflection 挠度 14.022

deflection cone 导流锥 10.336

defocused star image 散焦星图像 05.481

deformation 变形 14.012

deformation of film 胶片变形 08.356

deformation process 变形加工 13.021

degradation 降级 18.210

degradation from shadowing power 阴影功率下降 09.211

degree of charge 充电深度，＊充电程度 09.062

degree of cure 固化度 13.375

degree of freedom 自由度 14.135

degree of vacuum 真空度 10.174

delamination 脱层 12.096，分层 12.097

delayed command 延时指令 07.467

delayed exploding 延时引爆 10.259

delayed neutron 缓发中子 14.468

delayed telemetry 延时遥测 07.618

delay mechanism 延时机构 16.155

delay time 延误时间 18.051

delta wing 三角翼 06.315

demagnetization 退磁 14.662

density 密度 08.367

density specific impulse 密度比冲 04.142

deorbit 离轨 02.125

deorbit phase 离轨段 03.335

dependability 可信性 18.003

dependent fault 从属故障 18.187

depletion 贫化 12.098

depolarization 去极化 08.535

depression angle 俯角 08.567

depressurization 泄压 10.079

depth of charge 充电深度，＊充电程度 09.062

depth of discharge 放电深度 09.068

depth of field 景深 08.197

depth of focus 焦深 08.196

derating 降额 18.204

derived quantity 导出量 15.022

derived unit［of measurement］ 导出［测量］单位 15.033

descending node 降交点 03.189

designating data 引导数据，＊引导量 07.173

designating parameter calculation 引导参数计算 07.172

designating system 引导系统 07.063

designation 引导 07.387

designation radar 引导雷达 07.388

designation range 引导范围 07.393

designed storage life 设计贮存期 12.379

design input 设计输入 11.025

design limit load 设计极限载荷 02.104

design load 设计载荷 14.028

design load test 设计载荷试验 14.092

design output 设计输出 11.026

design profile 设计剖面 14.288

design review 设计评审 18.037

desorption 解吸［附作用］ 14.561

despinner 消旋体 05.401

destruct command 炸毁指令 07.448

destruction line 炸毁线 07.108

destructive test 破坏性试验 13.436

detached shock wave 脱体激波 06.116

detail design 详细设计 02.024

detectability 可探测性 12.242

detect and control system 检测与控制系统 11.325

detection probability　发现概率　07.403

detective cell　探测元件　08.382

detective field of optical fuze　光学引信探测角　16.093

detective quantum efficiency　探测器量子效率　08.405

detectivity　探测率　08.402

detector　探测器　08.381，检测器　15.179

detector array　阵列探测器　08.392

detector conformity　探测器一致性　08.399

detonation　爆震　14.342

detonator　雷管　16.161

detonator-safety fuze　隔离雷管型引信　16.054

development test　研制试验　14.276

deviation　偏差　15.153

deviation of mass center　质心位置偏差　05.412

DGPS　差分 GPS　05.575

diamond cutter　金刚石刀具　13.123

diamond cutting　金刚石切削　13.124

diamond region of test section　试验段菱形区　06.565

diaphragm　光阑　08.210，隔膜　09.107

diaphragm propellant tank　隔膜式［推进剂］贮箱　04.360

Dicke radiometer　迪克辐射计　08.145

Dicke receiver　零平衡接收机，＊迪克接收机　08.579

die casting　压力铸造，＊压铸　13.025

die forging　模锻　13.081

dielectric material　介电材料　12.143

dielectric monitoring　介电监控　12.144

dielectric properties　介电性能　12.145

difference scheme　差分格式　06.374

differential GPS　差分 GPS　05.575

differential method of measurement　微差测量方法　15.126

differential pressure conditioner　压差变换器　10.496

differential pressure liquid level indicator　压差液面计　10.498

differential pressure transducer　压差传感器　10.497

differential scanning calorimeter　示差扫描量热仪　12.260

differential thermal analysis　差热分析　12.272

different source calibration　异源校准　07.648

different term repeatability　不同期重复性　06.778

diffraction　衍射　08.299

diffraction grating　衍射光栅　08.300

diffraction grating interferometer　光栅干涉仪　06.760

diffuser　扩散段　06.499

diffuse skylight　漫射天光　08.048

diffusion　扩散　06.077

diffusion annealing　扩散退火　13.162

diffusion bonding　扩散连接　13.096

diffusion boundary layer　扩散边界层　06.079

diffusion brazing　扩散钎焊　13.293

diffusion coefficient　扩散系数　06.078

diffusion technique　扩散工艺　13.005

diffusion welding　扩散焊　13.292

digital chirp　数字线性调频［脉冲］　08.583

digital communication　数字传输　08.484

digital data transmission network　数字数据传输网　07.536

digital designation　数字引导　07.391

digital filter　数字滤波器　05.364

digital image　数字图像　08.485

digital image processing system　数字图像处理系统　08.492

digitalization of flow picture　流动图像数字化　06.765

digital measuring instrument　数字式测量仪器　15.177

digital microwave communication system　数字微波通信系统　07.601

digital multiplex equipment　数字复用设备　07.549

digital multiplexing　数字复用　07.548

digital multi-spectral scanner　数字式多谱段扫描仪　08.117

digital processor　数字处理器　08.503

digital simulation　数字仿真　08.486

digital sun sensor　数字式太阳敏感器　05.433

digital television system　数字电视系统　07.592

digital to analogy conversion　数模转换　08.487

digitization　量化，＊数字化　08.483

diluent　稀释剂　12.371

dimensional analysis 量纲分析 06.104

dimension of a quantity 量纲 15.023

dip brazing 浸渍钎焊 13.291

dipping 酸洗 13.183

dip soldering 浸渍钎焊 13.291

direct drive 直接驱动 05.557

3-directional C/C 三向碳-碳 12.026

4-directional C/C 四向碳-碳 12.027

directional antenna of fuze 引信定向天线 16.189

directional initiation 定向引爆 16.140

directional solidification 定向凝固 13.381

direction index 指向系数 14.320

direction selection 方向选择 16.197

direct line explosive train 直列式传爆系列 16.157

direct metal mask 直接金属掩模 13.388

direct method of measurement 直接测量法 15.128

direct recording 直接记录 07.695

direct reentry return mode 直接进入法返回 03.330

discharge 放电 09.067

discharge efficiency 放电效率 09.069

discharge valve 安全溢出阀 02.207

discretization technique 离散化技术 06.371

discrimination between the earth and the moon light
地球月球信号鉴别 05.473

discrimination between the earth and the sun light 地
球太阳信号鉴别 05.472

discrimination [threshold] 鉴别力[阈] 15.204

disexplosion 解爆 10.257

dispatching loudspeaker set 扬声调度单机 07.519

dispersing agent 分散剂 12.372

dispersion 色散 08.267

dispersionarea of landing point 着陆点散布范围
10.243

dispersion of fuze actuation angle 引信启动角散布
16.128

dispersion strengthening 弥散强化 12.086

dispersion strengthening composites 弥散强化复合材
料 12.087

displaying [measuring] instrument 显示式[测量]仪
器 15.171

display instrument 显示仪器 06.748

display method 显示方法 06.737

dissemination of the value of q quantity 量值传递

15.004

dissociation 离解 06.085

dissociaty 离解度 06.086

dissolution and wetting bond 溶解与润湿结合
12.403

distillation range 馏程 12.219

distortion 畸变 08.275

distributed computer system 分布式计算机系统
07.488

distributed joint 分布式关节 17.021

distributed telemetry system 分布式遥测系统
02.267

distribution of debris mass [太空]碎片质量分布
14.519

disturbance 扰动 06.245

disturbance torque 干扰力矩 05.379

disturbance torque by the fuel slosh 燃料晃动干扰力
矩 05.386

dither 抖动器 05.185

diversity 分集 07.684

diversity receiving 分集接收 07.685

docking module 对接舱 03.090

document recording 实况记录 07.018

DOF 自由度 14.135

dominant frequency 优势频率 14.152

Doppler beam sharpening 多普勒波束锐化 08.530

Doppler effect 多普勒效应 16.098

Doppler frequency shift 多普勒频移 08.609

Doppler orbitography and radiopositioning integrated
system by satellite 星基多普勒轨道和无线电定位
组合系统 05.590

Doppler phase shift 多普勒相移 08.608

Doppler radio fuze 多普勒无线电引信 16.017

Doppler range rate measurement 多普勒测速
07.400

Doppler tracking 多普勒跟踪 07.351

DORIS 星基多普勒轨道和无线电定位组合系统
05.590

dose rate response 剂量率响应 14.440

double axis rate gyro 双轴速率陀螺仪 05.122

double-base propellant 双基推进剂 04.097

double-density recording 双倍密度记录 07.694

double gimbaled flywheel 双框架飞轮 05.536

double return wind tunnel 双回路风洞 06.438

doublet flow 偶极子流 06.179

down range 末区 07.006

down time 不能工作时间，*停机时间 18.053

downwash 下洗 06.264

downwash correction 下洗修正 06.790

downwash induced velocity 下洗诱导速度 06.265

DQE 探测器量子效率 08.405

drag acceleration 阻力加速度 14.549

drag coefficient 阻力系数 06.222

drag divergence 阻力发散 06.239

drag due to lift 升致阻力 06.229

drag effect 阻力效应 14.550

drag force 阻力 06.221

drag losses 阻力损失 02.076

drag parachute 减速伞 03.381

drawing 拉延，*拉深 13.036

drift 漂移 15.205

drift of pose accuracy 位姿精度漂移 17.083

drift of ship position 船位漂移 07.212

drift rate 漂移率 05.212

drift value 漂移量 10.233

drilling 钻孔 13.116

drive program 驱动程序 07.496

drop forging 模锻 13.081

dropping corrosion test 点滴腐蚀试验 13.418

drop shock test machine 落下式冲击试验机 14.354

drop tower 落塔 11.398

drop tower test 落塔试验 14.678

drop tube test 落管试验 14.682

drop zone 落区 07.008

dryer 干燥器 06.519

dry friction test 干摩擦试验 14.636

dry immersion 干浸法 11.130

dry weight 干重 02.038

dry winding 干法缠绕 13.357

3D SiO₂/SiO₂ 三向石英复合材料 12.081

DTE 数据终端设备 07.544

DTG 动力调谐陀螺仪 05.125

dual frequency range rate instrumentation 双频测速仪 07.401

dual mode propulsion system 双模式推进系统 05.502

dual mode rocket engine 双模式火箭发动机 04.045

dual-positioning satellite 双星定位卫星 03.057

dual spin attitude control system 双自旋姿态控制系统 05.318

dual spin stabilization 双自旋稳定 05.305

dual thrust rocket motor 双推力火箭发动机 04.030

duct 导管 02.197

dud 瞎火 16.090

dummy fuze 假引信 16.056

duplex computer system 双工计算机系统 07.486

duplex management program 双工管理程序 07.500

duplex wind tunnel 双试验段风洞 06.439

durability 耐久性 12.388

dwell time 驻留时间 08.599

dwell time of detector 探测器驻留时间 08.600

dye penetrant flaw testing 着色渗透检测 13.416

dynamically tuned gyro 动力调谐陀螺仪 05.125

dynamic balance 动态测力天平 06.690

dynamic balancing test 动平衡试验 13.426

dynamic calibration of balance 天平动校[准] 06.706

dynamic derivative 动导数 06.261

dynamic derivative testing 动导数试验 06.623

dynamic fracture toughness 动态断裂韧性 14.065

dynamic killing zone of warhead 战斗部动态杀伤区 16.141

dynamic load 动[态]载[荷] 02.096

dynamic load factor 动载因子 02.093

dynamic matching [TT&C] test between satellite and station 星-地[测控]校飞试验 03.294

dynamic measurement 动态测量 15.109

dynamic photographic resolution 动态摄影分辨率 08.286

dynamic pressure 动压强 06.038

dynamic range 动态范围 08.462

dynamics analysis 动力学分析 03.453

dynamics design 动力学设计 03.454

dynamic seal 动密封 12.383

dynamic similarity 动力学相似性 06.410

dynamics of multiple rigid body spacecraft 多刚体航

天器动力学　05.398

dynamics simulation　动力学仿真　03.452

dynamics test　动力学试验　03.455

dynamic stiffness　动刚度　14.202

dynamic test　动态测试　10.052，动态试验　15.263

dynamic tuning　动力调谐　05.202

dynamic viscosity　动力黏度　06.043

E

early burst　早炸　16.086

early warning satellite　预警卫星　03.036

earth acquisition　地球捕获　05.256

earth albedo　地球反照率　08.049

earth angle　地球角　05.408

earth-atmosphere system radiation budget　地-气系统辐射收支　08.047

earth-center　地中　05.458

earth-center phase shift　地中相移　05.459

earth curvature rectification　地球曲率校正　08.348

earth-in　地入　05.456

earth infrared radiation factor　地球反照角系数　03.262

earth magnetosphere　地球磁层　14.502

earth oblateness　地球扁率　02.082

earth observation satellite　对地观测卫星　03.025

earth-out　地出　05.457

earth radiation budget　地球辐射收支　08.046

earth rate unit　地球转速单位　05.098

earth resources satellite　地球资源卫星　03.026

earth shield　地球屏　08.446

earth station　地球站　03.009

earth-sun rotation angle　地球-太阳两面角　05.406

east-west station keeping　东西位置保持　05.246

eating utensils　餐具　11.232

EBM　电子束加工　13.268

ebullism　体液沸腾　11.154

eccentric anomaly　偏近点角　03.195

eccentricity　偏心率　03.182

echo lock　回波锁定　08.596

ecliptic time　地影时间　03.232

ECM　电解加工　13.275

eddy current testing　涡流检测　13.413

eddy current torquer　涡流式力矩器　05.166

edge tracking　边缘跟踪　07.301

EDM　电火花加工　13.265

EEE part　电气电子机电零件，＊EEE 零件　18.085

effective ablation heat　有效烧蚀热　03.368

effective reflection area　有效反射面积　07.324

effect of nuclear electromagnetic pulse　核电磁脉冲效应　14.474

efficiency of solar array　太阳电池阵效率　09.198

EIRP　等效全向辐射功率　07.095

eject escape　弹射逃逸　10.239

ejecting recovery　弹射回收　03.373

ejection acceleration　弹射加速度　11.250

ejection-capsule　弹射座舱　03.413

ejection mechanism　弹射机构　02.202

ejection-seat　弹射座椅　03.412

ejection survival　弹射救生　11.249

eject momentum　喷射动量　14.533

elasticity　弹性　12.299

elastic limit　弹性极限　14.024

elastic-plastic fracture mechanics　弹塑性断裂力学　14.069

electrical discharge machining　电火花加工　13.265

electrical, electronic and electromechanical part　电气电子机电零件，＊EEE 零件　18.085

electrical four-pole swing　电动四柱秋千　11.389

electrical fuze　电引信　16.009

electrical parameter　电量参数　02.272

electrical property test of satellite　卫星电性能测试　03.285

electrical property test of satellite subsystem　卫星分系统电性能测试　03.288

electrical resistivity　电阻率　12.347

electrical spring　电弹簧　05.204

electrical suspended gyro　静电陀螺仪　05.126

electrical system　电气系统　04.065

electric battery　电池　09.003

electric blasting valve　电爆阀　02.208

electric conductive oxidation 导电氧化 13.250

electric detonator 电雷管 16.162

electric heater 电热器 04.362

electric igniter 电点火头 16.159

electric ignition 电点火 04.331

electric installation rehearsal 电气合练 10.029

electric insulation anodizing 绝缘阳极［氧］化 13.256

electric propulsion 电推进 04.003

electric propulsion system 电推进系统 05.499

electric resistance belt heater 电阻带式加热器 06.527

electric resistance tube heater 电阻管式加热器 06.528

electric squib 电发火管 16.160

electric test model 电性试验模型 03.069

electrochemical analysis 电化学分析 12.269

electrochemical coating 电化学涂层 12.131

electrochemical corrosion 电化学腐蚀 12.152

electrochemical enamelizing 瓷质阳极化 13.249

electrochemical machining 电解加工 13.275

electrochemical oxidation 电化学氧化 13.251

electrochemical power source 化学电源 09.002

electrode potential 电极电位 09.036

electrode reaction 电极反应 09.033

electro-discharge machining 放电加工 13.274

electrodynamics vibration generator 电动振动台 14.305

electroforming 电铸 13.064

electro-hydraulic forming 电液成形 13.069

electro-hydraulic transducer 电液式换能器 14.331

electroless plating 化学镀［膜］ 13.211

electrolyte creepage 爬碱 09.100

electrolytic forming 电解型腔加工 13.276

electrolytic machining 电解加工 13.275

electromagnetic compatibility 电磁兼容性 14.650

electromagnetic compatibility measurement 电磁兼容［性］测量 15.073

electromagnetic field 电磁场 08.023

electromagnetic forming 电磁成形 13.067

electromagnetic interference 电磁干扰 14.651

electromagnetic interference measurement 电磁干扰测量 15.075

electromagnetic measurement 电磁测量 15.066

electromagnetic pouring 电磁浇注 13.068

electromagnetic radiation 电磁辐射 08.025

electromagnetic sensitivity measurement 电磁敏感度测量 15.076

electromagnetic unit balance 电磁元件天平 06.675

electromagnetic wave 电磁波 08.022

electromagnetic wave transparent material 透波材料 12.140

electron beam flow visualization 电子束流动显示 06.761

electron beam fluorescence technique 电子束荧光技术 06.640

electron beam machining 电子束加工 13.268

electron beam perforation 电子束打孔 13.269

electron beam welding 电子束焊 13.297

electron bombardment thruster 电子轰击型推力器 05.507

electronically scan technology 电扫描技术 07.339

electronic despin for antenna 天线电子消旋 05.371

electronic measurement 电子［学］测量 15.069

electronic probe 电子探针 12.252

electronic reconnaissance satellite 电子侦察卫星 03.034

electronic-scanned pressure sensor 电子式压力扫描阀 06.729

electronic search 电子搜索 05.474

electronic time fuze 电子时间引信 16.050

electron microscope 电子显微镜 12.247

electro-optical pickoff 光电式传感器 05.171

electroplating 电镀 13.213

electro-pneumatic transducer 电气动式换能器 14.330

electropolishing 电抛光 13.187

electrostatically suspended accelerometer 静电支承加速度计 05.151

electrostatic discharge interference measurement 静电放电干扰测量 15.091

electrostatic discharge sensitivity measurement 静电放电敏感度测量 15.092

electrostatic powder spraying 粉末静电喷涂 13.235

electrostatic printer 静电打印机 07.702

electrostatic spraying 静电喷涂 13.234

electrothermal monopropellant hydrazine system 电热式肼单组元推进系统 05.492

electrotyping process 电铸成形 13.065

element 单元 14.037

elements of exterior orientation 外方位元素 08.338

elements of interior orientation 内方位元素 08.337

element stiffness matrix 单元刚度矩阵 14.049

elevating ladder 升降工作梯 10.417

elevation 仰角 07.307

elevation error 仰角误差 07.292

eliminate stray light 消杂光 08.249

ellipsoid surface 椭球面 08.456

elliptic velocity 第一宇宙速度 02.084

elliptic wind tunnel 椭圆形截面风洞 06.442

EM 初样[星] 03.092

embedded Newtonian flow theory 内伏牛顿流理论 06.363

embedding 灌封 13.338

embrittle 脆化 12.278

EMC 电磁兼容性 14.650

EM characteristics measurement of wave-absorption materials 吸波材料电磁特性测量 15.093

EMC measurement 电磁兼容[性]测量 15.073

EMC test of systems 系统电磁兼容性试验 15.095

EM detonation and firing safety factor measurement 电磁引爆引燃安全系数测量 15.088

emergency cutoff 紧急关机 10.247

emergency egress chute 安全出舱滑道 10.320

emergency handling 应急处理 07.184

emergency landing 应急着陆 03.388

emergency landing zone 应急着陆区 10.271

emergency oxygen supply system 应急供氧系统 11.274

emergency oxygen supply valve 应急供氧阀 11.275

emergency oxygen tank 应急氧源 11.209

emergency processing program 应急处理程序 07.502

emergency recovery sequence 应急回收程序 03.404

emergency repressurization system 紧急复压系统 14.625

emergency rescue station 应急救生站 10.361

emergency return 应急返回 03.333

emergency stop 紧急停止 17.067

emergency training 应急训练 11.075

EMI 电磁干扰 14.651

EMI diagnosing technology 电磁干扰诊断技术 15.096

EMI measurement 电磁干扰测量 15.075

emission 发射 08.077

emission capability 发射本领 08.079

emission spectrum analysis 发射光谱分析 12.264

emissivity 发射率 08.078

EM measurement 电磁测量 15.066

empty weight 空重 02.039

empty wind tunnel operation 空风洞运行 06.538

EM sensitivity measurement 电磁敏感度测量 15.076

encapsulating layer 气密限制层 11.220

encapsulation 封装 13.337

encoded sun sensor 编码式太阳敏感器 05.434

encounter angle 交会角 16.115

encounter conditions 交会条件 16.106

encounter phase of trajectory 遭遇段 16.107

end area 末区 07.006

end burning 端面燃烧 04.214

end-effector 末端执行器 17.023

end-effector coupling device 末端执行器耦合装置 17.024

end of lifetime 寿命末期 09.206

endurance test 耐久性试验 18.178

energy dissipation 能量耗散 05.378

energy equation 能量方程 06.330

energy loss thickness of boundary layer 边界层能量损失厚度 06.057

energy of electromagnetic field 电磁场能量 08.024

energy ratio of blowdown tunnel 吹气式风洞能量比 06.535

energy ratio of continuous tunnel 连续式风洞能量比 06.534

energy release rate 能量释放率 14.058

engine altitude characteristic 发动机高度特性 04.168

engine calibration test 发动机校准试验 04.370

engine compartment checking ladder 发动机舱测试

工作梯 10.413

engine cutoff 发动机关机 02.233

engine dry mass 发动机干质 04.177

engineering model 初样[星] 03.092

engineering test satellite manipulator 技术实验卫星
机械手 17.108

engine line characteristic 发动机管路特性 04.167

engine maximum negative thrust 发动机最大负推力
04.128

engine mixture ratio 发动机混合比 04.153

engine negative thrust 发动机负推力 04.127

engine nozzle 发动机喷管 02.234

engine operating duration 发动机工作时间 04.169

engine performance parameter 发动机性能参数
04.118

engine performance test 发动机性能试验 04.369

engine reliability 发动机可靠性 02.231

engine reliability test 发动机可靠性试验 04.368

engine reverse thrust 发动机反推力 04.129

engine specific impulse 发动机比冲 04.136

engine starting 发动机起动 02.232

engine test 发动机试验 04.363

engine test in simulated altitude condition 发动机高
空仿真试验 04.367

engine test stand 发动机试车台 02.239

engine throttle characteristic 发动机节流特性
04.166

engine thrust 发动机推力 04.119

engine thrust frame 发动机[推力]架 02.181

engine thrust-mass ratio 发动机推质比 04.176

engine wet mass 发动机湿质 04.178

entrance 加速度导纳,*惯量 14.201

entrance pupil 入射光瞳 08.208

entropy layer 熵层 06.119

entropy layer swallowing 熵吞 06.120

envelope growth selection 增幅选择 16.199

envelope growth selection circuit 增幅速率选择电路
16.150

environment 环境 14.251

environmental conditions 环境条件 18.018

environmental control and life support subsystem 环境
控制和生命保障分系统,*环控和生保分系统
03.129

environmental corrosion 环境腐蚀 12.158

environmental effect 环境效应 14.270

environmental noise 环境噪声 02.113

environmental simulation 环境仿真 02.114

environmental stress 环境应力 14.269

environmental stress screening 环境应力筛选
18.176

environmental test 环境试验 14.274

environmental torque 环境力矩 05.380

environment design margin 环境设计余量 14.267

environment engineering 环境工程 14.252

environment prediction 环境预示 14.266

environment satellite 环境卫星 03.037

EOL 寿命末期 09.206

ephemeris calculation 星历计算 07.152

ephemeris time 历书时 07.572

epitaxial process 外延生长过程 13.387

epitaxy technique 外延工艺 13.008

equalization 均衡 14.300

equalizing lattice 均压网 10.355

equal precision measurement 等精度测量 15.120

equation of continuity 连续方程 06.326

equation of state 状态方程 06.323

equilibrium flow 平衡流动 06.160

equipment status parameter 设备状态参数 07.203

equivalence techniques 等效技术 14.282

equivalent circuit of solar cell 太阳电池的等效电路
09.225

equivalent coil 等效线圈 14.665

equivalent device 等效器,*模拟器 10.535

equivalent focal length 等值焦距 08.199

equivalent isotropic radiated power 等效全向辐射功
率 07.095

equivalent system 等效系统 14.134

erecting hall 起竖厅 10.286

erection 起竖 10.130

erosion resistant material 抗侵蚀材料 12.168

erosive burning 侵蚀燃烧 04.212

erosive pressure peak 侵蚀压强峰 04.213

error characteristic statistics 误差特性统计 07.145

error command 误指令 07.477

error command probability 误指令概率 07.478

error compensation 误差补偿 02.254

error model 误差模型 07.149

error model identification 误差模型辨识 07.148

error [of indication] [示值]误差 15.214

error [of measurement] [测量]误差 15.148

error of test data 试验数据误差 06.769

error propagation 误差传播 07.101

error separation 误差分离 02.253

escape 逃逸 03.407

escape capsule 逃逸舱 03.421

escape data injection 逃逸参数注入 10.235

escape rocket 逃逸火箭 03.415

escape rocket motor 逃逸火箭发动机 04.027

escape tower 逃逸塔 03.416

escape tower assembly and test building 逃逸塔装配测试厂房 10.276

escape vehicle 逃逸飞行器 03.414

escape velocity 第二宇宙速度 02.085

escape warning 逃逸告警 10.237

ESG 静电陀螺仪 05.126

ESS 环境应力筛选 18.176

estimated storage life 估算贮存期 12.380

estimate [of measurement] [测量]估计值 15.147

etching 刻蚀，*蚀刻 13.391

Euler equation 欧拉方程 06.329

Euler number 欧拉数 06.100

eutectic alloy 共晶合金 12.186

EVA 舱外活动 11.008

evaporating deposition 蒸发沉积 13.197

evaporator 蒸发器 04.356

event telemetry parameter 遥测指令参数 07.643

event tree analysis 事件树分析 18.268

exact aiming 精瞄 10.138

exception handling 异常处理 07.183

excess oxidizer coefficient 余氧系数 04.155

excimer lithography 准分子激光光刻 13.386

excitation 激励 14.130

excursion 总位移 14.165

execute command 执行指令 07.472

execution angle 执行角 05.356

exercise tolerance 运动耐力 11.119

ex-factory review 出厂评审 18.095

exhausted cutoff 耗尽关机 10.248

exhaust plume 羽焰 14.574

exit criteria 放行准则 18.096

exit pupil 出射光瞳 08.209

exobiology 地外生物学 01.134

expanded uncertainty 扩展不确定度 15.164

expander cycle 膨胀循环 04.082

expanding 扩径旋压 13.061

expanding shock tube 扩张激波管 06.466

expansion wave 膨胀波 06.112

expendable launch vehicle 一次性使用运载器 02.054

expendable recoverable capsule 一次性返回器 03.326

experience correction method 经验修正法 06.782

experimental aerodynamics 实验空气动力学 06.398

experimental standard deviation 实验标准偏差 15.155

experimental standard deviation of weighted arithmetic average 加权算术平均值的实验标准偏差 15.157

experiment correction method 实验修正法 06.781

experiment ensure plan 试验保障方案 10.042

explicit path programming 显路径编程 17.053

exploding 引爆 10.258

exploding fuse 导爆索 02.196

exploding pipe 导爆管 02.195

explosion on orbit 在轨爆炸 14.526

explosive actuator 火药起动器 16.166

explosive bolt 爆炸螺栓 02.194

explosive forming 爆炸成形 13.070

explosive nut 爆炸螺母 02.193

explosive train 传爆系列 16.156

exposed wing 外露翼 06.299

exposure 曝光[量] 08.222

exposure interval 曝光间隔 08.230

exposure latitude 曝光宽容度 08.227

exposure meter 曝光表 08.224

exposure time 曝光时间 08.225

extended target effect 体目标效应 16.099

extendible nozzle 延伸喷管 04.308

exterior ballistic measuring system 外弹道测量系统，*外测系统 07.058

exterior check 外观检查 10.068

exterior trajectory measurement 外弹道测量，＊外测 07.025

exterior trajectory measurement system 外弹道测量系统，＊外测系统 07.058

external crack 表面裂纹 12.311

external force 外力 14.003

external pressure test 外压试验 14.097

external stores testing 外挂物试验 06.619

external strain gage balance 外式应变天平 06.684

external test facility 外部测试设备 10.513

extinction 消光 08.254

extinction coefficient 消光系数，＊消光率 08.255

extinction index 消光系数，＊消光率 08.255

extract type mass fluxmeter 推导式质量计 06.657

extravehicular activity 舱外活动 11.008

extravehicular activity robot 舱外活动机器人 17.098

extravehicular space suit 舱外航天服 11.217

extreme operating condition 极端工况 14.584

F

fabric ［纤维］织物 12.390

fail safe 故障安全 18.261

failure 破坏 14.099，失效 18.135

failure analysis 故障分析 14.225，失效分析 18.150

failure criteria 故障判据 18.160

failure effect 失效影响 18.154

failure handling program 故障处置预案 10.265

failure load test 破坏载荷试验 14.091

failure mechanism 失效机理 18.155

failure mode 失效模式 18.147

failure mode and effect analysis 失效模式与影响分析 18.148

failure mode, effect and criticality analysis 失效模式、影响与危害度分析 18.149

failure operation 故障运行 18.159

failure rate 失效率 18.137

failure reporting, analysis and corrective action system 失效报告、分析与纠正措施系统 18.185

fairing 整流罩 02.154

fairing assembling frame 整流罩装配型架 10.393

fairing install room 整流罩扣罩间 10.279

fairing/payload trailer 整流罩-有效载荷公路运输车 10.374

fairing rail transporter 整流罩铁路运输车 10.380

fairing separation test 整流罩分离试验 14.348

fairing trailer 整流罩公路运输车 10.373

fairing working ladder 星罩工作梯 10.414

false alarm rate 虚警率 18.247

false color 假彩色 08.378

false-color composite 假彩色合成 08.379

false-color rendition 假彩色还原 08.380

false command 虚指令 07.479

false command probability 虚指令概率 07.480

fan nacelle 风扇整流罩 06.512

fan system 风扇系统 06.508

far infrared 远红外 08.015

fast charge 快速充电 09.089

fast Fourier transform 快速傅里叶变换 08.505

fast variation telemetry parameter 遥测速变参数 07.642

fast varying parameter 速变参数 02.271

fatigue crack growth rate 疲劳裂纹扩展速率 14.073

fatigue life 疲劳寿命 14.034

fatigue limit 疲劳极限 12.281

fatigue test 疲劳试验 13.435

fault 故障 18.134

fault cause 故障原因 18.153

fault countermeasure 故障预案，＊故障对策 07.085

fault detect and warning 故障检测与报警 11.327

fault detection 故障检测 18.242

fault detect rate 故障检测率 18.246

fault handling 错误处理 07.185

fault isolation 故障隔离 18.244

fault isolation rate 故障隔离率 18.245

fault localization 故障定位 18.243

fault rate 故障率 18.136

fault state simulation 故障［状态］仿真 07.132

fault-tolerance 容错 18.205

fault tree 故障树 18.161

fault tree analysis 故障树分析 18.162

favorable pressure gradient 顺压梯度 06.039

FBTS 固定基[训练]仿真器 11.361

feasibility study 可行性论证 02.021

feature of emission spectrum 发射波谱特征 08.498

feces collection 大便收集 11.335

feedback type rate gyro 反馈式速率陀螺仪 05.124

FEM 正检[星] 03.093

FFT 快速傅里叶变换 08.505

fiber 纤维 12.394

fiberglass-reinforced plastic structure 玻璃钢结构 02.144

fiber optic gyro 光纤陀螺仪 05.132

fiber reinforced ceramic composite 陶瓷基复合材料 12.075

fiber reinforced composite 纤维增强复合材料 12.072

fiber weight of unit area 单位面积纤维质量 12.405

fiber wetness 纤维浸润性 12.398

fiducial mark 框标 08.314

fiducial mark of the photograph 像片框标 08.315

field curvature 场曲 08.273

field of view 视场 08.192

field of view of optical fuze 光学引信视场角 16.092

field stop 视场光阑 08.216

field strength measurement 场强测量 15.077

field strength meter 场强测量仪 15.178

filament rotor assembly 丝带式转子组件 05.540

filament winding moulding 纤维缠绕成形 13.360

filler pipe 加注管 10.495

fill factor 填充因数, *曲线因子 09.174

filling 加注 10.146

filling pressure 加注压强 10.173

[film] base 胶片片基 08.366

film curl 胶片卷曲 08.357

film plating 镀膜 13.210

film reader 胶片判读仪 07.269

film recording 胶片记录 07.317

film speed 胶片感光度 08.360

film storing mechanism 储片机构 08.310

[film transportation] tensile control mechanism 输片张力控制系统 08.311

filter 滤光片 08.234，过滤器 10.536

filter factor 滤光系数 08.235

final assembly parts 总装直属件 02.188

final peak sawtooth shock pulse 后峰锯齿冲击脉冲 14.339

final replacement 终期置换 10.206

final voltage 终点电压 09.055

fine aiming 精瞄 10.138

fine blanking 精密冲裁 13.046

fine leak test 精检漏试验 14.628

fine weaving pierced fiber carbon 细编穿刺碳-碳 12.016

finite burn 有限点火 05.354

finite difference method 有限差分法 06.372

finite element analysis 有限元分析 12.273

finite element method 有限元法 14.035

finocyl grain 翼柱形药柱 04.292

fire detection system 火焰检测系统 11.340

fire extinguisher 灭火器 11.345

fire retardancy 阻燃剂 12.025

fire-retardant paint 防火涂料 12.134

fire suppression system 灭火系统 11.341

firing attitude 点火姿态 05.282

firing unit 点火器 02.225

first-class failure of satellite 整星一级故障 03.299

first cosmic velocity 第一宇宙速度 02.084

first throat 第一喉道 06.489

fissure 龟裂 12.317

five holes probe 五孔探头 06.659

fixed base training simulator 固定基[训练]仿真器 11.361

fixed head star tracker 固定探头式星跟踪器 05.444

fixed sequence manipulator 固定顺序机械手 17.002

fixed service tower 固定式勤务塔 10.309

fixed wall nozzle 固壁喷管 06.483

flame attenuation 火焰衰减 07.395

flame diversion trough 导流槽 10.334

flame resistance 阻燃性, *防燃烧性 12.024

flange 法兰盘 02.217

flare 曳光管 07.276

flash light 闪光灯 03.401

flat-bed trailer 平板拖车 10.371

flat die forging 自由锻 13.087

flat plate module 平板式组件 09.189

flat spin 平旋 05.403

flat spin recovery 平旋恢复 05.404

flatten mechanism 展平机构 08.312

flaw 裂缝 12.309

flexibility 柔度 14.021

flexibility matrix 柔度矩阵 14.050

flexible bearing nozzle 柔性喷管 04.312

flexible die forming 软模成形 13.073

flexible dynamics 柔性动力学 03.424

flexible felt 柔性毡 12.146

flexible hose assembly 摇摆软管 04.355

flexible hose for loading 加注软管 10.446

flexible joint nozzle 柔性喷管 04.312

flexible metallic conduit 金属软管 02.219

flexible multibody dynamics 柔性多体动力学 03.428

flexible plate 柔性底板 09.218

flexible plate nozzle 柔壁喷管 06.485

flexible polyurethane foams 软质聚氨脂泡沫塑料 12.046

flexible spacecraft dynamics 挠性航天器动力学 05.394

flex lead 软导线 05.175

flexure accelerometer 挠性加速度计 05.141

flexure deformation 挠曲变形 07.222

flexure suspension 挠性支承 05.156

flight abortion criteria 飞行中止标准 11.105

flight and engineering model 正检[星] 03.093

flight azimuth 飞行方位角 03.198

flight control headquarter 飞行控制指挥部, *飞控指挥部 10.018

flight environment of vehicle 飞行环境 06.205

flight level 航高 08.168

flight load measurement 飞行载荷测量 15.104

flight measurement 飞行测量 15.102

flight mission training 飞行任务训练 11.073

flight model 正样[星] 03.094

flight path angle 弹道倾角 02.066，飞行路径角 03.197

flight path measurement 飞行轨迹测量 15.103

flight permission criteria 放飞标准 11.104

flight procedure training 飞行程序训练 11.066

flight range 航区 07.007

flight range rehearsal 航区合练 10.031

flight-safety channel 飞行安全走廊 02.296

flight-safety control system [飞行]安全控制系统 02.007

flight-safety judgment criterion [飞行]安全判断准则 02.009

flight-safety region 飞行安全区 02.118

flight-safety self-destruction determine mode [飞行]安全自毁判定模式 02.010

flight-safety self-destruction system [飞行]安全自毁系统 02.008

flight simulation 模拟飞行, *模飞 10.063

flight stability 飞行稳定性 02.259

flight status parameter 飞行状态参数 07.198

flight telerobotic servicer 飞行遥控机器人服务器 17.101

flight test 飞行试验 10.004

flight-test rocket 试样[火]箭 02.048

flight time series 飞行时串 10.225

flight training 飞行训练 11.072

flight trial evaluation 飞行结果分析 10.041

flight-type design 试样设计 02.027

flight vibration measurement 飞行振动测量 15.105

floatation bag 浮囊 03.399

floated gyro 液浮陀螺仪 05.130

floated PIGA 液浮陀螺加速度计 05.149

floating charge 浮充电 09.088

flow deflection angle correction 气流偏角修正 06.796

flow direction uniformity 气流方向均匀性 06.559

flow field 流场 06.026

flow field calibration of wind tunnel 风洞流场校测 06.598

flow field quality 流场品质 06.597

flow field similarity 流场相似 06.408

flow field survey 流场测量 06.596

flow pattern 流谱 06.031

flow pulsation quality 气流动态品质 06.561

flow regulator 流量调节器 04.352

flow separation 流动分离 06.068

flow soldering 波峰钎焊 13.283

flow stability 气流稳定性 06.560

flow turning 变薄旋压，*强力旋压 13.059

flow visualization 流动显示 06.738

flow visualization by computer 计算机流动显示 06.764

flow visualization by luminescence 辉光放电流动显示 06.762

fluence 累积通量 14.431

fluid 流体 06.017

fluid loop 液体回路 03.271

fluid particle 流体质点 06.021

fluid-structure interaction dynamics 液-固耦合动力学 03.426

fluid volume compensator 浮液体积补偿器 05.177

fluorescence induced by laser 激光诱导荧光 06.741

fluorescence leak detection 荧光检漏 13.422

fluorescence microtuft method 荧光微丝法 06.742

fluorescent penetrant flaw detection 荧光渗透探伤 13.409

fluorocarbon oil 氟[烃]油 12.059

fluorocarbon resin 氟烃树脂 12.058

fluoroplastic 氟塑料 12.049

flush riveting 埋头铆接 13.342

flutter 颤振 06.249

flutter model 颤振模型 06.571

flutter test 颤振试验 06.628

flux 通量 14.430

flux of space debris 太空碎片通量 14.522

flyback time 回扫时间 08.435

flying reliability 飞行可靠度 18.128

flyover test for fuze 引信绕飞试验 16.226

flywheel 飞轮 05.529

flywheel bearing unit 飞轮轴承组件 05.541

FM 正样[星] 03.094

FMEA 失效模式与影响分析 18.148

FMECA 失效模式、影响与危害度分析 18.149

FM radio fuze 调频无线电引信 16.020

FM ranging fuze 调频测距引信 16.021

FM recording 调频记录 07.697

FM sideband fuze 调频边带引信 16.022

foamed plastic 泡沫塑料 12.043

foamed rubber 泡沫橡胶 12.044

foaming 发泡 13.366

foaming agent 发泡剂 12.375

focal length 焦距 08.190

focal plane 焦平面 08.191

focus 焦点 08.189

focused synthetic antenna 聚焦合成天线 08.521

focusing device 聚焦装置 08.200

FOG 光纤陀螺仪 05.132

fog 灰雾度 08.375

fold-out type solar array 折叠式太阳电池阵 09.194

foldover frequency 折叠频率 14.220

foods debris taper 食品残渣收集器 11.233

foods heat unit 食品加热装置 11.231

force-balance type pressure transducer 力平衡式压力传感器 06.720

forced disengagement 强制脱落机构 10.315

forced oscillation method 强迫振动法 06.625

forced return 强制返回 03.332

forced transpiration cooling 强迫发汗冷却 03.366

forced vibration 强迫振动 14.155

forcer 力发生器 05.165

forging 锻造 13.080

forging alloy 锻造合金 12.176

fork ring 叉形环 02.203

format 像幅 08.219

form drag 型阻 06.231

forward skirt of case 壳体前裙 04.277

foundation 基础 14.132

founding 铸造 13.022

foundry 铸造 13.022

foundry alloy 铸造合金 12.175

four-axis platform 四轴平台，*四框架平台 05.065

Fourier transformation infrared spectrometer 傅里叶变换红外光谱仪 12.257

four wire loudspeaking 四线扬声 07.531

FOV 视场 08.192

FRACAS 失效报告、分析与纠正措施系统 18.185

fractography　断口金相学　12.322

fracture　断裂，＊断口　12.319

fracture examination　断口检验　13.402

fracture initiation　起始断裂，＊开裂角　14.066

fracture stress　断裂应力　14.068

fragmentation　分裂　02.126

frame　帧　07.656

frame camera　画幅式相机　08.105

frame format　帧格式　07.660

frame grabber　帧抓取器　08.474

frame of image　像幅　08.219

frame rate　帧速率　08.475

frame readout　帧读出　08.476

frame support bracket　支承托架　10.388

frame synchronization　帧同步　07.662

frame sync pattern　帧同步码　07.663

frame transfer　帧传输　08.477

Fraunhofer line　夫琅禾费谱线　08.029

free-fall testing　自由落体试验　06.594

free flight model　自由飞模型　06.588

free flight phase measurement　自由［飞行］段测量　07.014

free flight wind tunnel　自由飞风洞　06.424

free flying robot　自由飞行机器人　17.099

free-free state　自由–自由状态　14.197

free gyro　自由陀螺仪　05.121

free molecular flow　自由分子流　06.150

free oscillation method　自由振动法　06.624

free standing grain　自由装填式药柱　04.295

free stream　自由流　06.025

free vortex　自由涡　06.132

free vortex surface　自由涡面　06.133

frequency accuracy　频率准确度　07.564

frequency aliasing　频率混淆　14.221

frequency calibration　校频　07.584

frequency channel　频道　08.020

frequency diversity　频率分集　07.687

frequency division multiplexing telemetry　频分制多路遥测　07.611

frequency division multiplex telemetry system　频分制多路遥测系统　02.265

frequency drift rate　频率漂移率　07.568

frequency modulation radio fuze　调频无线电引信　16.020

frequency modulation ranging fuze　调频测距引信　16.021

frequency modulation recording　调频记录　07.697

frequency modulation sideband fuze　调频边带引信　16.022

frequency reference signal　标准频率信号　07.562

frequency resolution　频率分辨率　07.357

frequency response function　频率响应函数　14.188

frequency scanning　频率扫描　07.341

frequency selection　频率选择　16.198

frequency spectrum　频谱　08.019

frequency stability　频率稳定度　07.565

frequency standard　频标　07.559

Fresnel surface　菲涅耳面　08.453

friction coefficient　摩擦系数　12.325

friction drag　摩擦阻力　06.226

friction force　摩擦力　12.324

friction welding　摩擦焊　13.328

front station　前置站　07.049

Froude number　弗劳德数　06.095

frozen flow　冻结流动　06.162

FTA　故障树分析　18.162

FTS　飞行遥控机器人服务器物　17.101

fuel　燃烧剂，＊燃料　04.087

fuel cell　燃料电池　09.027

fuel filling port support mount　燃烧剂加注口支架　10.442

fuel filter　燃烧剂过滤器　10.438

fuel flow rate　燃烧剂料流量　04.161

fuel loading connector　燃烧剂加注连接器　10.432

fuel loading flexible hose　燃烧剂加注软管　10.450

fuel loading system　燃烧剂加注系统　10.156

fuel overflow connector　燃烧剂溢出连接器　10.434

fuel overflow flexible hose　燃烧剂溢出软管　10.451

fuel penalty　燃料附加损耗　05.355

fuel photoelectric sensor　燃烧剂光电传感器　10.436

fuel tank　燃烧剂箱　02.158

fuel tester　燃料测试仪　15.256

fuel transporter　燃烧剂运输车　10.397

full illumination　全部照射　16.102

full loop exercise　大回路演练　07.116

full-mission space flight simulator 全任务航天训练仿真器 11.360

full potential equation 全位势方程 06.332

full range test 全程[飞行]试验 07.076

full scale wind tunnel 全尺寸风洞 06.449

fully-charge condition 全充电态 09.091

fully focused SAR 全聚焦合成孔径雷达 08.149

functional damage 功能损坏 14.480

functional failure 功能失灵 14.479

function check 功能检查 10.082

function-graded material 梯度功能材料 12.138

fundamental method of measurement 基本测量方法 15.123

fundamental period 基本周期 14.157

fungal spore 霉菌孢子 12.276

fungus test 霉菌试验 12.277

furnace brazing 炉中钎焊 13.285

furnace soldering 炉中钎焊 13.285

fuse of warhead 弹头引信 01.070

fusible alloy 易熔合金 12.185

fusible pattern molding 熔模铸造，*失蜡铸造 13.031

fusion welding 熔焊 13.315

fuze 引信 16.001

fuze actuation 引信启动 16.080

fuze actuation angle 引信启动角 16.127

fuze actuation radius 引信启动半径 16.129

fuze actuation zone 引信启动区 16.130

fuze antenna 引信天线 16.179

fuze antenna pattern 引信天线方向图 16.180

fuze captive carrying test 引信挂飞试验 16.227

fuze counter jamming 引信抗干扰性 16.194

fuze dead zone 引信盲区 16.103

fuze delay time 引信延迟时间 16.132

fuze drop test 引信跌落试验 16.232

fuze dynamic simulation 引信动态仿真 16.211

fuze electromagnetic full scale dynamic simulation 引信电磁全尺寸动态仿真 16.213

fuze electromagnetic scaled dynamic simulation 引信电磁缩比动态仿真 16.212

fuze firing circuit 引信执行电路 16.152

fuze function range 引信作用距离 16.067

fuze hydro-acoustic simulation 引信水声仿真 16.216

fuze instantaneity 引信瞬发度 16.070

fuze instantaneity test 引信瞬发度试验 16.233

fuze mathematical simulation 引信数学仿真 16.217

fuze physical simulation 引信物理仿真 16.215

fuze power supply 引信电源 16.171

fuze quasi-dynamic simulation 引信准动态仿真 16.210

fuze radar range equation 引信雷达方程 16.094

fuze reaction zone 引信反应区 16.131

fuze routine test 引信例行试验 16.229

fuze safety test 引信安全性试验 16.235

fuze sensitivity 引信灵敏度 16.068

fuze sensitivity test 引信灵敏度测试 16.224

fuze setting 引信装定 16.073

fuze shock test 引信冲击试验 16.230

fuze simulation 引信仿真 16.208

fuze static simulation 引信静态仿真 16.209

fuze strike test 引信敲击试验 16.225

fuze time-delay characteristic test 引信延时性能试验 16.234

fuze unit test 引信单元测试 16.228

fuze vibration test 引信振动试验 16.231

fuze-warhead matching 引信与战斗部配合，*引战配合 16.105

fuze-warhead matching efficiency 引信与战斗部配合效率，*引战配合效率 16.121

fuzing control system 引爆控制系统 16.066

FWFC-C/C 细编穿刺碳-碳 12.016

G

gain 增益 14.250

Galactic cosmic ray 银河宇宙线 14.410

Galaxy 银河系 01.023

gallium arsenide solar cell 砷化镓太阳电池 09.130

galvanic corrosion 电偶腐蚀 12.154

gantry robot 桁架式机器人 17.031

GAP propellant 叠氮聚合物推进剂 04.109

gas bottle depot 气瓶库 10.290

gas bottle set 气瓶组 10.507

gas carburizing 气体渗碳 13.157

gas compressor truck 气体压缩机车 10.405

gas cooler 燃气降温器 04.357

gas cushion pressure 气枕压强 10.080

gas deflation assembly 排气组件 11.284

gas distribution board of booster 助推器配气台
10.529

gas distribution board of helium bottle depot 氦气瓶
库配气台 10.525

gas distribution room 配气间 10.292

gas distributor 气体分配器 10.508

gaseous helium system 气氦系统 14.607

gaseous nitrogen warm-up system 气氮加热系统
14.606

gas-fired heater 燃气加热器 06.525

gas generator 燃气发生器 04.257

gas generator cycle 燃气发生器循环 04.079

gas generator mixture ratio 燃气发生器混合比
04.157

gas hydrogen combustion pool 氢气燃烧池 10.343

gas hydrogen exhaust tower 氢气排放塔 10.344

gas inlet degree 进气度 04.225

gas jet attitude control 喷气姿态控制 05.323

gas leak inspection 气密性检查，*气检 10.072

gas leak inspection of bottle 气瓶气检 10.074

gas leak inspection of tank 贮箱气检 10.073

gas leak inspection of valve 活门气检 10.075

gas leak quantity 漏气量 10.076

gas leak rate 漏气率 10.077

gas metal arc welding-pulsed arc 熔化极脉冲氩弧焊
13.308

gas oxygen exhaust tower 氧气排放塔 10.345

gas replacement 气体置换 10.203

gas rudder 燃气舵 06.285

gas seal 气封 10.190

gas start system 气体起动系统 04.060

gas stay time 燃气停留时间 04.190

gas supply assembly 供气组件 11.283

gas supply regulator 供气调节器 11.278

gas supply station 气源站 10.291

gas supply system 供气系统 10.515

gas suspension 气浮支承 05.155

gas tester 气体测试仪 15.255

gas tungsten arc welding 钨极惰性气体保护焊
13.309

gas turbine 燃气涡轮 04.344

gateway 关口 07.708

[gear] hobbing 滚齿 13.120

[gear] shaving 剃齿 13.121

Ge-gallium arsenide solar cell 锗砷化镓太阳电池
09.140

gelled propellant 胶体推进剂 04.115

gelled propellant rocket engine 胶体[推进剂]火箭
发动机 04.012

gelled propellant rocket motor 胶体[推进剂]火箭发
动机 04.012

general assembly 总装配 13.018

general buckling 总体失稳 14.032

general console for satellite 卫星综合控制台
03.311

general design requirement 总体设计要求 02.028

general inspection 总检查 10.059

general inspection for the whole machine 考机
10.069

generalized displacement 广义位移 14.041

generalized internal force 广义内力 14.042

generalized potential equation 全位势方程 06.332

general perturbation 一般摄动 03.206

general selection 基础选拔 11.040

general structure system 总体结构系统 02.131

general test facility 通用测试设备 10.510

generating 展成法 13.014

geocentric coordinate system 地心坐标系 05.051

geodetic coordinate 大地坐标 10.127

geodetic coordinate system 大地坐标系 17.038

geodetic satellite 测地卫星 03.038

geodetic subsystem 测地分系统 03.110

geographic coordinate 地理坐标 10.128

geographic coordinate system 地理坐标系 05.052

geology of Mars 火星地质 01.125

geology of Mercury 水星地质 01.123

geology of Moon 月球地质 01.126

geology of satellite 卫星地质 01.127

geology of Venus 金星地质 01.124

geomagnetic disturbance 地磁扰动 14.505

geomagnetic field 地磁场 14.501

geomagnetic index 地磁指数 14.511

geomagnetic torque 地磁力矩 05.390

geometrical similarity 几何相似 06.407

geometric correction 几何校正 08.346

geometric measurement 几何量测量 15.063

geometric rectification 几何校正 08.346

GEOS 地球同步对地观测系统 08.100

geostationary meteorological satellite 地球静止气象卫星 03.023

geostationary orbit 地球静止轨道 03.167

geostationary orbit satellite 地球静止轨道卫星 03.048

geostationary satellite 对地静止卫星 08.099

geosynchronous earth observation system 地球同步对地观测系统 08.100

geosynchronous meteorological satellite 地球同步气象卫星 03.022

geosynchronous orbit 地球同步轨道 03.166

geosynchronous orbit satellite 地球同步轨道卫星 03.047

geosynchronous synthetic aperture radar 地球同步合成孔径雷达 08.148

gimbal 框架, *常平架 05.067

gimbal bellows 摇摆软管 04.355

gimbaled flywheel 框架飞轮 05.535

gimbaled nozzle 摆动喷管 04.309

gimbaled rocket engine 摇摆火箭发动机 04.034

gimbaled star tracker 框架式星跟踪器 05.441

gimbal lock 框架自锁, *常平架自锁 05.068

gimbal mount assembly 常平座 04.354

G-induced loss of consciousness 过载引起的意识丧失 11.141

glass cloth laminate 玻璃布层压制品 12.054

glass fiber reinforced plastic 玻璃纤维增强塑料 12.052

glass microball reflector 玻璃微珠反射体 07.275

gliding parachute 滑翔伞 03.384

global attitude acquisition 全姿态捕获 05.252

global communication system 全球通信系统 03.059

global irradiance 总辐照度, *太阳辐照度 09.222

global mode 总体模态 14.182

global navigation satellite system 全球导航卫星系统 07.073

global positioning system 全球定位系统 03.058

G-LOC 过载引起的意识丧失 11.141

Glonass 全球导航卫星系统 07.073

gluing 黏结 13.380

glycidyl azide polymer propellant 叠氮聚合物推进剂 04.109

goal 目标值 18.028

goal directed programming 目标指向编程 17.054

Gothert rule 格特尔特法则 06.351

GPS 全球定位系统 03.058

GPS attitude and orbit determination system GPS 姿态和轨道确定系统 05.581

GPS attitude determination GPS 姿态确定, *GPS 定姿 05.580

GPS differential phase measurement GPS 差分相位测量 05.588

GPS-inertial integrated guidance 全球定位系统-惯性组合制导, *GPS-惯性组合制导 05.011

GPS-inertial integrated navigation 全球定位系统-惯性组合导航, *GPS-惯性组合导航 05.012

GPS navigation GPS 导航 05.577

GPS orbit determination GPS 轨道确定, *GPS 定轨 05.579

GPS position GPS 定位 05.578

GPS receiver GPS 接收机 05.586

GPS tracking GPS 跟踪 05.589

grading certificate 定级证书 15.018

gradual fault 渐变故障 18.195

graduation 分度 15.045

grain burning rate 药柱燃烧速率，*药柱燃速 04.207

grain port area 药柱通气面积 04.299

grain web thickness 药柱肉厚 04.296

granularity 颗粒度 08.369

graphite 石墨 12.235

graphite resistance heater 石墨电阻加热器 06.529

graphite-seal ring 石墨密封环 12.240

graphitization 石墨化 13.248

graticule mesh 网格 08.313

grating 光栅 08.298

gravitational physiology 重力生理学 11.107

gravity aided control 引力辅助控制 05.288

gravity die casting 金属型铸造，*永久型铸造 13.033

gravity gradient acquisition 重力梯度捕获 05.260

gravity gradient attitude control system 重力梯度姿态控制系统 05.319

gravity gradient boom 重力梯度杆 05.312

gravity gradient stabilization 重力梯度稳定 05.310

gravity gradient torque 重力梯度力矩 05.389

gravity losses 重力损失 02.075

gray level 灰度等级 08.376

gray scale 灰阶 08.377

grazing angle 入射余角 08.570

grazing impact mechanism 擦地炸机构 16.145

grease 润滑脂 12.209

grid generation technique 网格生成技术 06.379

grinding 磨削 13.108

gripper 手形爪 17.025

grit blasting 喷丸 13.185

gross error 粗[大误]差 15.152

gross leak test 粗检漏试验 14.627

gross wing 内插翼 06.298

ground aiming 地面瞄准 10.141

ground-based medical monitoring station 地面医监台 11.372

ground control mode 地面控制模式 05.349

ground control point 地面控制点 08.321

ground distributor 地面配电器 03.312

ground effect 地面效应 06.237

ground effect testing 地面效应试验 06.620

ground environment 地面环境 14.257

ground equipment 地面设备 10.066

grounding and lapping resistance measurement 接地和搭接电阻测量 15.085

grounding lattice 接地网 10.297

grounding resistance 接地电阻 10.299

ground loading system 地面加注系统 10.153

ground loading valve 地面加注阀 10.455

ground maintenance equipment 地面维护设备 10.369

ground power supply for satellite 卫星地面电源 03.308

ground resolution 地面分辨率 08.290

ground safety control 地面安全控制 07.457

ground simulation test 地面仿真试验 14.273

ground spare satellite 地面备份星 03.068

ground specific impulse 地面比冲 04.138

ground station of remote sensing 遥感地面接收站 08.097

ground support equipment 地面辅助设备，*地面支持设备 10.368

ground support equipment state check 地面设备状态检查 10.067

ground test 地面测试 15.229

ground thrust 地面推力 04.120

ground wind load 地面风载荷 02.098

ground wind test 地面风载荷试验 06.629

ground zero 爆心投影点 14.464

Ⅱ-Ⅵ group solar cell Ⅱ-Ⅵ族太阳电池 09.128

Ⅲ-Ⅴ group solar cell Ⅲ-Ⅴ族太阳电池 09.129

grouting 灌浆 13.336

GSE 地面辅助设备，*地面支持设备 10.368

1-G simulation test 1-G 仿真试验 14.675

GTAW 钨极惰性气体保护焊 13.309

guarded hot plate conductometer 护热式平板热导仪 12.259

guidance 制导 05.002

guidance cutoff 制导关机 10.251

guidance error 制导误差 05.041

guidance fuze 制导引信 16.023

guidance system 制导系统 02.241

guidance system test 制导系统测试 10.211

guide face 导流面 10.335

gun tunnel 炮风洞 06.468

gust wind factor 阵风因子 02.110

gust wind tunnel 阵风风洞 06.422

gyro 陀螺[仪]，＊回转仪 05.108

gyrocompass 陀螺罗盘，＊陀螺罗经 05.233

gyrocompass alignment 陀螺罗盘对准 05.031

gyro coordinate system 陀螺坐标系 05.056

gyro effect 陀螺效应 05.115

gyro motor 陀螺电机 05.158

gyro rotor 陀螺转子 05.157

gyroscope 陀螺[仪]，＊回转仪 05.108

gyrostat 陀螺体 05.400

gyro torque 陀螺力矩 05.112

H

habitability 适居性 11.007

habitation module 居住舱 11.006

half-fairing iron wheel carriage 整流罩半罩铁轮支架车 10.389

half-fairing trailer 整流罩半罩运输车 10.377

half-fairing turning sling 星罩半罩翻转吊具 10.427

half flexible plate nozzle with many hinge point 多支点半柔壁喷管 06.487

half flexible plate nozzle with single hinge point 单支点半柔壁喷管 06.486

half floated rate gyro 半液浮速率陀螺仪 05.119

half model 半模型 06.573

half model balance 半模型天平 06.695

half model test 半模型试验 06.607

half-sine shock pulse 半正弦冲击脉冲 14.338

hammer test 锤击试验 14.198

hand D curve 感光特性曲线 08.371

handing hoisting device working ladder 装卸吊具工作梯 10.419

hand lay-up 手糊成形 13.075

hand operated mechanobalance 手动机械天平 06.676

hanger fitting 起吊接头 02.187

hard alloy 硬质合金 12.177

hard anodizing 硬质阳极[氧]化 13.257

hard decision 硬判决 07.679

hardened antenna window material 加固天线窗材料 12.084

hard error 硬错误 14.450

hard hose for loading 加注硬管 10.447

hard landing 硬着陆 03.389

hardness 硬度 14.019

hardness allocation 加固分配 14.458

hardness design 加固设计 14.459

hardness test 硬度试验 13.432

hard sifter injector 多孔材料喷注器 04.267

hard space suit 硬式航天服 11.218

hardware in loop fuze simulation 引信半实物仿真 16.218

harmonic 谐波 14.158

harmonic SAR 合成孔径谐波雷达 08.153

hatch 舱口 02.168

hatchway 舱口 02.168

hazard 危险 18.255

hazard analysis 危险分析 18.258

hazard level 危险等级 18.257

HDT 头低位倾斜 11.132

head area 首区 07.005

head down tilt 头低位倾斜 11.132

head-free casting 无冒口铸造 13.030

heading 航向，＊艏向 05.020

head up tilt 头高位倾斜 11.133

hearing threshold 听觉阈 11.199

heat conduction 热传导 06.080

heat conduction coefficient 热导率 06.082

heated gas-heat exchanger pressurization system 热交换器加热气体增压系统 05.496

heat exchanger of cold helium 冷氦热交换器 10.486

heat flux calculation of equivalent cones 等价锥热流计算 06.362

heat flux per unit time 热流密度 06.081

heat insulation layer 绝热层 12.004

heat iso-hydrostatic diffusion welding 热等静压扩散焊 13.296

heat isostatic pressing 热等静压 13.295

heat loss 热损 12.352

heat pipe 热管 03.257

heat-reflecting layer 热反射层 12.008

heat regenerative exchanger 再生式热交换器 11.304

heat resistant steel 耐热钢 12.172

heat resisting steel 耐热钢 12.172

heat-sensitive recorder 热敏记录仪 07.703

heat shield 防热层 03.369

heat sink 热沉 08.478

heat stress 热应激 11.181

heat transfer coefficient 热传递系数 06.083

heat treatment 热处理 13.130

heat treatment in fluidized bed 流态床热处理 13.136

heat window 热窗 08.448

heaving measurement system 升沉测量系统 07.221

helical scan recorder 旋转头磁记录器 07.701

heliosphere 日球 01.111

helium blow-off 氦气吹除 10.184

helium bottle truck 氦气瓶车 10.403

helium bubble method 氦气泡法 06.746

helium compressor truck 氦压缩机车 10.404

helium cryopanel 氦深冷板 14.602

helium gas distribution board 氦气配气台 10.526

helium leak test 氦检漏试验 14.629

helium mass-spectrometer detecting system 氦质谱仪检漏系统 14.632

helium mass spectrum leak detection 氦质谱检漏 13.420

helium replacement 氦气置换 10.205

helium seal 氦封 10.191

helium shielded arc welding 氦弧焊 13.324

helium wind tunnel 氦风洞 06.454

hemispherical resonant gyro 半球谐振陀螺仪 05.133

hemispherical shell 半球形壳体 02.221

HERA 使神号机械臂 17.102

Hermes robot arm 使神号机械臂 17.102

heterojunction solar cell 异质结太阳电池 09.134

high accuracy measurement corridor 高精度测量带 07.036

high-altitude electromagnetic pulse 高空电磁脉冲 14.405

high-altitude nuclear test 高空核试验 14.461

high-altitude operation platform 高空作业平台 10.410

high and low temperature cycling treatment 高低温循环处理 13.177

high antishearing riveting 高抗剪铆接 13.346

high energy beam machining 高能束加工 13.277

high energy rate forming 高能成形 13.066

high explosion 高空爆炸 14.463

high-frequency combustion instability 高频燃烧不稳定性 04.246

high G telemetry 高 G 遥测 07.629

high light tracking 最亮点跟踪 07.302

high-low temperature test 高低温试验 14.109

high plateau voltage 高阶电压 09.052

high pressure chemical vapor deposition 高压化学气相沉积 13.193

high pressure gas bottle 高压气瓶 02.190

high pressure gas storage 高压气态贮存 11.268

high pressure hose 高压软管 10.524

high pressure impregnation 高压浸渍 13.379

high pressure oxygen system 高压氧气系统 11.287

high pressure vessel 高压气瓶 02.190

high pressure water jet cutting 高压水切割 13.281

high removable worktable 高可移动工作台 10.420

high resolution global measurement of atmospheric ozone 高分辨率全球大气臭氧测量仪 08.131

high resolution infrared radiometer 高分辨率红外辐射计 08.125

high Reynolds number wind tunnel 高雷诺数风洞 06.452

high side tone 高侧音 07.419

high speed camera 高速摄影机 07.250

high speed electrodeposition 高速电镀 13.218

high speed gun 高速炮 06.505

high speed photograph application in wind tunnel 风洞高速摄影技术 06.641

high speed photography house 高速摄影间 10.351

high speed wind tunnel 高速风洞 06.412

high strength aluminum alloy 高强度铝合金 12.198

high strength steel 高强钢 12.170

high temperature alloy 高温合金 12.178

high temperature coating 高温涂层 12.127

high temperature oxidation-resistant coating 高温抗氧化涂层 12.129

high temperature oxidation-resistant coating for refractory 难熔金属高温抗氧化涂层 12.130

high temperature protection coating 高温防护涂层 12.128

high temperature tempering 高温回火 13.165

high temperature test 高温试验 15.260

high trajectory test 高弹道[飞行]试验 07.074

high vacuum 高真空 14.559

hinge moment 铰链力矩 06.254

hinge moment balance 铰链力矩天平 06.697

hinge moment coefficient 铰链力矩系数 06.255

hinge moment testing 铰链力矩试验 06.616

Hohmann transfer 霍曼转移 03.223

hoisting 吊装 10.129

hoisting tool bogie 吊具小车 10.411

hold 保持 17.065

hold mode 保持模式 05.560

hold torque 保持力矩 05.564

hollow riveting with screw 螺纹空心铆接 13.348

holography 全息摄影术 06.755

homoentropic flow 匀熵流 06.157

homogenizing annealing 均匀化退火 13.161

homojunction solar cell 同质结太阳电池 09.135

honeycombs 蜂窝器 06.475

honeycomb sandwich construction 蜂窝夹层结构 12.104

honeycomb structure 蜂窝结构 02.142

honing 珩磨 13.113

hooked riveting with lock rivet 环槽铆钉铆接 13.347

Hook's law 胡克定律 14.015

hoop winding 环向缠绕 13.376

horizon crossing 地平穿越 05.455

horizon crossing indicator 地平穿越式地球敏感器 05.426

horizontal alignment 水平取齐 07.227

horizontal checking ladder 水平测试工作梯 10.418

horizontal gyro 水平陀螺仪 05.136

horizontal launch 水平发射 10.111

horizontal polarization 水平极化 08.532

horizontal reference 水平基准 07.229

[horizontal] slip table [水平]滑台 14.307

horizontal test 水平测试 10.055

horizon tracking 地平跟踪 05.462

horse-shoe vortex 马蹄涡 06.137

hot die forging 热模锻 13.085

hot dipping 热浸镀 13.228

hot film anemometer 热膜风速仪 06.654

hot gas system 热气系统 05.487

hot jet testing 热喷流试验 06.613

hot pressing 热压 13.078

hotshot tunnel 热射风洞 06.463

hot spare 热备份 18.207

hot start 热起动 05.516

hot start life test 热起动寿命试验 04.366

hot wire anemometer 热线风速仪 06.653

hour rate 小时率 09.099

HTPB propellant 端羟基聚丁二烯推进剂 04.107

human centrifuge 人体离心机 11.382

human error 人员失误 11.190

human factor 人员因素 11.189

human reliability 人员可靠性 11.191

humidity control 湿度控制 11.332

humidity-heat test 湿热试验 14.364

humidity test 潮湿试验 14.363

HUT 头高位倾斜 11.133

hybrid composite 混杂复合材料 12.064

hybrid cycle 混合循环 04.083

hybrid multi-shock shield 混合多次冲击防护屏 14.541

hybrid propellant rocket engine 混合[推进剂]火箭发动机，＊固液火箭发动机 04.011

hybrid propellant rocket motor 混合[推进剂]火箭发动机，＊固液火箭发动机 04.011

hybrid pseudorandom code and side tone ranging 伪码侧音混合测距，＊码音混合测距 07.423

hybrid structure　混杂结构　12.343

hydraulic capacitor　蓄压器　04.276

hydraulic drawing　液压拉延　13.042

hydraulic forming　液压成形　13.041

hydraulic oil　液压油　12.213

hydraulic pressure test　液压试验　13.443

hydraulic vibration generator　液压式振动台　14.306

hydrazine engine　肼发动机　05.504

hydro-drawing　液压拉延　13.042

hydrodynamic gas bearing gyro　动压气浮陀螺仪 05.127

hydrodynamic gas bearing gyro motor　动压陀螺电机 05.160

hydrogen bubble method　氢气泡法　06.744

hydrogen embrittlement　氢脆　12.279

hydrogen-nickel battery　氢镍蓄电池　09.024

hydrogen-oxygen fuel cell　氢-氧燃料电池　09.032

hydrogen-oxygen vent auto-disconnect coupler　氢氧排 气自动脱落连接器　10.468

hydrogen vent auto-disconnect coupler support mount 氢排气自动脱落连接器支架　10.471

hydrostatic extrusion　静液挤压　13.055

hydrostatic fuze　水压引信　16.041

hydrostatic gas bearing gyro　静压气浮陀螺仪 05.128

hydrostatic gas bearing PIGA　静压气浮陀螺加速度 计　05.148

hydrostatic liquid bearing gyro　静压液压陀螺仪 05.129

hydrostatic liquid bearing PIGA　静压液浮陀螺加速 度计　05.147

hydrothermal effect　湿热效应　12.275

hydroxyl terminated polybutadiene propellant　端羟基 聚丁二烯推进剂　04.107

hyperbaric oxygen chamber　高压氧舱　11.380

hyperboloid surface　双曲面　08.455

hyperelement　超单元　14.038

hypergolic propellant　自燃推进剂　04.092

hypergolic propellant rocket engine　自燃推进剂火箭 发动机　04.051

hypersonic flow　高超声速流　06.148

hypersonic similarity law　高超声速相似律　06.340

hypersonic wind tunnel　高超声速风洞　06.418

hypervelocity impact　超高速撞击　14.529

hypervelocity impact test　超高速撞击试验　14.531

hypervelocity wind tunnel　超高速风洞　06.419

hypobaric and temperature test chamber　低压温度试 验舱　11.395

hypobaric chamber　低压舱　11.393

hypobaric hypoxia examination　低压缺氧检查 11.050

hypobaric susceptibility test　低压敏感性检查 11.051

hypokinesia　运动功能减退　11.122

hypoxia tolerance　缺氧耐力　11.173

hysteresis　迟滞　15.207

hysteresis gyro motor　磁滞陀螺电机　05.162

I

ideal gas　理想气体　06.022

ideal velocity　理想速度　02.074

identification　判读　08.495

identification from flight data　飞行数据辨识 06.015

identification subframe synchronization　识别字副帧同 步　07.666

idle package　闲置包　07.709

ID subframe synchronization　识别字副帧同步 07.666

IDT star sensor　析像管星敏感器　05.445

IFOV　瞬时视场　05.469

igniter　点火器　02.225

ignition　点火　10.226，发火　16.089

ignition delay　点火延迟　04.333

ignition delay time　点火延迟时间　04.172

ignition device　点火装置　04.329，发火机构 16.149

ignition pressure peak　点火压力峰　04.183

ignition system　点火系统　04.066

ignition time series　点火时串　10.229

IGRF mode　国际参考[地]磁场模式　14.509

IGS 惯性制导系统 05.022

illuminance 照度 08.033

illuminance of image plane 像面照度 08.256

image communication system 图像通信系统 07.589

image components method 映像部件法 06.610

image data compression 图像数据压缩 08.489

image degradation 图像退化 08.508

image dissector tube star sensor 析像管星敏感器 05.445

image enhancement 图像增强 08.509

image magnification 图像放大, *[图像]细化 08.512

image method 镜像法 06.797

image mosaic 图像镶嵌 08.511

image motion 像移 08.326

image motion compensation 像移补偿 08.327

image motion compensation device 像移补偿装置 08.328

image motion compensation distortion 像移补偿畸变 08.333

image point 像点 08.322

image processing 图像处理 08.500

image quality [图]像质[量] 08.506

image recognition 图像识别 08.507

image support 镜像支架 06.798

imaging spectrometer 成像光谱仪 08.120

IMC 像移补偿 08.327

immersed solder 浸焊 13.316

impact 冲击 12.333, 撞击 14.334

impact acceleration tolerance limit 冲击加速度耐受限值 11.261

impact area 落区 07.008

impact area of escape tower 逃逸塔落区 10.366

impact area of payload fairing 整流罩落区 10.367

impact attenuation subsystem 着陆缓冲分系统 03.377

impact dynamics 撞击动力学 03.429

impact dynamics of space debris 太空碎片碰撞动力学 03.449

impact lateral deviation 落点横向偏差 07.178

impact longitudinal deviation 落点纵向偏差 07.177

impact parameter 落点参数 07.201

impact point 落点 02.072

impact point measurement 落点测量 07.023

impact prediction 落点预报 07.176

impact resistance 抗撞能力 14.545

impact selection 落点选择 07.179

impact sensitivity 冲击敏感性 12.335

impact switch 碰撞开关 16.146

impact test 冲击试验 13.441

impact toughness 冲击韧度 12.334

impact tower 冲击塔 11.383

impedance matching layer 阻抗匹配层 12.408

impedance match method 阻抗匹配法 14.347

impinger injector 撞击式喷注器 04.260

important part 重要件 18.098

impregnating 浸渍 13.378

impregnation 浸胶 13.377

impulse 冲量 05.522

impulse to mass ratio of nozzle 喷管冲质比 04.326

impulse turbine 冲击式涡轮 04.340

impulse wind tunnel 脉冲式风洞 06.430

IMS 惯性测量系统 05.021

IMU 惯性测量装置 05.058

incident heat flux method 入射热流法 14.580

inclination angle of fuze antenna pattern 引信天线波瓣倾角 16.181

inclusion 夹杂物 12.344

incompatible element 非协调元 14.057

indented thrust chamber 压坑式推力室 04.253

indenture level 约定层次 18.151

independence principle of swept wing 后掠翼独立性原理 06.339

independent fault 独立故障 18.186

independent grounding 单独接地 10.303

indication [of a measuring instrument] [测量器具的]示值 15.133

indirect drive 间接驱动 05.558

indirect method of measurement 间接测量法 15.129

indium phosphide solar cell 磷化铟太阳电池 09.131

individual check 单项检查 10.081

induced environment 诱导环境 14.260

inducer 诱导轮 04.348

inductance-type transducer 电感式传感器 05.173

induction brazing 感应钎焊 13.290

induction field fuze 感应场引信 16.034

induction hardening 感应加热淬火 13.147

induction sensing 感应觉察 16.072

induction soldering 感应钎焊 13.290

inductive pickoff 电感式传感器 05.173

inductosyn 感应同步器 05.081

industrial robot 工业机器人 17.004

inert gas pressurization system 惰性气体增压系统 04.075

inert-gas shielded arc welding 惰性气体保护焊 13.300

inert-gas welding 惰性气体保护焊 13.300

inertia compensation 惯性补偿 06.709

inertial coordinate 惯性坐标 10.124

inertial delay 惯性延时 16.135

inertial flight phase 惯性飞行段 03.147

inertial fuze 惯性引信 16.060

inertial guidance 惯性制导 05.005

inertial guidance system 惯性制导系统 05.022

inertial mass 惯性质量 14.241

inertial measurement system 惯性测量系统 05.021

inertial measurement unit 惯性测量装置 05.058

inertial navigation 惯性导航 05.006

inertial navigation system 惯性导航系统 05.023

inertial navigation system mechanization 惯导系统机械编排 05.039

inertial platform 惯性平台 05.061

inertial platform aiming 惯性平台瞄准 02.256

inertial reference frame 惯性基准坐标系，＊惯性参考坐标系 05.050

inertial rundown time 惯性运转时间 05.197

inertial sensor 惯性敏感器 05.100

inertial space three-axis stabilization 惯性空间三轴稳定 05.303

inertial system 惯性系统 14.133

inertial technology 惯性技术 05.004

inertia switch 惯性开关 16.167

inertia wheel 惯性轮 05.530

inflight medical analysis 飞行中医学分析 11.099

influence quantity 影响量 15.060

information exchange 信息交换 07.109

information flow 信息流程 07.110

information format 信息格式 07.111

information rate 信息速率 07.550

information safety 信息安全 07.595

infrared automatic tracking 红外自动跟踪 07.297

infrared camera 红外相机 08.112

infrared colorithermometer 红外比色测量仪 06.736

infrared detector 红外探测器 08.389

infrared earth sensor 红外地球敏感器，＊红外地平仪 05.419

infrared emittance 红外辐射率 03.264

infrared film 红外胶片 08.354

infrared fuze 红外引信 16.044

infrared guidance 红外制导 02.245

infrared heater 红外加热器 14.611

infrared heating cage 红外加热笼 14.613

infrared horizon sensor 红外地球敏感器，＊红外地平仪 05.419

infrared lamp arrays 红外灯阵 14.612

infrared microscope 红外显微镜 12.251

infrared radar 红外雷达 07.267

infrared radiation source 红外辐射源 14.610

infrared radiometer 红外辐射测量仪 07.277

infrared radiometer calibration facility 红外辐射计定标设备 14.638

infrared reflow soldering 红外线再流焊 13.313

infrared remote sensing 红外遥感 08.003

infrared scanner 红外扫描仪 08.114

infrared simulation test 红外仿真试验 14.608

infrared simulator 红外仿真器 14.609

infrared telescope 红外望远镜 07.258

infrared tracking measurement system 红外跟踪测量系统 07.241

inherent availability 固有可用性 18.010

inherent delay 固有延时 16.133

inhibiter 缓蚀剂 12.167

initial analysis report 初步分析报告 10.039

initial attitude acquisition 初始姿态捕获 05.253

initial crack depth 初始裂纹深度 14.071

initial error 初始偏差 05.261

initial free volume 初始自由容积 04.201

initial level 起始电平 07.675

initial liquid level 起始液位 10.194

initial temperature 初始温度 09.074

initial thrust peak 初始推力峰 04.126

initial voltage 起始电压 09.053

initiation at fixed angle 定角引爆 16.138

initiation at fixed range 定距引爆 16.139

initiation command 引爆指令 16.083

injection attitude 入轨姿态 05.281

injection error 入轨误差 03.150

injection moulding 注射成形，＊注塑 13.074

injection point 入轨点 03.148

injection system 插入机构 06.584

injector 喷注器 04.258，引射器 06.503

inlet aerodynamics 进气道空气动力学 06.010

inner force 内力 14.004

inner layer of boundary layer 边界层内层 06.061

inner radiation belt［of the earth］ ［地球］内辐射带 14.419

in-orbit average temperature 轨道平均温度 03.258

in-orbit escape device 轨道逃生装置 03.418

in-orbit management 在轨管理 03.298

in-orbit predicted temperature 轨道预示温度 03.260

in-orbit spare satellite 轨道备份星 03.067

in-orbit test 在轨测试 03.297

in-orbit transient temperature 轨道瞬时温度 03.259

input axis of accelerometer 加速度计输入轴 05.182

input axis of gyro 陀螺输入轴 05.179

input rate 输入速率 05.188

INS 惯性导航系统 05.023

inserted injector 穿入式喷注器 04.265

insert section 插入箱 06.484

inside timing system 内时统 07.557

in-situ measurement 原位测量 14.647

inspection 检验 13.400

inspiratory resistance 吸气阻力 11.285

installation 安装 17.011

installation error 安装误差 05.186

installation ring 安装环 02.204

instantaneous field of view 瞬时视场 05.469

instantaneous measurement 瞬态测量 15.111

instantaneous neutron 瞬态中子 14.467

instant flow rate 瞬时流量 10.200

instructor station 教员台 11.367

instrumentation airplane 测量飞机 07.051

instrumentation and illumination subsystem 仪表与照明分系统 03.126

instrumentation radar 测量雷达 07.334

instrumentation ship 测量船 07.050

instrumentation ship location 测量船配置，＊布船 07.097

instrumentation tape recorder 计测磁记录器 07.691

instrument compartment 仪器舱 02.166

instrument constant 仪器常数 15.199

instrument module 仪器舱 02.166

insulated case 绝热壳体 04.279

intake 进气道 06.286

integral cover 整体盖片 09.183

integral diode solar cell 整体二极管太阳电池 09.122

integral horizontal transportation 水平整体运输 10.096

integral panel 整体壁板 02.222

integral structure 整体结构 02.145

integral transportation 整体运输 10.095

integral vertical transportation 垂直整体运输 10.097

integrated calibration flight 综合校飞 07.121

integrated checkout 综合测试 10.060

integrated experiment 综合试验 10.061

integrated fuze with homing head 导引头一体化引信 16.058

integrated guidance 组合制导 05.007

integrated INS/GPS navigation system INS/GPS 组合式导航系统 05.582

integrated logistic support 综合后勤保障 18.035

integrated navigation 组合导航 05.008

integrated product team 综合产品小组 18.057

integrated propulsion system 统一推进系统 05.501

integrated rehearsal 综合演练 11.083

integrated service digital network 综合业务数字网 07.537

integrated test 综合测试 10.060

integrated training 综合训练 11.074

integrating［measuring］instrument 积分式［测量］仪器 15.175

integration lens 积分透镜 14.623

integration test 对接联调，＊单项联调 07.114

integration test program 联试程序 07.508

integration test simulator 联调仿真器 07.126

integration time 积分时间 08.482

integrity control 完整性控制 18.105

intelligent transducer 智能传感器 06.642

interaction of balance system 天平干扰 06.710

interception 拦截 03.216

interceptor satellite 截击卫星 03.045

interchangeability 互换性 18.250

interconnecting device 转接盒 03.313

inter connector 互连条 09.184

intercrystalline fracture 晶间断裂 12.321

intercrystalline rupture 晶间断裂 12.321

inter exchanger 界面热交换器 11.308

interface frame 对接框 02.223

interface reaction 界面反应 12.318

interference drag 干扰阻力 06.233

interference factor 干扰因子 06.234

interference quantity 干扰量 06.711

interferometer 干涉仪 06.752

interferometer tracking system 干涉仪跟踪系统 02.285

intergranular corrosion 晶间腐蚀 12.160

interior examination 内部查看 10.070

inter-laminar shear 层间剪切 14.085

inter-laminar shear strength 层间剪切强度 12.283

inter-laminar stress 层间应力 14.084

intermedia orbit method 中间轨道法 05.242

intermediate-frequency combustion instability 中频燃烧不稳定性 04.247

intermediate frequency tape recorder 中频带磁记录器 07.692

intermediate moisture food 中水分食品 11.244

intermetallic compound 金属间化合物 12.063

intermittence wind 间隙量片 08.309

intermittent fault 间歇故障 18.194

intermittent high-speed camera 间歇式高速摄影机 07.251

intermittent time 间歇时间 04.147

intermittent wind tunnel 暂冲式风洞 06.429

internal aerodynamics 内流空气动力学 06.009

internal bore burning 内孔燃烧 04.216

internal calibrator 内定标器 08.445

internal crack 内部裂纹 12.312

internal electromagnetic pulse 内电磁脉冲 14.473

internal element 内部单元 14.046

internal flow field visualization using optical fiber 光纤内流场显示 06.763

internal heat source 内热源 03.256

internal pressure test 内压试验 14.096

internal resistance of cell 电池内阻 09.079

internal strain gage balance 内式应变天平 06.685

internal stress 内应力 12.327

internal test facility 内部测试设备 10.512

international geomagnetic reference field mode 国际参考［地］磁场模式 14.509

international［measuring］standard 国际［测量］标准 15.182

International Organization for Standardization 国际标准化组织 18.086

international reference ionosphere model 国际参考电离层模式 14.493

International System of Units 国际单位制 15.030

interplanetary and interstellar navigation 星际航行 01.028

interplanetary magnetic field 行星际磁场 14.499

interplanetary spacecraft 星际探测器 03.066

interpretation 判读 08.495

Inter-Range Instrumentation Group standards ［美国］靶场间测量小组标准，＊IRIG 标准 07.009

interrogating tracking 应答跟踪 07.348

interrupted condition 隔离状态 16.077

interrupter 隔离机构 16.169

interruption management program 中断管理程序 07.498

intersection measurement 交会测量 07.328

interstage section iron wheel carriage 级间段铁轮支架车 10.392

interstate section 级间段 02.173

inter-tank section 箱间段 02.174

intravehicular activity clothing　舱内活动服　11.226

intravehicular activity robot　舱内活动机器人　17.097

intravehicular space suit　舱内航天服　11.205

intrinsic error　固有误差　15.219

inverse code subframe synchronization　反码副帧同步　07.667

inverse SAR　逆合成孔径雷达　08.152

investment casting　熔模铸造，*失蜡铸造　13.031

ion beam assisted depositing　离子束辅助沉积　13.204

ion beam assisted intermingling depositing　离子束辅助渗镀　13.226

ion beam depositing　离子束沉积　13.203

ion beam enhanced depositing　离子束增强沉积　13.205

ion beam etching　离子束蚀刻　13.395

ion beam machining　离子束加工　13.270

ion beam mixing　离子束混合　13.273

ion beam sputter depositing　离子束溅射沉积　13.209

ion beam sputtering　离子束溅射　13.207

ion exchange membrane fuel cell　离子交换膜燃料电池　09.028

ion film plating　离子镀膜　12.137

ionicity　电离度　06.088

ion implantation　离子注入　13.389

ionization　电离　06.087

ionization smoke detector　离子感烟探测器　11.342

ionizing radiation　电离辐射　14.389

ionizing radiation environment　电离辐射环境　14.371

ion jet　离子推力器　05.505

ion microscope　离子显微镜　12.248

ionosphere　电离层　01.116

ionosphere absorption　电离层吸收　14.496

ionosphere model　电离层模式　14.492

ionosphere scintillation　电离层闪烁　14.495

ionosphere storm　电离层暴　14.494

ionospheric radiation measurement　电离层辐射测量　15.099

ion plating　离子镀　13.220

ion thruster　离子推力器　05.505

IPT　综合产品小组　18.057

IRIG-B-code interface terminal equipment　IRIG-B 码接口终端设备　07.580

IRIG-B format time code　IRIG-B 格式时间码，*[美国]靶场间测量小组标准-B 格式时间码　07.575

IRIG standards　[美国]靶场间测量小组标准，*IRIG 标准　07.009

iron based alloy　铁基合金　12.179

ironing　变薄拉深　13.035

iron soldering　烙铁钎焊　13.284

irradiance　辐照度　08.032

irradiated food　辐照食品　11.245

irradiation test　辐照试验　09.179

isentropic flow　等熵流　06.156

isentropic flow in pipe　等熵管流　06.551

ISO　国际标准化组织　18.086

isodose line　等剂量线　14.439

ISO9000 family　ISO9000 族　18.087

isolation between transmitting and receiving antenna　收发天线隔离度　16.182

isolation laboratory　隔离实验室　11.370

isolation training　隔绝训练　11.078

isothermal flow in pipe　等温管流　06.553

isothermal forging　等温锻　13.086

isothermal hardening　等温淬火　13.146

isothermal quenching　等温淬火　13.146

isothermal superplastic forging　等温超塑性锻造　13.097

isotropic turbulence　各向同性湍流　06.058

isotropy　各向同性　12.363

iteration　迭代　14.231

IVA clothing　舱内活动服　11.226

J

Jameson scheme　旋转格式　06.385

j-contour integral　j 积分　14.070

JEM effect　喷气发动机［叶片］调制效应　16.202

jet　推力器　05.503

jet-driven wind tunnel　喷气发动机驱动风洞
06.453

jet engine modulation effect　喷气发动机［叶片］调制
效应　16.202

jet propulsion　喷气推进　04.002

jet pulse　喷气脉冲　05.352

jet reaction control system　喷气反作用控制系统
05.497

jet testing　喷流试验　06.611

jettison testing　投放试验　06.617

joint coordinate system　关节坐标系　17.041

Joukowsky theorem　茹科夫斯基定理　06.341

joystick　操纵杆　17.069

jumper training　跳伞训练　11.076

junction　会日点　03.233

Jupiter　木星　01.008

K

Kalman filter　卡尔曼滤波器　05.365

Karman-Tsien formula　卡门–钱公式　06.349

Karman vortex street　卡门涡街　06.138

Keplar orbit　开普勒轨道　03.179

kinematic similarity　运动学相似性　06.409

kinematic viscosity　运动黏度　06.044

Kn　克努森数　06.094

knitting　编织物　12.392

Knudsen number　克努森数　06.094

Kutta-Joukowsty condition　库塔–茹科夫斯基条件
06.342

L

laboratory module　试验舱　03.084

LADGPS　局域差分 GPS　05.583

lag of wash　洗流时差　06.266

lamina　单层　14.078

laminar boundary layer　层流边界层　06.048

laminar flow　层流　06.046

laminar flow airfoil profile　层流翼型　06.311

laminar flow wing　层流翼　06.312

laminar separation　层流分离　06.066

laminate　叠层　14.079

laminating molding　层压成形　13.050

lamp house　灯室　14.617

land clutter　地［面］杂波　08.540

landing　着陆　03.375

landing discursiveness　着陆散布度　10.244

landing impact　着陆冲击　03.387，着陆撞击
14.335

landing impact attenuation rocket　着陆缓冲火箭
03.396

landing impact tolerance　着陆冲击耐力　11.142

landing phase　着陆段　03.338

landing point　着陆点　10.242

landing point accuracy　着陆点精度　07.195

landing point real-time prediction　着陆点实时预报
07.196

landing shock　着陆冲击　03.387

landing site　着陆场　10.267

landing speed　着陆速度　03.386

landing subsystem　着陆分系统　03.125

landing zone of emergency rescue　应急救生着陆区
10.364

landing zone of emergency return　应急返回着陆区
10.363

land satellite　陆地卫星　03.020

lapping　研磨　13.112

large-amplitude-slosh liquid dynamics　大幅液体晃动
力学　03.431

large angle maneuver control　大角度机动控制
05.363

large flexible spacecraft attitude control　大型挠性航
天器的姿态控制　05.324

large flexible spacecraft vibration control　大型挠性航
天器的振动控制　05.362

large flow rate filling　大流量加注　10.162

laser aiming instrument 激光瞄准仪 10.544

laser alignment 激光准直 13.258

laser altimeter 激光测高仪 08.141

laser automatic tracking 激光自动跟踪 07.298

laser beam cutting 激光切割 13.261

laser beam machining 激光加工 13.259

laser beam perforation 激光打孔 13.260

laser beam welding 激光焊 13.325

laser chemical vapor deposition 激光化学气相沉积 13.198

laser conductometer 激光热导仪 12.258

laser corner reflector 激光角反射体 07.274

laser device 激光装置 10.555

laser-Doppler anemometer 激光多普勒风速计 06.655

laser dynamic balancing 激光动平衡 13.263

laser echo ratio 激光回波率 07.321

laser fuze 激光引信 16.045

laser gyro 激光陀螺仪 05.131

laser hardening 激光淬火 13.148

laser heat treatment 激光热处理 13.137

laser holographic interferometer 激光全息干涉仪 14.111

laser holography 激光全息照相 06.756

laser holography testing 激光全息检测 13.411

laser ignition 激光点火 04.332

laser melting coating 激光熔覆 13.262

laser physical vapor deposition 激光物理气相沉积 13.199

laser pulse repetition frequency 激光脉冲重复频率 07.320

laser radar 激光雷达 07.264

laser rangefinder 激光测距仪 07.268

laser screen generator 激光光网探测器 06.658

laser-screen method of flow visualization 激光屏显示 06.768

laser speckle 激光散斑 06.758

laser speckle interferometer 激光散斑干涉仪 06.759

laser tracking measurement system 激光跟踪测量系统 07.242

laser transformation hardening 激光淬火 13.148

latching valve 自锁阀 05.511

late burst 迟炸 16.087

lateral acceleration 侧向加速度 11.257

lateral axis 横轴，*俯仰轴 05.048

lateral force 侧力 06.244

lateral steering 横向导引 02.250

lattice fin 栅格翼 02.182

launch 发射 10.001

launch area 发射区 02.116

launch azimuth 发射方位［角］ 10.123

launch command and control center 发射指挥控制中心 02.124

launch complex 发射综合设施 10.107

launch data 发射诸元 02.061

launch day 发射日 10.113

launch drill 发射演练 10.261

launch environment 发射环境 14.262

launcher-satellite EMC test 星-箭电磁兼容性试验 03.296

launch escape 发射逃逸 02.120

launch escape subsystem 发射逃逸分系统 03.127

launch experiment outline 发射试验大纲 10.026

launching and control center 发射控制中心 10.015

launching condition 发射条件 10.119

launching coordinate system 发射坐标系 02.078

launching crew training rocket 合练［火］箭 02.051

launching direction 发射方向，*射向 10.118

launching level ground 发射场坪 10.305

launching pad leveling mechanism 发射台调平机构 10.329

launching reliability 发射可靠度 18.126

launching service support 发射勤务保障 02.122

launching service tower 发射勤务塔 02.123

launching success rate 发射成功率 18.124

launching test 发射试验 10.002

launching time 发射时 10.114

launching trajectory 发射轨道 03.158

launching workplace 发射工位 10.109

launch leading team 发射领导组 10.020

launch load 发射载荷 02.099

launch mission headquarter 发射任务指挥部 10.017

launch mode 发射方式 02.119

launch month 发射月 10.112

launch operating team 发射操作队 10.025

launch pad 发射台 10.325

launch pad rail 发射台导轨 10.327

launch pad support 发射台支架 10.332

launch pad transportation 发射台折倒臂 10.333

launch plan network chart 发射计划网络图 10.035

launch point 发射点 10.122

launch preparation time 发射准备时间 10.215

launch release mechanism 发射释放机构 10.330

launch reserve scheme 发射预案 10.260

launch site 发射场 02.115

launch site for manned space flight 载人航天发射场 10.266

launch site television monitor system 发射场电视监视系统 07.590

launch tower 发射塔 10.306

launch vehicle 运载火箭 02.002

launch vehicle assembly and test building 运载火箭装配测试厂房 10.281

launch vehicle coordinate 箭体坐标 10.125

launch vehicle horizontal sling 箭体水平吊具 10.422

launch vehicle iron wheel carriage 箭体铁轮支架车 10.390

launch vehicle rail transporter 箭体铁路运输车 10.383

launch vehicle railway platform truck 箭体铁路运输车 10.383

launch vehicle telemetry 运载火箭遥测 07.624

launch vehicle trailer 箭体公路运输车 10.375

launch vehicle transfer 运载火箭转运 10.098

launch vehicle turning sling 箭体翻转吊具 10.426

launch vehicle verticality 火箭垂直度 10.133

launch window 发射窗口 10.115

launch window beginning 发射窗口前沿 10.116

launch window ending 发射窗口后沿 10.117

launch working team 发射工作队 10.024

Laval nozzle 拉瓦尔喷管 06.479

LBNP 下体负压 11.120

lead-acid storage battery 铅酸蓄电池 09.015

lead explosive 导爆药柱 16.163

leading-edge suction 前缘吸力 06.240

leakage 泄漏 12.358

leakage rate 泄漏率 12.359

leak detection 检漏 13.419

leak detection by bubble 气泡检漏 13.421

leak rate 漏率 14.630

leak test 检漏试验 14.626

leap-frogging of vortice 蛙跳式涡 06.139

learning control 学习控制 17.058

legal metrology 法制计量[学] 15.002

legal unit of measurement 法定测量单位 15.031

length of command code 指令长度 07.474

length of real aperture 真实孔径长度 08.525

length of synthetic aperture 合成孔径长度 08.523

lens 透镜 08.185

leveling error 调平误差 05.211

Lewis number 刘易斯数 06.101

libration 天平动 05.313

libration damping 天平动阻尼 05.314

libration point 秤动点 03.229

lidar 激光雷达 07.264

life 寿命 18.168

life cycle 寿命周期 18.022

life cycle cost 寿命周期费用 18.023

life cycle cost analysis 寿命周期费用分析 18.024

life profile 寿命剖面 18.020

lifesaving 救生, ＊救援 03.408

life test 寿命试验 18.180

lifetime 寿命 18.168

life unit 寿命单位 18.169

lift coefficient 升力系数 06.217

lift-drag ratio 升阻比 06.223

lift-drag ratio of reentry vehicle 再入飞行器升阻比 03.357

lift force 升力 06.216

lifting cage 吊篮 10.394

lifting cage sling 吊篮吊具 10.430

lifting car 吊篮 10.394

lifting table 升降平台 10.324

lift interference 升力干扰 06.788

lift line theory 升力线理论 06.345

lift-off 起飞 10.230

lift-off claming strip 起飞压板 10.339

lift-off contact 起飞触点 10.341

lift-off drift 起飞漂移 10.232

lift-off mass 起飞质量 02.035

lift-off support plate 起飞托盘 10.340

lift-off zero 起飞零点 10.231

lift reentry 升力式再入 03.342

lift surface theory 升力面理论 06.346

light annealing 光亮退火 13.160

light gas gun 轻气炮 14.649

light navigation 灯光导航 07.123

lightning grounding 防雷接地 10.302

lightning test 闪电试验 14.365

lightning-tower 避雷塔 10.350

light radiation 光辐射 14.386

light sensitivity 感光度 08.359

like-impinging injector element 自击式喷嘴 04.271

limit cycle 极限环 05.357

limited life item 有限寿命产品 18.116

limited operating life item 有限使用期产品 18.115

limited shelf life item 有限贮存期产品 18.117

limiting condition 极限条件 15.213

limiting load 极限负载 17.073

linear ablative rate 线烧蚀率 04.335

linear array detector 线阵[列]探测器 08.393

linear elastic fracture mechanics 线性弹性断裂力学 14.060

linearized theory 线性化理论 06.344

linear scanning 线性扫描 07.411

linear sweep rate 线性扫描率 14.297

line of sight 视线，＊通视 07.099

liner 衬层 04.285

line readout 线读出 08.481

link budget 链路设计，＊信道计算 07.093

liquid bearing nozzle 液浮喷管 04.313

liquid chromatograph 液相色谱仪 12.256

liquid cooling garment 液冷服 11.219

liquid crystal method 液晶法 06.747

liquid film cooling 膜冷却 04.301

liquid floated pendulous accelerometer 液浮摆式加速度计 05.139

liquid hydrogen fill-drain auto-disconnect coupler 液氢加泄自动脱落连接器 10.469

liquid hydrogen fill-drain auto-disconnect coupler support mount 液氢加泄自动脱落连接器支架 10.470

liquid hydrogen fill-drain gas distribution board 液氢加泄配气台 10.464

liquid hydrogen loading connector fitting 液氢加注连接器接头 10.473

liquid hydrogen loading controller 液氢加注控制机 10.466

liquid hydrogen loading liquid line system 液氢加注液路系统 10.461

liquid hydrogen loading measuring and control system 液氢加注测控系统 10.462

liquid hydrogen loading microcomputer station 液氢加注微机站 10.467

liquid hydrogen loading monitoring system 液氢加注监测系统 10.472

liquid hydrogen loading system 液氢加注系统 10.169

liquid hydrogen loading test-control desk 液氢加注控制台 10.463

liquid hydrogen loading valve checking ladder 液氢加注活门测试工作梯 10.412

liquid hydrogen nitrogen gas distribution board 液氢氮配气台 10.465

liquid hydrogen railway loading vehicle 液氢铁路加注运输车 10.400

liquid hydrogen tank 液氢箱 02.160

liquid metal forging 液态模锻 13.083

liquid nitrogen distribution system 液氮用气系统 10.492

liquid nitrogen loading and topping vehicle 液氮加注补加车 10.402

liquid nitrogen loading liquid line system 液氮加注液路系统 10.491

liquid nitrogen loading measuring and control system 液氮加注测控系统 10.493

liquid nitrogen loading system 液氮加注系统 10.490

liquid nitrogen system 液氮系统 14.605

liquid nitrogen test 液氮调试 10.158

liquid oxygen fill-drain auto-disconnect connector 液氧加泄自动脱落连接器 10.487

liquid oxygen fill-drain auto-disconnect connector support mount 液氧加泄自动脱落连接器支架 10.488

liquid oxygen fill-drain gas distribution board　液氧加泄配气台　10.481

liquid oxygen ground gas distribution system　液氧地面用气系统　10.479

liquid oxygen/kerosene rocket engine　液氧煤油火箭发动机　04.009

liquid oxygen/liquid hydrogen rocket engine　液氧液氢火箭发动机，＊氢氧火箭发动机　04.008

liquid oxygen loading and topping truck　液氧加注补加车　10.401

liquid oxygen loading connector fitting　液氧加注连接器接头　10.483

liquid oxygen loading controller　液氧加注控制机　10.485

liquid oxygen loading liquid line system　液氧加注液路系统　10.475

liquid oxygen loading measuring and control system　液氧加注测控系统　10.476

liquid oxygen loading system　液氧加注系统　10.474

liquid oxygen loading test-control desk　液氧加注控制台　10.477

liquid oxygen nitrogen distribution board　液氧氮配气台　10.484

liquid oxygen pump　液氧泵　10.478

liquid oxygen storage tank　液氧固定贮罐　10.480

liquid oxygen supercooler　液氧过冷器　10.482

liquid oxygen tank　液氧箱　02.161

liquid propellant　液体推进剂　04.086

liquid propellant rocket engine　液体［推进剂］火箭发动机　04.007

liquid rocket propellant　液体火箭推进剂　02.236

liquid sloshing dynamics　液体晃动力学　03.425

liquid sloshing load　液体晃动载荷　02.102

liquid slosh test　液体晃动试验　03.443

liquid start system　液体起动系统　04.061

liquid turbine　液涡轮　04.345

lithium-doped solar cell　掺锂太阳电池　09.125

lithium-ions battery　锂离子蓄电池　09.026

lithium-metal sulfide cell　锂金属硫化物电池　09.009

lithium-sulfur dioxide cell　锂二氧化硫电池　09.010

lithum-thionyl chloride cell　锂亚硫酰氯电池　09.011

live recording system　实况记录系统　07.262

load　负载　17.071

load condition　载荷情况　02.089

load design　载荷设计　02.033

loaded cylinder　承力筒　03.250

loaded-rocket mass　加注后总质量　02.037

loading　加注　10.146

loading control room　加注控制室　10.312

loading liquid level　加注液位　10.192

loading plan　加注方案　10.038

loading rehearsal　加注合练　10.030

loading signal board　加注信号台　10.444

loading signal box　加注信号箱　10.499

loading signal unite test　加注信号联试　10.150

loading test-control desk　加注控制台　10.443

loading up-down the temperature　加注升降温　10.151

load up ageing　加荷时效　13.175

local area differential GPS　局域差分 GPS　05.583

local buckling　局部失稳　14.031

local commanding　本地发令　07.455

local failure　局部破坏　14.101

local gravitational acceleration　当地重力加速度　02.079

localized quench hardening　局部淬火　13.143

local mode　局部模态　14.183

local resonance　局部共振　14.191

local vacuum electron beam welding　局部真空电子束焊　13.299

lock-in　闭锁　05.189

locking mechanism　闭锁机构　16.168

lock-in rate　闭锁速率　05.190

locomotive robot　移动式机器人　17.006

logarithmic frequency sweep rate　对数频率扫描率　14.298

logistics module　后勤舱　03.085

logistic support analysis　后勤保障分析　18.036

logistic support area　勤务区　10.359

long base-line interferometer　长基线干涉仪　07.381

long distance arming　远程待爆　16.174

long distance arming time　远程待爆时间　16.175

long distance measurement　远距离测量　15.115

long duration exposure facility　长期暴露装置

14.537

longeron 大梁 02.177，桁梁 02.179

longitude of ascending node 升交点赤经 03.186

longitudinal axis 纵轴，＊滚动轴 05.047

longitudinal overlap 纵向重叠率 08.437

longitudinal strengthening 纵向强化 12.093

longitudinal winding 纵向缠绕 13.359

long periodic perturbation 长周期摄动 03.209

long segment type arc heater 长分段式电弧加热器 06.460

long shot tunnel 长射式风洞 06.469

long term repeatability 长期重复性 06.780

long term space flight effect 长期航天效应 11.162

long time limit 持久强度极限 12.289

long time plasticity 持久塑性 12.308

looking angle 视场角 08.193

loop antenna 环形天线 16.186

loop resistance value 回路阻值 10.298

loop time 回路时间 14.235

loose tooling forging 胎模锻 13.084

loss of personnel capability 人员能力损失 18.265

lost-wax molding 熔模铸造，＊失蜡铸造 13.031

lot 批次 13.015

louver 百叶窗 03.272

low density ablator 低密度烧蚀材料 12.022

low density wind tunnel 低密度风洞 06.448

low-emittance pigment 低发射率颜料 12.121

lower body negative pressure 下体负压 11.120

lower body negative pressure test 下体负压试验 11.054

lower stage 下面级 02.014

lowest launching condition 最低发射条件 10.120

low flow rate filling 小流量加注 10.163

low-frequency combustion instability 低频燃烧不稳定性 04.248

low-frequency linear vibration table 低频线振动台 05.232

low load balance 微量天平 06.696

low-pressure chemical vapor deposition 低压化学气相沉积 13.192

low pressure［die］casting 低压铸造 13.026

low pressure hose 低压软管 10.523

low pressure test 低气压试验 14.362

low resistance high efficiency solar cell 低阻高效太阳电池 09.132

low side tone 低侧音 07.420

low smoke propellant 微烟推进剂 04.112

low speed flow 低速流 06.144

low speed wind tunnel 低速风洞 06.411

low temperature connector 低温连接器 10.502

low temperature sealing 低温密封 10.179

low temperature test 低温试验 10.178

low trajectory test 低弹道［飞行］试验 07.075

low turbulence wind tunnel 低湍流度风洞 06.413

low-voltage ion reactive plating 低压反应离子镀 13.225

lubricant 润滑剂 12.208

lubricating oil 润滑油 12.210

lumped mass 集中质量 14.205

lunar exploration engineering system 月球探测工程系统 01.039

lunar exploration satellite 月球探测卫星 03.014

lunar landing trajectory 登月轨道 02.087

lunar spacecraft 月球探测器 03.065

M

MacCormack scheme 麦科马克格式 06.387

Mach angle 马赫角 06.110

Mach cone 马赫锥 06.109

Mach number 马赫数 06.098

Mach number control 马赫数控制 06.664

Mach number independence principle 马赫数无关原理 06.338

Mach wave 马赫波 06.108

Mach-Zehnder interferometer 马赫–曾德尔干涉仪 06.753

Macker type arc heater 叠片式电弧加热器 06.459

macroetch 宏观腐蚀 12.162

macroshrinkage 疏松 12.341

macrostructure 宏观组织，＊低倍组织 12.339

magazine 暗盒 08.305

magnesium alloy 镁合金 12.189

magnesium aluminum alloy 镁铝合金 12.190

magnesium ferrite 镁铁氧体 12.191

magnesium lithium alloy 镁锂合金 12.192

magnetic alloy 磁性合金 12.207

magnetically filter arc deposition 磁过滤电弧沉积 13.201

magnetic bearing 磁方位 05.018

magnetic bearing flywheel 磁轴承飞轮 05.531

magnetic bearing reaction momentum wheel 磁轴承反作用动量轮 05.533

magnetic coordinate system 磁坐标系 14.512

magnetic dipole moment 磁偶极子矩 05.391

magnetic disturbance torque 磁干扰力矩 05.381

magnetic dumping 磁卸载 05.346

magnetic environment 磁环境 14.497

magnetic field model 磁场模式 14.508

magnetic fuze 磁引信 16.035

magnetic heat treatment 磁场热处理 13.138

magnetic impulse machining 磁脉冲加工 13.264

magnetic particle inspection 磁粉探伤 13.406

[magnetic] permeability 磁导率 15.203

magnetic property 磁性 12.350

magnetic rigidity 磁刚度 14.510

magnetic sector 磁扇形 14.500

magnetic shell 磁壳 14.503

magnetic stabilization 磁稳定 05.308

magnetic storm 磁暴 14.506

magnetic substorm simulation facility 磁亚暴仿真设备 14.645

magnetic susceptibility 磁敏感性 14.659

magnetic suspension 磁悬浮 05.154

magnetic suspention balance 磁悬挂天平 06.698

magnetic tape recorder 磁[带]记录器 07.690

magnetic tape recording 磁带记录 07.318

magnetic test 磁试验 14.658

magnetic test facility 磁试验设备 14.663

magnetic torquer 磁力矩器 05.539

magnetization 充磁 14.661

magnetoaerodynamics 磁空气动力学 06.006

magnetometer 磁强计 05.449

magnetosphere 磁层 01.113

magnetospheric substorm 磁层亚暴 14.507

magnification 放大[率] 08.513

magnification factor 放大倍数 08.514

magnitude of threshold 阈值星等 08.342

Magnus balance 马格努斯天平 06.699

Magnus force 马格努斯力 06.258

Magnus moment 马格努斯力矩 06.259

main beam efficiency 主波束效率 08.528

main coil 主线圈 14.664

main engine 主发动机 04.015

main fuze antenna 引信主天线 16.191

main motor 主发动机 04.015

main parachute 主伞 03.382

maintainability 维修性 18.211

maintainability allocation 维修性分配 18.214

maintainability analysis 维修性分析 18.216

maintainability assurance 维修性保证 18.218

maintainability assurance program 维修性保证大纲 18.219

maintainability management 维修性管理 18.217

maintainability model 维修性模型 18.213

maintainability prediction 维修性预计 18.215

maintainability program plan 维修性工作计划 18.220

maintenance 维修 18.229

maintenance activity 维修作业 18.230

maintenance event 维修事件 18.231

maintenance-free battery 免维护蓄电池 09.016

maintenance level 维修级别 18.232

maintenance man-hours 维修工时 18.239

maintenance ratio 维修工时率 18.240

maintenance time 维修时间 18.238

major frame 全帧 07.659

major landing site 主着陆场 10.268

major loop validation 大环比对 07.458

major planet 大行星 01.017

malfunction 功能失常 14.215

management program 管理程序 07.497

maneuverable warhead telemetry 机动弹头遥测 07.627

maneuver tracking 机动跟踪 05.567

manhole 人孔 02.214

manifold connector 歧管连接器 02.186

manipulator 机械手, *操作机 17.001

man lock 人用气闸 14.624

man-machine function allocation 人机功能分配 11.194

man-machine interaction 人机交互 11.192

man-machine interface 人机界面 11.193

manned spacecraft 载人飞船 03.003，载人航天器 11.002

manned spacecraft assembly and test building ［载人］飞船装配测试厂房 10.275

manned spacecraft engineering 载人飞船工程 03.060

manned spacecraft launch 载人飞船发射 10.008

manned spacecraft loading room ［载人］飞船加注间 10.277

manned spacecraft recovery 载人航天器回收 11.012

manned spacecraft system 载人飞船系统 03.061

manned spacecraft telemetry 载人飞船遥测 07.623

manned space engineering system 载人航天工程系统 01.038

manned space flight 载人航天 01.029

manned space technology 载人航天技术 01.052

manned vibrator 载人振动实验设备 11.401

man-rating test 宜人试验 11.023

manual control 人工控制 11.196

manual data input programming 手工数据输入编程 17.051

manual ignition 手动点火 10.228

manual mode 手动模式 17.064

manual shutoff valve 手动截止阀 11.281

manual test 手动测试，＊人工测试 10.043

manual tracking 手动跟踪 07.294

manual welding 手工焊 13.331

margin of safety 安全裕度 14.030

marine atmosphere corrosion 海洋大气腐蚀 12.149

marine condition 船用条件 07.233

maritime satellite 海事卫星 03.041

Mars 火星 01.011

Marshall engineering thermosphere model 马歇尔工程热层模式 14.547

mass ablative rate 质量烧蚀率 04.336

mass center of reentry vehicle 再入飞行器质心 03.354

mass expulsion control 质量排出式控制 05.329

mass expulsive device 质量排出装置 05.484

mass matrix 质量矩阵 14.052

mass spectrometer 质谱仪 12.254

mass spectrometer incoherent scatter model 质谱计非相干散射模式 14.548

mass unbalance torque 质量不平衡力矩 05.097

master curve of solid propellant 固体推进剂主曲线 04.287

matched filter 匹配滤波器 08.606

matching check 匹配检查 10.083

matching test 匹配试验 10.062

material compatibility with propellants 推进剂和材料相容性 02.238

material contamination 材料污染 14.569

material degassing 材料去气 14.567

material mass loss 材料质量损失，＊材料质损 14.568

material measure 实物量具 15.170

material outgassing 材料放气 14.566

material property 材料性能 12.364

mathematical simulation of fuze-warhead matching 引战配合数学仿真 16.219

mating 对接 10.131

mating frame 对接框 02.223

matrix 基体 12.088

matrix cracking 基体裂纹 12.089

maximum angular acceleration 最大角加速度 07.315

maximum angular rate 最大角速度 07.312

maximum axis principle 最大轴原理 05.311

maximum deflection of Mach number 马赫数最大偏差 06.772

maximum density of reentry heat flow rate 再入最大热流密度 03.359

maximum dynamic pressure load 最大动压载荷 02.100

maximum lift coefficient 最大升力系数 06.218

maximum operating range 最大工作范围，＊最大作用距离 07.352

maximum output torque 最大输出力矩 05.551

maximum permissible error 最大允许误差 15.215

maximum power 最大功率 09.152

maximum power consumption 最大功耗 05.555

maximum power point 最大功率点 09.153

maximum predicted environment 最高预示环境 14.268

maximum pressure 最大压强 04.184

maximum reaction torque 最大反作用力矩 05.552

maximum shock［response］spectrum 最大冲击［响应］谱 14.346

maximum space 最大空间 17.043

maximum steady state burn time 最长稳态工作时间 05.518

maximum thrust 最大推力 04.124

maximum torque 最大力矩 17.076

MBTS 运动基［训练］仿真器 11.362

MDB propellant 改性双基推进剂 04.098

MDTD 最小可探测温差 08.422

mean aerodynamic chord 平均气动弦长 06.294

mean anomaly 平近点角 03.196

mean-burning propellant 平台推进剂 04.116

mean element 平根数 03.211

mean free path 平均自由程 06.084

mean mission duration time 平均任务持续时间 18.141

mean period 平周期 03.199

mean time between failures 平均无故障工作时间 18.139

mean time to failure 平均失效发生时间 18.140

mean transmissivity 平均透过率 08.236

measurable magnitude 可测星等 08.343

measurable quantity 可测量 15.019

measurand 被测量 15.059

measured trajectory 实测弹道 07.170

measurement 测量 15.042

measurement and control system of wind tunnel 风洞测量控制系统 06.662

measurement during mooring 停泊测量 07.206

measurement during sailing 航行测量 07.205

measurement element 测量元素 07.139

measurement in a closed series 组合测量 15.119

measurement information processing 测量信息加工 07.163

measurement information receive 测量信息接收 07.162

measurement population 测量总体 15.144

measurement procedure 测量程序 15.054

measurement process 测量过程 15.056

measurement process control 测量过程控制 15.057

measurement range 测量范围 15.198

measurement sample 测量样本 15.145

measurement signal 测量信号 15.061

［measurement］standard ［测量］标准 15.181

measurement technique 测量技术 15.052

measuring chain 测量链 15.169

measuring equipment 测量设备 15.166

measuring instrument 测量仪器 15.168

measuring object 测量对象 15.058

measuring system 测量系统 15.167

mechanical bond 机械结合 12.061

mechanical denuding 机械剥蚀 06.275

mechanical despin for antenna 天线机械消旋 05.370

mechanical environment 力学环境 14.261

mechanical equivalent of heat 热功当量 14.123

mechanical fiducial mark 机械框标 08.316

mechanical fuze 机械引信 16.052

mechanical impedance 机械阻抗 14.203

mechanical interface 机械接口 17.022

mechanical interface coordinate system 机械接口坐标系 17.040

mechanical measurement 力学测量 15.065

mechanical model of slosh 晃动力学模型 03.446

mechanical pressure scanner 机械式压力扫描阀 06.728

mechanical type balance 机械天平 06.669

mechanic refrigerator 机械致冷器 03.277

mechanism rehearsal 机械合练 10.028

mechanobalance dynamic stability 机械天平动稳定性 06.681

mechanobalance restoring moment 机械天平恢复力矩 06.679

mechanobalance static stability 机械天平静稳定度 06.680

medical selection 医学选拔 11.041

medium 介质 06.019

melted metal squeezing 液态模锻 13.083

membrane 隔膜 09.107

memory effect 记忆效应 09.081

memory-replay telemetry 记忆-重发遥测 07.619

mental fatigue 精神疲劳 11.161

MEPW 最小电脉冲宽度 05.523

Mercury 水星 01.009

merit factor of receiving system 接收系统品质因素 07.094

meru 毫地速 05.099

mesh double bumper shield 双层网格防护屏 14.540

mesh of finite element 有限元网络 14.056

metabolic simulation device 代谢仿真装置 11.386

metabolism 新陈代谢 11.117

metal ceramic 金属陶瓷 12.076

metal corrosion 金属腐蚀 12.159

metal-hydrogen nickel battery 金属氢化物镍电池 09.025

metal inert-gas welding 熔化极惰性气体保护焊 13.307

metallic hose 金属软管 02.219

metallization 金属化 13.247

metallographic examination 金相检验 13.403

metallographic inspection 金相检验 13.403

metallurgical defect 冶金缺陷 12.297

metal matrix composite 金属基复合材料 12.065

metal spinning 旋压 13.056

metal spraying 金属喷镀 13.227

meteor 流星 01.021

meteorite 陨石 01.121

meteoroid 流星体 14.513

meteoroid model 流星体模式 14.515

meteorological satellite 气象卫星 03.018

meteorological support system 气象保障系统 10.212

metering roller 量片辊 08.307

meter wave fuze 米波引信 16.011

method of characteristics 特征线法 06.378

method of line 直线法 06.377

method of measurement 测量方法 15.055

metric information 外测信息 07.159

metrological assurance 计量保证 15.009

metrological assurance system 计量保证体系 15.010

metrological confirmation 计量确认 15.008

metrological management 计量管理 15.006

metrological supervision 计量监督 15.007

metrology 计量[学] 15.001

microbalance 微量天平 06.696

microbial contaminant control 微生物污染控制 11.324

microetch 微观腐蚀 12.161

microfabrication 微细加工 13.126

microfeed 微进给 13.127

microgravity 微重力 14.668

microgravity test 微重力试验 14.679

micro inertial measurement unit 微型惯性测量装置 05.066

micromachining 微切削加工 13.128

micromechanical accelerometer 微型机械加速度计 05.152

micromechanical gyro 微型机械陀螺仪 05.134

micrometeorite simulator 微流星仿真器 14.648

micrometeoroid 微流星体 14.514

micrometeoroid protection garment 微流星防护服 11.222

micromounting 微组装 13.020

micro-plasma arc welding 微束等离子弧焊 13.305

micro-satellite 微卫星 03.052

microscopic crack 显微裂纹 12.314

microstrip antenna 微带天线 16.185

microstructure 显微组织，＊高倍组织 12.338

microsyn 微动同步器 05.174

microwave 微波 08.016

microwave absorbing material 微波吸收材料 12.229

microwave atmospheric sounding radiometer 微波大气探测辐射计 08.144

microwave fuze 微波引信 16.012

microwave hologram radar 微波全息雷达 08.154

microwave radiometer 微波辐射计 08.136

microwave remote sensing 微波遥感 08.005

microwave remote sensor 微波遥感器 08.134

microwave scatterometer 微波散射计 08.138

microwave sounding unit 微波探测装置 08.135

midcourse guidance 中制导 02.246

middle infrared 中红外 08.013

mid-point voltage　中点电压　09.051

military reference material　军用标准物质　15.193

military space engineering system　军用航天工程系统　01.037

military space technology　军事航天技术　01.051

milli-earth rate unit　毫地速　05.099

millimeter wave fuze　毫米波引信　16.013

milling　铣削　13.105

milling fluted thrust chamber　铣槽式推力室　04.255

MIMU　微型惯性测量装置　05.066

mineral oil　矿物油　12.212

minimum acceptable value　最低可接受值　18.031

minimum detectable temperature difference　最小可探测温差　08.422

minimum electrical pulse width　最小电脉冲宽度　05.523

minimum impulse bit at MEPW　单个脉冲的最小冲量　05.524

minimum impulse limit cycle　最小冲量极限环　05.360

minimum resolvable temperature difference　最小可分辨温差　08.423

mini-satellite　超小卫星　03.051

minor frame　子帧　07.657

minor loop validation　小环比对　07.459

minor planet　小行星　01.016

mirror grinding　镜面磨削　13.110

mirror support　镜像支架　06.798

mirror turning　镜面车削　13.104

misalignment　对准误差　05.187

miss burst probability　漏爆概率　02.295

miss direction　脱靶方向　16.112

miss distance　脱靶量　16.111

missed command　漏指令　07.481

missed command probability　漏指令概率　07.482

missile-body telemetry　弹体遥测　07.621

missile electrical harness tester　导弹电控测试装置　15.258

missile shaping antenna　弹体赋形天线　16.187

missile test range　导弹试验场　07.004

missile TT&C system　导弹测控系统　07.055

mission doctor　随船医生　11.020

mission document　发射任务书　10.034

mission engineer　随船工程师　11.019

mission maintainability　任务维修性　18.212

mission phase　飞行阶段　03.144

mission profile　任务剖面　18.019

mission program　飞行程序　03.143

mission reliability　任务可靠性　18.121

mission requirement　任务要求　02.031

mission specialist　任务专家　11.016

mission time　任务时间　18.050

miss point　脱靶点　16.110

mixed gas welding　混合气体保护焊　13.301

mixing rule　混合定律　12.404

mixture ratio　混合比　04.152

mixture ratio regulator　混合比调节器　04.353

MMDT　平均任务持续时间　18.141

mobile communication satellite　移动通信卫星　03.055

mobile launch pad　活动发射台　10.326

mobile robot　移动式机器人　17.006

mobile［robot］servicing system　动式机器人服务系统　17.106

mobile service tower　活动式勤务塔　10.308

mobility　速度导纳，*迁移率　14.200

mockup　模样［星］　03.091

modal analysis　模态分析　03.433

modal efficient mass　模态有效质量　03.434

modal identification　模态辨识　14.173

modal mass　模态质量　14.186

modal stiffness　模态刚度　14.187

modal synthesis　模态综合　14.175

modal test　模态试验　14.176

model in wind tunnel　风洞试验模型　06.567

model pad method　垫块法　06.608

model rocket　模型［火］箭　02.046

model support　模型支架　06.578

modem　调制解调器　07.546

mode of vibration　振动模态　14.168

mode shape　振型　14.170

mode shape density　振型密度　14.323

mode shape energy　振型能量　14.322

mode shape slope　振型斜率　14.192

modification process　改性加工　13.129

modified double-base propellant 改性双基推进剂 04.098

modified Newtonian equation 修正牛顿公式 06.356

modulation rate 调制速率 07.552

modulation transfer function 调制传递函数 08.279

module efficiency 组件效率 09.187

modulus of elasticity 弹性模量 12.300

molecular contamination 分子污染 14.571

molten carbonate fuel cell 熔融碳酸盐燃料电池 09.031

molten-salt electrolyte cell 熔融盐电池 09.008

molybdenumizing 渗钼 13.151

moment reference center of balance 天平力矩参考中心 06.712

momentum bias attitude control system 偏置动量姿态控制系统 05.320

momentum bias control 偏置动量控制 05.334

momentum bias system 偏置动量系统 05.340

momentum equation 动量方程 06.328

momentum exchange 动量交换 05.543

momentum exchange device 动量交换装置 05.528

momentum exchange maneuver 动量交换机动 05.262

momentum gain 动量增益 14.534

momentum loss thickness of boundary layer 边界层动量损失厚度 06.056

momentum method 动量法 06.606

momentum storage capability 动量储存能力 05.544

momentum wheel 动量轮 05.534

monitor and display system 监视显示系统 07.065

monochromatic aberration 单色像差 08.270

monochromatic light 单色光 08.269

monocoque 硬壳式结构 02.137

monopropellant 单组元推进剂 04.089

monopropellant propulsion system 单组元推进系统 05.489

monopropellant rocket engine 单组元[推进剂]火箭发动机 04.046

monopulse radar tracking system 单脉冲雷达跟踪系统 02.284

monopulse technology 单脉冲技术 07.342

monopulse tracking 单脉冲跟踪 07.336

Monte Carlo method 蒙特卡罗方法 06.368

moon 月球 01.019

mosaic array 镶嵌阵列 08.396

motion base training simulator 运动基[训练]仿真器 11.362

motion simulator 运动仿真器 14.596

motion space 运动空间 17.042

motor action time 发动机工作时间 04.169

motor burnout mass 发动机燃尽质量 04.180

motor initial mass 发动机初始质量 04.179

motor mass fraction 发动机质量比 04.151

motor rotating test 发动机旋转试验 04.372

motor six component test 发动机六分力试验 04.371

motor specific impulse 发动机比冲 04.136

motor structure mass 发动机结构质量 04.181

mould test 霉菌试验 12.277

movable measuring device 移测装置 06.724

moving alignment 动基座对准 05.036

moving coil pickoff 动圈式传感器 05.170

moving coil transducer 动圈式传感器 05.170

moving reference coordinate system 动基准坐标系, *动参考坐标系 05.053

moving seal 动密封 12.383

moving target 活动靶标 07.282

MRTD 最小可分辨温差 08.423

MS 任务专家 11.016

MSS 动式机器人服务系统 17.106

MSU 微波探测装置 08.135

MTBF 平均无故障工作时间 18.139

MTF 调制传递函数 08.279

MTTF 平均失效发生时间 18.140

multi-body control 多体控制 05.325

multi-body problem 多体问题 03.225

multi-chamber liquid rocket engine 多推力室液体火箭发动机 04.038

multi-component balance 多分量天平 06.688

multi-computer system 多机计算机系统 07.487

multi-degree-of freedom system 多自由度系统 14.137

multi-element detector 多元探测器 08.391

multiflow wing 多种流线型翼 06.313

multifunctional horizontal sling 多功能水平吊具 10.425

multifunctional rotating chair 多功能转椅 11.388

multi-function spacecraft 多用途飞船 03.064

multi-function transducer 多功能传感器 06.643

multihead telemetry 多弹头遥测 07.625

multi-inertial sensor 多功能惯性敏感器 05.101

multiinput-multioutput 多输入多输出 14.189

multijunction gallium arsenide solar cell 多结砷化镓太阳电池 09.142

multijunction solar cell 多结太阳电池 09.136

multilayer insulation material 多层隔热材料 12.011

multiple-impulse welding 脉冲点焊 13.320

multiple-look technique 多视技术 08.592

multiple manometer 多管压力计 06.719

multiple modulation radar fuze 复合调制雷达引信 16.026

multiple unit〔of measurement〕 倍数〔测量〕单位 15.035

multi-point constraint 多点约束 14.054

multi-point vibration excitation system 多点激振系统 14.308

multi-ram forging 多向模锻 13.082

multi-rocket engine cluster 并联火箭发动机 04.036

multisatillite colocation 多星共位 05.287

multishaker system 多振动台系统 14.309

multi-shell curing 分层固化 13.372

multi-shock shield 多次冲击防护屏 14.539

multi-spectral remote sensing 多光谱遥感 08.007

multi-spectral scanner 多谱段扫描仪 08.116

multi-stage rocket 多级火箭 02.017

multi-start rocket 多次起动火箭发动机 04.040

multi-start rocket engine 多次起动火箭发动机 04.040

multi-station joining tracking system 多站联用测量系统 07.386

multi-station system 多站制 07.331

multi-station triggering 多站触发 07.437

multi-target measurement 多目标测量 07.022

multi-target processing ability 多目标处理能力 07.325

multi-units calibration 多元校准 06.708

Murman-Cole scheme 穆曼–科尔格式 06.386

muscle atrophy in space 航天肌肉萎缩 11.123

mutual designation 互引导 07.392

N

nadir 天底点 08.568

nanotechnology 纳米技术 13.010

narrow-band random vibration 窄带随机振动 14.150

national defence metrology 国防计量〔学〕 15.003

national〔measurement〕standard 国家〔测量〕标准 15.183

natural aging 自然时效〔处理〕 13.173,自然老化 13.429

natural environment 自然环境 14.256

natural frequency 固有频率 14.213

natural mode of vibration 固有〔振动〕模态 14.169

natural storage life 固有贮存期 12.381

Navier-Stokes equation N-S方程,＊纳维–斯托克斯方程 06.327

navigation 导航 05.003

navigation accuracy 导航精度 03.246

navigation satellite 导航卫星 03.043

navigation satellite network 导航卫星网 03.044

navigation signal 导航信号 03.243

navigation subsystem 导航分系统 03.109

2nd liquid level Ⅱ液位 10.196

near earth space 近地空间 01.002

near infrared 近红外 08.010

near infrared camera 近红外相机 08.113

near-real-time impact calculation 准实时落点计算 07.175

necking in spindown 缩径旋压 13.060

NEDT 噪声等效温差 08.421

NEE 噪声等效曝光量 08.416

negative acceleration 负向加速度 11.255

negative electrode 负极 09.105

negative pressure trousers　负压裤　11.378

negative terminal　负极柱　09.110

negative thrust duration　负推力持续时间　04.175

NEP　噪声等效功率　08.417

NEPP propellant　硝酸酯增塑聚醚推进剂　04.108

Neptune　海王星　01.013

NERD　噪声等效反射比差　08.420

NETD　噪声等效温差　08.421

net positive suction head　净正抽吸压头　04.231

network analysis　网格分析　12.274

neutral buoyancy simulator　中性浮力仿真器
　11.399

neutral buoyancy test　中性浮力试验　14.685

neutral burning　等面燃烧　04.219

neutral filter　中性滤光片　08.247

Newtonian theory　牛顿理论　06.355

nickel based alloy　镍基合金　12.180

niobium based alloy　铌基合金　12.182

nitrate ester plasticized polyether propellant　硝酸酯增
　塑聚醚推进剂　04.108

nitriding　渗氮　13.149

nitrogen blow-off　氮气吹除　10.183

nitrogen case hardening　渗氮　13.149

nitrogen fill valve　充氮阀　11.289

nitrogen gas distribution board　氮气配气台　10.527

nitrogen replacement　氮气置换　10.204

nitrogen tetroxide railway tank transporter　四氧化二
　氮铁路运输车　10.399

nitrogen wind tunnel　氮气风洞　06.455

NND scheme　非振荡非自由参量耗散差分格式，
　＊NND 格式　06.389

node　节点　14.040

node module　节点舱　03.089

node-point camera　节点式相机　08.108

no-disruptive penetration　无破碎侵彻　14.538

noise　噪声　14.147

noise equivalent exposure　噪声等效曝光量　08.416

noise equivalent power　噪声等效功率　08.417

noise equivalent reflectance difference　噪声等效反射
　比差　08.420

noise equivalent temperature difference　噪声等效温
　差　08.421

noise generator　噪声发生器　07.682

noise jamming　噪声干扰　16.193

noise radar fuze　噪声雷达引信　16.025

noise spectrum　噪声频谱　08.415

no-load　空载　02.040

nominal angle of attack　名义攻角　06.716

nominal angular momentum　标称角动量　05.550

nominal load　额定负载　17.072

nominal Mach number of nozzle　喷管名义马赫数
　06.555

nominal range　标称范围　15.195

nominal speed　标称转速　05.549

nominal thrust　额定推力　04.123

nominal value　标称值　15.197

non-autonomous sensor　非自主式敏感器　05.429

non-chargeable fault　非责任故障　18.191

non-coherent scattering　非相干散射　08.560

non-coherent transponder　非相参应答机　07.435

nonconformity　不合格　18.089

noncontact fuze　非触发引信　16.003

noncontact measurement　非接触测量　15.107

non-coplanar encounter　非共面交会　16.114

non-coplanar transfer　非共面转移　03.222

nondestructive flaw detection　无损探伤　13.407

nondestructive inspection　无损检验　13.404

nondestructive testing　无损检验　13.404

non-electrical parameter　非电量参数　02.273

non-equilibrium flow　非平衡流动　06.161

nonhypergolic propellant　非自燃推进剂　04.093

nonhypergolic propellant rocket engine　非自燃推进剂
　火箭发动机　04.052

non-initiation　漏炸　16.088

non-intrusive measurement　非侵入测量　06.638

non-linear damping　非线性阻尼　14.208

non-operative time　不工作时间　18.054

non-oscillatory and non-free-parameter dissipation
　difference scheme　非振荡非自由参量耗散差分
　格式，＊NND 格式　06.389

non-periodic disturbing torque　非周期性干扰力矩
　05.548

nonregenerative life support system　非再生式生命保
　障系统　11.354

non-relevant fault　非关联故障　18.189

non-repairable item　不可修复产品　18.221

non-spherical earth perturbation 地球形状摄动 03.201

non-traditional machining 特种加工 13.011

nonwetting liquid 非浸润性液体 14.674

normal attitude 正常姿态 05.284

normal axis 法向轴，*偏航轴 05.049

normal configuration 正常式布局 06.280

normal environment 正常环境 14.264

normal force 法向力 06.241

normalized detectivity 归一化探测率 08.403

normalized rate 归一变化率 06.191

normalizing 正火 13.166

normal mode 正常模式 05.561，正则模态 14.172

normal operating condition 正常工作条件 17.070

normal recovery sequence 正常回收程序 03.403

normal return 正常返回 03.331

normal shock wave 正激波 06.114

normal state simulation 正常[状态]仿真 07.131

normal steering 法向导引 02.251

normal temperature connector 常温连接器 10.518

normal voltage 额定电压 09.045

north-south station keeping 南北位置保持 05.247

nose with control wing 控制翼弹头 06.306

nose with small asymmetry 小不对称弹头 06.308

notching control 下凹控制 14.304

notch sensitivity 缺口敏感性 12.323

nozzle area contraction ratio 喷管[面积]收缩比 04.197

nozzle area expansion ratio 喷管[面积]扩张比 04.198

nozzle closure opening pressure 喷管堵盖打开压强 04.186

nozzle divergence half angle 喷管半扩张角 04.320

nozzle initial divergence angle 喷管初始扩张角 04.321

nozzleless solid rocket motor 无喷管固体火箭发动机 04.032

nozzle pivot point 喷管摆心 04.322

nozzle pivot point drift 喷管摆心漂移 04.323

nozzle pressure losses [发动机]喷管压力损失 02.077

nozzle slew rate 喷管摆动速率 04.325

nozzle swing moment 喷管摆动力矩 04.324

nozzle swing rate 喷管摆动速率 04.325

nozzle with scarfed exit plane 斜切喷管 04.307

NPSH 净正抽吸压头 04.231

Nu 努塞特数 06.092

nuclear electromagnetic pulse 核电磁脉冲 14.403

nuclear electromagnetic pulse coupling 核电磁脉冲耦合 14.475

nuclear EM pulse sensitivity measurement 核电磁脉冲敏感度测量 15.090

nuclear environment 核环境 14.466

nuclear explosion center 核爆中心 14.465

nuclear hardening 抗核加固 14.453

nuclear magnetic resonance spectrometer 核磁共振谱仪 12.255

nuclear power system 核电源系统 09.234

nuclear propulsion 核推进 04.004

nuclear radiation 核辐射 14.387

nuclear radiation environment 核辐射环境 14.392

nuclear survivability 核生存能力 14.456

nuclear test 核试验 14.460

nuclear vulnerability 核易损性 14.452

null method of measurement 零位测量方法 15.127

number of spectral line 谱线数 14.245

numerical computation of turbulent flow 湍流数值计算 06.392

numerical control machining 数控加工 13.012

numerical value [of a quantity] [量的]数值 15.040

numeric display 数字显示 07.706

Nusselt number 努塞特数 06.092

nutation 章动 05.113

nutation damper 章动阻尼器 05.375

nutation frequency 章动频率 05.114

nutation sensor 章动敏感器 05.374

Nyquist frequency 奈奎斯特频率 08.281

O

oblique cut nozzle 斜切喷管 04.307

oblique shock wave 斜激波 06.115

observation window 观察窗 06.498

ocean color imager 海洋水色成像仪 08.118

ocean observation satellite 海洋观测卫星 03.027

ocean satellite 海洋卫星 03.021

ocean surveillance satellite 海洋监视卫星 03.028

OCOE 卫星总测设备 03.304

octagon wind tunnel 八角截面风洞 06.441

ocular counterrolling test 视反转试验 11.140

oculo-vestibular disconjugation 视-前庭失匹配 11.138

odor removal 除臭装置 11.338

off-axis collimated modular system 离轴准直拼装式系统 14.622

off-axis collimated system 离轴准直系统 14.621

off-line test 离线测试 15.238

off-nadir angle 天底偏角 08.569

off-system unit [of measurement] 制外[测量]单位 15.034

ohmic contact 欧姆接触 09.178

oil-free pumping system 无油抽气系统 14.600

oil-gas hooked trailer 油-气悬挂拖车 10.370

oil remover 除油器 06.518

oil water separator 油水分离器 06.517

omnidirectional antenna of fuze 引信全向天线 16.188

on-axis projection system 同轴投影系统 14.620

onboard health care facilities 舱内保健设备 11.375

onboard medical monitoring instrument 舱内医监设备 11.373

onboard telemetering system 箭上遥测系统 02.274

onboard tracking and safety control system 箭上跟踪与安[全]控[制]系统 02.288

once command 一次指令 07.465

one and a half stage rocket 一级半火箭 02.019

one dimensional high speed flow 高速一维流 06.548

one-N modulation 单频调制 05.201

on-line measurement 在线测量 15.114

on-line test 在线测试 15.237

on-load voltage 负载电压 09.048

on-off control 开关式控制 05.328

on-site liquid oxygen loading console 液氧加注场地控制台 10.489

on-site measurement 现场测量 15.113

open circuit voltage 开路电压 09.046

open circuit wind tunnel 开路式风洞 06.436

open cycle 开式循环 04.077

open die forging 胎模锻 13.084，自由锻 13.087

opened loading 开式加注 10.164

opened transferring 开式转注 10.166

opening modules 开舱 10.090

open jet wind tunnel 开口式风洞 06.435

operating condition of test 试验工况 14.583

operating current of gyro motor 陀螺电机工作电流 05.196

operating cycle 使用周期 18.049

operating-life accelerated test 工作寿命加速试验 18.182

operating range without degradation 保精度工作范围，*保精度作用距离 07.353

operating temperature 工作温度 05.191

operating voltage 工作电压 09.047

operating wind tunnel [风洞]吹风 06.537

operational availability 使用可用性 18.012

operational missile telemetry 战斗弹遥测 07.626

operational program 实战程序 07.506

operational readiness 使用准备完好率，*战备完好性 18.006

operational space 操作空间 17.045

operation mode 操作模式 17.062

operation point 工作点 09.154

operation profile 运行剖面 18.021

operator 操作员 17.009

optical alignment　光学对准　05.032

optical attitude sensor　光学姿态敏感器　05.418

optical cable communication system　光缆通信系统　07.600

optical digital processor　光学数字处理器　08.504

optical fiber transducer　光纤传感器　06.644

optical fiducial mark　光学框标　08.317

optical fuze　光学引信　16.042

optical information processing　光学信息处理　08.501

optical measurement　光学测量　15.070

optical microscope　光学显微镜　12.249

optical path　光程　08.184

optical path length　光程长［度］　05.203

optical pitch transducer　光学俯仰传感器　06.656

optical processor　光学处理器　08.502

optical radar　光雷达　07.263

optical sighting　光学瞄准　02.255

optical simulation of fuze-warhead matching　引战配合光学仿真　16.220

optical spectrometer　光谱仪　08.119

optical spectrum　光谱　08.018

optical spectrum instrumentation　光谱测量仪　07.278

optical system　光学系统　14.618

optical tracking cooperative target　光测合作目标　07.272

optical tracking mount　光学跟踪架　07.261

optical tracking station　光学跟踪站，＊光学测量站　07.045

optical tracking system　光学跟踪系统，＊光学测量系统　07.059

optical transfer function　光学传递函数　08.278

optimal frame sync pattern　最佳帧同步码　07.669

optimal information source selection　信息源择优　07.165

optimal launching condition　最佳发射条件　10.121

optimal station geometry　最优观测几何条件　07.100

optimized actuation law　最佳启动规律　16.125

optimized matching　最佳配合　16.122

optimum actuation moment　最佳启动时刻　16.124

optimum actuation point　最佳启动点　16.123

optimum load　最佳负载　09.155

optimum operating current　最佳工作电流　09.157

optimum operating voltage　最佳工作电压　09.156

orange peel　橘皮状表面　12.342

orbit adjustment　轨道修正　07.033

orbital acquisition　轨道捕获　03.218

orbital arc welding　全位置焊　13.311

orbital control　轨道控制　03.220

orbital decay　轨道衰变　14.551

orbital decay model　轨道衰变模式　14.552

orbital element　轨道根数，＊轨道要素　03.180

orbital flight test　轨道飞行试验　14.683

orbital integrated flux　轨道积分通量　14.432

orbital life　轨道寿命　14.553

orbital maintenance　轨道保持　03.219

orbital region　轨道区域　02.127

orbital rendezvous and docking　轨道交会对接　03.217

orbital rendezvous dynamics　轨道交会动力学　03.448

orbital vehicle　轨道器　02.020

orbit changing　变轨　05.236

orbit control law　轨道控制规律　05.248

orbit control quantity　轨道控制量　07.189

orbit control software　轨道控制软件　05.249

orbit control subsystem　轨道控制分系统，＊轨控分系统　03.114

orbit control velocity increment　轨道控制速度增量　05.250

orbit correction　轨道改进　07.150

orbit correction method　轨道改进方法　07.192

1/4 orbit coupling　四分之一轨道耦合　05.332

orbit debris　轨道碎片　14.517

orbit decay return mode　轨道衰减法返回　03.329

orbit determination　轨道确定　07.171

orbit determination accuracy　定轨精度　07.194

orbit dynamics　轨道动力学　03.432

orbiter　轨道器　02.020

orbit gyrocompass　轨道陀螺罗盘　05.410

orbit inclination　轨道倾角　02.065

orbit injection accuracy　入轨精度　07.193

orbit maneuver　轨道机动，＊变轨　07.032

orbit maneuver engine　变轨发动机　03.320

orbit maneuvering rocket engine 轨道机动火箭发动机 04.025

orbit maneuvering rocket motor 轨道机动火箭发动机 04.025

orbit measurement 轨道测量 07.026

orbit measurement system 轨道测量系统 07.056

orbit measuring precision 测轨精度 03.151

orbit module 轨道舱 03.082

orbit parameter 轨道参数 07.200

orbit period 轨道周期 03.162

orbit phase rescue 轨道段救生 03.410

orbit prediction 轨道预报 07.187

orbit prediction error 轨道预报误差 03.152

orbit transfer 轨道转移 05.237

orbit transfer rocket engine 轨道转移火箭发动机 04.026

orbit transfer rocket motor 轨道转移火箭发动机 04.026

ordnance assembly room 火工品装配间 10.295

ordnance checkout room 火工品检测间 10.294

ordnance warehouse 火工品贮存库 10.293

organic fiber reinforced plastic 有机纤维增强塑料 12.053

organic multifunctional electromagnetic wave transparent material 有机多功能透波材料 12.230

orientation 定向 05.263

orientation accuracy 定向精度 08.344

orientation effect 方向效应 08.571

orientation element 像片方位元素 08.336

orientation stability 定轴性 05.109

orifice element 直流喷嘴 04.268

original data 原始数据 02.029

orthogonality check 正交性检查 14.195

orthogonality criterion 正交性判据 14.196

orthostatic tolerance 立位耐力 11.121

orthostatic tolerance examination 立位耐力检查 11.053

oscillating scan 摆动扫描 08.425

OTF 光学传递函数 08.278

outer layer of boundary layer 边界层外层 06.062

outer radiation belt [of the earth] [地球]外辐射带 14.420

outer space 太空，*空间，*外层空间 01.001

output axis of accelerometer 加速度计输出轴 05.183

output axis of gyro 陀螺输出轴 05.180

output reset clock 输出复位时钟 08.469

output signal 输出信号 08.472

output step size 输出步距角 05.571

outside timing system 外时统 07.558

overall checkout equipment for satellite 卫星总测设备 03.304

overall load margin 总负载裕量 09.212

overall sound pressure level 总声压级 14.314

over charge 过充电 09.092

overhaul 大修 18.224

overheated structure 过热组织 12.340

overlap coefficient 重叠系数 08.439

overload 过载 02.091

overload factor 过载系数 02.092

overload-time control 过载时间控制 03.405

overstep 越级 07.524

overstress 过应力 18.203

overtesting 过试验 14.285

oxidizer 氧化剂 04.088

oxidizer filler 氧化剂加注口 10.457

oxidizer filling port support mount 氧化剂加注口支架 10.441

oxidizer filter 氧化剂过滤器 10.437

oxidizer flow rate 氧化剂流量 04.160

oxidizer loading connector 氧化剂加注连接器 10.431

oxidizer loading flexible hose 氧化剂加注软管 10.448

oxidizer loading system 氧化剂加注系统 10.155

oxidizer overflow connector 氧化剂溢出连接器 10.433

oxidizer overflow flexible hose 氧化剂溢出软管 10.449

oxidizer photoelectric sensor 氧化剂光电传感器 10.435

oxidizer pressurizing system 氧化剂增压系统 10.456

oxidizer tank 氧化剂箱 02.159

oxidizer transporter 氧化剂运输车 10.396

oxygen consumption 耗氧量 11.177

oxygen debt 氧债 11.172

oxygen fill valve 充氧阀 11.288

oxygen mask 氧气面罩 11.286

oxygen partial pressure 氧分压强 11.277

oxygen partial pressure control 氧分压控制 11.329

oxygen recombination 氧复合 09.101

oxygen tension 氧张力 11.176

P

PA 航天驾驶员 11.015，聚酰胺 12.055

packet telemetry 分包遥测 07.632

pad aligning at the central point 对中定位 10.132

paddle type solar array 桨叶式太阳电池阵 09.196

painting 涂装 13.241

pair of stereoscopic pictures 立体像对 08.324

panchromatic film 全色胶片 08.351

pancreatic system 变焦系统 08.206

panel method 面元法 06.352

pan film 全色胶片 08.351

panoramic camera 全景式相机 08.106

panoramic distortion 全景畸变 08.332

parabolic flight test aircraft 失重试验飞机 11.400

parabolic surface 抛物面 08.457

parabolized Navier-Stokes equation PNS 方程，*抛物化 N-S 方程 06.334

parachute opening shock 开伞冲击 11.262

parachute opening shock tolerance 开伞冲击耐力 11.143

parachute system 伞系 03.379

parallax 视差 08.325

parallel beam expand device 扩束装置 10.554

parallel fuzing system 并联引爆系统 16.064

parallel scan 并联扫描 08.427

parameter identification 参数辨识 14.174

parameter requiring high response 速变参数 02.271

parameter requiring low response 缓变参数 02.270

parameters at injection 入轨参数 03.149

parking orbit 停泊轨道 03.164

partial illumination 局部照射 16.101

partial reusable space vehicle 部分重复使用运载器 02.055

partial simulation 部分仿真 06.591

partial task trainer 部分任务训练器 11.363

participant factor 参与因数 14.194

particle cloud 粒子云 06.269

particle contamination 颗粒污染 14.570

particle irradiation test 粒子辐照试验 14.644

particle radiation 粒子辐射 14.406

particle radiation damage 粒子辐射损伤 09.180

particulate reinforced composite 颗粒增强复合材料 12.071

passivation 钝化 09.038

passive attitude control 被动姿态控制 05.321

passive attitude stabilization 被动姿态稳定 05.298

passive fuze 被动式引信 16.007

passive microwave remote sensing 被动微波遥感，*无源微波遥感 08.133

passive nutation damping 被动章动阻尼 05.373

passive thermal control 被动式热控制 03.253

passive tracking 被动跟踪 07.350

pasty propellant 膏体推进剂 04.110

pasty propellant rocket engine 膏体[推进剂]火箭发动机 04.013

pasty propellant rocket motor 膏体[推进剂]火箭发动机 04.013

path 路径 17.037

path acceleration 路径加速度 17.078

path accuracy 路径精度 17.084

path line 迹线 06.029

path repeatability 路径重复精度 17.085

path velocity 路径速度 17.077

path velocity accuracy 路径速度精度 17.086

path velocity fluctuation 路径速度波动量 17.088

path velocity repeatability 路径速度重复精度 17.087

pattern of flow 流动类型 06.143

payload fairing 有效载荷整流罩 02.155

payload mission training 载荷任务训练 11.067

payload module 有效载荷舱 03.075

payload preparation room 有效载荷准备间 10.273

payload range 有效载荷试验场 14.657

payload separation 有效载荷分离 02.045

payload specialist 载荷专家 11.017

payload transfer 有效载荷转运 10.100

PBAA propellant 聚丁二烯丙烯酸共聚物推进剂 04.104

PBAN propellant 聚丁二烯丙烯腈推进剂 04.105

peak to peak noise 峰-峰噪声 08.411

peak value 峰值 14.164

peak voltage 峰值电压 09.054

pebble-bed heater 卵石床加热器 06.526

peel strength 剥离强度 12.035

pendular robot 摆动式机器人 17.032

pendulosity 摆性 05.102

pendulous accelerometer 摆式加速度计 05.138

pendulous axis of accelerometer 加速度计摆轴 05.181

pendulous integrating gyro accelerometer 摆式积分陀螺加速度计 05.146

pendulum damper 摆式阻尼器 05.377

penetrant flaw detection 渗透探伤 13.408

penetrating earth telemetry 穿地遥测 07.631

penetration degree 针入度 13.221

penetration radiation 贯穿辐射 14.388

penguin suit 企鹅服 11.377

percentage elongation 伸长率 12.303

percent time in sunlight 受晒因子 03.230

perceptive-motor performance 感知运动能力 11.160

percussing device 着发机构 16.144

perfect gas 完全气体 06.023

perforated wall 开孔壁 06.495

performance calibration flight 性能校飞 07.120

performance index 特性指标 12.365

performance test 性能试验 11.024

performance testing 性能测试 15.224

perigee 近地点 03.183

perigee injection 近地点注入 05.238

perigee kick rocket engine 近地点火箭发动机 04.023

perigee kick rocket motor 近地点火箭发动机 04.023

periodic disturbing torque 周期性干扰力矩 05.547

periodic vibration 周期振动 14.145

peripheral asymmetric configuration 非周向对称布局 06.283

permanent damage 永久性损伤 14.478

permanent-data storage technology 固定数据存储技术 08.491

permanent effect 永久效应 14.477

permanent magnet gyro motor 永磁陀螺电机 05.163

permanent magnet DC torque motor 永磁直流力矩电机 05.083

permanent magnet torquer 永磁式力矩器 05.167

permanent mold casting 金属型铸造，*永久型铸造 13.033

permeability measurement 磁导率测量 15.074

permissible load factor 可用过载 02.106

permissible stress 允许应力 12.326

permit escape 允许逃逸 10.236

permitted blockage percentage 允许阻塞度 06.569

personal computer telemetry station PC遥测站 07.634

perturbation 摄动 03.200

perturbation calculation 摄动计算 07.151

phase change material device 相变[材料]储热装置 03.270

phase comparison radar fuze 比相雷达引信 16.032

phased array antenna 相控阵天线 07.361

phased array instrumentation radar 相控阵测量雷达 07.338

phase detector 相位检波器 08.603

phase history 相位历程 08.607

phase locked crystal oscillator 锁相晶体振荡器 07.561

phase resonance 相位共振 14.180

phase-scanning 相位扫描 07.340

phase separation 相位分离 14.181

phase shifter package 移相器组件 07.362

phase transfer function 相位传递函数 08.280

phonic warning 语音告警 11.202

phosphating 磷化 13.155

phosphoric acid electrolyte fuel cell 磷酸电解质燃料电池 09.030

photocurrent 光生电流 09.147

photodetector 光电探测器 08.385

photoelasticity test 光弹性试验 14.103

photoelectric collimating tube 光电准直管 10.556

photoelectric collimator 光电准直管 10.556

photoelectric colorimetry 光电比色分析 12.267

photoelectric effect 光电效应 09.161

photoelectric sensor 光电式传感器 05.171

photoelectric smoke detector 光电感烟探测器 11.343

photoelectric system 光电系统 08.387

photo-electric telescope 光电望远镜 07.256

photo-electric theodolite 光电经纬仪 07.239

photoelectron 光电子 09.164

photoemission 光电发射 08.386

photo-generated current 光生电流 09.147

photo-generated voltage 光生电压 09.148

photogrammetric coordinate system 摄影测量坐标系，*像平面坐标系 08.335

photogrammetry 摄影测量 15.122

photographic coordinate system 摄影坐标系 08.334

photographic dry plate ［照相］干板 07.270

photographic emulsion 感光乳胶 08.365

photographic film 胶片 08.350

photographic frequency 摄影频率 07.319

photographic image 摄影影像 08.519

photographic resolution 摄影鉴别率 07.322，摄影分辨率 08.284

photographic telescope 照相望远镜 07.259

photo interpretation 图像判读 08.496

photolithography 光刻 13.383

photometer 光度计 08.127

photometric analysis 光度分析 12.266

photo sensitive coating 感光层 08.364

photo sensitivity 感光性 08.363

photovoltaic concentrator module 聚光太阳电池组件 09.190

photovoltaic concentrator solar array 聚光太阳电池方阵 09.197

photovoltaic effect 光生伏打效应 09.162

physical fitness training 体能训练 11.064

physical vapor deposition 物理气相沉积 13.194

physiological effect 生理效应 11.108

physiological tolerance limit 生理耐受限值 11.048

pickoff 传感器 05.168

piercing 冲孔 13.044

piezoelectric device 压电机构 16.148

piezoelectric fuze 压电引信 16.036

piezoelectric type balance 压电式天平 06.693

piezoresistive accelerometer 压阻加速计 05.150

PIGA 摆式积分陀螺加速度计 05.146

pigment 颜料 12.120

pilot astronaut 航天驾驶员 11.015

pilot parachute 引导伞 03.380

pilot wind tunnel 引导性风洞 06.457

pink noise 粉红色噪声 14.149

pipe 导管 02.197

pipe bending 弯管 13.039

pipeline 管路 02.218

pitch angle 俯仰角 06.188，纵摇角 07.219

pitch attitude 俯仰姿态 05.292

pitch attitude acquisition 俯仰姿态捕获 05.258

pitch deformation angle 纵摇变形角 07.225

pitching moment 俯仰力矩 06.250

pitch motion 纵摇 07.216

pitch program angle 俯仰程序角 02.068

Pitot probe of boundary layer 边界层皮托探针 06.723

Pitot-static tube 风速管 06.725

Pitot tube 皮托管 06.722

pitting 点蚀 12.163

pixel 像元 08.398

pixel registration 像元配准 08.297

pixel reset bias 像元复位偏压 08.467

pixel reset clock 像元复位时钟 08.468

pixel resolution 像元分辨率 08.294

planar osculating angle 平面掩星角 03.234

planar technique 平面工艺 13.007

planar winding 平面缠绕 13.355

Planck's radiant body 普朗克辐射体 08.028

Plandtl number 普朗特数 06.099

planet 行星 01.006

planetarium 天象仪 11.397

planetary evolution index 行星演化指数 01.129

planetary exploration robot 行星考察机器人 17.100

planetary radiation budget 行星辐射收支 08.045

planning 刨削 13.101

plasma 等离子体 14.482

plasma arc welding 等离子弧焊 13.302

plasma arc welding with adjustable polarity parameters 变极性等离子弧焊 13.303

plasma cleaning 等离子清洗 13.182

plasma diagnostics 等离子体诊断 06.636

plasma etching 等离子蚀刻 13.393

plasma immersed modification 等离子体湮没改性 13.272

plasma ion-assisted deposition 等离子体离子辅助沉积 13.202

plasma jet 等离子体射流 06.562

plasma machining 等离子加工 13.271

plasma sheath 等离子体鞘套 07.112

plasma source ion implantation 等离子体源离子注入 13.390

plasma spraying 等离子弧喷涂 13.236

plasma spraying method 等离子喷涂法 13.222

plaster molding for investment casting 熔模石膏型铸造 13.032

plastic 塑料 12.041

plasticity 塑性 12.306

plasticizer 增塑剂 12.373

plastic zone size 塑性区尺寸 14.061

plate 极片，＊极板 09.106

plateau propellant 平台推进剂 04.116

platelet injector 层板式喷注器 04.263

plate spring accelerometer 弹簧片式加速度计 05.144

platform balance 台式天平 06.672

platform base 平台基座 02.189

platform-computer guidance 平台计算机制导 02.260

platform coordinate 平台坐标 10.126

platform coordinate system 平台坐标系 05.055

platform cover 平台外罩 05.073

platform electronic assembly 平台电子箱 05.089

platform for remote sensing 遥感平台 08.094

platform inertial guidance system 平台式惯性制导系统 05.024

platform inertial navigation system 平台式惯性导航系统 05.025

platform inner gimbal 平台内框架，＊平台内常平架 05.070

platform outer gimbal 平台外框架，＊平台外常平架 05.071

platform servo-loop 平台伺服回路，＊平台稳定回路 05.075

platform slipping ring 平台导电滑环 05.078

platform stabilized loop 平台伺服回路，＊平台稳定回路 05.075

platform switch lock check 平台开闭锁检查 10.086

platform transfer 平台转运 10.099

platform vibration isolator 平台减震器 05.072

playback robot 示教再现机器人 17.005

plenum chamber 驻室 06.492

plug calorimeter 塞式量热计 06.732

plug nozzle 塞式喷管 04.305

plug nozzle rocket engine 塞式喷管火箭发动机 04.044

plug welding 塞焊 13.314

plume 羽流 05.527

plume attenuation 喷焰衰减 02.277

plume testing 羽流试验 06.615

Pluto 冥王星 01.015

ply angle 铺设角 14.080

pneumatic console 气动控制台 10.534

pneumatic control system 气动控制系统 04.064

pneumatic-hydraulic shock absorber 气液减震器 10.387

pneumatic plug nozzle 气动塞式喷管 04.306

pneumatic quick-disconnect coupling 气动快速脱落连接器 10.533

POGO vibration 纵向耦合振动 02.094

pointing accuracy 指向精度 05.270

point scatter 点散射体 08.549

point-to-multipoint microwave system 一点多址微波通信系统 07.602

Poisson's ratio 泊松比 14.014

polar 极曲线 06.224

polariscope 偏[振]光镜 14.104

polarization 偏振 08.237，极化 08.531

polarization diversity 极化分集 07.686

polarization of electrode 电极极化 09.037

polarized light　偏振光　08.238

polarizing filter　偏振滤光片　08.240

polarizing microscope　偏光显微镜　12.250

polarographic analysis　极谱分析　12.263

polaroid　偏振片　08.239

polar orbit　极［地］轨道　03.170

polar orbit meteorological satellite　极轨气象卫星　03.024

polar robot　极坐标机器人　17.029

pole device　标杆仪　10.551

pole instrument　标杆仪　10.551

polishing　抛光　13.186

polyamide　聚酰胺　12.055

polybutadiene acrylic acid copolymer propellant　聚丁二烯丙烯酸共聚物推进剂　04.104

polybutadiene acrylonitrile propellant　聚丁二烯丙烯腈推进剂　04.105

polygon wind tunnel　圆角多边形风洞　06.444

polyimide resin　聚酰亚胺树脂　12.056

polysulfide propellant　聚硫推进剂　04.102

polytetrafluoroethylene　聚四氟乙烯　12.060

polyurethane-foam plastic　聚［氨基甲酸］酯泡沫塑料　12.045

polyurethane pad blanking　聚氨酯冲裁　13.047

polyurethane propellant　聚氨酯推进剂　04.103

porosity　开闭比　06.493

porous wall　多孔壁　06.491

portable life support system　便携式生命保障系统　11.352

pose　位姿　17.034

pose accuracy　位姿精度　17.079

pose overshoot　位姿超调量　17.082

pose repeatability　位姿重复精度　17.080

pose stabilization time　位姿稳态时间　17.081

pose to pose control　位姿到位姿控制　17.055

position drift of geostationary satellite　地球静止卫星位置漂移　03.168

position gain　位置增益　05.343

positioning subsystem　标位分系统　03.378

position strap-down inertial guidance system　位置捷联式惯性制导系统　05.028

position test　位置试验　05.223

positive acceleration　正向加速度　11.254

positive electrode　正极　09.104

positive terminal　正极柱　09.109

postcure　后固化　13.371

postdetection recording　检后记录　07.699

postflight medical analysis　飞行后医学分析　11.100

postflight medical monitoring and support　飞行后医学监督和保障　11.101

post mission processing　事后数据处理　07.136

post-mission replay　事后复演　07.182

post-mission zero calibration　事后校零　07.430

post-processing　后处理　14.185

postweld treatment　焊后处理　12.110

potable water　饮用水　11.246

potable water tank　饮水箱　11.321

potential fault　潜在故障　18.198

potential flow　势流　06.174

potentiometric analysis　电位分析　12.111

pouring　浇注　13.367

pouring foaming　浇注发泡　13.368

pour point　倾点　12.108

powder forging　粉末锻造　13.090

powder ignition　火药点火　04.330

powder metallurgical alloy　粉末冶金合金　12.183

powder start system　火药起动系统　04.062

power budget　功率预算　09.201

power budget during equinox　二分点功率预算　09.227

power budget during solstice　二至点功率预算　09.228

power control electronics　电源控制设备　09.224

power cycle　动力循环　04.076

powered-flight phase　主动段　02.062

powered phase guidance　动力段制导　02.248

power flight phase　动力飞行段　03.146

power flight phase escape　主动段救生　03.409

power plant control console　动力控制台　10.530

power plant relay cabinet　动力继电器柜　10.531

power spinning　变薄旋压，＊强力旋压　13.059

power supply control system for telemetering system　遥测供电控制系统　02.276

power supply subsystem　电源分系统　03.112

practical efficiency of solar array　太阳电池阵的实际

效率 09.199

practical module efficiency 组件实际效率 09.188

Prandtl-Glauert rule 普朗特-格劳特法则 06.348

Prantdl-Meyer flow 普朗特-迈耶尔流 06.158

preburner 预燃室 04.256

precession 进动性 05.110

precipitate particles 沉降粒子 14.429

precision blanking 精密冲裁 13.046

precision centrifuge 精密离心机 05.231

precision centrifuge test 精密离心试验 05.228

precision deburring 精密去毛刺 13.188

precision of calibration model 标模试验精密度 06.773

precision of measurement 测量精密度 15.138

precision pair grinding 精密配磨 13.111

precision welding 精密焊 13.329

pre-cooling 预冷 10.207

pre-cooling by auto-flow 自流预冷 10.208

pre-cooling by pressurization 增压预冷 10.209

predetection recording 检前记录 07.698

predicted value 预计值 18.033

pre-exposure 预曝光 08.223

preferred parts list 优选元器件清单 18.114

preflight medical analysis 飞行前医学分析 11.098

preflight medical examination 飞行前医学检查 11.097

prelaunching checkout and control data network of launch site [发射场]测试测控数据网 02.279

prelaunch inspection 临射检查 10.213

prelaunch testing 发射前测试 15.230

preliminary design 初步设计 02.023

preliminary discharge 预放电 09.071

preliminary orbit calculation 初始轨道计算, ＊初轨计算 07.186

preliminary orbit determination 初始轨道确定, ＊初轨确定 03.236

premature burst 过早炸 16.085

pre-mission zero calibration 事前校零 07.429

preoxidized 预氧化 13.244

preoxygenation 预吸氧 11.175

prepackaged rocket engine 预包装火箭发动机 04.053

prepreg 预浸料 13.361

pre-processing 前处理 14.184

prerotating vane 预扭导流片 06.509

preservation period 保管期 12.377

presetting 预先装定 16.074

press-brake forming 闸压成形 13.051

press riveting 压铆 13.344

pressure 压强 06.035

pressure balance valve 压力平衡阀 11.280

pressure coefficient 压强系数 06.214

pressure control subsystem 压力控制分系统 03.122

pressure die casting 压力铸造, ＊压铸 13.025

pressure distribution test 压力分布试验 06.601

pressure-feed liquid rocket engine 挤压式液体火箭发动机 04.042

pressure-feed system 挤压式供应系统 04.056

pressure fuze 压力引信 16.039

pressure reducer 减压器 11.279

pressure regulating valve 调压阀 06.523

pressure regulator 压力调节器 05.510

pressure sensitive paint 压敏漆 06.735

pressure test 压力试验 13.439

pressure transducer 压力传感器 10.505

pressurization 增压 10.078

pressurized-gas reaction control system 压缩气体反作用控制系统 05.498

pressurized module 压力舱 03.081

pretreatment 预处理 13.243

pretreatment of fiber 纤维预处理 12.399

pre-trigger 预触发器 08.470

preventive maintenance 预防性维修 18.236

pre-warning time 预警时间 03.417

preweld treatment 焊前处理 12.109

primary battery 一次电池 09.004

primary optical system 主光学系统 08.181

primary standard 主标准 15.184

primary standard solar cell 一级标准太阳电池 09.144

primer 底胶 12.033, 火帽 16.158

primer-safety fuze 隔离火帽型引信 16.053

principal axis of inertia 主惯性轴 14.139

principal point 像主点 08.323

principal strain 主应变 14.011

principal stress 主应力 14.009

principle of measurement 测量原理 15.053

prismatic joint 棱柱型关节 17.018

probability of false star acquisition 伪星捕获概率 05.479

probability of fuze actuation 引信启动概率 16.126

probability of spf 单点失效概率 18.132

probability of star acquisition 星捕获概率 05.478

problem 问题 18.108

problem analysis 问题分析 18.109

problem trend analysis 问题趋势分析 18.111

process 工艺 13.001

process parameter 工艺参数 13.002

process tool 工艺装备，＊工装 13.003

product assurance 产品保证 18.038

product assurance program 产品保证大纲 18.039

product certificate 产品证明书 18.093

production permit 生产许可 18.107

production turnaround 生产周转期 12.382

product liability 产品责任 18.092

product log 产品履历书 18.091

professional technique training 专业技术训练 11.081

proficiency testing 能力测试 15.223

profile mean line 翼型中弧线 06.291

profile milling 仿形铣削，＊靠模铣削 13.106

profile thickness 翼型厚度 06.292

program designation 程序引导 07.389

programmable telemetry 可编程遥测 07.614

programmable telemetry system 可编程遥测系统 02.266

programmer 程序机构 05.074，编程人员 17.010

program power distribution 程序配电 10.220

program pulse 程序脉冲 10.221

progressive burning 增面燃烧 04.217

progressive orbit 顺行轨道 03.190

progressive wave field 行波场 14.319

progressive wave test 行波［声］试验 14.326

progressive wave tube 行波管 14.328

proof mass 检测质量 05.184

propellant 推进剂 02.235

propellant block 推进剂方坯 04.282

propellant burning rate 推进剂燃烧速率，＊推进剂燃速 04.206

propellant burning time 推进剂燃烧时间 04.173

propellant chemical analysis 推进剂化验 10.148

propellant control system 推进剂管理系统 04.070

propellant evaporation 推进剂蒸发 10.157

propellant feed system 推进剂供应系统，＊推进剂输送系统 04.054

propellant fill-drain lines 推进剂加泄管 10.460

propellant flow rate 推进剂流量 04.159

propellant grain 推进剂药柱 04.281

propellant level indicator 推进剂液面指示器 10.440

propellant level transducer 推进剂液面传感器 10.439

propellant loading equipment 推进剂加注设备 10.458

propellant loading flow rate 推进剂加注流量 10.160

propellant loading flow velocity 推进剂加注流速 10.161

propellant loading temperature 推进剂加注温度 10.459

propellant management device 推进剂管理装置 04.361

propellant management system 推进剂管理系统 04.070

propellant mixture ratio 推进剂混合比 04.158

propellant pressurization system 推进剂增压系统 04.072

propellant storage depot 推进剂贮存库 10.311

propellant tank 推进剂贮箱 02.157

propellant tank expulsion efficiency 贮箱排空效率 04.239

propellant tank volumetric efficiency 贮箱容积效率 04.240

propellant transfusing room 推进剂转注间 10.347

propellant utilization system 推进剂利用系统 04.071

propellant with negative burning rate pressure exponent 负压强指数推进剂 04.117

property of coating 涂层性能 12.117

proportional limit 比例极限 14.023

propulsion module 推进舱 03.083

propulsion subsystem 推进分系统 03.130

propulsion system 推进系统 02.003

propulsion system of rocket [火箭的]推进系统 02.228

protected zone 保护区 07.103

protection of space debris 太空碎片防护 14.525

protective cover 防护堵盖 02.216

protective cutoff 保护关机 10.252

protective earthing 保护[性]接地 10.301

protective grounding 保护[性]接地 10.301

protoflight test 原型飞行试验 14.277

prototype design 初样设计 02.026

prototype rocket 模样[火]箭 02.047

prototype test 初样试验 14.275

proximity fuze 近炸引信 16.004

PS 载荷专家 11.017

pseudo color picture treatment 伪彩色图像处理 06.766

pseudo-coning error 伪锥误差 05.046

pseudo-noise code 伪[噪声]码 07.417

*pseudorandom code [伪]随机码 07.417

pseudorandom code frequency-modulated fuze 伪随机码调频引信 16.029

pseudorandom code fuze 伪随机码引信 16.027

pseudorandom code phase-modulated fuze 伪随机码调相引信 16.028

pseudorandom code ranging 伪码测距, *随机码测距 07.421

pseudorandom pulse position fuze 伪随机脉位引信 16.030

pseudo-rate increment control 伪速率增量控制 05.347

PS propellant 聚硫推进剂 04.102

psychological selection 心理学选拔 11.046

psychological stress 心理应激 11.158

psychological training 心理训练 11.065

psycho-psychiatric examination 心理精神检查 11.047

PTF 相位传递函数 08.280

PTFE 聚四氟乙烯 12.060

public address 通播 07.522

pull broaching 拉削 13.115

pull-in range 捕获带 07.370

pulsating pressure 脉动压力 06.246

pulse anodizing 脉冲阳极[氧]化 13.255

pulse charge 脉冲充电 09.086

pulse compression 脉冲压缩 08.581

pulse compression technology 脉冲压缩技术 07.343

pulsed Doppler fuze 脉冲多普勒引信 16.019

pulsed Doppler technology 脉冲多普勒技术 07.344

pulsed laser deposition 脉冲激光沉积 13.200

pulsed-plasma arc welding 脉冲等离子弧焊 13.304

pulsed plasma thruster 脉冲等离子体推力器 05.509

pulsed radar fuze 脉冲雷达引信 16.015

pulsed drop-off time 脉冲下降时间 14.341

pulsed specific impulse 脉冲比冲 04.144

pulsed spot welding 脉冲点焊 13.320

pulsed torquing 脉冲施矩, *脉冲加矩 05.091

pulse equivalency 脉冲当量 05.090

pulse firing 脉冲点火 05.353

pulse instrumentation radar 脉冲测量雷达 07.335

pulse laser fuze 脉冲激光引信 16.046

pulse laser radar 脉冲激光雷达 07.265

pulse plating 脉冲电镀 13.219

pulse rebalance 脉冲再平衡 05.104

pulse repetition frequency 脉冲重复频率 08.604

pulse rise time 脉冲上升时间 14.340

pulse rocket motor 脉冲式火箭发动机 04.029

pulse solar simulator 脉冲式太阳仿真器 09.230

pulse telemetry parameter 遥测脉冲参数 07.645

pulse width 脉冲宽度 04.146

pulse width-pulse frequency modulation control 调宽调频控制 05.415

pulse wind tunnel balance 脉冲风洞天平 06.692

pultrude 挤拉成形 13.077

pultrusion process 挤拉成形 13.077

pump cavitation coefficient 泵气蚀系数 04.235

pump cavity blow-off 泵腔吹除 10.185

pump efficiency 泵效率 04.226

pump specific angular speed 泵比转速 04.227

pump stall 泵失速 04.229

punching 冲孔 13.044

PU propellant 聚氨酯推进剂 04.103

PUR-foam plastic 聚[氨基甲酸]酯泡沫塑料 12.045

purge 吹除 10.181

purging pressure 吹除压强 10.186

purging system 吹除系统 04.067

PUS 推进剂利用系统 04.071

push broom 推扫 08.424

PVD 物理气相沉积 13.194

pyramidal balance 塔式天平 06.671

pyroelectric detector 热释电探测器 05.453

pyroshock environment 爆炸冲击环境 14.333

pyroshock simulator 爆炸冲击仿真器 14.355

pyroshock test 爆炸冲击试验 14.351

pyrotechnics assembly room 火工品装配间 10.295

pyrotechnics checkout room 火工品检测间 10.294

pyrotechnics warehouse 火工品贮存库 10.293

Q

q factor 品质因数 14.209

QFD 质量功能展开 18.084

Q&R 质量与可靠性 18.118

Q&R data system 质量与可靠性信息系统 18.119

Q&R information system 质量与可靠性信息系统 18.119

quadruple mass-spectrometer 四极质谱仪 14.633

qualification process 鉴定过程 18.041

qualification test 鉴定试验 18.042

qualified supplier list 合格供应商目录 18.090

qualitative test 定性测试 10.049

quality 质量，*品质 18.058

quality analysis 质量分析 18.073

quality and reliability 质量与可靠性 18.118

quality assessment 质量评价 18.080

quality assurance 质量保证 18.061

quality assurance mode 质量保证模式 18.062

quality assurance program 质量保证大纲 18.063

quality assurance system 质量保证体系 18.060

quality audit 质量审核 18.078

quality auditor 质量审核员 18.079

quality certification 质量认证 18.077

quality control 质量控制 18.071

quality control test 质量控制试验 14.280

quality factor 品质因数 14.209

quality feedback 质量反馈 18.074

quality function deploy 质量功能展开 18.084

quality improvement 质量改进 18.075

quality loop 质量环 18.076

quality loss 质量损失 18.082

quality management 质量管理 18.068

quality manual 质量手册 18.081

quality of space product 航天产品质量 01.081

quality plan 质量计划 18.067

quality planning 质量策划 18.065

quality policy 质量方针 18.064

quality record tracing card 质量记录跟踪卡 18.072

quality-related costs 质量成本 18.066

quality surveillance 质量监督 18.070

quantitative test 定量测试 10.050

quantity of dimension one 量纲为1的量 15.024

quantization 量化，*数字化 08.483

quantization unit 量化单位 07.358

quantum efficiency 量子效率 09.149

quarter orbit coupling 四分之一轨道耦合 05.332

quartz-ceramics 石英陶瓷 12.077

quartz glass 石英玻璃 12.078

quartz pendulous accelerometer 石英摆式加速度计 05.145

quasi-sinusoid 准正弦波 14.163

quasi-stationary 准平稳 14.249

quasi-steady-state wind 准平稳风 02.109

quench crack 淬火裂纹 12.316

quench hardening 淬火 13.141

quenching 淬火 13.141

quenching and tempering 调质 13.167

quick action valve 快速阀 06.522

quick display 快看显示 07.704

quick-look display 快看显示 07.704

R

radar 雷达 07.333

radar absorbing structure 雷达波吸收结构 12.231

radar altimeter 雷达测高计 08.140

radar calibration 雷达标校 07.359

radar cross-section 雷达截面积 07.376

radar fuze 雷达引信 16.014

radar instrumentation network 雷达测量网 07.394

radar look-directions 雷达视向 08.572

radar reflectivity 雷达反射率 08.541

radar remote sensing 雷达遥感 08.006

radar remote sensing satellite 雷达遥感卫星 03.035

radar resolution 雷达分辨率 07.354

radar returns 雷达回波 08.537

radar scatterometer 雷达散射计 08.139

radar search 雷达搜索 07.345

radar stereo-viewing 雷达立体观测 08.575

radar tracking station 雷达跟踪站，＊雷达测量站 07.046

radar transmitter 雷达发射机 08.580

radial distortion 径向畸变 08.330

radial-flow turbine 径流式涡轮 04.343

radial forging 径向锻造，＊旋转锻造 13.089

radial resolution 径向分辨率 08.287

radiance 辐亮度 08.031

radiant correction 辐射校正 08.030

radiant energy 辐射能 14.393

radiant exitance 辐射出射度 05.483

radiant flux 辐射通量 14.394

radiant flux density 辐射通量密度 14.397

radiated emission 辐射发射 14.654

radiated susceptibility 辐射敏感性 14.655

radiation 辐射 14.383

radiation belt 辐射带 14.418

radiation belt model 辐射带模式 14.427

radiation belts of the Earth 地球辐射带 01.114

radiation body 辐射体 14.384

radiation coefficient 辐射系数 12.356

radiation cooling 辐射冷却 04.303

radiation damage 辐射损伤 14.434

radiation dose 辐射剂量 14.435

radiation dose rate 辐射剂量率 14.438

radiation emission measurement 辐射发射测量 15.082

radiation emission safety factor measurement 辐射发射安全系数测量 15.087

radiation hardened component 抗辐射加固器件 14.455

radiation hardening 抗辐射加固 14.454

radiation intensity 辐射强度 14.396

radiation measurement 辐射测量 15.097

radiation medicine 放射医学 14.451

radiation protection 辐射防护 14.433

radiation resolution 辐射分辨率 08.292

radiation sensitivity measurement 辐射敏感度测量 15.083

radiation temperature 辐射温度 14.398

radiative refrigerator 辐射致冷器 03.278

radiative thermal protection 辐射防热 03.364

radiator 辐射散热器 11.303

radioactive cloud 放射性云 14.471

radioactive deposition 放射性沉降 14.428

radioactive fallout 放射性沉降 14.428

radioactive measurement 放射性测量 15.098

radio aggregation communication system 无线电集群通信系统 07.603

radio beacon 无线电信标机 03.400

radio emission 射电辐射 14.378

radio frequency 射频 08.017

radio frequency sensor 射频敏感器 05.448

radio fuze 无线电引信 16.010

radiographic inspection 射线透照检查 13.412

radio guidance 无线电制导 02.243

radio interferometer 无线电干涉仪 07.378

radio measurement 无线电测量 15.067

radiometer method 辐射计法 12.246

radiometric balance 辐射平衡 05.465

radiometric calibration device 辐射定标装置

08.443

radiometric resolution 辐射分辨率 08.292

radio-sensitive element 辐射敏感元件 05.450

radio silence 无线电静默 10.085

radio telecommand 无线电遥控 07.442

radio telemetry 无线电遥测 07.608

radio tracking system 无线电跟踪系统，＊无线电测量系统 07.060

radio transmission reconnaissance satellite 无线电传输型侦察卫星 03.031

radio wave refraction correction 电波折射修正 07.142

radio zero calibration 无线校零 07.428

rail carriage 铁路支架车 10.381

rail transfer 轨道转运 10.106

rail transporter 铁路运输车 10.379

railway platform truck 铁路平板车 10.382

railway transfer 铁路转运 10.105

ramp method of ablation test 斜坡烧蚀试验 06.635

random code fuze 随机码引信 16.031

random drift rate 随机漂移率 05.216

random error 随机误差 15.150

random fault 偶然故障 18.197

random spectrum 随机谱 14.246

random vibration 随机振动 14.146

random vibration environment 随机振动环境 14.291

random vibration test 随机振动试验 14.293

random walk angle 随机游动角 05.217

range accuracy 测距精度 07.284

range acquisition 距离捕获 07.407

range acquisition time 距离捕获时间 07.415

range ambiguity 距离模糊 08.593

range curvature 距离弯曲 08.598

range cutoff 射程关机 10.249，距离截止 16.196

range cutoff characteristic 距离截止特性 16.096

range direction 距离方向 08.574

range error 测距误差 07.287

range rate accuracy 测速精度 07.286

range rate error 测速误差 07.289

range reference pole 距离标 07.280

range resolution 距离分辨率 07.356

range selection 距离选择 16.195

range sum 距离和 07.398

range sum rate 距离和变化率 07.399

range tank 靶室 06.506

range tracking 距离跟踪 07.346

range walk 距离游动 08.597

ranging coverage 作用距离 07.283

ranging system 测距系统 07.371

rapid decompression 快速减压 11.174

rapid decompression chamber 快速减压舱 11.394

rapid solidification 快速凝固 13.382

rarefied aerodynamics 稀薄空气动力学 06.005

rarefied gas flow 稀薄气流 06.149

RAS 雷达波吸收结构 12.231

rate 倍率 09.098

rate damping 速率阻尼 05.315

rated capacity 额定容量 09.041

rated load 额定负载 17.072

rated operating conditions 额定工作条件 15.212

rated power of solar array 太阳电池阵额定功率 09.204

rated thrust 额定推力 04.123

rated voltage 额定电压 09.045

rate integrating gyro 速率积分陀螺仪 05.120

rate of closed hole 闭孔率 12.360

rate of discharge 放电[倍]率 09.070

rate of gas generation 发气率 04.242

rate of pitch 俯仰角速度 06.192

rate-of-rise fixed temperature detector 差定温探测器，＊固定温升探测器 11.344

rate of roll 滚动角速度 06.194

rate of yaw 偏航角速度 06.193

rate strap-down inertial guidance system 速率捷联式惯性制导系统 05.029

rate table 速率转台 05.229

ratio of obstruction 遮拦比 08.179

ratio of solar absorptance to emittance [涂层]吸收发射比 03.265

raw data 原始数据 02.029

Rayleigh scattering 瑞利散射 08.066

RBVC 返束光导管摄像机 08.121

RCC device 远心柔顺装置 17.026

3rd liquid level Ⅲ液位 10.197

reachability 可及性 11.188

reaction bond 反应结合 12.062

reaction turbine 反力式涡轮 04.341

reaction wheel 反作用轮 05.532

reaction wheel control 反作用轮控制 05.337

reactive ion beam etching 反应离子束蚀刻 13.396

reactive ion etching 反应离子蚀刻 13.394

readaptation 再适应 11.148

readied segment escape 待发段逃逸 10.238

readiness 准备 18.004

readiness rate 准备完好率 18.005

readout clock 读出时钟 08.466

readout register 读出寄存器 08.479

ready-to-eat food 即食食品 11.239

real antenna 真实天线 08.526

real aperture radar 真实孔径雷达 08.146

real aperture side-looking radar 真实孔径侧视雷达 08.156

real exposure time 实际曝光时间 08.226

real gas 真实气体 06.024

real gas effect 真实气体效应 06.276

real line subscriber 实线用户 07.527

real-time analysis 实时分析 14.218

real-time application software 实时应用软件 07.505

real-time ballistic calculation 实时弹道计算 07.168

real-time ballistic camera 实时弹道相机 07.247

real-time command 实时指令 07.466

real-time communication management program 实时通信管理程序 07.499

real-time data processing 实时数据处理 07.135

real-time display 实时显示 07.197

real-time impact calculation 实时落点计算 07.174

real-time measurement 实时测量 15.112

real-time network management program 实时网络管理程序 07.501

real-time operation software 实时操作软件 07.495

real-time output 实时输出 07.326

real-time print 实时打印 07.181

real-time processing accuracy 实时处理精度 07.158

real-time processing computer 实时处理计算机 07.483

real-time recording 实时记录 07.180

real-time system software 实时系统软件 07.494

real-time telemetry 实时遥测 07.617

real-time track recording 实时留迹记录 07.204

reaming 铰孔 13.117

rear fin 尾翼 02.171

rear section 尾段 02.170

rebalance 再平衡 05.103

receptance 位移导纳，＊动柔度 14.199

recession thickness 烧蚀厚度 03.367

recirculation valve 再循环阀 11.212

Recommendations of Consultative Committee for Space Data System 空间数据系统协商委员会建议，＊CCSDS 建议 07.010

reconfigurable technology 可重组技术 07.707

reconnaissance satellite 侦察卫星 03.029

reconnaissance subsystem 侦察分系统 03.105

reconstruction [影像]再现 06.757

recording [measuring] instrument 记录式[测量]仪器 15.172

recording mode 记录方式 07.316

recoverable capsule 返回器 03.324

recoverable module 返回舱，＊回收舱 03.078

recoverable photo reconnaissance satellite 回收型照相侦察卫星 03.030

recoverable satellite 返回式卫星 03.046

recoverable spacecraft 返回式航天器 03.323

recovery 回收 03.370

recovery area 回收区 02.117

recovery cassette 回收片盒 08.306

recovery coefficient 恢复系数 06.074

recovery mode 回收方式 03.371

recovery subsystem 回收分系统 03.124

recovery telemetry 回收遥测 07.638

recovery temperature 恢复温度 06.073

rectangular cadmium-nickel battery 方型镉镍蓄电池 09.021

rectangular robot 直角坐标机器人 17.027

rectangular wind tunnel 矩形截面风洞 06.443

rectification error 整流误差 05.210

rectifier 校正仪 08.347

rectifying apparatus 校正仪 08.347

recursion keeping　回归保持　07.034

recursive orbit　回归轨道　03.192

red blood cell mass reduction in space　航天红细胞量减少　11.114

red corpuscle mass reduction in space　航天红细胞量减少　11.114

reduced smoke propellant　少烟推进剂　04.111

redundancy　冗余　18.206

redundant information　冗余信息　07.138

reentry　再入　03.172

reentry altitude　再入高度　03.352

reentry angle　再入角　03.175

reentry blackout zone　再入黑障区　03.361

reentry control　再入控制　05.240

reentry environment　再入环境　14.263

reentry gas dynamics　再入气体动力学　06.011

reentry heating　再入加热　03.362

reentry load　再入载荷　02.103

reentry mode　再入方式　03.339

reentry phase　再入段　03.337

reentry［phase］measurement　再入［段］测量　07.020

reentry plasma sheath　再入等离子鞘　03.360

reentry point　再入点　03.174

reentry telemetry　再入遥测　07.628

reentry thermal protection　再入防热　03.363

reentry trajectory　再入轨道　03.173

reentry vehicle　再入飞行器　03.322

reentry velocity　再入速度　03.176

reference conditions　标准条件　15.211

reference electrode　参比电极　09.035

reference frequency system　频率基准系统　07.563

reference material　标准物质　15.191

reference spectrum　参考谱　14.226

reference standard　参照标准　15.186

reflectance　反射率　08.086

reflectance characteristics　反射特性　08.088

reflectance coefficient　反射系数　08.087

reflectance factor　反射因子　08.089

reflectance spectral feature　反射波谱特征　08.499

reflected shock operation　反射型运行　06.542

reflecting surface　反射面　08.454

reflection　反射　08.085

reflection of wave　波的反射　06.563

reflection plate method　反射平板法　06.609

reflection right-angle prism device　反射直角棱镜装置　10.552

reflective index　反射率　08.086

reflective infrared　反射红外　08.011

reflective optical system　反射式光学系统　08.176

reflectivity　反射率　08.086

reflectometer method　反射计法　12.245

refractive and reflective optical system　折反式光学系统　08.178

refractive optical system　折射式光学系统　08.177

refractory alloy　难熔合金　12.184

refrasil　高硅氧　12.028

regeneration system　再生系统　06.520

regenerative cooling　再生冷却　04.300

regenerative life support system　再生式生命保障系统　11.346

registration　配准　08.180

registration riveting　定位铆　13.345

regressive burning　减面燃烧　04.218

regulation of metrological verification　计量检定规程　15.011

rehearsal　合练　10.027

rehearsal model　合练模型　03.072

rehearsal of all region　全区合练　10.032

rehearsal outline　合练大纲　10.033

rehydratable beverage　复水饮料　11.241

rehydratable food　复水食品　11.240

rehydratable packaging　复水包装　11.242

reinforced plastic　增强塑料　12.051

reinforcing phase　增强相　12.092

rejection notice of verification　检定结果［不合格］通知书　15.014

relative aperture　相对孔径　08.212

relative error　相对误差　15.149

relative flying height　相对航高　08.170

relative GPS　相对 GPS　05.574

relative measurement　相对测量　15.117

relative radiometric calibration　相对辐射定标　08.442

relative spectral response　相对光谱响应　09.168

relative spectral sensitivity　相对光谱灵敏度

09.171

relative velocity　相对速度　16.108

relaxation equation　弛豫方程　06.091

relaxation phenomena　弛豫现象　06.089

relaxation time　弛豫时间　06.090

relay optical system　中继光学系统　08.182

relevant fault　关联故障　18.188

reliability　可靠性　18.001

reliability allocation　可靠性分配　18.144

reliability and maintanability　可靠性维修性　18.025

reliability assurance program　可靠性保证大纲　18.122

reliability block diagram　可靠性框图　18.142

reliability growth　可靠性增长　18.146

reliability growth management　可靠性增长管理　18.184

reliability growth test　可靠性增长试验　18.177

reliability model　可靠性模型　18.143

reliability monitoring　可靠性监控　18.171

reliability of satellite in orbit test　卫星在轨测试交付可靠度　18.129

reliability of space product　航天产品的可靠性　01.080

reliability prediction　可靠性预计　18.145

reliability program plan　可靠性工作计划　18.123

reliability test　可靠性试验　18.172

reliability verification　可靠性验证　18.167

reliability verification test　可靠性验证试验　18.173

relief valve　安全阀　02.206

remote center compliance device　远心柔顺装置　17.026

remote commanding　远程发令　07.456

remote focusing　遥控调焦　08.203

remote monitor and control　远程监控　07.384

remote operating system　遥操作系统　17.091

remote sensing camera　遥感相机　08.102

remote sensing data base of geographical information　地理信息遥感数据库　08.494

remote sensing image　遥感影像　08.516

remote sensing picture　遥感图像　08.517

remote sensing satellite　遥感卫星　03.019

remote sensing subsystem　遥感分系统　03.103

remote sensor　遥感器　08.101

remote setting　遥控装定　16.075

remove exploding　解爆　10.257

rendezvous and docking　交会对接　05.416

reorientation　重新定向　05.264

repair　修理　18.227

repairable item　可修复产品　18.222

repair joint efficiency　修补接头效率　12.099

repeatability　重复性　15.210

repeatability of measurement　测量重复性　06.777

repeatability〔of results of measurement〕〔测量结果的〕重复性　15.141

replaceable units　可更换单元　18.249

replay program　复演程序　07.509

replenishment　补充加注，＊补加　10.170

repressurization　复压　11.276

reproducibility〔of results of measurement〕〔测量结果的〕复现性　15.142

requirements for quality　质量要求　18.059

rescue action　救生措施　18.263

rescue spacecraft　救生飞船　03.063

rescue training　营救训练　11.079

reseau　网格　08.313

reserve battery　贮备电池　09.005

residual error　残差　05.044

residual gas analyzer　残余气体分析仪　14.634

residual hazard　残余危险　18.256

residual life　剩余寿命　14.075

residual liquid level　剩余液位　10.198

residual magnetic dipole　剩磁偶极子　05.392

residual magnetic moment　剩磁矩　14.660

residual nuclear radiation　剩余核辐射　14.469

resilience-proof device　防回弹装置　10.314

resin content　树脂含量　12.102

resin matrix composite　树脂基复合材料　12.068

resin pocket　树脂淤积　12.100

resin starved region　贫树脂区　12.101

resin transfer molding　树脂传递模成形　13.076

resistance　阻力　06.221

resistance brazing　电阻钎焊　13.294

resistance soldering　电阻钎焊　13.294

resistance spot welding　电阻点焊　13.322

resolution　分辨率　08.282

resolution capability of fuze　引信分辨力　16.095

resolution of film 胶片解像力 08.370

resolution of range ambiguity 距离消模糊 07.373

resolution of real aperture 真实孔径分辨率 08.586

resolution of synthetic aperture 合成孔径分辨率
08.587

resonance 共振 14.211

resonance frequency 共振频率 14.212

resonant element 谐振单元 08.550

resources module 资源舱 03.086

respiratory decompensation 呼吸代偿障碍 11.179

response 响应 14.131

response characteristic 响应特性 15.200

response control 响应控制 14.303

responsibility 响应率 08.404

responsive quantum efficiency 响应量子效率
08.406

restricted area 限制区 10.362

restricted space 限定空间 17.044

restricted three-body problem 限制性三体问题
03.226

restrictor 限燃层 04.286

resultant error of ground aiming 地面瞄准总误差
10.142

result data handling report 结果数据处理报告
10.040

result of a measurement 测量结果 15.130

retro-angle 制动角 03.351

retrogradation 制动 03.348

retrogressive orbit 逆行轨道 03.191

retro module 制动舱 03.079

retro-nozzle 反推喷管 02.135

retroreflector 后向反射器 07.273

retro-rocket 反推火箭 02.134，制动火箭
03.349

retro-rocket motor 制动火箭发动机 04.028

retro-speed 制动速度 03.350

return 返回 03.374

return altitude 返回高度 03.345

return angle 返回角 03.346

return-beam vidicon camera 返束光导管摄像机
08.121

return course 返回过程 03.334

returning site control 返回落点控制 05.235

return mode 返回方式 03.328

return phase rescue 返回段救生 03.411

return point 返回点 03.344

return subsystem 返回分系统 03.121

return system 返回系统 03.325

return technique 返回技术 03.343

return trajectory 返回轨道 03.171

return velocity 返回速度 03.347

reusable recoverable capsule 重复使用返回器
03.327

reusable rocket 重复使用火箭发动机 04.041

reusable rocket engine 重复使用火箭发动机
04.041

reusable thermal protection material 可重复使用防热
材料 12.019

reverberation chamber 混响室 14.327

reverberation field 混响场 14.318

reverberation test 混响试验 14.325

reversal 极性变换，*反极 09.082

reversal nozzle 反向喷管 04.318

reverse bias 反向偏压 09.160

reverse charge 反充电 09.093

rework 返工 18.226

Reynolds analogy relation 雷诺比拟关系式
06.337

Reynolds equation 雷诺方程 06.336

Reynolds number 雷诺数 06.102

Reynolds number correction 雷诺数修正 06.794

Reynolds stress 雷诺应力 06.393

RF transform tower 射频转接塔 10.313

rhumb line method 等倾角法 05.366

right ascension of ascending node 升交点赤经
03.186

rigidity 刚度 14.017

rigid multibody dynamics 多刚体动力学 03.427

rigid plate 刚性底板 09.217

rigid polyurethane foams 硬质聚氨脂泡沫塑料
12.047

rigid spacecraft dynamics 刚性航天器动力学
05.397

ring rolling 辗环 13.094

ring slot injector 环缝式喷注器 04.264

risk 风险 18.259

risk analysis 风险分析 18.260

riveted structure 铆接结构 02.148

riveting 铆接 13.339

riveting test 铆接试验 13.340

r&m 可靠性维修性 18.025

r&m contractual parameter 可靠性维修性合同参数 18.026

r&m operational parameter 可靠性维修性使用参数 18.027

rms noise 均方根噪声 08.410

road transfer 公路转运 10.104

robot 机器人 17.003

robotics 机器人学 17.008

robot system 机器人系统 17.007

robot technology experiment device 机器人技术实验装置 17.103

rocket 火箭 02.001

rocket body 箭体 02.132

rocket body diameter 箭体直径 02.042

rocket body structure 箭体结构 02.133

rocket-borne TT&C subsystem 箭载测控分系统 07.066

rocket engine high altitude test 火箭发动机高空试验 14.640

rocket engine plume 火箭发动机羽流 04.249

rocket engine 火箭发动机 02.230

rocket exhaust noise 火箭排气噪声 14.312

rocket-ground port check 箭-地接口检查 10.087

rocket motor 火箭发动机 02.230

rocket plume test 火箭羽焰试验 14.642

rocket propellant 火箭推进剂 04.084

rocket-propelled sled technique 火箭撬技术 06.648

rocket propulsion system 火箭推进系统 02.229

rocket sled 火箭撬 14.358

rocket sled test for fuze 引信火箭撬试验 16.222

Rockwell hardness test 洛氏硬度试验 13.434

rod-type structure 杆系结构 02.151

roll angle 横滚角，*滚动角 06.187，横摇角 07.218

roll attitude 滚动姿态，*横滚姿态 05.291

roll attitude acquisition 滚动姿态捕获 05.257

roll deformation angle 横摇变形角 07.224

roll forging 辊锻 13.088

roll forming 滚弯成形 13.072

rolling moment 滚转力矩 06.252

rolling resonance 滚动共振 06.278

roll motion 横摇 07.215

roll spot welding 滚点焊 13.323

roll-up type solar array 卷式太阳电池阵 09.193

roll-yaw coupling 滚动-偏航耦合 05.331

roll-yaw coupling control 滚动-偏航耦合控制 05.333

root-mean-square error of Mach number 马赫数均方根误差 06.771

root-mean-square noise 均方根噪声 08.410

root-mean-square noise current 均方根噪声电流 08.414

root-mean-square noise voltage 均方根噪声电压 08.413

rope-sled test for fuze 引信柔性滑轨试验 16.223

rotary dynamic derivative 旋转动导数 06.262

rotary forging 摆动辗压 13.093

rotary joint 转动关节 17.020

rotatable nozzle 转动喷管 04.314

rotating rocket testing 旋转弹试验 06.621

rotational flow 有旋流 06.173

rotation impulse 旋转冲量 05.525

rotation velocity control 转速控制 05.368

rotative capacity 耐回转能力 05.199

ROTEX 机器人技术实验装置 17.103

rotor angular momentum 转子动量矩，*转子角动量 05.116

roughening 粗化处理 13.169

roughness 粗糙度 08.545

rough strip 粗糙带 06.587

rough surface 粗糙表面 08.546

routine test 例行试验 15.259

rover 漫游机器人 17.109

RQE 响应量子效率 08.406

rubber-diaphragm hydraulic forming 液压-橡皮囊成形 13.048

rubber pad drawing 橡皮拉深 13.053

rubber pad forming 橡皮成形 13.054

rudder 舵 02.211

rudder actuator 舵机 02.212

running crack 扩展裂纹 12.313

[running] orbit [运行]轨道 03.161

run-up time 启动时间 05.193

rupture on orbit 在轨破裂 14.527

RVD 交会对接 05.416

S

SA 选择利用性 05.585

sabot 弹托 06.575

SAD 太阳电池阵驱动机构 05.562

safe and arm device 安全发火机构 04.334

safe condition 安全状态 16.076

safe-control television monitor system 安[全]控[制]电视监视系统 07.591

safeguard team 安全保卫组 10.023

safe ignition device 安全发火机构 04.334

safety 安全性 18.252

safety and arming device [安全与解除]保险装置 16.177

safety and firing mechanism 安全执行机构 16.178

safety and reliability program 安全性可靠性大纲 11.028

safety coefficient 安全系数 02.090

safety command 安全指令 07.473

safety command and control 安全遥控 07.447

safety control 安全控制 07.029

safety control information 安全控制信息,＊安控信息 07.104

safety control system 安全控制系统,＊安控系统 07.061

safety corridor 安全管道,＊安全走廊 07.102

safety criterion 安全判据 07.105

safety critical part 安全关键件 18.254

safety decision 安全判决 07.028

safety decision rule 安全判决准则 07.106

safety device 保险装置,＊安全装置 16.172

safety factor 安全系数 02.090

safety mode 安全模式 05.350

safety self-destruct 安全自毁 10.255

safety valve 安全阀 02.206

safe working pressure 安全工作压强 11.292

sagittal resolution 径向分辨率 08.287

salt spray test 盐雾试验 13.442

salt water corrosion 盐水腐蚀 12.150

same source calibration 同源校准 07.647

sample 采样 14.248

sample and hold 采样保持 08.464

sampled data system 采样数据系统 05.342

sampler and coder 采样编码器,＊采编器 07.650

sample tube 导管样件 02.198

sampling 取样 13.399

sampling frequency 采样频率 14.219

sampling inspection 抽样检验 13.401

sampling test 抽样试验 14.281

sampling theorem 采样定理 07.653

sand blasting 喷砂 13.184

sand casting process 砂型铸造 13.023

sand mold casting 砂型铸造 13.023

sandwich construction repair technique 夹层结构修补技术 12.105

sandwich structure 夹层结构 02.141

SAR 合成孔径雷达 08.147

satellite 卫星 01.018

satellite and launch vehicle matching 星－箭匹配 03.141

satellite application 卫星应用 01.087

satellite area-mass ratio 卫星面积质量比 03.135

satellite area monitoring 卫星普查 01.098

satellite assembly 卫星总装 03.138

satellite assembly and test building 卫星装配测试厂房 10.282

satellite attitude 卫星姿态 03.318

satellite autonomy 卫星自主性 07.069

satellite base data collection subsystem 星载数据收集分系统 08.096

satellite broadcasting 卫星广播 01.091

satellite charging 卫星充电 14.486

satellite communication 卫星通信 01.090

satellite configuration 卫星构形 03.131

satellite constellation 卫星星座 07.070

satellite control center 卫星测控中心 07.041

satellite counterweight 卫星配重 03.142

satellite design lifetime 卫星设计寿命 03.154

satellite discharging 卫星放电 14.487

satellite Doppler navigation 卫星多普勒导航 03.245

satellite earth observation 卫星对地观测 01.093

satellite earth resource exploration 卫星地球资源勘探 01.097

satellite eclipse 卫星蚀 03.231

satellite electric simulator 卫星电性等效器 03.306

satellite engineering 卫星工程 03.010

satellite environment 卫星环境 14.255

satellite ephemeris 卫星星历表 03.163

satellite equipment connecting 卫星设备连接 03.139

satellite fairing 卫星整流罩 02.156

satellite fundamental frequency 卫星基频 03.136

satellite general layout 卫星总体布局 03.132

satellite information flow 卫星信息流 03.140

satellite launch 卫星发射 10.006

satellite-launcher separation test 星-箭分离试验 03.295

satellite launching center 卫星发射中心 10.012

satellite link 卫星链路 03.239

satellite loading building 卫星加注厂房 10.278

satellite mass characteristic 卫星质量特性 03.133

satellite meteorological observation 卫星气象观测 01.095

satellite mock up 卫星模装 03.137

satellite navigation 卫星导航 01.092

satellite observatories 卫星观测系统 08.098

satellite ocean surveillance 卫星海洋监视 01.096

satellite operating lifetime 卫星工作寿命 03.155

satellite operation program 卫星运行程序 03.145

satellite orbital altitude 卫星轨道高度 03.157

satellite orbital lifetime 卫星轨道寿命 03.156

satellite overall design 卫星总体设计 03.098

satellite photography 卫星摄影 08.165

satellite piggyback environment test 卫星搭载环境试验 14.680

satellite platform 卫星平台 03.073

satellite potential 卫星电位 14.490

satellite power characteristic 卫星功率特性 03.134

satellite power control device 星上电源控制设备 03.317

satellite ranging navigation 卫星测距导航 03.244

satellite remote sensing 卫星遥感 08.001

satellite remote sensing system 卫星遥感系统 08.095

satellite return program 卫星返回程序 03.153

satellite rocket separation 星箭分离 02.044

satellite sealed container hoisting tool 卫星密封容器吊具 10.429

satellite sealed container sling 卫星密封容器吊具 10.429

satellite search and rescue 卫星搜索与救援 03.248

satellite simulation load 卫星仿真负载 03.307

satellite simulator 卫星仿真器 07.125

satellite stand 卫星停放平台 10.408

satellite subsystem 卫星分系统 03.101

satellite subsystem design 卫星分系统设计 03.102

satellite surveying and mapping 卫星测绘 01.094

satellite synchronous controller 卫星同步控制器 07.453

satellite system design 卫星总体设计 03.098

satellite system engineering 卫星系统工程 03.011

satellite system software 卫星系统软件 03.289

satellite system test software 卫星系统测试软件 03.290

satellite telemetry 卫星遥测 07.622

satellite test language 卫星测试语言 03.291

satellite test sequence 卫星测试程序 03.286

satellite thermal design 卫星热设计 03.252

satellite thermal vacuum test 卫星热真空试验 03.283

satellite transfer 卫星转运 10.102

satellite TT&C network 卫星测控网 07.038

satellite TT&C system 卫星测控系统 07.054

saturation exposure 饱和曝光量 08.231

saturation recording 饱和记录 07.696

Saturn 土星 01.012

scale factor 标度因素 05.206

scale model test 缩比模型试验 14.271

scalloped segment 瓜瓣 02.163

SCAMS 扫描微波频谱仪 08.161

scan 扫描 07.409

scan angle monitor 扫描角监控器 08.433

scan flywheel 扫描飞轮 05.537

scan-image 扫描影像 08.518

scan line corrector 扫描线校正器 08.434

scanning angle 扫描角 08.430

scanning earth sensor 扫描地球敏感器 05.420

scanning efficiency 扫描效率 08.432

scanning electron microscope 扫描电镜 12.253

scanning field of view 扫描视场 05.471

scanning horizon sensor 扫描地球敏感器 05.420

scanning laser fuze 扫描式激光引信 16.048

scanning microwave radiometer 扫描微波辐射计
  08.142

scanning microwave spectrometer 扫描微波频谱仪
  08.161

scanning multi-channel microwave radiometer 扫描多
  通道微波辐射计 08.143

scanning overlap coefficient 扫描重叠率 08.436

scanning range 扫描范围 07.368

scanning rate 扫描速率 08.431

scattering 散射 08.542

scattering coefficient 散射系数 08.543

scattering cross section 散射正交截面 08.544

scattering effect in the atmosphere 大气散射效应
  08.065

scatterometer 散射计 08.126

scheduled maintenance 计划维修 18.233

schlieren-interferometer 纹影干涉仪 06.754

schlieren system 纹影仪 06.750

Schuler principle 舒勒原理 05.037

Schuler tuning 舒勒调谐 05.038

scientific satellite 科学卫星 03.012

SCOE 卫星专用测试设备 03.305

screening 筛选 18.175

screen printing 丝网印刷 13.013

screens 整流网 06.476

SDGPS 自差分 GPS 05.576

sea clutter 海面杂波 08.539

sea coloring agent 海水染色剂 03.402

sea effect 海面效应 06.238

seal 密封件 12.385

sealant 密封胶 12.386

sealed cabin 密封舱 03.080

sealed cadmium-nickel battery 密封镉镍蓄电池
  09.020

sealed module 密封舱 03.080

sealed room elevating operation platform 封闭空间升
  降平台 10.409

sea level specific impulse 海平面比冲 04.139

sea level thrust 海平面推力 04.121

sealing riveting 密封铆接 13.349

seam welding 缝焊 13.317

search 搜索 10.241

search function 搜索功能 17.061

sea rescue 海上营救 03.420

seasoning 天然稳定化处理, *天然时效 13.174

SEB 单粒子烧毁事件 14.445

secondary battery 蓄电池, *二次电池 09.013

secondary impact 二次撞击 14.535

secondary injection 二次喷射 04.319

secondary standard 副标准 15.185

secondary standard solar cell 二级标准太阳电池
  09.145

second bonding 二次胶接 13.365

second-class failure of satellite 整星二级故障
  03.300

second cosmic velocity 第二宇宙速度 02.085

second surface mirror 二次表面镜 03.269

second throat 第二喉道 06.490

secret communication system 保密通信系统
  07.594

secret grade 加密等级 07.598

secular perturbation 长期摄动 03.208

secular torque 长期力矩 05.383

segmentation 分段 07.671

segmented solid rocket motor 分段式固体火箭发动
  机 04.031

segregation 偏析 12.218

seismic mass 地震震动质量 14.242

SEL 单粒子锁定事件 14.443

selection integrated evaluation 选拔综合评定
  11.058

selective availability 选择利用性 05.585

selective hardening 局部淬火 13.143

self-accurate area simulation 自准区仿真 06.592

self alignment　自主对准　05.033

self-checking command　自检指令　07.470

self-compensation static calibration　自补偿静校［准］
　06.705

self-correcting wind tunnel　自修正风洞　06.456

self correction　自校准　07.146

self-destruction　自毁　02.290

self-destruction command　自毁指令　02.291

self-destruction permissible　允许自毁　02.293

self-destruction time　自毁时间　02.292

self-destructor　自毁机构　16.170

self-differential GPS　自差分 GPS　05.576

self-discharge　自放电　09.095

self-discharge rate　自放电率　09.096

self-excited vibration　自激振动　14.156

self-lubricating material　自润滑材料　12.216

self psychological regulation　自我心理调节　11.163

self-sealed riveting　自封铆接　13.350

self-start system　自［身］起动系统　04.063

self-testing　自测　15.225

semi-active attitude stabilization　半主动姿态稳定
　05.297

semiactive fuze　半主动式引信　16.006

semi-automatic test　半自动测试　10.045

semi-automatic test equipment　半自动测试设备
　15.252

semi-automatic tracking　半自动跟踪　07.295

semi-ballistic reentry　半弹道式再入，＊弹道-升力
　再入　03.341

semiconductor balance　半导体天平　06.694

semi-latus rectum　半通径　03.193

semi-lift reentry　半升力再入　06.321

semi-major axis　半长轴　03.181

semi-monocoque　半硬壳式结构　02.138

semiregenerative life support system　半再生式生命保
　障系统　11.355

sensing device　敏感装置　16.142

sensitivity　灵敏度　15.201

sensitivity of contact fuze　触发引信灵敏度　16.069

sensitivity-time control　灵敏度时间控制　16.201

sensitometric characteristic curve　感光特性曲线
　08.371

sensor　传感器　05.168

sensory conflict hypothesis　感觉冲突假说　11.137

sensory control　传感信息控制　17.057

separation　分隔　07.523

separation attitude　分离姿态　05.280

separation connector　分离电连接器　03.310

separation device　分离机构　02.191

separation of boundary layer　边界层分离　06.065

separation point　分离点　03.159

separator　隔膜　09.107

sequence of TT&C event　测控事件序列，＊测控程
　序　07.083

sequence testing　顺序测试　15.226

serial and parallel scan　串并联扫描　08.429

serial high-density recording　串行高密度记录
　07.700

serial scan　串联扫描　08.428

series fuzing system　串联引爆系统　16.063

series-parallel fuzing system　串并联引爆系统
　16.065

series resistance　串联电阻　09.175

service life　使用寿命　18.170

service module　服务舱　03.076

service system　服务系统　03.096

service telephone　勤务电话　07.521

service tower　勤务塔　10.307

service zone　服务区　03.242

servicing　维护　18.228

servomechanism　伺服机构　02.262

servomechanism tester　伺服系统测试仪　15.257

servo step size　伺服步距角　05.572

servo table　伺服转台　05.230

servo test　伺服试验　05.226

servo tracking　随动跟踪　07.303

setting angle　装定角度　10.145

settling chamber　稳定段　06.474

SEU　单粒子翻转事件　14.442

seven holes probe　七孔探头　06.661

seven pipe connector　七管连接器　10.521

seven-special parts　七专　18.106

severity　严酷度　18.152

sewage treatment station　污水处理站　10.353

SFOV　扫描视场　05.471

shade　遮光罩　08.253

shadowgraph system　阴影仪　06.749

shadowing analysis　阴影分析　09.210

shallow discharge　浅放电　09.072

shape function　形函数　14.043

shaping　刨削　13.101

shearing　剪切　13.043

shearing elastic modulus　剪切弹性模量　14.013

shear spinning　变薄旋压，＊强力旋压　13.059

shear strength　抗剪强度　12.282

shear test　剪切试验　13.424

sheet forming　板料成形　13.034

shell mold casting　壳型铸造　13.024

shielding angle　遮蔽角　07.098

shielding efficacy measurement of shielding room　屏蔽室屏蔽效能测量　15.079

shielding factor　屏蔽系数　14.481

shift register　移位寄存器　08.480

ship attitude & position measuring system　船姿船位［测量］系统　07.210

shipbody attitude angle　船体姿态角　07.213

shipbody deformation　船体变形　07.234

［shipbody］deformation measurement system　［船体］变形测量系统　07.220

shipment element　装船要素　07.231

ship position accuracy　船位精度　07.211

shock absorber　缓冲装置　03.395

shock angle　冲击角　10.337

shock capturing method　激波捕捉法　06.376

shock closer　冲击闭器　16.147

shock environment　冲击环境　14.332

shock expansion method　激波膨胀波法　06.359

shock fitting method　激波装配法　06.375

shock height　冲击高度　10.338

shock layer　激波层　06.118

shock pulse　冲击脉冲　14.336

shock［response］spectrum　冲击［响应］谱　14.344

shock stall　激波失速　06.197

shock strut　缓冲杆　03.397

shock test machine　冲击试验机　14.353

shock tube　激波管　06.464

shock tunnel　激波风洞　06.467

shock wave　激波　06.113，冲击波　14.343

λ shock wave　λ波　06.122

shock wave-boundary layer interaction　激波边界层干扰　06.121

shore-ship communication system　岸船通信系统　07.606

short base-line interferometer　短基线干涉仪　07.380

short circuit current　短路电流　09.080

short-circuit current density　短路电流密度　09.151

short circuit turn pickoff　短路匝式传感器　05.169

short distance arming　近程待爆　16.176

short-duration acceleration　短时间加速度　11.253

short periodic perturbation　短周期摄动　03.210

short-term frequency stability　短期频率稳定度，＊瞬稳　07.566

short-wave infrared　短波红外　08.012

shot blasting　喷丸　13.185

shot term repeatability　短期重复性　06.779

showerhead injector　莲蓬式喷注器　04.261

shroud test　包罩试验　06.633

shunt resistance　并联电阻　09.176

shutdown　关机　10.246

shutdown point mass　关机点质量　02.036

shutter　快门　08.232

shutter efficiency　快门效率　08.233

shuttle imaging spectrometer　航天飞机成像光谱仪　08.122

shuttle remote manipulator system　航天飞机遥控机械手系统　17.104

SI　国际单位制　15.030

SiC/SiC　碳化硅-碳化硅复合材料　12.083

side burning　侧面燃烧　04.215

sidelobe depression　旁瓣抑制　16.203

side-looking radar　侧视雷达　08.155

side tone　侧音　07.418

side tone ranging　侧音测距　07.422

Si-gallium arsenide solar cell　硅砷化镓太阳电池　09.141

signal cable for loading　加注信号电缆　10.494

signal conditioner　信号调节器　07.649

signal-noise ratio　信噪比　08.409

signal resolver　信号分解器　05.086

signal simulator　仿真信号源　07.683

significant problem　重大问题　18.112

significant problem report 重大问题报告 18.113

silencer 消声器 06.531

silicon carbide fiber reinforced silicon carbide matrix composite 碳化硅-碳化硅复合材料 12.083

silicone oil 硅油 12.215

silicon solar cell 硅太阳电池 09.116

similarity criterion 相似性准则 06.406

similarity parameter 相似参数 06.405

simple harmonic quantity 简谐量 14.162

simplified model of flutter 颤振简化模型 06.572

simulated drill 仿真演练 10.264

simulated flight 仿真飞行 10.262

simulated launch 仿真发射 10.263

simulated satellite flight program 卫星仿真飞行程序 03.287

simulated weightlessness training 模拟失重训练 11.069

simulation of space debris 太空碎片仿真 14.524

simulation technology 仿真技术 06.589

simulator 等效器，*模拟器 10.535

sine dwell test 正弦定频试验 14.296

sine sweep test 正弦扫描试验 14.295

sine tuning 正弦调谐 14.178

sine vibration test 正弦振动试验 14.294

single-axis attitude stabilization 单轴姿态稳定 05.299

single-axis stable platform 单轴稳定平台 05.062

single cell 单体电池 09.102

single chamber dual thrust rocket engine 单室双推力火箭发动机 04.039

single chamber liquid rocket engine 单推力室液体火箭发动机 04.037

single component balance 单分量天平 06.687

single-component injector element 单组元喷嘴 04.269

single crystalline silicon solar cell 单晶硅太阳电池 09.117

single degree-of-freedom gyro 单自由度陀螺仪 05.117

single-degree-of-freedom system 单自由度系统 14.136

single-element detector 单元探测器 08.390

single event burnout 单粒子烧毁事件 14.445

single event effect 单粒子事件效应 14.444

single event functional interrupt 单粒子功能中断事件 14.447

single event latchup 单粒子锁定事件 14.443

single event multiple bit upset 单粒子多位翻转 14.446

single event upset 单粒子翻转事件 14.442

single hard error 单粒子硬错误 14.448

singleinput-multioutput 单输入多输出 14.190

single [partical] event 单粒子事件 14.441

single phase flow heat transfer 单相流换热 03.273

single-point constraint 单点约束 14.053

single point failure 单点失效 18.131

single-point grounding 单点接地 10.304

single-segment transportation 分段运输 10.094

single side limit cycle 单边极限环 05.358

single solar cell 单体太阳电池 09.123

single-stage rocket 单级火箭 02.016

single-stage-to orbit launch vehicle 单级入轨运载器 02.057

single-station system 单站制 07.332

single-station triggering 单站触发 07.436

single tube manometer 单管压力计 06.718

single unit calibration 单元校准 06.707

singular perturbation 奇异摄动法 06.367

sink flow 汇流 06.178

sintered type cadmium-nickel battery 烧结式镉镍蓄电池 09.019

SIS 航天飞机成像光谱仪 08.122

site equipment change rate 发射场设备更换率 18.223

site fault rate 发射场故障率 18.138

six holes probe 六孔探头 06.660

sketch 草图，*示意图 02.030

skin 蒙皮 02.215

skin depth 趋肤深度 08.561

skin tracking 反射跟踪，*表皮跟踪，*雷达跟踪 07.349

sky horn 天空喇叭 08.602

slant range resolution 斜距分辨率 08.588

slenderness ratio 长细比 06.288

slender theory 细长体理论 06.347

slide escape 滑道逃逸 10.240

sliding guide 导轨 10.545

sliding joint 滑动关节 17.019

slip flow 滑移流 06.152

sliver fraction 余药分数 04.200

slope of lift curve 升力线斜率 06.219

slosh barrier 晃动挡板 03.445

slosh cycle 晃动周期 03.436

slosh damping 晃动阻尼 03.441

slosh force 晃动力 03.439

slosh frequency 晃动频率 03.437

slosh mass 晃动质量 03.438

slosh suppression 晃动抑制 03.444

slosh torque 晃动力矩 03.440

slotted coaxial antenna 同轴开槽天线 16.183

slotted rectangular waveguide antenna 矩形波导开槽
天线 16.184

slotted-tube grain 管槽形药柱 04.289

slotted wall 开槽壁 06.496

slotting 插削 13.102

slow-down time of engine during shutdown transient 发
动机关机减速性 04.165

slow filling control 小流量加注控制 10.167

slow variation telemetry parameter 遥测缓变参数
07.641

slow varying parameter 缓变参数 02.270

SLR 侧视雷达 08.155

SM 结构[试验]模型 03.071

small-amplitude-slosh liquid dynamics 小幅液体晃动
力学 03.430

small asymmetric nose testing 小不对称弹头试验
06.622

small perturbation potential equation 小扰动位势方
程 06.333

small satellite 小卫星 03.050

smart fuze 灵巧引信 16.061

smoke flow method 烟流法 06.740

smokeless propellant 无烟推进剂 04.113

smoke wind tunnel 烟风洞 06.420

smooth surface 平滑表面 08.547

smooth treatment of shock wave 激波光滑处理
06.391

sneak circuit analysis 潜在通路分析 18.166

sneak condition 潜在状态 18.165

social isolation 社会隔绝 11.156

sodium-sulfur battery 钠硫电池 09.012

soft decision 软判决 07.680

soft error 软错误 14.449

soft landing 软着陆 03.390

soft nitriding 软氮化 13.154

software fault 软件故障 18.202

software maintenance 软件维护 18.235

software quality assurance 软件质量保证 18.097

software reliability 软件可靠性 18.133

software safety 软件安全性 18.253

solar absorptance 太阳吸收率 03.263

solar activity 太阳活动性 14.382

solar altitude 太阳高度 08.171

solar apparent diameter 太阳视直径 05.482

solar array-battery system 太阳电池-蓄电池系统
03.314

solar array drive 太阳电池阵驱动机构 05.562

solar array power at the BOL 太阳电池阵初期功率
09.207

solar array power at the EOL 太阳电池阵末期功率
09.208

solar array rate stability 太阳电池阵速率稳定度
05.563

solar calibrator 太阳定标器 08.444

solar cell 太阳电池 09.115

solar cell array 太阳电池阵 09.191

solar cell array wing 太阳电池阵翼 09.192

solar cell basic plate 太阳电池底板 09.215

solar cell module 太阳电池组件 09.185

solar cell module area 太阳电池组件面积 09.186

solar cell panel 太阳电池板 09.216

solar cell temperature 太阳电池温度 09.214

solar constant 太阳常数 14.379

solar cosmic ray 太阳宇宙线 14.409

solar electromagnetic radiation 太阳电磁辐射
14.372

solar elevation 太阳高度角 08.172

solar escape velocity 第三宇宙速度 02.086

solar flare 太阳耀斑 14.380

solar flare proton 太阳耀斑质子 14.413

solar global irradiance 总辐照度，＊太阳辐照度
09.222

solar infrared radiation　太阳红外辐射　14.376

solar particle event　太阳粒子事件　14.411

solar particle radiation　太阳粒子辐射　14.408

solar photovoltaic energy system　太阳光伏能源系统
　09.223

solar propulsion　太阳能推进　04.005

solar proton event　太阳质子事件　14.412

solar radiation　太阳辐射　08.041

solar radiation disturbance torque　太阳辐射压干扰力
　矩　05.384

solar radiation factor　太阳辐射角系数　03.261

solar radiation perturbation　光压摄动　03.202

solar radiation stabilization　太阳辐射稳定　05.307

solar radio emission　太阳射电辐射　14.377

solar simulation test　太阳仿真试验　14.615

solar simulator　太阳仿真器　14.616

solar spectrum　太阳光谱　08.039

solar spectrum irradiancy　太阳光谱辐照度　08.040

solar system　太阳系　01.004

solar-terrestrial relationship　日地关系　01.110

solar ultraviolet radiation　太阳紫外辐射　14.374

solar visible radiation　太阳可见光辐射　14.375

solar wind　太阳风　14.483

solar X-ray　太阳X射线　14.373

solder　焊料　12.107

soldering　软钎焊　13.286

solenoid valve　电磁阀　02.209

solidified jet testing　固化喷流试验　06.614

solid lubricant　固体润滑剂　12.217

solid propellant　固体推进剂　04.085

solid propellant motor assembly building　固体发动机
　总装厂房　10.289

solid propellant rocket engine　固体[推进剂]火箭发
　动机　04.010

solid propellant rocket motor　固体[推进剂]火箭发
　动机　04.010

solid rocket propellant　固体火箭推进剂　02.237

solid-state memory　固态存储器　07.673

solid-state refrigerator　固体致冷器　03.276

soluble resin content　可溶性树脂含量　12.103

solution hardening　固溶强化　12.085

solution heat treatment　固溶热处理　13.131

sonic barrier　声障　06.268

sound environment test chamber　声环境实验室
　11.402

sound field　声场　14.317

sounding rocket test　探空火箭试验　14.684

sound insulating chamber　隔声室　11.403

sound intensity　声强　14.315

sound power　声功率　14.316

sound pressure level　声压级　14.313

sound speed　声速　06.032

source flow　源流　06.176

source packet　源包　07.670

source-region electromagnetic pulse　源区电磁脉冲
　14.404

South Atlantic radiation anomaly　南大西洋辐射异常
　14.421

space　太空，*空间，*外层空间　01.001

space adaptation syndrome　航天适应综合征
　11.125

space anemia　航天贫血症　11.150

space anthropometry　航天人体测量学　11.183

space astronomical observation　空间天文观测
　01.089

space astronomy　空间天文学　01.130

space attack　航天攻击　01.106

space bone osteoporosis　航天骨疏松　11.151

space boots　航天靴　11.224

space borne refrigerator　星载致冷器　03.275

space-born metric camera　测量相机　08.109

space-born reconnaissance camera　侦察相机
　08.110

space chemistry　空间化学　01.118

space command center　航天指挥中心　10.010

space communication　航天通信　01.066

space control and navigation　航天控制与导航
　05.001

spacecraft　航天[飞行]器　01.044

spacecraft assembly and test building　航天器装配测
　试厂房　10.274

spacecraft-borne TT&C subsystem　航天器载测控分
　系统　07.067

spacecraft dynamics　航天器动力学　03.422

spacecraft dynamics with flexible appendages　带挠性
　附件的航天器动力学　05.395

spacecraft dynamics with liquid slosh 带液体晃动的航天器动力学 05.396

spacecraft engineering 航天器工程 03.001

spacecraft environment 航天器环境 14.254

spacecraft environment contaminant 航天器环境污染 11.166

spacecraft environment engineering 航天器环境工程 01.075

spacecraft internal torque 航天器内力矩 05.385

spacecraft launch 航天器发射 10.007

spacecraft launching complex 航天器发射场，＊空间飞行器发射场 03.005

spacecraft long-term operation management ［航天器］长期运行管理 07.027

spacecraft manufacturing engineering 航天器制造工程 01.071

spacecraft manufacturing technology 航天器制造工艺 01.072

spacecraft material 航天器材料 01.076

spacecraft prelaunch test 航天器发射前试验 15.265

spacecraft recovery system 航天器回收系统 03.007

spacecraft-rocket unite check 航天器火箭联合检查 10.089

spacecraft sterilization 航天器消毒 11.167

spacecraft structural strength 航天器结构强度 01.074

spacecraft structure system 航天器结构系统 01.073

spacecraft technology 航天器技术 01.054

spacecraft thermal control system 航天器热控系统 01.077

spacecraft transfer 航天器转运 10.101

space crew 航天乘员组 11.018

space crew enter spacecraft 航天员进舱 10.214

space-crew equipment preparation room 乘员设备装备间 10.280

space debris 太空碎片 14.516

space debris environment 太空碎片环境 14.518

space defense 航天防御 01.105

space diversity 空间分集 07.688

space docking dynamics 空间对接动力学 03.447

space drugs 航天药物 11.094

space dynamic factors and survival 航天动力因素与救生 11.247

space electronics 航天电子学 01.067

space endocrinology 航天内分泌学 11.111

space engineering 航天工程 01.035

space engineering system 航天工程系统 01.036

space environment 空间环境 01.109

space environment adaptation training 航天环境适应性训练 11.068

space environmental biology 空间环境生物学 01.132

space environmental medicine 航天环境医学 11.169

space environment control and life support system 航天环境控制与生命保障系统 11.264

space environment effect 空间环境效应 14.366

space environment engineering 航天环境工程 14.253

space environment forecast 空间环境预报 14.368

space environment model 空间环境模式 14.367

space environment simulation 空间环境仿真 14.576

space ［environment］simulator 空间［环境］仿真器 14.594

space environment test 空间环境试验 14.577

space environment warning 空间环境报警 14.369

space ergonomics 航天工效学 01.082

space experiment operation training 空间实验操作训练 11.082

space exploration 空间探测 01.135

space exploration satellite 空间探测卫星 03.013

space extraterrestrial life exploration 航天地外生命探索 01.104

space filtering 空间滤波 16.205

space flight 航天 01.027

space flight doctor 航天医师 11.089

space flight environment 航天飞行环境 01.058

space flight environment simulation facilities 航天环境仿真设备 11.396

space flight immunology 航天免疫学 11.110

space flight principle 航天飞行原理 01.061

space flight skill training 航天飞行技能训练

11.080

space flight training simulation facilities 航天训练仿真设备 11.359

space flight TT&C network 航天测控网 07.037

space flight TT&C system 航天测控系统 07.053

space flight united headquarter 航天联合指挥部 10.016

space food 航天食品 11.229

space food management 航天食品管理 11.230

space free flight unit manipulator 空间自由飞行器机械手 17.107

space fuel cell system 空间燃料电池系统 03.316

space geology 空间地质学 01.122

space gloves 航天手套 11.225

space-ground communication 天-地通信 11.187

space-ground communication system 天-地通信系统 07.604

space-ground equipment 航天地面设备 01.078

space-ground integrating test 天地对接试验 07.124

space guidance navigation and control 航天制导导航和控制 01.063

space heat flux 空间外热流 03.255

space helmet 航天头盔 11.223

space hematology 航天血液学 11.112

space hygienics 航天卫生学 11.164

space ignition test 空间点火试验 14.641

space industry 航天工业 01.031

space laboratory 空间实验室 01.047

space landing site 航天着陆场 07.002

space launching base 航天发射基地 07.003

space launching center 航天发射中心 10.011

space launching complex 航天发射综合设施 01.048

space launching site 航天发射场 07.001

space launching technology 航天发射技术 01.055

space launch vehicle 航天运载器 01.042

space launch vehicle technology 航天运载器技术 01.053

space law 空间法 01.136

space life science 空间生命科学 01.131

space lunar exploration 航天月球探测 01.102

space magnetic field 空间磁场 14.498

space marching method 空间推进法 06.383

space material 航天材料 12.001

space medical monitoring and support facilities 航天医监医保设备 11.371

space medicine 航天医学 01.083

space medicine database 航天医学数据库 11.011

space medicine engineering 航天医学工程 01.084

space medicine simulation test facilities 航天医学仿真实验设备 11.381

space medico-engineering facilities 航天医学工程设施 11.358

space metabolism 航天代谢 11.235

space metrology and measurement 航天计量与测试 01.079

space motion sickness 航天运动病 11.126

space motion sickness susceptibility 航天运动病易感性 11.127

space neural science 航天神经科学 11.144

space neurobiology 空间神经生物学 01.133

space nuclear power 空间核电源 03.315

space object 空间物体 02.128

space operational medicine 航天实施医学 11.037

space oxygen generation 空间制氧 11.351

space particle radiation 空间粒子辐射 14.407

space pathology 航天病理学 11.149

space pharmaceutics 航天药剂学 11.091

space pharmacokinetics 航天药物动力学 11.092

space pharmacology 航天药理学 11.090

space photography 航天摄影 08.164

space physics 空间物理学 01.108

space physics exploration 空间物理探测 01.088

space physiological stress 航天生理应激 11.180

space physiology 航天生理学 01.085

space physiology and medicine 航天生理医学 11.106

space planetary exploration 航天行星探测 01.103

space pointing error 空间指向误差 07.290

space power source 航天能源 09.001

space probe 空间探测器 03.004

space propulsion 航天推进 01.062

space psychology 航天心理学 01.086

space radiation 空间辐射 11.170

space radiation environment 空间辐射环境 14.370

space recipe 航天食谱 11.236

space reconnaissance 航天侦察 01.101

space remote sensing 航天遥感 01.099

space remote sensing for archaeology 航天遥感考古 01.100

space research institute 航天科学研究机构 01.137

space return technology 航天返回技术 01.057

space robot 航天机器人，*空间机器人 01.068

space rocket engine 空间火箭发动机 04.020

space rocket motor 空间火箭发动机 04.020

space science 空间科学 01.107

spaceship ［航天］飞船 01.043

space shuttle 航天飞机 02.052

space shuttle imaging radar 航天飞机成像雷达 08.160

space simulation 空间仿真 14.575

space sleeping bag 航天睡袋 11.228

space station 空间站 01.046

space station launch 空间站发射 10.009

space station remote manipulator system 空间站遥控机械手系统 17.105

space suit 航天服 11.204

space suit circulation system 航天服循环系统 11.207

space suit pressure schedule 航天服压力制度 11.213

space surveillance network 空间监视网 02.129

space surveillance system 空间监视系统 02.130

space system 航天系统 01.032

space system engineering 航天系统工程 01.033

space technology 航天技术，*空间技术 01.050

space telemetry 航天遥测 01.065

space telemetry and control technology 航天测控技术 01.056

space toxicology 航天毒理学 11.165

space tracking 航天跟踪 01.064

space tracking and data acquisition 航天测控与数据采集 01.049

space tracking and data acquisition network 航天测控与数据采集网，*空间跟踪与数据采集网 03.006

space tracking telemetry and control center 航天测控中心 10.013

space transportation 航天运输 01.040

space transportation system 航天运输系统 01.041

space weapon 航天武器 01.069

span 量程 15.196

spark-erosion machining 电火花加工 13.265

spark-erosion perforation 电火花穿孔 13.266

spark-erosion wire cutting 电火花线切割 13.267

spatial frequency 空间频率 08.277

spatial orientation 空间定向 11.135

spatial resolution 空间分辨率 08.289

special checkout equipment for satellite 卫星专用测试设备 03.305

special fuel storage zone 特殊燃料贮存区，*特燃区 10.356

special function selection 特殊功能选拔 11.043

special peripheral equipment 专用外部设备 07.489

special perturbation 特殊摄动 03.207

special test facility 专用测试设备 10.511

special tooling 专用工艺装备，*专用工装 13.004

special way 专向 07.525

specific absorption 吸收率 08.081

specification 技术规范 03.099

specific capacity 比容量 09.042

specific energy 比能量 09.043

specific environmental adaptability ［航天］特殊环境适应性 11.045

specific factor tolerance selection 特因耐力选拔 11.044

specific force 比力 05.205

specific heat calorimeter 比热容测定仪 12.261

specific heat capacity 比热容 12.353

specific heat ratio 比热比 06.097

specific impulse 比冲 04.134

specific impulse efficiency 比冲效率 04.145

specific power 比功率 09.044

specified value 规定值 18.030

speckle 光斑 08.591

spectral analysis 光谱分析 13.445

spectral channel 频道 08.020

spectral characteristic measurement 频谱特性测量 15.078

spectral density matrix 谱密度矩阵 14.227

spectral feature 光谱特征 08.497

spectral filter 光谱滤波器 05.454

spectral method 谱方法 06.369

spectral noise equivalent power 光谱噪声等效功率 08.419

spectral radiant flux 光谱辐射通量 08.027

spectral reflection characteristics 光谱反射特性 12.265

spectral resolution 光谱分辨率 08.293

spectral response 光谱响应 09.166

spectral sensitivity 光谱灵敏度 09.169

spectral sensitivity curve 光谱感光度曲线 08.372

spectral signature 光谱特征 08.497

spectrographic analysis 光谱分析 13.445

spectroscopic temperature measurement 光谱法温度测量 06.645

spectrum emissivity [频谱]发射率 08.563

spectrum estimate 谱估计 14.244

spectrum filtering 光谱滤波 16.204

spectrum intensity 谱辐射强度 14.399

spectrum irradiance 谱辐照度 14.400

spectrum of radiation 辐射光谱 08.026

spectrum synthesis shock 冲击谱合成 14.352

specular reflection 镜面反射 08.548

speed control range 速度控制范围 05.553

speed deceleration 速度阻滞 06.267

speed of response 响应速度 05.345

spf 单点失效 18.131

sphere surface 球面 08.451

spherical aberration 球[面像]差 08.271

spherical gas bottle 球形气瓶 10.539

spherical shell 球形壳体 02.220

spin axis 自旋轴 05.405

spin axis of gyro 陀螺自转轴 05.178

spine robot 龙骨式机器人 17.033

spin forming 旋压成形 13.057

spinner 自旋体 05.399

spinning 旋压 13.056

spinning rate sensor 自旋速率敏感器 05.430

spin rate control quantity 转速控制量 07.191

spin scanning earth sensor 自旋扫描地球敏感器 05.421

spin scanning horizon sensor 自旋扫描地球敏感器 05.421

spin shaping 旋压成形 13.057

spin stabilization 自旋稳定 05.304

spin wind tunnel 尾旋风洞 06.421

spiral winding 螺旋缠绕 13.358

splashdown area 溅落海域 10.245

splashdown zone 溅落海域 10.245

splashing 水面溅落 03.376

splashing type pressure transducer 溅射式压力传感器 06.727

splitting 分光 08.242

spot beam SAR 聚束合成孔径雷达 08.150

spotting 锪削 13.114

spot-weld bonding 胶接点焊 13.319

spot welding 点焊 13.318

spray atomization and deposition 雾化喷射沉积 13.196

spray coating 喷涂 13.233

spray coating foaming 喷涂发泡 13.238

spraying-ceramic seal ring 喷涂陶瓷密封环 12.080

spraying coating 喷涂包覆 13.237

spraying lacquer 喷漆 13.240

spray painting 喷漆 13.240

spread spectrum 扩频 07.678

spring cover 弹簧口盖 02.224

spring separation device 弹簧分离机构 02.192

sputtering 溅射 13.206

sputtering deposition 溅射沉积 13.208

sputtering etching 溅射刻蚀 13.392

squeeze casting 挤压铸造 13.028

SRMS 航天飞机遥控机械手系统 17.104

S-S communication system 岸船通信系统 07.606

SSRMS 空间站遥控机械手系统 17.105

St 斯坦顿数 06.093

stability test 稳定性测试 13.398

stabilization margin of reentry vehicle 再入飞行器稳定裕度 03.356

stabilization system test 稳定系统测试 10.210

stabilizer 稳定剂 12.366

stabilizing 稳定化处理 13.170

stabilizing treatment 稳定化处理 13.170

stable element 台体 05.069

stable platform 稳定平台 05.060

stable tracking range 稳定跟踪距离 07.397

stacked solar cell 叠层太阳电池 09.126

stage [多级运载火箭的]级 02.011

staged combustion cycle 补燃循环 04.080

staged combustion rocket engine 补燃火箭发动机，
  *分级燃烧火箭发动机 04.016

staged cutoff 分级关机 04.244

staged start 分级起动 04.243

stage separation 级间分离 02.043

stage separation test 级间分离试验 14.349

staging 级间分离 02.043

stagnation point 驻点 06.033

stagnation temperature 驻点温度 14.115

stall 失速 06.195

stall angle 失速攻角 06.196

standard antenna method 标准天线法 15.132

standard atmosphere 标准大气 02.080

standard cycle 标准循环 17.090

standard field strength method 标准场强法 15.131

standardization program 标准化大纲 11.027

standard model 标准模型 06.576

standard model test 标准模型试验 06.602

standard operating condition 标准工作条件
  09.219

standard reentry trajectory 标准再入轨道 03.353

standard solar cell 标准太阳电池 09.143

standard specific impulse 标准比冲 04.141

standard testing motor 标准试验发动机 04.033

standard uncertainty 标准不确定度 15.158

standby readiness 待机准备完好率 18.007

standby time 待命时间 18.055

Stanton number 斯坦顿数 06.093

star 恒星 01.025

star acquisition 星捕获 05.476

star grain 星形药柱 04.290

star mapper 星图仪 05.442

star recognition 星识别 05.477

starring array 凝视阵列 08.395

star scanner 星扫描器 05.443

star search 星搜索 05.475

star sensor 星敏感器 05.439

start ambient condition 起动环境 05.513

starting current 起动电流 05.195

starting level 起始电平 07.675

starting load 起动载荷 06.539

start peak pressure 起动压力峰 04.195

start photographing 开拍 10.218

star track 星跟踪 05.480

star tracker 星跟踪器 05.440

start-stop time 起停次数 05.198

start system 起动系统 04.059

static balance 静态测力天平 06.689

static balance test 静平衡试验 13.425

static-base alignment 静基座对准 05.035

static calibration accuracy 静校准确度 06.715

static calibration of balance 天平静校[准] 06.702

static calibration precision 静校精密度 06.714

static compliance 静态柔度 17.075

static derivative 静导数 06.260

static drift 静态漂移 05.214

static-dynamic balance 静动组合天平 06.691

static earth sensor 静态地球敏感器 05.427

static electricity resistance 防静电性 12.407

static horizon sensor 静态地球敏感器 05.427

static load test 静力[载荷]试验 14.090

static matching [TT&C] test between satellite and sta-
  tion 星-地静态[测控]匹配试验 03.293

static measurement 静态测量 15.108

static photographic resolution 静态摄影分辨率
  08.285

static pressure 静压强 06.036

static pressure gradient along tunnel axis 轴向静压梯
  度 06.557

static seal 静密封 12.384

static stability 静稳定性 06.198

static stability marging 静稳定裕度 06.199

static stiffness 静态刚度 17.074

static temperature 静态温度，*静温 06.070

static test 静态测试 10.051

station acquisition 定点捕获 05.243

stationing accuracy 定点精度 03.238

station keeping 定点保持，*位置保持 05.244

station keeping window 位置保持窗口，*定点保持
  窗口 07.087

station location 测量站配置，*布站 07.096

statistical degrees of freedom 统计自由度 14.237

statistical error 统计误差 14.236

statistic quantity［of measurement］ ［测量］统计量 15.146

STC 灵敏度时间控制 16.201

steady flow 定常流 06.153

steady solar simulator 稳态太阳仿真器 09.229

steady-state descent 稳定下降 03.385

steady state life 稳态寿命 05.519

steady state measurement 稳态测量 15.110

steady state power consumption 稳态功耗 05.554

steady-state specific impulse 稳态比冲 04.143

steady-state vibration 稳态振动 14.153

steady thermal state 稳定热状态 03.266

steady voltage 平稳电压 09.049

stealth 隐形 12.232

stealth material 隐形材料 12.233

stealth technology 隐形技术 12.234

steel 钢 12.169

steering equation 导引方程 02.249

steering unit 操纵机构 02.200

stellar camera 恒星相机 08.104

stellar magnitude 恒星星等 08.341

stellar sensitometer 星敏感器 05.439

stellar sensor 恒星敏感器 08.345

stellar tracker 星跟踪器 05.440

step charge 分段充电 09.094

stepping angle 步进角 05.569

stepping motor 步进电机 05.568

step sequence 步序 10.223

step size 步距角 05.570

step width 步距角 05.570

stereopair 立体像对 08.324

stereo photogrammetric survey 立体摄影测量 08.319

stereo triangulation 立体摄影测量 08.319

stiffening shell 加筋壳结构 02.140

stiffness 刚度 14.017

stiffness-to-density ratio 比刚度 14.087

Stirling refrigerator 斯特林致冷器 03.279

1st liquid level Ⅰ液位 10.195

stoichiometric mixture ratio 化学计算混合比 04.154

stop 光阑 08.210，停止 17.066

storable propellant 可贮存推进剂 04.094

storable propellant rocket engine 可贮存推进剂火箭发动机 04.049

storage battery 蓄电池，＊二次电池 09.013

storage life 贮存期 12.378

storage life accelerated test 贮存寿命加速试验 18.183

storage load 贮存载荷 02.097

storage reliability 贮存可靠度 18.130

storage tank 储气罐 06.515，贮罐 10.453

storage test 贮存试验 18.181

storage-type heater 蓄热式加热器 06.524

straight-through operation 直通型运行 06.541

strain 应变 14.010

strain energy density 应变能密度 14.067

strain gage balance 应变式天平 06.682

strain gage balance with sting 支杆式应变天平 06.683

strain hardening 应变硬化 12.331

strake wing 边条翼 06.317

strap-down inertial guidance 捷联式惯性制导 02.261

strap-down inertial guidance system 捷联式惯性制导系统 05.026

strap-down inertial measurement unit 捷联式惯性测量装置 05.059

strap-down inertial navigation system 捷联式惯性导航系统 05.027

strap-on launch vehicle 捆绑［式］火箭 02.018

strap-on structure 捆绑结构 02.153

strategic communication satellite 战略通信卫星 03.053

stray light 杂光 08.248

streak line 脉线 06.028

stream contamination of wind tunnel 风洞气流污染 06.547

stream function 流函数 06.175

stream line 流线 06.027

stream line curvature effect 流线弯曲效应 06.789

stream tube 流管 06.030

strength 强度 14.016

strength limit of short time in high temperature 短时高温强度极限 12.288

strength of source flow　源流强度　06.177

strength specification　强度规范　02.088

strength test　强度试验　13.438

strength-to-density ratio　比强度　14.086

stress　应力　14.008

stress concentration　应力集中　14.033

stress corrosion　应力腐蚀　12.156

stress intensity factor　应力强度因子　14.062

stress relaxation　应力松弛　12.330

stress release boot　人工脱黏　04.284

stress relief annealing　去应力退火　13.163

stress relief flap　人工脱黏　04.284

stress relieving　去应力退火　13.163

stress-rupture limit　持久强度极限　12.289

stress-rupture plasticity　持久塑性　12.308

stress-strain curve　应力-应变曲线　12.332

stretch bending　拉弯　13.037

stretch forming　拉形　13.040

stretch-wrap forming　拉弯成形　13.038

string　线　12.395

stringer　桁条　02.180

strip camera　航线式相机　08.107

stroke　冲程　14.240

strong interface　强界面　12.090

Strouhal number　施特鲁哈尔数　06.096

structural damping　结构阻尼　05.542

structural dynamics　结构动力学　14.224

structural heat transfer test　结构传热试验　14.124

structural modeling　结构建模　14.036

structural strength　结构强度　14.002

structural system　结构系统　02.005

structural thermal external pressure test　结构热外压
　试验　14.126

structural thermal low pressure test　结构热低压试验
　14.127

structural thermal protection test　结构热防护试验
　14.128

structural thermal stability test　结构热稳定性试验
　14.129

structural thermal vibration transfer　结构热振动试验
　14.125

structure　组织　12.337，结构　14.001

structure dynamics of spacecraft　航天器结构动力学
　03.423

structure model　结构[试验]模型　03.071

structure static strength test　结构静强度试验
　14.088

structure stiffness test　结构刚度试验　14.089

structure subsystem　结构分系统　03.111

subarray　子阵　07.364

subframe　副帧　07.658

subframe synchronization　副帧同步　07.664

subframe sync pattern　副帧同步码　07.665

subharmonic　次谐波　14.159

subharmonic response　次谐波共振响应　14.214

submerged nozzle　潜入喷管　04.315

submergence ratio of nozzle　喷管潜入比　04.316

submultiple unit [of measurement]　分数[测量]单位
　15.036

sub-satellite point　星下点　03.160

sub-satellite point parameters　星下点参数　07.153

sub-satellite track　星下点轨迹　07.202

subsonic flow　亚声速流　06.145

subsonic leading edge　亚声速前缘　06.303

subsonic trailing edge　亚声速后缘　06.304

subsonic wind tunnel　亚声速风洞　06.414

substage　子级　02.012

substitute parts　替代件　18.102

substitution method of measurement　替代测量方法
　15.125

substructure　子结构　14.039

subsynchronous whirl　次同步旋转　04.238

subsystem　分系统　03.097

subsystem test　分系统测试　10.058

subzero treatment　深冷处理　13.176

suit oxygen supply　服装供氧　11.210

suit pressure regulator　服装压力调节器　11.214

suit ventilation　服装通风　11.211

suit ventilator　服装风机　11.208

sulfur acid anodizing　硫酸阳极[氧]化　13.254

sun　太阳　01.005

sun acquisition　太阳捕获　05.255

sun angle　太阳角　05.407

sun-moon perturbation　日月摄动　03.204

sun-pointing three-axis stabilization　太阳指向三轴稳
　定　05.302

sun presence sensor 太阳出现敏感器，＊0-1式敏感器 05.437

sun protection 太阳保护 05.467

sun sensor 太阳敏感器 05.431

sunspot 太阳黑子 14.381

sun-synchronous keeping 太阳同步保持 07.035

sun-synchronous orbit 太阳同步轨道 03.169

sun-synchronous orbit satellite 太阳同步轨道卫星 03.049

sun tracker 太阳跟踪器 05.438

supercommutation 超倍采样 07.674

superconducting metal 超导[性]金属 12.173

supercritical airfoil profile 超临界翼型 06.314

supercritical cryogenic storage 超临界低温贮存 11.267

super cryogenic temperature preforming 超低温预成形 13.071

superplastic forming 超塑成形 13.095

superplasticity 超塑性 12.307

supersonic flow 超声速流 06.147

supersonic plate ablation test 超声速平板烧蚀试验 06.631

supersonic wind tunnel 超声速风洞 06.416

super spin 超自旋 05.402

supply spool 供片卷筒 08.304

supportability 保障性 18.014

supporting system for TT&C 测控保障系统 07.068

support interference correction 支架干扰修正 06.792

support sting 尾支杆 06.579

support system 保障系统 03.008

surface activated bonding 表面活性化结合 13.178

surface analysis instrument 表面分析仪 12.262

surface charging 表面充电 14.488

surface cleaning 表面清理 13.180

surface coating 表面涂覆 13.232

surface electrical resistance 表面电阻 12.348

surface force 表面力 14.005

surface hardening 表面淬火 13.142

surface modification 表面改性 13.140

surface quenching 表面淬火 13.142

surface target effect 面目标效应 16.100

surface tension propellant tank 表面张力贮箱 04.359

surface treating agent 表面处理剂 12.106

surface treatment 表面处理 13.179

surging 喘振 06.604

survival food 救生食品 11.238

survival kit 救生包 11.248

survival training 生存训练 11.077

susceptibility 敏感度 15.202

suspension 支承 05.153

sustained acceleration 持续性加速度 11.252

sustained motor 续航发动机 04.018

sustainer 主发动机 04.015

swath 刈幅 08.458

swath steering range 侧视范围 08.461

sweat-out material 发汗材料 12.139

sweep 扫描 07.409

sweepback angle 后掠角 06.300

swept waist support 后掠式腰支杆 06.581

swept wing 后掠翼 06.316

swing scanning earth sensor 摆动扫描地球敏感器 05.423

swing scanning horizon sensor 摆动扫描地球敏感器 05.423

switch to internal power 转[内]电 10.219

symbol of a unit [of measurement] [测量]单位符号 15.026

synchro 同步器 05.080

synchronization 同步 07.554

synchronization time 同步时间 05.194

synchronous controller 同步控制器 05.409

synchronous detection 同步检波 08.605

synchronous detector 同步检波器 08.601

synchronous gyro motor 同步陀螺电机 05.159

synchronous high-speed camera 同步高速摄影机 07.253

synthesized data count 诸元计算 10.152

synthetic antenna 合成天线 08.520

synthetic aperture antenna 合成孔径天线 08.524

synthetic aperture radar 合成孔径雷达 08.147

synthetic aperture side-looking radar 合成孔径侧视雷达 08.157

synthetic data processing 数据综合处理 07.156

synthetic interferometer radar 合成干涉仪雷达

08.158

synthetic oil　合成油　12.214

system　系统　03.095

system acquisition time　系统捕获时间　07.412

systematic drift rate　系统漂移率　05.215

systematic error　系统误差　15.151

systematic fault　系统性故障　18.199

system certification　系统鉴定　11.036

system design　系统设计　02.025

system effectiveness　系统效能　18.002

system evaluation　系统评价　11.031

system-generated electromagnetic pulse　系统电磁脉
　冲　14.472

system integration　系统集成　11.030

system integration test　系统联试　07.115

system interface　系统接口　11.029

system maintainability　系统可维修性　11.034

system of quantities　量制　15.020

system of units [of measurement]　[测量]单位制
　15.027

system reaction time　系统反应时间　05.043

system rehearsal　大回路演练　07.116

system reliability　系统可靠性　11.032

system safety　系统安全性　11.033

system test　系统试验　11.035, 系统测试
　15.227

T

tackifier　增黏剂　12.031

tack welding　定位焊　13.326

tactical communication satellite　战术通信卫星
　03.054

tail fin　尾翼　02.171

tailless configuration　无尾布局　06.281

tailored contact surface operation　缝合接触面运行
　06.544

tailoring　剪裁　18.040

tail package sling　尾翼包装箱吊具　10.424

tailpipe nozzle　长尾喷管　04.317

tail section　尾段　02.170

tail section heater　尾端加温器　10.543

tail section heating gas distribution console　尾端加温
　控制台　10.542

tail section heating line system　尾端加温管路系统
　10.541

tail spin　尾旋　06.201

take-off　起飞　10.230

take-off absolute time　起飞绝对时　07.588

take-off drift measurement　起飞漂移量测量　07.019

take-off relative time　起飞相对时　07.587

take-off zero　起飞零点　10.231

takes　排管　06.721

tangent-cone method　切锥法　06.357

tangential distortion　切向畸变　08.331

tangent resolution　切向分辨率　08.288

tangent-wedge method　切楔法　06.358

tape inclined position winding　带倾斜缠绕　13.353

tape plane winding　带重叠缠绕　13.354

taper ratio　梢根比　06.302

tape winding　带缠绕成形　13.352

tare correction　自重修正　06.795

tare weight　空重　02.039

target　目标　08.163

target acquisition　目标捕获　07.406

target detecting device　目标探测装置　16.143

target model　目标模型　16.206

target panel　靶板　07.281

target positioning　目标定位　03.249

target range measurement　靶场测量　15.100

target recognition　目标识别　07.327

target scaled model　目标缩比模型　16.207

target scattering characteristics　目标散射特性
　07.375

target signature measurement　目标特性测量
　07.021

target simulation　目标仿真　16.221

target simulator　目标仿真器　07.432

task program　作业程序　17.048

task programming　作业编程　17.050

TCP　工具中心点　17.047

TDI device　时间延迟积分器件　08.384

TDRSS　跟踪与数据中继卫星系统　03.056

teach pendant 示教盒 17.068

teach programming 示教编程 17.052

technical area 技术[准备]区 10.272

technical grounding 工艺接地 10.300

technical index 技术指标 03.100

technical preparation building 技术厂房 10.108

technical quality team 技术质量组 10.022

technical readiness 技术准备完好率 18.008

technical safety team 技术安全组 10.021

technical sequence for satellite test 卫星测试技术流程 03.292

technical support mount 工艺支架 10.514

technique 工艺 13.001

technique of close coupled canard configuration 近耦鸭式布局技术 06.319

technological experiment satellite 技术试验卫星 03.016

technological parameter 工艺参数 13.002

technological test satellite manipulator 技术实验卫星机械手 17.108

technology 工艺 13.001

TEL 运输起竖发射车 10.385

telecommand 遥控 07.439

telecommand equipment 遥控设备 07.440

telecommand master console 遥控主控台 07.445

telecommand station 遥控站 07.048

telecommand sub-console 遥控分控台 07.446

telecommand subsystem 遥控分系统，*指令分系统 03.118

telecommand terminal 遥控终端 07.441

telemedicine 遥医学 11.096

telemetered measurements 遥测参数 02.269

telemetered parameter 遥测参数 02.269

telemetering signal blackout 遥测信号中断 02.278

telemetry 遥测 07.607

telemetry and command system 遥测和指令系统 02.263

telemetry and monitor network 遥测监视网 07.040

telemetry and tracking data time zero alignment 遥测外测数据时间零点对齐 07.157

telemetry antenna onboard 箭上遥测天线 07.652

telemetry capacity 遥测容量 02.268

telemetry checkout system 遥测检测系统 02.275

telemetry computer word 遥测计算机字 07.646

telemetry data processing 遥测数据处理 07.155

telemetry data reduction 遥测数据处理 07.155

telemetry earth station 遥测地面站 10.360

telemetry errors 遥测误差 07.637

telemetry front end 遥测前端 07.636

telemetry fuze 遥测引信 16.055

telemetry implement plan 遥测实施方案 07.640

telemetry information 遥测信息 07.160

telemetry [information] simulation 遥测[信息]仿真 07.129

telemetry parameter 遥测参数 02.269

telemetry program 遥测大纲 07.639

telemetry receive station 遥测[接收]站 07.047

telemetry standards 遥测标准 07.635

telemetry station 遥测站 07.633

telemetry subsystem 遥测分系统 03.117

telemetry system 遥测系统 02.006

teleoperation 遥操作技术 17.093

teleoperator 遥控机械手 17.092

telepresence 遥现技术 17.094

telerobot 遥控机器人 17.095

television automatic tracking 电视自动跟踪 07.299

television pick-up house 电视摄影间 10.352

television telescope 电视望远镜 07.257

television tracking measurement system 电视跟踪测量系统 07.240

temperature and humidity control system 温度与湿度控制系统 11.302

temperature change rate 变温率 14.591

temperature control 温度控制 11.331

temperature controlled panel *温度控制板 14.614

temperature controlled shroud 温度控制屏 14.614

temperature control valve 温控阀 11.310

temperature cycle 温度循环 14.592

temperature cycling test 温度循环试验 14.361

temperature effect 温度效应 06.646

temperature field 温度场 14.118

temperature recovery coefficient 温度恢复系数 14.117

temperature resolution 温度分辨率 08.296

temperature self-compensation 温度自补偿 06.647

temperature sensitive paint　示温涂料　06.734

temperature sensitivity of burning rate　燃速温度敏感系数　04.210

temperature sensitivity of pressure　压强温度敏感系数　04.211

temperature shock test　温度冲击试验　14.360

temper brittleness　回火脆性　12.280

tempering　回火　13.164

TEMPEST performance measurement　TEMPEST 性能测量　15.094

tensile compressive stiffness matrix　拉压刚度矩阵　14.081

tensile or compressive strength of matrix　基体拉压强度　14.077

tensile strength　抗拉强度　12.285

tensile strength of fiber　纤维拉伸强度　14.076

tensile test　拉伸试验　14.093

terminal　极柱　09.108

terminal guidance　末制导　02.247

terminal voltage　端电压　09.057

ternary pulse circuit　三元脉冲电路　05.093

terrain camera　地物相机　08.103

terrestrial radiation　地球辐射　08.042

tesseral harmonic coefficient　田谐系数　03.215

test　试验　15.222

testability　测试性　18.013

testability design　测试性设计　18.241

test and analysis technology　测试分析技术　12.243

test and check program　测试检查程序　07.503

test area　测试范围　15.234

test article　试验件　14.232

test at high attack angle　大攻角试验　06.630

test center　测试中心　15.248

test［coordination］team　测试［协调］组　10.019

test data　测试数据　15.245

test environment　测试环境　15.232

test equipment　测试设备　15.251

tester　测试仪　15.254

test facility　试验设备　05.222，测试设备　15.251

test facility transfer　测试设备转运　10.103

test group　发射工作队　10.024

testing　测试　15.221

testing dummy　试验假人　11.384

test laboratory　测试实验室　15.249

test-launch operation rules　测试发射操作规程　10.036

test-launch preplan　测试发射预案　10.037

test logic　测试逻辑　15.241

test method　测试方法　10.053

test mode　测试方式　15.236

test of assembly　组件试验　04.364

test operation console for satellite　卫星测试操作控制台　03.303

test parameter　测试参数　15.243

test pattern　测试图形　15.244

test point　测试点　10.054

test profile　试验剖面　14.287

test program　测试程序　15.239

test record　测试记录　15.246

test report　测试报告　15.247

test section　试验段　06.497

test sequence　测试顺序　15.240

test software　测试软件　15.233

test specification　测试指标　15.242

test table　测试工作台　10.421

test tailoring　试验［规范和标准］取舍，＊试验剪裁　14.284

test target　测试目标　15.235

test technology　测试技术　06.637

test tolerance　试验允许偏差　14.272

tethered satellite　绳系卫星　03.450

tethered satellite dynamics　绳系卫星动力学　03.451

textile　纺织物，＊纺织品　12.389

TFOV　跟踪视场　05.470

thematic mapper　专题制图仪　08.111

theodolite　经纬仪　07.237

theodolite for calibration　标校经纬仪　07.244

theodolite with laser ranging　激光测距经纬仪　07.243

π theorem　π 定理　06.105

theoretical aerodynamics　理论空气动力学　06.322

theoretical capacity　理论容量　09.040

theoretical characteristic velocity　理论特征速度　04.192

theoretical correction method 理论修正法 06.783

theoretical specific impulse 理论比冲 04.135

theoretical thrust coefficient 理论推力系数 04.131

theoretical trajectory 理论弹道 07.169

theory of launch vehicle motion 运载火箭运动理论 02.059

theory of launch vehicle trajectory 运载火箭轨道理论 02.060

thermal ageing test 热老化试验 13.430

thermal analysis 热分析 14.105

thermal balance test 热平衡试验 14.579

thermal balancing test of satellite 卫星热平衡试验 03.280

thermal barrier 热障 06.271

thermal battery 热电池 09.007

thermal boundary layer 温度边界层 06.072，热边界层 14.114

thermal conductivity 热导率 06.082

thermal contact resistance 接触热阻 03.268

thermal control adhesive coating 热控带 12.133

thermal control coating 温控涂层 12.126

thermal control subsystem 热控[制]分系统 03.113

thermal cycle 热循环 14.120

thermal cycling test 热循环试验 14.587

thermal diffusivity 热扩散率 12.354

thermal expansion coefficient 热膨胀系数 12.355

thermal expansion molding 热膨胀模成形 13.092

thermal image 热像图 12.270

thermal infrared 热红外 08.014

thermal insulating layer 隔热层 12.007

thermal insulation 热绝缘 14.122

thermal insulation material 隔热材料 12.010

thermal load 热载荷 14.107

thermal manikin 暖体假人 11.385

thermal measurement 热测量 15.064

thermal model 热[试验]模型 03.070

thermal-protect ablation material 烧蚀防热材料 12.023

thermal protection coating 防热涂层 12.009

thermal protection graphite material 石墨防热材料 12.018

thermal protection layer 隔热防护层 11.221

thermal protection structure 防热结构 03.251

thermal protection system test 热防护系统试验 14.110

thermal radiation 热辐射 14.385

thermal resistance 热阻 12.351

thermal resistance coefficient 热阻系数 14.121

thermal run away 热失稳 05.466，热失控 09.083

thermal shock 热冲击 14.119

thermal soak 热浸 14.590

thermal spraying 热喷涂 13.239

thermal stress 热应力 14.106

thermal structure material 热结构材料 12.012

thermal switch 热开关 03.284

thermal test 热试验 14.578

thermal vacuum chamber 热真空舱 14.595

thermal vacuum environment 真空热环境 14.556

thermal vacuum test 热真空试验 14.586

thermal X-ray 热 X 射线 14.391

thermionic converter 热离子转换器 09.232

thermistor detector 热敏电阻探测器 05.451

thermoacoustic environment 热声环境 14.113

thermo-calibration wind tunnel 热校测风洞 06.426

thermochemical ablation 热化学烧蚀 06.273

thermocompression bonding 热压焊 13.330

thermocouple 热电偶 06.730

thermodynamic suppression head 热力抑制压头 04.233

thermoelectric power generator 温差发电器 09.233

thermogravimetric analysis 热解重量分析，*热重分析 12.271

thermo-mapping technique 热图技术 06.639

thermomechanical treatment 形变热处理 13.135

thermopile detector 热电堆探测器 05.452

thermoplastic plastic 热塑性塑料 12.048

thermosetting plastic 热固性塑料 12.050

thermosphere 热层 14.546

thermostabilized food 热稳定食品 11.243

thickener 稠化剂 12.374

thick film pressure transducer 厚膜压力传感器 06.726

thin airfoil theory 薄翼理论 06.343

thin film resistance thermometer 薄膜电阻温度计

06.731

thin film solar cell 薄膜太阳电池 09.124

thin film technology 薄膜技术 13.009

thin layer assumption 薄层假定 06.395

thin shell structure 薄壳结构 02.136

thin shock-layer theory 薄激波层理论 06.365

thin-walled beam 薄壁梁 02.175

third-class failure of satellite 整星三级故障 03.301

third cosmic velocity 第三宇宙速度 02.086

third electrode 第三电极 09.034

thread 线 12.395

three-axis attitude stabilization 三轴姿态稳定 05.300

three-axis stable platform 三轴稳定平台 05.064

three-body problem 三体问题 03.224

three dimensional flow 三维流 06.169

three dimensional warning 三维告警 11.203

three dimensional wind tunnel 三维风洞 06.451

three dimensional wing 三维弹翼 06.296

three-direction quartz fiber reinforced quartz composite 三向石英复合材料 12.081

three-direction quartz fiber reinforced SiO$_2$ composite 三向石英增强二氧化硅复合材料 12.082

three-resistance coating 三防涂料 12.135

threshold 阈[值] 18.029

threshold of stress intensity factor 应力强度因子阈值 14.063

throat ablative rate 喉部烧蚀率 04.337

throat heating 喉道加热 06.549

throat to port area ratio 喉通面积比 04.205

thrust 推力 05.521

thrust calibration 推力标定 05.411

thrust chamber 推力室 04.250

thrust chamber area contraction ratio 推力室面积收缩比 04.196

thrust chamber mixture ratio 推力室混合比 04.156

thrust chamber specific impulse 推力室比冲 04.137

thrust chamber valve 推力室阀 05.512

thrust coefficient 推力系数 04.132,推力系数因子 04.133

thrust decay impulse 后效冲量 04.150

thrust decay phase 后效段 02.073

thruster 推力器 05.503

thrust line adjustment 推力线调整 10.234

thrust line deviation 推力线偏斜 04.328

thrust line eccentricity 推力线横移 04.327

thrust-mass ratio 推[力]质[量]比 02.041

thrust regulator 推力调节器 04.351

thrust termination 推力终止 04.162

thrust termination pressure 推力终止压强 04.188

thrust termination time 推力终止时间 04.174

thrust to mass ratio 推[力]质[量]比 02.041

thrust vector control 推力矢量控制 04.163

thunderstreak discharge sensitivity measurement 雷电放电敏感度测量 15.089

tide perturbation 潮汐摄动 03.205

tightness test 气密性试验 13.437

tilt table 倾斜台 11.390

time and frequency measurement 时间频率测量 15.068

time-bandwidth product 时间带宽[乘]积 08.585

time constant of detector 探测时间常数 08.401

time correction 时间修正 07.141

time delay circuit 延时电路 16.151

time delay correction 时延修正 07.582

time delay integration device 时间延迟积分器件 08.384

time-dependent method 时间相关法 06.373

time division multiplexing telemetry 时分制多路遥测 07.610

time division multiplex telemetry system 时分多路传输遥测系统 02.264

time for positioning 定位时间 03.247

time fuze 时间引信,*定时引信 16.049

time history 时间历程 14.239

time history duplication 时间历程复现 14.243

time keeping 守时 07.585

time of perigee passage 过近地点时刻 03.187

time-program command 时间程序指令 07.468

timer 定时器 16.153

time reference signal 标准时间信号 07.569

time reference system 时间基准系统 07.570

time resolution 时间分辨率 08.295

time selection 时间选择 16.200

time sequence 时序 10.222

time series 时串 10.224

time shutdown 时间关机 02.071

time to first overhaul 第一次大修期 18.225

time transfer 授时 07.586

timing 定时 07.581

timing equipment 时统设备 07.579

timing signal control panel 时统信号控制台 07.583

timing substation 时统分站 07.578

timing system 时间统一系统，*时统 07.556

titanium alloy 钛合金 12.203

titanium aluminum alloy 钛铝合金 12.204

titanium aluminum vanadium alloy 钛铝钒合金 12.205

titanium matrix composite 钛基复合材料 12.067

titanium vanadium alloy 钛钒合金 12.206

TM 热[试验]模型 03.070，专题制图仪 08.111

TMT 形变热处理 13.135

tolerance 容差 06.775

tolerance analysis 容差分析 18.163

tool center point 工具中心点 17.047

tooling 工艺装备，*工装 13.003

topping 补充加注，*补加 10.170

torque feedback test 力矩反馈试验 05.227

torque motor 力矩电机 05.082

torquer 力矩器 05.164

torque-torsional angle curve 扭矩-扭角曲线 12.287

torsional accelerometer 扭杆式加速度计 05.143

torsional strength 抗扭强度 12.286

torsion test 扭转试验 14.094

torsion type rate gyro 扭杆式速率陀螺仪 05.123

total amount of reentry aerodynamic heating 再入气动总加热量 03.358

total dose 总剂量 14.436

total enthalpy probe 总焓探针 06.733

total failure 总体破坏 14.100

total impulse 总冲 04.148

total ionizing dose 总电离剂量 14.437

totalizing [measuring] instrument 累计式[测量]仪器 15.174

total mass after loading 加注后总质量 02.037

total power radiometer 全功率辐射计 08.137

total pressure 总压强 06.037

total pressure control 总压控制 11.328

total pressure impulse 压强总冲 04.149

total pulses 总脉冲次数 05.526

total quality management 全面质量管理 18.069

total temperature 总温[度] 06.071

total variation decreasing scheme 全变差下降格式，*TVD 格式 06.388

toughness 韧性 12.290

traceability 溯源性 15.005，可追溯性 18.015

tracking accuracy 跟踪精度 07.309

tracking and data relay satellite system 跟踪与数据中继卫星系统 03.056

tracking angle acceleration 跟踪角加速度 07.313

tracking angle acceleration without degradation 保精度跟踪角加速度 07.314

tracking angular rate 跟踪角速度 07.310

tracking angular rate without degradation 保精度跟踪角速度 07.311

tracking condition prediction 观测预报 03.237

tracking data processing 外测数据处理 07.154

tracking error 跟踪误差 07.308

tracking field of view 跟踪视场 05.470

tracking [information] simulation 外测[信息]仿真 07.128

tracking mode 跟踪方式 07.293

tracking performance 跟踪性能 07.304

tracking performance requirement design 跟踪性能设计 07.092

tracking point inconsistency correction 跟踪点不一致修正 07.143

tracking signal blackout 跟踪信号中断 02.289

tracking station 跟踪站，*测量站 07.044

tracking subsystem 跟踪分系统 03.119

tracking system 外测体制 07.329

tracking telemetering and control system 跟踪测控系统 02.283

tracking telemetry and command 测控 07.011

tracking-telemetry and command subsystem 测控分系统 03.116

tracking telescope 跟踪望远镜 07.254

treatment after plating 镀后处理 13.223

trend analysis 趋势分析 18.110

trickle charge 涓流充电 09.087

trim angle 配平角 06.202

trim angle of attack 配平攻角 06.203

tripod 三脚架 10.558

tripropellant 三组元推进剂 04.091

tripropellant rocket engine 三组元[推进剂]火箭发动机 04.048

trip thread 绊线 06.586

trisonic wind tunnel 三声速风洞 06.417

tropical orbit 回归轨道 03.192

true anomaly 真近点角 03.194

true bearing 真方位 05.017

true centrifugal casting 离心铸造 13.029

true value [of a quantity] [量的]真值 15.038

trunk subscriber 中继用户 07.529

TSH 热力抑制压头 04.233

TT&C 测控 07.011

TT&C application software 测控应用软件 07.504

TT&C coverage 测控覆盖率 07.086

TT&C event 测控事件 07.082

TT&C network simulation 测控网仿真 07.127

TT&C of boost phase 主动段测控 07.013

TT&C of initial phase 起始段测控 07.012

TT&C of injection phase 入轨[段]测控 07.016

TT&C of in-orbit phase [轨道]运行段测控 07.015

TT&C of return phase 返回段测控 07.017

TT&C plan 测控计划 07.080

TT&C procedure 测控事件序列，*测控程序 07.083

TT&C real-time software 测控实时软件 07.493

TT&C requirement 测控要求 07.079

TT&C simulation system 测控仿真系统 07.491

TT&C software 测控软件 07.492

TT&C station 测控站 07.043

TT&C station computer 测控站计算机 07.485

TT&C system 跟踪测控系统 02.283，测控系统 07.052

TT&C system design 测控总体设计 07.078

TT&C system engineering 测控系统工程 07.077

TT&C task 测控任务 07.081

TT&C task analysis 测控任务分析 07.084

TT&C subsystem 测控分系统 03.116

tube 导管 02.197

tube flow forming 筒形变薄旋压 13.062

tube grain 管状药柱 04.288

tube rake 排管 06.721

tube shear spinning 锥形变薄旋压，*剪切旋压 13.063

tube spinning 筒形变薄旋压 13.062

tube tunnel 管风洞 06.470

tube type arc heater 管状电弧加热器 06.461

tubular thrust chamber 管束式推力室 04.254

tumbling test 翻滚试验 05.224

tuned speed 调谐速度 05.200

tunnel pipe 隧道管 02.183

turbine efficiency 涡轮效率 04.223

turbine power 涡轮功率 04.221

turbine pressure ratio 涡轮压比 04.224

turbine speed 涡轮转速 04.220

turbopump 涡轮泵 04.338

turbopump-feed liquid rocket engine 泵压式液体火箭发动机 04.043

turbopump-feed system 泵压式供应系统 04.055

turbopump power density 涡轮泵比功率 04.222

turbopump system cycle efficiency 涡轮泵系统循环效率 04.237

turbulence 湍流度 06.103

turbulence model 湍流模型 06.394

turbulence sphere 湍流球 06.649

turbulent boundary layer 湍流边界层 06.049

turbulent flow 湍流 06.047

turbulent separation 湍流分离 06.067

turbulent spot 湍流斑 06.059

turn error 回转误差 05.209

turning 车削 13.103

turning quality problem to zero 质量问题归零 18.083

turning vane in corner 拐角导流片 06.501

turn table 回转平台 10.323

TVC 推力矢量控制 04.163

TVD scheme 全变差下降格式，*TVD 格式 06.388

twist 捻度 12.291

two-axis stable platform 双轴稳定平台 05.063

two-body problem 二体问题 03.178

two-component injector element 双组元喷嘴 04.270

two degree-of-freedom gyro 两自由度陀螺仪 05.118

two dimensional flow 二维流 06.168

two dimensional nozzle 二维喷管 06.482

two dimensional wind tunnel 二维风洞 06.450

two dimensional wing 二维弹翼 06.295

two dimensional wing test 二维弹翼试验 06.605

two phase flow 两相流 10.202

two phase flow heat transfer 两相流换热 03.274

two side limit cycle 双边极限环 05.359

two-stage light gas gun 二级轻气炮 14.543

two-way carrier acquisition time 双向载波捕获时间 07.416

two-way range rate measurement 双向测速 07.402

two wire loudspeaking 二线扬声 07.530

TWT 行波管 14.328

type A evaluation [of uncertainty] [不确定度的] A 类评定 15.159

type A standard uncertainty A 类标准不确定度 15.161

type B evaluation [of uncertainty] [不确定度的] B 类评定 15.160

type B standard uncertainty B 类标准不确定度 15.162

U

UDMH railway tank transporter 偏二甲肼铁路运输车 10.398

ultimate load 极限载荷 14.029

ultimate pressure 极限压强 14.598

ultimate strength 极限强度 14.026

ultimate strength of the laminate 叠层的极限强度 14.083

ultrahigh vacuum 超高真空 14.560

ultra-high-vacuum physical vapor deposition 超高真空物理气相沉积 13.195

ultraprecision machining 超精密加工 13.125

ultrasonic cleaning 超声波清洗 13.280

ultrasonic flaw detection 超声波探伤 13.405

ultrasonic inspection 超声波检测 13.414

ultrasonic machining 超声波加工 13.278

ultrasonic perforating 超声波穿孔 13.279

ultrasonic soldering 超声波软钎焊 13.289

ultrasonic testing 超声波检测 13.414

ultrasonic welding 超声波焊 13.334

ultraviolet light 紫外光 08.009

ultraviolet ozone spectrometer 紫外臭氧光谱仪 08.128

ultraviolet remote sensing 紫外遥感 08.004

ultraviolet scanner 紫外扫描仪 08.115

ultraviolet solar spectrometer 紫外太阳光谱仪 08.129

ultraviolet stratospheric imaging spectrometer 平流层紫外成像光谱仪 08.130

ultraviolet test 紫外试验 14.643

umbilical cable 脐带电缆 10.316

umbilical connector 脱落电连接器 03.309

umbilical life support system 脐带式生命保障系统 11.353

umbilical plug 脱落插头 02.184

umbilical socket 脱落插座 02.185

umbilical tower 脐带塔 10.310

un-ambiguity operating range 无模糊作用距离 07.396

uncaging time 开锁时间 05.107

uncertainty of gyro drift [陀螺]漂移不定性 05.213

uncertainty [of measurement] [测量]不确定度 15.140

uncorrected result 未修正结果 15.134

underground power room 地下电源间 10.346

undertesting 欠试验 14.286

underwater ballistic measurement 水下弹道测量 07.235

underwater camera 水下摄影机 07.249

unequal precision measurement 非等精度测量 15.121

unfocused SAR 非聚束合成孔径雷达 08.151

V

vacuum quenching　真空淬火　13.145

vacuum seal　真空封接　13.362

vacuum specific impulse　真空比冲　04.140

vacuum sublimation　真空升华　14.564

vacuum test　真空试验　15.264

vacuum thrust　真空推力　04.122

vacuum tube casting　真空插管浇注　13.446

vacuum valve　真空阀门　14.603

＊vacuum vapor plating　真空蒸发镀　13.212

validation　确认　18.046

value［of a quantity］　［量］值　15.037

valve response　阀门响应　05.517

vanadizing　渗钒　13.150

Van Allen belts　范艾伦辐射带　01.115

van der Waals equation　范德瓦耳斯方程　06.325

vane　舵　02.211

vane actuator　舵机　02.212

vapor deposition　气相沉积　13.190

vaporizing ammonia electrothermal system　汽化氨电热系统　05.488

vapor phase reflow soldering　气相再流焊　13.312

vapor-screen method of flow visualization　蒸汽屏显示　06.767

variable-beam antenna of fuze　可变波束引信天线　16.190

variable density wind tunnel　变密度风洞　06.447

variable diaphragm　可变光阑　08.218

variable porosity porous wall　变开闭比通气壁　06.494

variable thrust liquid rocket engine　变推力液体火箭发动机　04.035

variation　变差　06.776

vehicle aerodynamics　飞行器空气动力学　06.008

vehicle coordinate system　运载体坐标系　05.054

vehicle rock　飞行器滚摇　06.200

velocity ambiguity　速度模糊　16.097

velocity coordinate system　速度坐标系　06.182

velocity cutoff　速度关机　10.250

velocity derived by differential　微分求速　07.140

velocity distribution　速度分布　06.051

velocity field　速度场　06.052

velocity potential　速度势　06.041

velocity profile　速度剖面　06.053

velocity to height meter　速高比计　08.174

velocity to height ratio　速高比　08.173

velocity uniformity　速度均匀性　06.558

ventilating model　通气模型　06.570

ventilation garment　通风服　11.206

vent plug　气塞　09.114

Venturi tube　文丘里管　06.650

Venus　金星　01.007

verification　检定　15.044，验证　18.047

verification certificate　检定证书　15.013

verification scheme　检定系统［表］　15.012

vernier rocket engine　游动火箭发动机　04.021

vernier rocket motor　游动火箭发动机　04.021

vertical assembly and test building　垂直总装测试厂房　10.283

vertical gyro　垂直陀螺仪　05.135

verticality adjustment　垂直度调整　10.134

vertical junction solar cell　垂直结太阳电池　09.138

vertical launch　垂直发射　10.110

vertical photography　垂直摄影　08.515

vertical polarization　垂直极化　08.533

vertical state transportation of launch vehicle　运载器垂直运输　02.121

vertical test　垂直测试　10.056

vertical wind tunnel　立式风洞　06.445

vestibular function asymmetry hypothesis　前庭功能不对称假说　11.139

vestibular function examination　前庭功能检查　11.055

vestibular function training　前庭功能训练　11.071

vibrating beam accelerometer　振梁加速度计　05.142

vibrating string accelerometer　振弦加速度计　05.140

vibration　振动　14.144

vibration absorption material　防振材料　12.142

vibration acceleration　振动加速度　11.263

vibration drift rate　振动漂移率　05.221

vibration environment　振动环境　14.290

vibration modal frequency　振动模态频率　03.435

vibration noise　振动噪声　16.084

vibration severity　振动严酷度　14.167

vibration shape　振型　14.170

vibration suppression　振动抑制　03.456

vibration test　振动试验　13.440

vibration test rocket　振动［火］箭　02.050

vibroacoustic environment　声振环境　14.289

vibropendulous error　振摆误差　05.208

V-I characteristic curve of cell　电池伏安特性曲线　09.113

V-I characteristic curve of solar cell　太阳电池伏安特性曲线　09.159

vigilance　警觉　11.157

vignetting　渐晕　08.339

violet solar cell　紫光太阳电池　09.133

viscosity　黏度　12.292

viscosity index　黏度指数　12.293

viscosity of fluid　流体黏性　06.042

viscous damping　黏性阻尼　14.206

viscous flow　黏性流动　06.159

viscous flow aerodynamics　黏性［流］空气动力学　06.013

viscous interaction parameter　黏性干扰参数　06.064

viscous interference　黏性干扰　06.063

viscous pressure drag　黏性压差阻力　06.225

viscous shock-layer equation　黏性激波层方程　06.364

viscous sublayer　黏性底层　06.060

visible light　可见光　08.008

visible resolution　目视分辨率　08.283

visible spectral remote sensing　可见光遥感　08.002

visual camouflage　可见光伪装　12.225

visual inspection　目视检查，＊外观检查　12.345

visual resolution　目视鉴别率　07.323

visual system　视景系统　11.366

visual task　视觉作业　11.198

visual warning　视觉告警　11.200

vis-viva formula　活力方程　03.227

vitreous　上玻璃釉法　13.224

voice-band transmission　话带传输　07.539

void content　空隙率　12.346

volatile content　挥发物含量　12.401

voltage accuracy　电压精度　09.058

voltage stability　电压稳定度　09.059

voltage temperature coefficient　电压温度系数　09.173

volume electrical resistance　体积电阻　12.349

volume scattering　体散射　08.553

volumetric loading fraction　体积装填分数　04.199

vortex　涡旋，＊涡　06.123

vortex lattice method　涡格法　06.353

vortex bursting　涡破裂　06.130

vortex core　涡核　06.126

vortex filament　涡丝　06.129

vortex generator　涡旋发生器，＊涡流发生器　06.318

vortex lift　涡升力　06.220

vortex line　涡线　06.127

vortex sound　涡声　06.142

vortex suppression devices　消漩装置　02.164

vortex tube　涡管　06.128

vorticity　涡量　06.125

V slit type sun sensor　V缝式太阳敏感器　05.436

VXI bus test　VXI总线测试　10.048

W

WAAS　广域增强系统，＊宽域增强系统　05.587

WADGPS　广域差分GPS，＊宽域差分GPS　05.584

wagon wheel grain　车轮形药柱　04.291

waiver　特许件　18.101

wake　尾流　06.171

wake blockage effect　尾流阻塞效应　06.787

wall interference　［风］洞壁干扰　06.785

Walsh telemetry　沃尔什遥测　07.613

warhead telemetry　弹头遥测　07.620

warm spare　温备份　18.209

warm start　温起动　05.515

warm-up time　加温时间　05.192

wash and disinfectant house　洗消间　10.349

waste collection and management system　废物收集与管理系统　11.333

waste collector　废物收集器　11.334

waste gas exhaust tower　废气排放塔　10.354

waste liquid treatment station　废液处理厂　10.348

waste treatment　废物处理　11.337

waste water collector　废水收集器　11.316

water channel　水槽　06.401

water chiller　冷水器　11.318

water column instrumentation radar　水柱测量雷达
　07.236

water cooled strain gauge balance　水冷却应变天平
　06.686

water dispenser　水分配器　11.317

water drinker　饮水器　11.322

water evaporator　水蒸发器　11.309

water filter　水过滤器　11.320

water heater　热水器　11.319

water-immersion simulation test　水浸仿真试验
　14.686

water immersion test　浸水试验　11.131

water management system　水管理系统　11.315

water regeneration technique　水再生技术　11.350

water separator　水分离器　11.312

water sublimator　水净化器　11.306

water supply pressure regulator　供水压力调节器
　11.323

water tank of simulated weightlessness　仿真失重水槽
　11.392

water tunnel　水洞　06.400

wave　波　06.106

wave drag　波阻　06.227

wave drag due to lift　升致波阻　06.230

wave soldering　波峰钎焊　13.283

weak interface　弱界面　12.091

wear resistance carbon-graphite material　碳石墨耐磨
　材料　12.241

wear test　磨损试验　15.261

weathering　老化　13.427

weave　编织［法］　12.393

web　［固体药柱的］肉厚　04.297

Weber number　韦伯数　14.672

web fraction　肉厚分数　04.298

weigh beam balance　秤杆元件天平　06.674

weighing mass　称量　13.417

weighted arithmetic average　加权算术平均值
　15.156

weightlessness　失重　14.666

weightlessness countermeasures　失重对抗措施
　11.134

weightlessness physiological effect　失重生理效应
　11.109

weightlessness simulation　失重仿真　11.128

weightlessness simulation test　失重仿真试验
　14.676

weight to power ratio of solar array　太阳电池阵的重
　量比功率　09.200

weldableness　焊接性　12.112

weld bonding　胶接点焊　13.319

weld defect　焊接缺陷　12.298

welded structure　焊接结构　02.150

welding　焊接　13.282

welding crack sensibility　焊接裂纹敏感性　12.114

welding deformation　焊接变形　12.115

welding stress　焊接应力　12.329

weld strength　焊缝强度　12.113

wetting angle　润湿角　12.402

wetting liquid　浸润性液体　14.673

wet winding　湿法缠绕　13.356

WFOV　工作视场　05.468

Whecon principle　惠康原理　05.330

wheel scanning earth sensor　飞轮扫描地球敏感器
　05.424

wheel scanning horizon sensor　飞轮扫描地球敏感器
　05.424

Whipple bumper shield　惠普尔缓冲屏　14.530

whirling arm testing　旋臂机试验　06.593

whisker　晶须　12.397

white noise　白噪声　14.148

wide area augmentation system　广域增强系统，＊宽
　域增强系统　05.587

wide area differential GPS　广域差分GPS，＊宽域差
　分GPS　05.584

wideband tape recorder　宽频带磁记录器　07.693

windblast　气流吹袭　11.260

winding structure　缠绕结构　02.139

window function　窗函数　14.222

wind-proof pull rod　防风拉杆　10.342

wind rate of cabin　座舱大气风速　11.297

wind shear　风切变　02.101

wind tunnel 风洞 06.399

wind tunnel axis system 风洞坐标系 06.183

wind tunnel balance 风洞天平，*气动力天平 06.668

wind tunnel body 风洞本体 06.473

wind tunnel-computer integration 风洞计算机一体化 06.404

wind tunnel flow rate 风洞流量 06.564

wind tunnel noumenon 风洞本体 06.473

wind tunnel operation 风洞运行 06.532

wind tunnel program control 风洞程序控制 06.663

wind tunnel simulation capability 风洞仿真能力 06.533

wind tunnel test 风洞试验 06.403

wind tunnel test data base 风洞试验数据库 06.666

wind wave channel 风浪槽 06.402

wing chord 翼弦 06.293

wing flow testing 机翼流试验 06.595

wing span 翼展 06.297

wing-tip vortex 翼梢涡 06.140

wire telemetry 有线遥测 07.609

withdrawal 撤场 10.270

witness plate 验证板 14.544

wobbling drift rate 摇摆漂移率 05.220

word-error ratio 误字率 07.654

working field of view 工作视场 05.468

working load 使用载荷 02.105，工作载荷 14.027

working medium of wind tunnel 风洞工作介质 06.546

working space 工作空间 17.046

working standard 工作标准 15.187

working standard solar cell 工作标准太阳电池 09.146

workload 工作负荷 11.197

workplace layout 工作区布局 11.195

worst cold case 低温工况 03.282

worst condition analysis 最坏情况分析 18.164

worst hot case 高温工况 03.281

wrap-around type solar cell 卷包式太阳电池 09.121

wrinkle 皱折 12.406

wrist 腕 17.016

wrong burst probability 误爆概率 02.294

X

X-ray detection building X 射线探伤厂房 10.288

X-ray lithography X 射线光刻 13.384

X-ray radiation X 射线辐射 14.390

Y

yarn 纱 12.396

yaw angle 偏航角 06.189，艏摇角 07.217

yaw attitude 偏航姿态 05.293

yaw attitude acquisition 偏航姿态捕获 05.259

yaw deformation angle 艏摇变形角 07.223

yawing moment 偏航力矩 06.251

yaw motion 艏摇 07.214

yaw rudder 方向舵 02.213

yield limit 屈服极限 14.025

yield point 屈服点 12.305

yoke balance 轭式天平 06.673

Young's modulus 杨氏模量 12.301

yo-yo device 哟–哟装置，*卫星消旋装置 05.369

Z

zero attitude 零姿态 05.463

zero calibration frequency converter 校零变频器 07.425

zero calibration transponder 校零应答机 07.426

zero drift 零漂 15.218

zero-equilibrium receiver 零平衡接收机，＊迪克接收机 08.579

zero error 零值误差 15.217

zero gravity 零重力 14.667

zero lift drag 零升阻力 06.228

zero liquid level 零液位 10.193

zeroload 空载 02.040

zero momentum mode 零动量方式 05.546

zero momentum system 零动量系统 05.339

zero offset 零偏 05.207

zero range calibration 距离校零 07.424

zero testing 零位测试 15.228

zero-velocity surface 零速度面 03.228

zinc-silver battery 锌银蓄电池 09.023

zonal harmonic coefficient 带谐系数 03.214

zoom 变焦距 08.204，图像放大，＊［图像］细化 08.512

zoom lens 变焦镜头 08.205

zoom stereoscope 变焦立体镜 08.207

zoom system 变焦系统 08.206

汉 英 索 引

A

阿克雷特法则　Ackeret rule　06.350

阿伦方差　Allan variance　07.567

*安控系统　safety control system　07.061

*安控信息　safety control information　07.104

安全保卫组　safeguard team　10.023

安全出舱滑道　emergency egress chute　10.320

安全发火机构　safe ignition device, safe and arm device　04.334

安全阀　relief valve, safety valve　02.206

安全工作压强　safe working pressure　11.292

安全关键件　safety critical part　18.254

安全管道　safety corridor　07.102

安全控制　safety control　07.029

安[全]控[制]电视监视系统　safe-control television monitor system　07.591

安全控制系统　safety control system　07.061

安全控制信息　safety control information　07.104

安全模式　safety mode　05.350

安全判据　safety criterion　07.105

安全判决　safety decision　07.028

安全判决准则　safety decision rule　07.106

安全系数　safety factor, safety coefficient　02.090

安全性　safety　18.252

安全性可靠性大纲　safety and reliability program　11.028

安全遥控　safety command and control　07.447

安全溢出阀　discharge valve　02.207

[安全与解除]保险装置　safety and arming device　16.177

安全裕度　margin of safety　14.030

安全执行机构　safety and firing mechanism　16.178

安全指令　safety command　07.473

*安全装置　safety device　16.172

安全状态　safe condition　16.076

安全自毁　safety self-destruct　10.255

*安全走廊　safety corridor　07.102

安时效率　ampere-hour efficiency　09.064

安装　installation　17.011

安装环　installation ring　02.204

安装误差　installation error　05.186

岸船通信系统　shore-ship communication system, S-S communication system　07.606

暗电流　dark current　08.408

暗盒　cassette, magazine　08.305

B

八角截面风洞　octagon wind tunnel　06.441

靶板　target panel　07.281

靶场测量　target range measurement　15.100

靶室　range tank　06.506

白噪声　white noise　14.148

百叶窗　louver　03.272

摆动喷管　gimbaled nozzle　04.309

摆动扫描　oscillating scan　08.425

摆动扫描地球敏感器　swing scanning earth sensor, swing scanning horizon sensor　05.423

摆动式机器人　pendular robot　17.032

摆动辗压　rotary forging　13.093

摆式积分陀螺加速度计　pendulous integrating gyro accelerometer, PIGA　05.146

摆式加速度计　pendulous accelerometer　05.138

摆式阻尼器　pendulum damper　05.377

摆性　pendulosity　05.102

搬运式标准　travelling standard　15.190

板料成形　sheet forming　13.034

半长轴　semi-major axis　03.181

半弹道式再入　semi-ballistic reentry　03.341

半导体天平　semiconductor balance　06.694

半模型 half model 06.573

半模型试验 half model test 06.607

半模型天平 half model balance 06.695

半球谐振陀螺仪 hemispherical resonant gyro 05.133

半球形壳体 hemispherical shell 02.221

半升力再入 semi-1ift reentry 06.321

半通径 semi-latus rectum 03.193

半液浮速率陀螺仪 half floated rate gyro 05.119

半硬壳式结构 semi-monocoque 02.138

半再生式生命保障系统 semiregenerative life support system 11.355

半正弦冲击脉冲 half-sine shock pulse 14.338

半主动式引信 semiactive fuze 16.006

半主动姿态稳定 semi-active attitude stabilization 05.297

半自动测试 semi-automatic test 10.045

半自动测试设备 semi-automatic test equipment 15.252

半自动跟踪 semi-automatic tracking 07.295

半自动机械天平 auto-manual mechanobalance 06.677

绊线 trip thread 06.586

邦德数 Bond number 14.670

包覆 coating 13.230

包含因子 coverage factor 15.165

包罩试验 shroud test 06.633

薄壁梁 thin-walled beam 02.175

薄层假定 thin layer assumption 06.395

薄激波层理论 thin shock-layer theory 06.365

薄壳结构 thin shell structure 02.136

薄膜电阻温度计 thin film resistance thermometer 06.731

薄膜技术 thin film technology 13.009

薄膜太阳电池 thin film solar cell 09.124

薄翼理论 thin airfoil theory 06.343

饱和曝光量 saturation exposure 08.231

饱和记录 saturation recording 07.696

保持 hold 17.065

保持力矩 hold torque 05.564

保持模式 hold mode 05.560

保管期 preservation period 12.377

保护关机 protective cutoff 10.252

保护区 protected zone 07.103

保护[性]接地 protective grounding, protective earthing 10.301

保精度跟踪角加速度 tracking angle acceleration without degradation 07.314

保精度跟踪角速度 tracking angular rate without degradation 07.311

保精度工作范围 operating range without degradation 07.353

*保精度作用距离 operating range without degradation 07.353

保密通信系统 secret communication system 07.594

保险装置 safety device 16.172

保障系统 support system 03.008

保障性 supportability 18.014

报警限 alarm limit 14.233

刨削 planning, shaping 13.101

曝光表 exposure meter 08.224

曝光过度 burn out 08.229

曝光间隔 exposure interval 08.230

曝光宽容度 exposure latitude 08.227

曝光[量] exposure 08.222

曝光时间 exposure time 08.225

爆心投影点 ground zero 14.464

爆炸波理论 blast wave theory 06.361

爆炸成形 explosive forming 13.070

爆炸冲击仿真器 pyroshock simulator 14.355

爆炸冲击环境 pyroshock environment 14.333

爆炸冲击试验 pyroshock test 14.351

[爆]炸点 burst point 16.117

[爆]炸点分布密度 burst point distribution density 16.118

爆炸高度 burst height 16.119

爆炸螺母 explosive nut 02.193

爆炸螺栓 explosive bolt 02.194

爆震 blast, detonation 14.342

背场背反射太阳电池 back surface field and back surface reflection solar cell 09.120

背场太阳电池 back surface field solar cell 09.118

背反射太阳电池 back surface reflection solar cell 09.119

背景密度 background density 08.368

背景限光电探测器　background limited photodetector 08.388

背景噪声　background noise　14.143

背向散射碎片　backscattered debris　14.536

倍率　rate　09.098

倍数[测量]单位　multiple unit [of measurement] 15.035

被测量　measurand　15.059

[被测量的]变换值　transformed value [of a measurand]　15.062

被动段　unpowered-flight phase　02.063

被动跟踪　passive tracking　07.350

被动式热控制　passive thermal control　03.253

被动式引信　passive fuze　16.007

被动微波遥感　passive microwave remote sensing 08.133

被动章动阻尼　passive nutation damping　05.373

被动姿态控制　passive attitude control　05.321

被动姿态稳定　passive attitude stabilization　05.298

本地发令　local commanding　07.455

本体稳定姿态控制系统　body-stabilized attitude control system　05.317

泵比转速　pump specific angular speed　04.227

泵气蚀系数　pump cavitation coefficient　04.235

泵腔吹除　pump cavity blow-off　10.185

泵失速　pump stall　04.229

泵效率　pump efficiency　04.226

泵压式供应系统　turbopump-feed system　04.055

泵压式液体火箭发动机　turbopump-feed liquid rocket engine　04.043

比冲　specific impulse　04.134

比冲效率　specific impulse efficiency　04.145

比对　comparison　15.047

比刚度　stiffness-to-density ratio　14.087

比功率　specific power　09.044

比较测量　comparison measurement　15.118

比较式[测量]仪器　comparison [measuring] instrument　15.173

比较行星学　comparative planetology　01.128

比力　specific force　05.205

比例极限　proportional limit　14.023

比能量　specific energy　09.043

比强度　strength-to-density ratio　14.086

比热比　specific heat ratio　06.097

比热容　specific heat capacity　12.353

比热容测定仪　specific heat calorimeter　12.261

比容量　specific capacity　09.042

比相雷达引信　phase comparison radar fuze　16.032

闭孔率　rate of closed hole　12.360

闭口式风洞　closed test section wind tunnel　06.434

闭路式风洞　closed circuit wind tunnel　06.437

闭式加注　closed loading　10.165

闭式循环　closed cycle　04.078

闭锁　lock-in　05.189

闭锁机构　locking mechanism　16.168

闭锁速率　lock-in rate　05.190

避雷塔　lightning-tower　10.350

臂　arm　17.015

边界层　boundary layer　06.045

边界层动量损失厚度　momentum loss thickness of boundary layer　06.056

边界层分离　separation of boundary layer　06.065

边界层厚度　boundary layer thickness　06.054

边界层空气动力学　boundary layer aerodynamics 06.014

边界层控制　boundary layer control　06.320

边界层理论　boundary layer theory　06.335

边界层内层　inner layer of boundary layer　06.061

边界层能量损失厚度　energy loss thickness of boundary layer　06.057

边界层皮托探针　Pitot probe of boundary layer 06.723

边界层外层　outer layer of boundary layer　06.062

边界层位移厚度　boundary layer displacement thickness　06.055

边界刚度矩阵　boundary stiffness matrix　14.051

边界节点　boundary node　14.044

边界条件　boundary condition　14.102

边界修正　boundary correction　06.784

边界元　boundary element　14.045

边框　border　02.172

边条翼　strake wing　06.317

边缘跟踪　edge tracking　07.301

边缘增强　boundary enhance　08.510

编程人员　programmer　17.010

编码分集　code diversity　07.689

编码式太阳敏感器　encoded sun sensor　05.434

编码遥控　coded telecommand　07.443

编织带　braid　12.391

编织[法]　weave　12.393

编织物　knitting　12.392

便携式生命保障系统　portable life support system　11.352

变薄拉深　ironing　13.035

变薄旋压　power spinning, shear spinning, flow turning　13.059

变差　variation　06.776

变轨　orbit changing　05.236

*变轨　orbit maneuver　07.032

变轨发动机　orbit maneuver engine　03.320

变极性等离子弧焊　plasma arc welding with adjustable polarity parameters　13.303

变焦镜头　zoom lens　08.205

变焦距　zoom　08.204

变焦立体镜　zoom stereoscope　08.207

变焦系统　zoom system, pancreatic system　08.206

变截面梁　beam with variable cross-section　02.176

变开闭比通气壁　variable porosity porous wall　06.494

变密度风洞　variable density wind tunnel　06.447

变推力液体火箭发动机　variable thrust liquid rocket engine　04.035

变温率　temperature change rate　14.591

变形　deformation　14.012

变形加工　deformation process　13.021

标称范围　nominal range　15.195

标称角动量　nominal angular momentum　05.550

标称值　nominal value　15.197

标称转速　nominal speed　05.549

*标定　calibration　15.043

标定值　calibration value　09.220

标度因素　scale factor　05.206

标杆仪　pole device, pole instrument　10.551

标校经纬仪　theodolite for calibration　07.244

标模试验精密度　precision of calibration model　06.773

标模试验准确度　accuracy of calibration model　06.774

标模统校　unified calibration of standard model　06.577

标位分系统　positioning subsystem　03.378

*IRIG 标准　Inter-Range Instrumentation Group standards, IRIG standards　07.009

标准比冲　standard specific impulse　04.141

标准不确定度　standard uncertainty　15.158

标准场强法　standard field strength method　15.131

标准大气　standard atmosphere　02.080

标准工作条件　standard operating condition　09.219

标准化大纲　standardization program　11.027

标准模型　standard model　06.576

标准模型试验　standard model test　06.602

标准频率信号　frequency reference signal　07.562

标准时间信号　time reference signal　07.569

标准试验发动机　standard testing motor　04.033

标准太阳电池　standard solar cell　09.143

标准天线法　standard antenna method　15.132

标准条件　reference conditions　15.211

标准物质　reference material　15.191

标准物质标准值　certified value of reference material　15.143

[标准物质的]定值　certification [of a reference material]　15.046

标准循环　standard cycle　17.090

标准再入轨道　standard reentry trajectory　03.353

表观温度　apparent temperature　08.562

表面充电　surface charging　14.488

表面处理　surface treatment　13.179

表面处理剂　surface treating agent　12.106

表面淬火　surface hardening, surface quenching　13.142

表面电阻　surface electrical resistance　12.348

表面分析仪　surface analysis instrument　12.262

表面改性　surface modification　13.140

表面活性化结合　surface activated bonding　13.178

表面力　surface force　14.005

表面裂纹　external crack　12.311

表面清理　surface cleaning　13.180

表面涂覆　surface coating　13.232

表面张力贮箱　surface tension propellant tank　04.359

*表皮跟踪　skin tracking　07.349

并联电阻　shunt resistance　09.176

并联火箭发动机　multi-rocket engine cluster　04.036

并联扫描　parallel scan　08.427

并联引爆系统　parallel fuzing system　16.064

并行工程　concurrent engineering　18.056

波　wave　06.106

λ波　λ shock wave　06.122

波的反射　reflection of wave　06.563

S波段统一系统　unified S-band system　07.383

波峰钎焊　wave soldering, flow soldering　13.283

波峰因数　crest factor　14.166

*波控系统　beam controlling system　07.363

波束控制系统　beam controlling system　07.363

波束宽度　beam width　07.366

波束区　beam zone　03.240

波束锐化比　beam sharpening ratio　08.529

波束跃度　beam saltus　07.367

波纹板式推力室　corrugated plate thrust chamber　04.252

波阻　wave drag　06.227

玻璃布层压制品　glass cloth laminate　12.054

玻璃钢结构　fiberglass-reinforced plastic structure　02.144

玻璃微珠反射体　glass microball reflector　07.275

玻璃纤维增强塑料　glass fiber reinforced plastic　12.052

剥离强度　peel strength　12.035

伯努利方程　Bernoulli equation　06.331

泊松比　Poisson's ratio　14.014

补偿　compensation　14.301

补偿器　compensator　02.199

补偿式高速摄影机　compensating high-speed camera　07.252

补充加注　topping, replenishment　10.170

*补加　topping, replenishment　10.170

补燃火箭发动机　staged combustion rocket engine　04.016

补燃循环　staged combustion cycle　04.080

捕获　acquisition　07.404

捕获带　pull-in range　07.370

捕获辐射　trapped radiation　14.425

捕获辐射模式　trapped radiation model　14.426

捕获概率　acquisition probability　07.405

捕获轨迹法　captive trajectory method　06.618

捕获粒子　trapped particles　14.424

捕获灵敏度　acquisition sensitivity　07.369

捕获模式　acquisition mode　05.559

捕获区　trapping region　14.504

捕捉网　catching net　06.530

不对称交流电充电　asymmetric alternating current charge　09.090

不工作时间　non-operative time　18.054

不合格　nonconformity　18.089

不可修复产品　non-repairable item　18.221

*不灵敏区　dead band, dead zone　15.206

不能工作时间　down time　18.053

[不确定度的]A类评定　type A evaluation [of uncertainty]　15.159

[不确定度的]B类评定　type B evaluation [of uncertainty]　15.160

不同期重复性　different term repeatability　06.778

*布船　instrumentation ship location　07.097

布拉格谐振　Bragg resonance　08.554

布氏硬度试验　Brinell hardness test　13.433

*布站　station location　07.096

步进电机　stepping motor　05.568

步进角　stepping angle　05.569

步距角　step size, step width　05.570

步序　step sequence　10.223

部分重复使用运载器　partial reusable space vehicle　02.055

部分仿真　partial simulation　06.591

部分任务训练器　partial task trainer　11.363

C

擦地炸机构　grazing impact mechanism　16.145

材料放气　material outgassing　14.566

材料去气　material degassing　14.567

材料污染　material contamination　14.569

材料性能 material property 12.364

材料质量损失 material mass loss 14.568

*材料质损 material mass loss 14.568

*采编器 sampler and coder 07.650

采样 sample 14.248

采样保持 sample and hold 08.464

采样编码器 sampler and coder 07.650

采样定理 sampling theorem 07.653

采样频率 sampling frequency 14.219

采样数据系统 sampled data system 05.342

[彩]色 color 08.265

彩色反转胶片 color reverse film 08.353

彩色红外胶片 color infrared film 08.355

彩色胶片 color film, autochrome 08.352

彩色体 color body 08.261

彩色纹影仪 color schlieren system 06.751

参比电极 reference electrode 09.035

参考谱 reference spectrum 14.226

参数辨识 parameter identification 14.174

参与因数 participant factor 14.194

参照标准 reference standard 15.186

餐具 eating utensils 11.232

残差 residual error 05.044

残余气体分析仪 residual gas analyzer 14.634

残余危险 residual hazard 18.256

舱段 bay section 02.167

舱口 hatch, hatchway, access 02.168

舱门 cabin door 02.169

舱内保健设备 onboard health care facilities 11.375

舱内航天服 intravehicular space suit 11.205

舱内活动服 intravehicular activity clothing, IVA clothing 11.226

舱内活动机器人 intravehicular activity robot 17.097

舱内医监设备 onboard medical monitoring instrument 11.373

舱外航天服 extravehicular space suit 11.217

舱外活动 extravehicular activity, EVA 11.008

舱外活动机器人 extravehicular activity robot 17.098

舱压安全阀 cabin pressure relief valve 11.273

操纵杆 joystick 17.069

操纵机构 steering unit 02.200

*操作机 manipulator 17.001

操作空间 operational space 17.045

操作模式 operation mode 17.062

操作员 operator 17.009

草图 sketch 02.030

侧滑角 angle of sideslip 06.186

侧力 lateral force 06.244

侧面燃烧 side burning 04.215

侧视范围 swath steering range 08.461

侧视雷达 side-looking radar, SLR 08.155

侧向加速度 lateral acceleration 11.257

侧音 side tone 07.418

侧音测距 side tone ranging 07.422

测地分系统 geodetic subsystem 03.110

测地卫星 geodetic satellite 03.038

测轨精度 orbit measuring precision 03.151

测角精度 angle accuracy 07.285

测角误差 angle error 07.288

测距精度 range accuracy 07.284

测距误差 range error 07.287

测距系统 ranging system 07.371

测控 tracking telemetry and command, TT&C 07.011

测控保障系统 supporting system for TT&C 07.068

*测控程序 sequence of TT&C event, TT&C procedure 07.083

测控仿真系统 TT&C simulation system 07.491

测控分系统 tracking-telemetry and command subsystem, TT&C subsystem 03.116

测控覆盖率 TT&C coverage 07.086

测控计划 TT&C plan 07.080

测控任务 TT&C task 07.081

测控任务分析 TT&C task analysis 07.084

测控软件 TT&C software 07.492

测控实时软件 TT&C real-time software 07.493

测控事件 TT&C event 07.082

测控事件序列 sequence of TT&C event, TT&C procedure 07.083

测控网仿真 TT&C network simulation 07.127

测控系统 TT&C system 07.052

测控系统工程 TT&C system engineering 07.077

测控要求 TT&C requirement 07.079

测控应用软件　TT&C application software　07.504

测控站　TT&C station　07.043

测控站计算机　TT&C station computer　07.485

测控总体设计　TT&C system design　07.078

测控坐标系　coordinate system used in TT&C 07.133

测量　measurement　15.042

[测量]标准　[measurement] standard　15.181

[测量]标准的保持　conservation of [measurement] standard　15.051

[测量]不确定度　uncertainty [of measurement] 15.140

测量程序　measurement procedure　15.054

测量重复性　repeatability of measurement　06.777

测量船　instrumentation ship　07.050

测量船配置　instrumentation ship location　07.097

[测量]单位　unit [of measurement]　15.025

[测量]单位符号　symbol of a unit [of measurement] 15.026

[测量]单位制　system of units [of measurement] 15.027

[测量的]算术平均值　arithmetic average [of measurement]　15.154

测量对象　measuring object　15.058

测量范围　measurement range　15.198

测量方法　method of measurement　15.055

测量飞机　instrumentation airplane　07.051

[测量]估计值　estimate [of measurement]　15.147

测量过程　measurement process　15.056

测量过程控制　measurement process control　15.057

测量技术　measurement technique　15.052

测量结果　result of a measurement　15.130

[测量结果的]重复性　repeatability [of results of measurement]　15.141

[测量结果的]复现性　reproducibility [of results of measurement]　15.142

测量精密度　precision of measurement　15.138

测量雷达　instrumentation radar　07.334

测量链　measuring chain　15.169

[测量器具的]示值　indication [of a measuring instrument]　15.133

测量设备　measuring equipment　15.166

测量设备特性　characteristics of measuring equipment　15.194

[测量]统计量　statistic quantity [of measurement] 15.146

[测量]误差　error [of measurement]　15.148

测量系统　measuring system　15.167

测量相机　space-born metric camera　08.109

测量信号　measurement signal　15.061

测量信息加工　measurement information processing 07.163

测量信息接收　measurement information receive 07.162

测量样本　measurement sample　15.145

测量仪器　measuring instrument　15.168

测量元素　measurement element　07.139

测量原理　principle of measurement　15.053

＊测量站　tracking station　07.044

测量站配置　station location　07.096

测量准确度　accuracy of measurement　15.139

测量总体　measurement population　15.144

测试　testing　15.221

CAMAC测试　CAMAC test　10.047

测试报告　test report　15.247

测试参数　test parameter　15.243

测试程序　test program　15.239

测试点　test point　10.054

测试发射操作规程　test-launch operation rules 10.036

测试发射预案　test-launch preplan　10.037

测试范围　test area　15.234

测试方法　test method　10.053

测试方式　test mode　15.236

测试分析技术　test and analysis technology　12.243

测试工作台　test table　10.421

测试环境　test environment　15.232

测试记录　test record　15.246

测试技术　test technology　06.637

测试检查程序　benchmark routine, test and check program　07.503

测试逻辑　test logic　15.241

测试目标　test target　15.235

测试软件　test software　15.233

测试设备　test equipment, test facility　15.251

测试设备转运　test facility transfer　10.103

超临界翼型　supercritical airfoil profile　06.314

超声波穿孔　ultrasonic perforating　13.279

超声波焊　ultrasonic welding　13.334

超声波加工　ultrasonic machining　13.278

超声波检测　ultrasonic testing, ultrasonic inspection　13.414

超声波清洗　ultrasonic cleaning　13.280

超声波软钎焊　ultrasonic soldering　13.289

超声波探伤　ultrasonic flaw detection　13.405

超声速风洞　supersonic wind tunnel　06.416

超声速流　supersonic flow　06.147

超声速平板烧蚀试验　supersonic plate ablation test　06.631

超塑成形　superplastic forming　13.095

超塑性　superplasticity　12.307

超小卫星　mini-satellite　03.051

超自旋　super spin　05.402

潮湿试验　humidity test　14.363

潮汐摄动　tide perturbation　03.205

车轮形药柱　wagon wheel grain　04.291

车削　turning　13.103

撤场　withdrawal　10.270

沉降粒子　precipitate particles　14.429

衬层　liner　04.285

称量　weighing mass　13.417

成像光谱仪　imaging spectrometer　08.120

承力筒　loaded cylinder　03.250

乘员分系统　crew subsystem　03.128

乘员设备装备间　space-crew equipment preparation room　10.280

乘员组训练　crew training　11.084

程序机构　programmer　05.074

程序脉冲　program pulse　10.221

程序配电　program power distribution　10.220

程序引导　program designation　07.389

秤动点　libration point　03.229

秤杆元件天平　weigh beam balance　06.674

弛豫方程　relaxation equation　06.091

弛豫时间　relaxation time　06.090

弛豫现象　relaxation phenomena　06.089

迟炸　late burst　16.087

迟滞　hysteresis　15.207

持久强度极限　stress-rupture limit, long time limit　12.289

持久塑性　stress-rupture plasticity, long time plasticity　12.308

持续性加速度　sustained acceleration　11.252

充磁　magnetization　14.661

充氮阀　nitrogen fill valve　11.289

充电　charge　09.060

充电保持能力　charge retention　09.066

*充电程度　depth of charge, degree of charge　09.062

充电接受能力　charge acceptance　09.065

充电率　charge rate　09.061

充电深度　depth of charge, degree of charge　09.062

充电效率　charge efficiency　09.063

充放电制　charge and discharge regime　09.097

充氧阀　oxygen fill valve　11.288

冲裁　blanking　13.045

冲程　stroke　14.240

冲击　impact　12.333

冲击闭合器　shock closer　16.147

冲击波　shock wave　14.343

冲击不回零性　balance character of non-return to zero under starting load　06.701

冲击高度　shock height　10.338

冲击环境　shock environment　14.332

冲击加速度耐受限值　impact acceleration tolerance limit　11.261

冲击角　shock angle　10.337

冲击脉冲　shock pulse　14.336

冲击敏感性　impact sensitivity　12.335

冲击谱合成　spectrum synthesis shock　14.352

冲击韧度　impact toughness　12.334

冲击式涡轮　impulse turbine　04.340

冲击试验　impact test　13.441

冲击试验机　shock test machine　14.353

冲击塔　impact tower　11.383

冲击[响应]谱　shock [response] spectrum　14.344

冲孔　punching, piercing　13.044

冲量　impulse　05.522

重叠系数　overlap coefficient　08.439

重复使用返回器　reusable recoverable capsule　03.327

重复使用火箭发动机　reusable rocket engine, reusable rocket 04.041

重复性 repeatability 15.210

重新定向 reorientation 05.264

抽气循环 combustion tap-off cycle 04.081

抽芯铆接 cherry riveting 13.341

抽样检验 sampling inspection 13.401

抽样试验 sampling test 14.281

抽真空 vacuum-pumping 10.188

稠化剂 thickener 12.374

出厂评审 ex-factory review 18.095

出射光瞳 exit pupil 08.209

初步分析报告 initial analysis report 10.039

初步设计 preliminary design 02.023

*初轨计算 preliminary orbit calculation 07.186

*初轨确定 preliminary orbit determination 03.236

初始轨道计算 preliminary orbit calculation 07.186

初始轨道确定 preliminary orbit determination 03.236

初始裂纹深度 initial crack depth 14.071

初始偏差 initial error 05.261

初始推力峰 initial thrust peak 04.126

初始温度 initial temperature 09.074

初始姿态捕获 initial attitude acquisition 05.253

初始自由容积 initial free volume 04.201

初样设计 prototype design 02.026

初样试验 prototype test 14.275

初样[星] engineering model, EM 03.092

除臭装置 odor removal 11.338

除油器 oil remover 06.518

储片机构 film storing mechanism 08.310

储气罐 storage tank 06.515

触发引信 contact fuze 16.002

触发引信灵敏度 sensitivity of contact fuze 16.069

穿地遥测 penetrating earth telemetry 07.631

穿晶断裂 transgranular fracture 12.320

穿入式喷注器 inserted injector 04.265

穿越时间 crossing time 05.460

传爆系列 explosive train 16.156

传爆药柱 booster grain 16.164

传导发射 conducted emission 14.652

传导发射安全系数测量 conduction emission safety factor measurement 15.086

传导发射测量 conduction emission measurement

15.080

传导敏感度 conducted susceptibility 14.653

传导敏感度测量 conduction sensitivity measurement 15.081

传递标准 transfer standard 15.188

传递导纳 transfer mobility 14.142

传递函数 transfer function 14.140

传递阻抗 transfer impedance 14.141

传动机构 transmission device 02.201

传感器 sensor, pickoff 05.168

传感信息控制 sensory control 17.057

传输时钟 transfer clock 08.465

传输通道 transmission path 07.542

传输通路 transmission channel 07.543

传输效率 transmission efficiency 08.459

*传输信道 transmission channel 07.543

传送帧 transfer frame 07.672

船体变形 shipbody deformation 07.234

[船体]变形测量系统 [shipbody] deformation measurement system 07.220

船体姿态角 shipbody attitude angle 07.213

船位精度 ship position accuracy 07.211

船位漂移 drift of ship position 07.212

船用条件 marine condition 07.233

船姿船位[测量]系统 ship attitude & position measuring system 07.210

喘振 surging 06.604

串并联扫描 serial and parallel scan 08.429

串并联引爆系统 series-parallel fuzing system 16.065

串联电阻 series resistance 09.175

串联扫描 serial scan 08.428

串联引爆系统 series fuzing system 16.063

串扰 cross talk 08.400

串行高密度记录 serial high-density recording 07.700

*串音 cross talk 08.400

窗函数 window function 14.222

吹除 blow off, purge 10.181

吹除系统 purging system 04.067

吹除压强 purging pressure 10.186

吹气式风洞 blowdown wind tunnel 06.431

吹气式风洞能量比 energy ratio of blowdown tunnel

D

待命时间　standby time, alert time　18.055

袋压成形　bag moulding　13.364

单边极限环　single side limit cycle　05.358

单层　lamina　14.078

单点接地　single-point grounding　10.304

单点失效　single point failure, spf　18.131

单点失效概率　probability of spf　18.132

单点约束　single-point constraint　14.053

单独接地　independent grounding　10.303

单分量天平　single component balance　06.687

单个脉冲的最小冲量　minimum impulse bit at MEPW　05.524

单管压力计　single tube manometer　06.718

单级火箭　single-stage rocket　02.016

单级入轨运载器　single-stage-to orbit launch vehicle　02.057

单晶硅太阳电池　single crystalline silicon solar cell　09.117

单粒子多位翻转　single event multiple bit upset　14.446

单粒子翻转事件　single event upset, SEU　14.442

单粒子功能中断事件　single event functional interrupt　14.447

单粒子烧毁事件　single event burnout, SEB　14.445

单粒子事件　single〔partical〕event　14.441

单粒子事件效应　single event effect　14.444

单粒子锁定事件　single event latchup, SEL　14.443

单粒子硬错误　single hard error　14.448

单脉冲跟踪　monopulse tracking　07.336

单脉冲技术　monopulse technology　07.342

单脉冲雷达跟踪系统　monopulse radar tracking system　02.284

单面铆接　blind riveting　13.343

单频调制　one-N modulation　05.201

单色光　monochromatic light　08.269

单色像差　monochromatic aberration　08.270

单室双推力火箭发动机　single chamber dual thrust rocket engine　04.039

单输入多输出　singleinput-multioutput　14.190

单体电池　cell, single cell　09.102

〔单体〕盖　cover　09.112

单体太阳电池　single solar cell　09.123

单体太阳电池的有效光照面积　active area of a solar cell　09.177

单推力室液体火箭发动机　single chamber liquid rocket engine　04.037

单位面积纤维质量　fiber weight of unit area　12.405

单相流换热　single phase flow heat transfer　03.273

单向阀　check valve　11.282

单向纤维复合材料　unidirectional fibrous composite materials　12.073

单向预浸带　unidirectional prepreg tape　12.400

单项检查　individual check　10.081

*单项联调　integration test　07.114

单元　element　14.037

单元测试　unit test　10.057

单元测试楼　component test building　10.284

单元刚度矩阵　element stiffness matrix　14.049

单元校准　single unit calibration　06.707

单元探测器　single-element detector　08.390

单站触发　single-station triggering　07.436

单站制　single-station system　07.332

单支点半柔壁喷管　half flexible plate nozzle with single hinge point　06.486

单轴稳定平台　single-axis stable platform　05.062

单轴姿态稳定　single-axis attitude stabilization　05.299

单自由度陀螺仪　single degree-of-freedom gyro　05.117

单自由度系统　single-degree-of-freedom system　14.136

单组元喷嘴　single-component injector element　04.269

单组元推进剂　monopropellant　04.089

单组元〔推进剂〕火箭发动机　monopropellant rocket engine　04.046

单组元推进系统　monopropellant propulsion system　05.489

弹道靶　ballistic range　06.471

弹道参数　trajectory parameter　07.199

弹道测量　trajectory measurement　07.024

弹道测量系统　trajectory measurement system　07.057

弹道极限曲线　ballistic limit curve　14.532

弹道偏角 trajectory deflection angle 02.067

弹道倾角 trajectory tilt angle，flight path angle
　　02.066

＊弹道–升力再入 semi-ballistic reentry 03.341

弹道式再入 ballistic reentry 03.340

弹道相机 ballistic camera 07.246

弹道学 ballistics 02.058

弹道坐标测量 ballistic coordinate measurement
　　15.101

弹体赋形天线 missile shaping antenna 16.187

弹体遥测 missile-body telemetry 07.621

＊弹体坐标系 body-axis coordinate system 06.181

弹头气动特性 aerodynamic characteristics of nose
　　06.209

弹头遥测 warhead telemetry 07.620

弹头引信 fuse of warhead 01.070

弹托 sabot 06.575

氮气吹除 nitrogen blow-off 10.183

氮气风洞 nitrogen wind tunnel 06.455

氮气配气台 nitrogen gas distribution board 10.527

氮气置换 nitrogen replacement 10.204

当地重力加速度 local gravitational acceleration
　　02.079

挡光板 baffle 08.251

挡光筒 baffling barrel 08.252

刀具 cutting tool 13.122

导爆管 exploding pipe 02.195

导爆索 exploding fuse 02.196

导爆药柱 lead explosive 16.163

导出［测量］单位 derived unit［of measurement］
　　15.033

导出量 derived quantity 15.022

导弹测控系统 missile TT&C system 07.055

导弹电控测试装置 missile electrical harness tester
　　15.258

导弹试验场 missile test range 07.004

导电涂层 conductive coating 12.124

导电氧化 electric conductive oxidation 13.250

导管 duct，tube，pipe 02.197

导管样件 sample tube 02.198

导轨 sliding guide 10.545

导航 navigation 05.003

GPS 导航 GPS navigation 05.577

导航分系统 navigation subsystem 03.109

导航精度 navigation accuracy 03.246

导航卫星 navigation satellite 03.043

导航卫星网 navigation satellite network 03.044

导航信号 navigation signal 03.243

导流槽 flame diversion trough 10.334

导流面 guide face 10.335

导流锥 deflection cone 10.336

导引方程 steering equation 02.249

导引头一体化引信 integrated fuze with homing head
　　16.058

倒计时程序 countdown procedure 10.217

倒［数］计时 countdown 10.216

灯光导航 light navigation 07.123

灯室 lamp house 14.617

登舱臂 climbing module arm 10.322

登月轨道 lunar landing trajectory 02.087

等剂量线 isodose line 14.439

等价锥热流计算 heat flux calculation of equivalent
　　cones 06.362

等精度测量 equal precision measurement 15.120

等离子弧焊 plasma arc welding 13.302

等离子弧喷涂 plasma spraying 13.236

等离子加工 plasma machining 13.271

等离子喷涂法 plasma spraying method 13.222

等离子清洗 plasma cleaning 13.182

等离子蚀刻 plasma etching 13.393

等离子体 plasma 14.482

等离子体离子辅助沉积 plasma ion-assisted deposi-
　　tion 13.202

等离子体鞘套 plasma sheath 07.112

等离子体射流 plasma jet 06.562

等离子体湮没改性 plasma immersed modification
　　13.272

等离子体源离子注入 plasma source ion implantation
　　13.390

等离子体诊断 plasma diagnostics 06.636

等面燃烧 neutral burning 04.219

等强度梁 constant strength beam 02.178

等倾角法 rhumb line method 05.366

等熵管流 isentropic flow in pipe 06.551

等熵流 isentropic flow 06.156

等温超塑性锻造 isothermal superplastic forging

13.097

等温淬火 isothermal hardening, isothermal quenching 13.146

等温锻 isothermal forging 13.086

等温管流 isothermal flow in pipe 06.553

等效技术 equivalence techniques 14.282

等效器 simulator, equivalent device 10.535

等效全向辐射功率 equivalent isotropic radiated power, EIRP 07.095

等效系统 equivalent system 14.134

等效线圈 equivalent coil 14.665

等值焦距 equivalent focal length 08.199

*低倍组织 macrostructure 12.339

低侧音 low side tone 07.420

低弹道[飞行]试验 low trajectory test 07.075

低发射率颜料 low-emittance pigment 12.121

低密度风洞 low density wind tunnel 06.448

低密度烧蚀材料 low density ablator 12.022

低频燃烧不稳定性 low-frequency combustion instability 04.248

低频线振动台 low-frequency linear vibration table 05.232

低气压试验 low pressure test 14.362

低速风洞 low speed wind tunnel 06.411

低速流 low speed flow 06.144

低湍流度风洞 low turbulence wind tunnel 06.413

低温泵 cryopump 14.601

低温测量 cryogenic measurement 10.177

低温风洞 cryogenic wind tunnel 06.446

低温工况 worst cold case 03.282

低温加注系统 cryogenic loading system 10.168

低温连接器 low temperature connector 10.502

低温密封 low temperature sealing 10.179

低温球阀 cryogenic ball valve 10.503

低温烧蚀材料试验 ablation test of low temperature ablator 06.634

低温试验 low temperature test 10.178

低温推进剂 cryogenic propellant 04.096

低温推进剂火箭发动机 cryogenic propellant rocket engine 04.050

低温推进剂贮箱 cryogenic propellant tank 10.504

低温温度传感器 cryogenic temperature sensor 10.506

低温吸附 cryogenic absorption 10.180

低温系统 cryogenic system 10.176

低压舱 hypobaric chamber 11.393

低压反应离子镀 low-voltage ion reactive plating 13.225

低压化学气相沉积 low-pressure chemical vapor deposition 13.192

低压敏感性检查 hypobaric susceptibility test 11.051

低压缺氧检查 hypobaric hypoxia examination 11.050

低压软管 low pressure hose 10.523

低压温度试验舱 hypobaric and temperature test chamber 11.395

低压铸造 low pressure [die] casting 13.026

低阻高效太阳电池 low resistance high efficiency solar cell 09.132

迪克辐射计 Dicke radiometer 08.145

*迪克接收机 zero-equilibrium receiver, Dicke receiver 08.579

底部防热 base heat protection 02.210

底部流动 base flow 06.172

底部阻力 base drag 06.232

底部阻力修正 base drag correction 06.793

底胶 primer 12.033

地出 earth-out 05.457

地磁场 geomagnetic field 14.501

地磁力矩 geomagnetic torque 05.390

地磁扰动 geomagnetic disturbance 14.505

地磁指数 geomagnetic index 14.511

地理信息遥感数据库 remote sensing data base of geographical information 08.494

地理坐标 geographic coordinate 10.128

地理坐标系 geographic coordinate system 05.052

地面安全控制 ground safety control 07.457

地面备份星 ground spare satellite 03.068

地面比冲 ground specific impulse 04.138

地面测试 ground test 15.229

地面仿真试验 ground simulation test 14.273

地面分辨率 ground resolution 08.290

地面风载荷 ground wind load 02.098

地面风载荷试验 ground wind test 06.629

地面辅助设备 ground support equipment, GSE

velocity 02.086

第一次大修期 time to first overhaul 18.225

第一喉道 first throat 06.489

第一宇宙速度 first cosmic velocity, elliptic velocity 02.084

点滴腐蚀试验 dropping corrosion test 13.418

点焊 spot welding 13.318

点弧 arc-firing 06.545

点火 ignition 10.226

点火器 firing unit, igniter 02.225

点火时串 ignition time series 10.229

点火系统 ignition system 04.066

点火压力峰 ignition pressure peak 04.183

点火延迟 ignition delay 04.333

点火延迟时间 ignition delay time 04.172

点火装置 ignition device 04.329

点火姿态 firing attitude 05.282

点散射体 point scatter 08.549

点蚀 pitting 12.163

电爆阀 electric blasting valve 02.208

电波折射修正 radio wave refraction correction 07.142

电池 electric battery 09.003

电池伏安特性曲线 V-I characteristic curve of cell 09.113

[电池]壳体 case, container 09.111

电池内阻 internal resistance of cell 09.079

电池容量 capacity of cell 09.039

电池组 battery 09.103

电磁波 electromagnetic wave 08.022

电磁测量 electromagnetic measurement, EM measurement 15.066

电磁场 electromagnetic field 08.023

电磁场能量 energy of electromagnetic field 08.024

电磁成形 electromagnetic forming 13.067

电磁阀 solenoid valve 02.209

电磁辐射 electromagnetic radiation 08.025

电磁干扰 electromagnetic interference, EMI 14.651

电磁干扰测量 electromagnetic interference measurement, EMI measurement 15.075

电磁干扰诊断技术 EMI diagnosing technology 15.096

电磁兼容性 electromagnetic compatibility, EMC 14.650

电磁兼容[性]测量 electromagnetic compatibility measurement, EMC measurement 15.073

电磁浇注 electromagnetic pouring 13.068

电磁敏感度测量 electromagnetic sensitivity measurement, EM sensitivity measurement 15.076

电磁屏蔽涂层 coating for EMI shielding 12.125

电磁引爆引燃安全系数测量 EM detonation and firing safety factor measurement 15.088

电磁元件天平 electromagnetic unit balance 06.675

电点火 electric ignition 04.331

电点火头 electric igniter 16.159

电动四柱秋千 electrical four-pole swing 11.389

电动振动台 electrodynamics vibration generator 14.305

电镀 electroplating 13.213

电发火管 electric squib 16.160

电感式传感器 inductive pickoff, inductance-type transducer 05.173

电荷传输效率 charge transfer efficiency, CTE 08.463

电荷耦合器件 charge-coupled device, CCD 08.383

*电荷耦合器件摄像机 CCD camera, charge-coupled device camera 08.124

电荷耦合器件太阳敏感器 charge coupled device sun sensor, CCD sun sensor 05.435

电荷耦合器件星敏感器 charge coupled device star sensor, CCD star sensor 05.446

电荷注入器件星敏感器 charge injection device star sensor, CID star sensor 05.447

电弧放电 arc discharge 14.491

电弧风洞 arc tunnel 06.462

电弧焊 arc welding 13.333

电弧加热器 arc heater 06.458

电化学分析 electrochemical analysis 12.269

电化学腐蚀 electrochemical corrosion 12.152

电化学涂层 electrochemical coating 12.131

电化学氧化 electrochemical oxidation 13.251

电火花穿孔 spark-erosion perforation 13.266

电火花加工 spark-erosion machining, electrical discharge machining, EDM 13.265

电火花线切割 spark-erosion wire cutting 13.267

电极电位 electrode potential 09.036

电极反应 electrode reaction 09.033

电极极化 polarization of electrode 09.037

电解加工 electrochemical machining, ECM, electrolytic machining 13.275

电解型腔加工 electrolytic forming 13.276

电缆摆杆 cable swinging rod 10.317

电缆井道 cable shaft 10.319

电缆束 cable harness 02.227

电缆通廊 cable channel 10.318

电缆网 cable, cable net 02.226

电缆转接箱 cable connection box 10.537

电雷管 electric detonator 16.162

电离 ionization 06.087

电离层 ionosphere 01.116

电离层暴 ionosphere storm 14.494

电离层辐射测量 ionospheric radiation measurement 15.099

电离层模式 ionosphere model 14.492

电离层闪烁 ionosphere scintillation 14.495

电离层吸收 ionosphere absorption 14.496

电离度 ionicity 06.088

电离辐射 ionizing radiation 14.389

电离辐射环境 ionizing radiation environment 14.371

电量参数 electrical parameter 02.272

电流温度系数 current temperature coefficient 09.172

电偶腐蚀 galvanic corrosion 12.154

电抛光 electropolishing 13.187

电气电子机电零件 electrical, electronic and electro-mechanical part, EEE part 18.085

电气动式换能器 electro-pneumatic transducer 14.330

电气合练 electric installation rehearsal 10.029

电气系统 electrical system 04.065

电热器 electric heater 04.362

电热式肼单组元推进系统 electrothermal monopropellant hydrazine system 05.492

电容储能点焊 condenser discharge spot welding 13.321

电容式传感器 capacitive pickoff, capacitance-type sensor 05.172

电容引信 capacitance fuze 16.033

电扫描技术 electronically scan technology 07.339

电视跟踪测量系统 television tracking measurement system 07.240

电视摄影间 television pick-up house 10.352

电视望远镜 television telescope 07.257

电视自动跟踪 television automatic tracking 07.299

电弹簧 electrical spring 05.204

电推进 electric propulsion 04.003

电推进系统 electric propulsion system 05.499

电位分析 potentiometric analysis 12.111

电性试验模型 electric test model 03.069

电压精度 voltage accuracy 09.058

电压温度系数 voltage temperature coefficient 09.173

电压稳定度 voltage stability 09.059

电液成形 electro-hydraulic forming 13.069

电液式换能器 electro-hydraulic transducer 14.331

电引信 electrical fuze 16.009

电影经纬仪 cinetheodolite 07.238

电影经纬仪跟踪系统 cinetheodolite tracking system 02.287

电影望远镜 cine telescope 07.255

电源分系统 power supply subsystem 03.112

电源控制设备 power control electronics 09.224

电晕放电试验 corona test 14.593

电铸 electroforming 13.064

电铸成形 electrotyping process 13.065

电子轰击型推力器 electron bombardment thruster 05.507

电子时间引信 electronic time fuze 16.050

电子式压力扫描阀 electronic-scanned pressure sensor 06.729

电子束打孔 electron beam perforation 13.269

电子束焊 electron beam welding 13.297

电子束加工 electron beam machining, EBM 13.268

电子束流动显示 electron beam flow visualization 06.761

电子束荧光技术 electron beam fluorescence technique 06.640

电子搜索 electronic search 05.474

电子探针　electronic probe　12.252

电子显微镜　electron microscope　12.247

电子[学]测量　electronic measurement　15.069

电子侦察卫星　electronic reconnaissance satellite　03.034

电阻带式加热器　electric resistance belt heater　06.527

电阻点焊　resistance spot welding　13.322

电阻管式加热器　electric resistance tube heater　06.528

电阻率　electrical resistivity　12.347

电阻钎焊　resistance brazing, resistance soldering　13.294

垫块法　model pad method　06.608

吊具小车　hoisting tool bogie　10.411

吊篮　lifting cage, lifting car　10.394

吊篮吊具　lifting cage sling　10.430

吊装　hoisting　10.129

迭代　iteration　14.231

叠层　laminate　14.079

叠层的极限强度　ultimate strength of the laminate　14.083

叠层太阳电池　stacked solar cell, cascade solar cell　09.126

叠氮聚合物推进剂　glycidyl azide polymer propellant, GAP propellant　04.109

叠片式电弧加热器　Macker type arc heater　06.459

定标　calibration　08.440

定常流　steady flow　06.153

定点保持　station keeping　05.244

＊定点保持窗口　station keeping window　07.087

定点捕获　station acquisition　05.243

定点精度　stationing accuracy　03.238

＊GPS 定轨　GPS orbit determination　05.579

定轨精度　orbit determination accuracy　07.194

定级证书　grading certificate　15.018

定角引爆　initiation at fixed angle　16.138

定距引爆　initiation at fixed range　16.139

π定理　π theorem　06.105

定量测试　quantitative test　10.050

定时　timing　07.581

定时器　timer　16.153

＊定时引信　time fuze　16.049

GPS 定位　GPS position　05.578

定位焊　tack welding　13.326

定位铆　registration riveting　13.345

定位时间　time for positioning　03.247

定向　orientation　05.263

定向精度　orientation accuracy　08.344

定向控制　control of orientation　05.348

定向凝固　directional solidification　13.381

定向引爆　directional initiation　16.140

定性测试　qualitative test　10.049

定义测量方法　definitive method of measurement　15.124

定轴性　orientation stability　05.109

＊GPS 定姿　GPS attitude determination　05.580

东西位置保持　east-west station keeping　05.246

＊动参考坐标系　moving reference coordinate system　05.053

动导数　dynamic derivative　06.261

动导数试验　dynamic derivative testing　06.623

动刚度　dynamic stiffness　14.202

动基准坐标系　moving reference coordinate system　05.053

动基座对准　moving alignment　05.036

动力段制导　powered phase guidance　02.248

动力飞行段　power flight phase　03.146

动力继电器柜　power plant relay cabinet　10.531

动力控制台　power plant control console　10.530

动力黏度　dynamic viscosity　06.043

动力调谐　dynamic tuning　05.202

动力调谐陀螺仪　dynamically tuned gyro, DTG　05.125

动力学仿真　dynamics simulation　03.452

动力学分析　dynamics analysis　03.453

动力学设计　dynamics design　03.454

动力学试验　dynamics test　03.455

动力学相似性　dynamic similarity　06.410

动力循环　power cycle　04.076

动量储存能力　momentum storage capability　05.544

动量法　momentum method　06.606

动量方程　momentum equation　06.328

动量交换　momentum exchange　05.543

动量交换机动　momentum exchange maneuver

05.262

动量交换装置　momentum exchange device　05.528

动量轮　momentum wheel　05.534

动量偏置方式　bias momentum mode　05.545

动量增益　momentum gain　14.534

动密封　dynamic seal, moving seal　12.383

动平衡试验　dynamic balancing test　13.426

动圈式传感器　moving coil pickoff, moving coil transducer　05.170

*动柔度　receptance　14.199

动式机器人服务系统　mobile［robot］servicing system, MSS　17.106

动态测力天平　dynamic balance　06.690

动态测量　dynamic measurement　15.109

动态测试　dynamic test　10.052

动态断裂韧性　dynamic fracture toughness　14.065

动态范围　dynamic range　08.462

动态摄影分辨率　dynamic photographic resolution　08.286

动态试验　dynamic test　15.263

动［态］载［荷］　dynamic load　02.096

动压气浮陀螺仪　hydrodynamic gas bearing gyro　05.127

动压强　dynamic pressure　06.038

动压陀螺电机　hydrodynamic gas bearing gyro motor　05.160

动载因子　dynamic load factor　02.093

冻结流动　frozen flow　06.162

抖动器　dither　05.185

抖振　buffet　06.247

抖振边界　buffet boundary　06.248

抖振试验　buffet test　06.627

读出寄存器　readout register　08.479

读出时钟　readout clock　08.466

独立故障　independent fault　18.186

镀后处理　treatment after plating　13.223

镀膜　film plating　13.210

端电压　terminal voltage　09.057

端面燃烧　end burning　04.214

端羟基聚丁二烯推进剂　hydroxyl terminated polybutadiene propellant, HTPB propellant　04.107

端羧基聚丁二烯推进剂　carboxyl terminated polybutadiene propellant, CTPB propellant　04.106

短波红外　short-wave infrared　08.012

短基线干涉仪　short base-line interferometer　07.380

短路电流　short circuit current　09.080

短路电流密度　short-circuit current density　09.151

短路匝式传感器　short circuit turn pickoff　05.169

短期重复性　shot term repeatability　06.779

短期频率稳定度　short-term frequency stability　07.566

短时高温强度极限　strength limit of short time in high temperature　12.288

短时间加速度　short-duration acceleration　11.253

短周期摄动　short periodic perturbation　03.210

*断口　fracture　12.319

断口检验　fracture examination　13.402

断口金相学　fractography　12.322

断裂　fracture　12.319

断裂应力　fracture stress　14.068

锻造　forging　13.080

锻造合金　forging alloy　12.176

对比度　contrast ratio　08.374

对地观测卫星　earth observation satellite　03.025

对地静止卫星　geostationary satellite　08.099

对接　mating　10.131

对接舱　docking module　03.090

对接焊　butt welding　13.327

对接框　interface frame, mating frame　02.223

对接联调　integration test　07.114

对零表　alignment zero instrument　10.553

对数频率扫描率　logarithmic frequency sweep rate　14.298

对中定位　pad aligning at the central point　10.132

对准　alignment　05.030

对准传递　alignment transfer　05.034

对准误差　alignment error, misalignment　05.187

钝度比　bluntness ratio　06.289

钝化　passivation　09.038

多层隔热材料　multilayer insulation material　12.011

多次冲击防护屏　multi-shock shield　14.539

多次起动火箭发动机　multi-start rocket engine, multi-start rocket　04.040

多弹头遥测　multihead telemetry　07.625

多点激振系统 multi-point vibration excitation system 14.308

多点约束 multi-point constraint 14.054

多分量天平 multi-component balance 06.688

多刚体动力学 rigid multibody dynamics 03.427

多刚体航天器动力学 dynamics of multiple rigid body spacecraft 05.398

多功能传感器 multi-function transducer 06.643

多功能惯性敏感器 multi-inertial sensor 05.101

多功能水平吊具 multifunctional horizontal sling 10.425

多功能转椅 multifunctional rotating chair 11.388

多关节结构 articulated structure 17.017

多管压力计 multiple manometer 06.719

多光谱遥感 multi-spectral remote sensing 08.007

多机计算机系统 multi-computer system 07.487

多级火箭 multi-stage rocket 02.017

[多级运载火箭的]级 stage 02.011

多结砷化镓太阳电池 multijunction gallium arsenide solar cell 09.142

多结太阳电池 multijunction solar cell 09.136

多孔壁 porous wall 06.491

多孔材料喷注器 hard sifter injector 04.267

多目标测量 multi-target measurement 07.022

多目标处理能力 multi-target processing ability 07.325

多普勒波束锐化 Doppler beam sharpening 08.530

多普勒测速 Doppler range rate measurement 07.400

多普勒跟踪 Doppler tracking 07.351

多普勒频移 Doppler frequency shift 08.609

多普勒无线电引信 Doppler radio fuze 16.017

多普勒相移 Doppler phase shift 08.608

多普勒效应 Doppler effect 16.098

多谱段扫描仪 multi-spectral scanner 08.116

多视技术 multiple-look technique 08.592

多输入多输出 multiinput-multioutput 14.189

多体控制 multi-body control 05.325

多体问题 multi-body problem 03.225

多推力室液体火箭发动机 multi-chamber liquid rocket engine 04.038

多向模锻 multi-ram forging 13.082

多星共位 multisatillite colocation 05.287

多用途飞船 multi-function spacecraft 03.064

多余物检查 checking of redundant substance 13.410

多元校准 multi-units calibration 06.708

多元探测器 multi-element detector 08.391

多站触发 multi-station triggering 07.437

多站联用测量系统 multi-station joining tracking system 07.386

多站制 multi-station system 07.331

多振动台系统 multishaker system 14.309

多支点半柔壁喷管 half flexible plate nozzle with many hinge point 06.487

多支点全柔壁喷管 all flexible plate nozzle with many hinge point 06.488

多种流线型翼 multiflow wing 06.313

多自由度系统 multi-degree-of freedom system 14.137

舵 rudder, vane 02.211

舵机 rudder actuator, vane actuator 02.212

舵偏角 angle of rudder reflection 06.190

惰性气体保护焊 inert-gas welding, inert-gas shielded arc welding 13.300

惰性气体增压系统 inert gas pressurization system 04.075

E

额定电压 rated voltage, normal voltage 09.045

额定负载 rated load, nominal load 17.072

额定工作条件 rated operating conditions 15.212

额定容量 rated capacity 09.041

额定推力 rated thrust, nominal thrust 04.123

轭式天平 yoke balance 06.673

*鳄皮现象 alligator effect 12.342

二次表面镜 second surface mirror 03.269

*二次电池 storage battery, secondary battery 09.013

二次胶接 second bonding 13.365

二次喷射 secondary injection 04.319

二次撞击　secondary impact　14.535

二分点功率预算　power budget during equinox
　09.227

二级标准太阳电池　secondary standard solar cell
　09.145

二级轻气炮　two-stage light gas gun　14.543

[二进制编码的]十进制时间码　binary coded deci-
　mal time code, BCD time code　07.576

二体问题　two-body problem　03.178

二维弹翼　two dimensional wing　06.295

二维弹翼试验　two dimensional wing test　06.605

二维风洞　two dimensional wind tunnel　06.450

二维流　two dimensional flow　06.168

二维喷管　two dimensional nozzle　06.482

二线扬声　two wire loudspeaking　07.530

二氧化碳分压控制　carbon dioxide partial pressure
　control　11.330

二氧化碳还原技术　carbon dioxide reduction tech-
　nique　11.349

二氧化碳浓缩器　carbon dioxide concentrator
　11.347

二氧化碳清除　carbon dioxide removal　11.300

二氧化碳收集　carbon dioxide collection　11.348

二元脉冲电路　binary pulse circuit　05.094

二元脉冲调宽电路　binary pulse width modulation
　circuit　05.095

二至点功率预算　power budget during solstice
　09.228

F

发动机比冲　engine specific impulse, motor
　specific impulse　04.136

发动机舱测试工作梯　engine compartment checking
　ladder　10.413

发动机初始质量　motor initial mass　04.179

发动机反推力　engine reverse thrust　04.129

发动机负推力　engine negative thrust　04.127

发动机干质　engine dry mass　04.177

发动机高度特性　engine altitude characteristic
　04.168

发动机高空仿真试验　engine test in simulated alti-
　tude condition　04.367

发动机工作时间　engine operating duration, motor
　action time　04.169

发动机关机　engine cutoff　02.233

发动机关机减速性　slow-down time of engine during
　shutdown transient　04.165

发动机管路特性　engine line characteristic　04.167

发动机混合比　engine mixture ratio　04.153

发动机校准试验　engine calibration test　04.370

发动机节流特性　engine throttle characteristic
　04.166

发动机结构质量　motor structure mass　04.181

发动机可靠性　engine reliability　02.231

发动机可靠性试验　engine reliability test　04.368

[发动机]累积工作时间　accumulated duration [of

engine]　04.170

发动机六分力试验　motor six component test
　04.371

发动机喷管　engine nozzle　02.234

[发动机]喷管压力损失　nozzle pressure losses
　02.077

发动机起动　engine starting　02.232

发动机起动加速性　acceleration time of engine
　during start transient　04.164

发动机燃尽质量　motor burnout mass　04.180

发动机湿质　engine wet mass　04.178

发动机试车台　engine test stand　02.239

发动机试验　engine test　04.363

发动机推力　engine thrust　04.119

发动机[推力]架　engine thrust frame　02.181

发动机推质比　engine thrust-mass ratio　04.176

发动机性能参数　engine performance parameter
　04.118

发动机性能试验　engine performance test　04.369

发动机旋转试验　motor rotating test　04.372

发动机质量比　motor mass fraction　04.151

发动机最大负推力　engine maximum negative thrust
　04.128

发汗材料　sweat-out material　12.139

发汗冷却　transpiration cooling　04.302

＊发黑　bluing　13.245

发黑处理　blackening　13.246
发火　ignition　16.089
发火机构　ignition device　16.149
发蓝处理　bluing　13.245
发泡　foaming　13.366
发泡剂　foaming agent　12.375
发气率　rate of gas generation　04.242
发射　emission　08.077，launch　10.001
发射本领　emission capability　08.079
发射波谱特征　feature of emission spectrum
　08.498
发射操作队　launch operating team　10.025
发射场　launch site　02.115
[发射场]测试测控数据网　prelaunching checkout
　and control data network of launch site　02.279
发射场电视监视系统　launch site television monitor
　system　07.590
发射场故障率　site fault rate　18.138
发射场坪　launching level ground　10.305
发射场设备更换率　site equipment change rate
　18.223
发射成功率　launching success rate　18.124
发射窗口　launch window　10.115
发射窗口后沿　launch window ending　10.117
发射窗口前沿　launch window beginning　10.116
发射点　launch point　10.122
发射方式　launch mode　02.119
发射方位[角]　launch azimuth　10.123
发射方向　launching direction　10.118
发射工位　launching workplace　10.109
发射工作队　launch working team，test group
　10.024
发射光谱分析　emission spectrum analysis　12.264
发射轨道　launching trajectory　03.158
发射环境　launch environment　14.262
发射计划网络图　launch plan network chart　10.035
发射可靠度　launching reliability　18.126
发射控制中心　launching and control center　10.015
发射领导组　launch leading team　10.020
发射率　emissivity　08.078
发射前测试　prelaunch testing　15.230
发射勤务保障　launching service support　02.122
发射勤务塔　launching service tower　02.123

发射区　launch area　02.116
发射任务书　mission document　10.034
发射任务指挥部　launch mission headquarter
　10.017
发射日　launch day　10.113
发射时　launching time　10.114
发射试验　launching test　10.002
发射试验大纲　launch experiment outline　10.026
发射释放机构　launch release mechanism　10.330
发射塔　launch tower　10.306
发射台　launch pad　10.325
发射台导轨　launch pad rail　10.327
发射台调平机构　launching pad leveling mechanism
　10.329
发射台折倒臂　launch pad transportation　10.333
发射台支承盘　bearing plate for launching pad
　10.331
发射台支架　launch pad support　10.332
发射台转轨装置　change-over rail mechanism for
　launch pad　10.328
发射逃逸　launch escape　02.120
发射逃逸分系统　launch escape subsystem　03.127
发射条件　launching condition　10.119
发射演练　launch drill　10.261
发射预案　launch reserve scheme　10.260
发射月　launch month　10.112
发射载荷　launch load　02.099
发射指挥控制中心　launch command and control
　center　02.124
发射诸元　launch data　02.061
发射准备时间　launch preparation time　10.215
发射综合设施　launch complex　10.107
发射坐标系　launching coordinate system　02.078
发送器　transmitter　15.180
发现概率　detection probability　07.403
阀门响应　valve response　05.517
法定测量单位　legal unit of measurement　15.031
法兰盘　flange　02.217
法向导引　normal steering　02.251
法向力　normal force　06.241
法向轴　normal axis　05.049
法制计量[学]　legal metrology　15.002
翻滚试验　tumbling test　05.224

反差系数 γ contrast coefficient γ 08.373

反充电 reverse charge 09.093

反滚转力矩 anti-rolling moment 06.253

＊反极 reversal 09.082

反馈式速率陀螺仪 feedback type rate gyro 05.124

反力式涡轮 reaction turbine 04.341

反码副帧同步 inverse code subframe synchronization 07.667

反扭导流片 anti-twist vane 06.510

反射 reflection 08.085

反射波谱特征 reflectance spectral feature 08.499

反射跟踪 skin tracking 07.349

反射红外 reflective infrared 08.011

反射计法 reflectometer method 12.245

反射率 reflectivity, reflectance, reflective index 08.086

反射面 reflecting surface 08.454

反射平板法 reflection plate method 06.609

反射式光学系统 reflective optical system 08.176

反射特性 reflectance characteristics 08.088

反射系数 reflectance coefficient 08.087

反射型运行 reflected shock operation 06.542

反射因子 reflectance factor 08.089

反射直角棱镜装置 reflection right-angle prism device 10.552

反推火箭 retro-rocket 02.134

反推喷管 retro-nozzle 02.135

反向喷管 reversal nozzle 04.318

反向偏压 reverse bias 09.160

＊反压铸造 counter pressure casting 13.027

反应结合 reaction bond 12.062

反应离子蚀刻 reactive ion etching 13.394

反应离子束蚀刻 reactive ion beam etching 13.396

反照地球敏感器 albedo earth sensor, albedo horizon sensor 05.425

反照率 albedo 14.402

反作用轮 reaction wheel 05.532

反作用轮控制 reaction wheel control 05.337

返工 rework 18.226

返回 return 03.374

返回舱 recoverable module 03.078

返回点 return point 03.344

返回段测控 TT&C of return phase 07.017

返回段救生 return phase rescue 03.411

返回方式 return mode 03.328

返回分系统 return subsystem 03.121

返回高度 return altitude 03.345

返回轨道 return trajectory 03.171

返回过程 return course 03.334

返回技术 return technique 03.343

返回角 return angle 03.346

返回落点控制 returning site control 05.235

返回器 recoverable capsule 03.324

返回式航天器 recoverable spacecraft 03.323

返回式卫星 recoverable satellite 03.046

返回速度 return velocity 03.347

返回系统 return system 03.325

返束光导管摄像机 return-beam vidicon camera, RBVC 08.121

范艾伦辐射带 Van Allen belts 01.115

范德瓦耳斯方程 van der Waals equation 06.325

方案设计 conceptual design 02.022

N-S 方程 Navier-Stokes equation 06.327

PNS 方程 parabolized Navier-Stokes equation 06.334

方位 azimuth, bearing 05.016

方位标 azimuth marker, azimuth reference pole 07.279

方位方向 azimuth direction 08.573

方位分辨率 azimuth resolution 08.590

方位基准 azimuth reference 07.230

方位角 azimuth 07.306

方位角数字显示仪 azimuth digital display instrument 10.547

方位角误差 azimuth error 07.291

方位瞄准 azimuth aiming 10.136

方位瞄准精度 accuracy of azimuth aiming 10.143

方位模糊 azimuth ambiguity 08.594

方位取齐 azimuth alignment 07.228

方位锁定 azimuth caging, azimuth locking 05.077

方向舵 yaw rudder 02.213

方向效应 orientation effect 08.571

方向选择 direction selection 16.197

方型镉镍蓄电池 rectangular cadmium-nickel battery 09.021

防风拉杆 wind-proof pull rod 10.342

防护堵盖　protective cover　02.216

防晃板　anti-sloshing baffles　02.165

防回弹装置　resilience-proof device　10.314

防火涂料　fire-retardant paint　12.134

防渐晕滤光片　antivignetting filter　08.241

防静电性　static electricity resistance　12.407

防雷接地　lightning grounding　10.302

*防燃烧性　flame resistance　12.024

防热层　heat shield　03.369

防热结构　thermal protection structure　03.251

防热涂层　thermal protection coating　12.009

防振材料　vibration absorption material　12.142

仿形铣削　copy milling, profile milling　13.106

仿真发射　simulated launch　10.263

仿真飞行　simulated flight　10.262

仿真技术　simulation technology　06.589

仿真失重水槽　water tank of simulated weightlessness　11.392

仿真施矩　analogous torquing　05.092

仿真式太阳敏感器　analogue sun sensor　05.432

l-G 仿真试验　l-G simulation test　14.675

仿真信号源　signal simulator　07.683

仿真演练　simulated drill　10.264

仿真引导　analog designation　07.390

*纺织品　textile　12.389

纺织物　textile　12.389

放大倍数　magnification factor　08.514

放大[率]　magnification　08.513

放电　discharge　09.067

放电[倍]率　rate of discharge　09.070

放电加工　electro-discharge machining　13.274

放电深度　depth of discharge　09.068

放电效率　discharge efficiency　09.069

放飞标准　flight permission criteria　11.104

放射性测量　radioactive measurement　15.098

放射性沉降　radioactive fallout, radioactive deposition　14.428

放射性云　radioactive cloud　14.471

放射医学　radiation medicine　14.451

放行准则　exit criteria　18.096

飞机仿真试验　aircraft simulation test　14.677

*飞控指挥部　flight control headquarter　10.018

飞轮　flywheel　05.529

飞轮扫描地球敏感器　wheel scanning earth sensor, wheel scanning horizon sensor　05.424

飞轮轴承组件　flywheel bearing unit　05.541

[飞行]安全控制系统　flight-safety control system　02.007

[飞行]安全判断准则　flight-safety judgment criterion　02.009

飞行安全区　flight-safety region　02.118

[飞行]安全自毁判定模式　flight-safety self-destruction determine mode　02.010

[飞行]安全自毁系统　flight-safety self-destruction system　02.008

飞行安全走廊　flight-safety channel　02.296

飞行测量　flight measurement　15.102

飞行程序　mission program　03.143

飞行程序训练　flight procedure training　11.066

飞行方位角　flight azimuth　03.198

飞行轨迹测量　flight path measurement　15.103

飞行后医学分析　postflight medical analysis　11.100

飞行后医学监督和保障　postflight medical monitoring and support　11.101

飞行环境　flight environment of vehicle　06.205

飞行阶段　mission phase　03.144

飞行结果分析　flight trial evaluation　10.041

飞行可靠度　flying reliability　18.128

飞行控制指挥部　flight control headquarter　10.018

飞行路径角　flight path angle　03.197

飞行器的气动构型　aerodynamic configuration of vehicle　06.279

飞行器滚摇　vehicle rock　06.200

飞行器空气动力学　vehicle aerodynamics　06.008

飞行器气动特性　aerodynamic characteristics of vehicle　06.204

飞行器姿态　attitude of flight vehicle　06.180

飞行前医学分析　preflight medical analysis　11.098

飞行前医学检查　preflight medical examination　11.097

飞行任务训练　flight mission training　11.073

飞行时串　flight time series　10.225

飞行试验　flight test　10.004

飞行数据辨识　identification from flight data　06.015

飞行稳定性　flight stability　02.259

飞行训练　flight training　11.072

飞行遥控机器人服务器　flight telerobotic servicer，FTS　17.101

飞行载荷测量　flight load measurement　15.104

飞行振动测量　flight vibration measurement　15.105

飞行中医学分析　inflight medical analysis　11.099

飞行中止标准　flight abortion criteria　11.105

飞行状态参数　flight status parameter　07.198

非触发引信　noncontact fuze　16.003

非等精度测量　unequal precision measurement　15.121

非电量参数　non-electrical parameter　02.273

非定常管流　unsteady flow in pipe　06.554

非定常空气动力学　unsteady aerodynamics　06.002

非定常流　unsteady flow　06.154

非对称转捩　asymmetric transition　06.277

非共面交会　non-coplanar encounter　16.114

非共面转移　non-coplanar transfer　03.222

非关联故障　non-relevant fault　18.189

非计划维修　unscheduled maintenance　18.234

非接触测量　noncontact measurement　15.107

非浸润性液体　nonwetting liquid　14.674

非聚焦合成天线　unfocused synthetic antenna　08.522

非聚束合成孔径雷达　unfocused SAR　08.151

非平衡流动　non-equilibrium flow　06.161

非侵入测量　non-intrusive measurement　06.638

非球面　aspherical surface　08.452

非线性阻尼　non-linear damping　14.208

非参应答机　non-coherent transponder　07.435

非相干散射　non-coherent scattering　08.560

非协调元　incompatible element　14.057

非再生式生命保障系统　nonregenerative life support system　11.354

非责任故障　non-chargeable fault　18.191

非振荡非自由参量耗散差分格式　non-oscillatory and non-free-parameter dissipation difference scheme，NND scheme　06.389

非周期性干扰力矩　non-periodic disturbing torque　05.548

非周向对称布局　peripheral asymmetric configuration　06.283

非自燃推进剂　nonhypergolic propellant　04.093

非自燃推进剂火箭发动机　nonhypergolic propellant rocket engine　04.052

非自主式敏感器　non-autonomous sensor　05.429

非涅耳面　Fresnel surface　08.453

废气排放塔　waste gas exhaust tower　10.354

废水收集器　waste water collector　11.316

废物处理　waste treatment　11.337

废物收集器　waste collector　11.334

废物收集与管理系统　waste collection and management system　11.333

废液处理厂　waste liquid treatment station　10.348

分包遥测　packet telemetry　07.632

分辨率　resolution　08.282

分布式关节　distributed joint　17.021

分布式计算机系统　distributed computer system　07.488

分布式遥测系统　distributed telemetry system　02.267

分层　delamination　12.097

分层固化　multi-shell curing　13.372

分度　graduation　15.045

分段　segmentation　07.671

分段充电　step charge　09.094

分段式固体火箭发动机　segmented solid rocket motor　04.031

分段运输　single-segment transportation　10.094

分隔　separation　07.523

分光　splitting　08.242

分光镜　beam splitter　08.243

分级关机　staged cutoff　04.244

分级起动　staged start　04.243

*分级燃烧火箭发动机　staged combustion rocket engine　04.016

分集　diversity　07.684

分集接收　diversity receiving　07.685

分离点　separation point　03.159

分离电连接器　separation connector　03.310

分离机构　separation device　02.191

分离姿态　separation attitude　05.280

分裂　fragmentation　02.126

分配值　allocated value　18.032

分散剂　dispersing agent　12.372

分色滤光片　color separation filter　08.245

分数[测量]单位　submultiple unit [of measurement]　15.036

分系统　subsystem　03.097

分系统测试　subsystem test　10.058

分子污染　molecular contamination　14.571

粉红色噪声　pink noise　14.149

粉末锻造　powder forging　13.090

粉末静电喷涂　electrostatic powder spraying　13.235

粉末冶金合金　powder metallurgical alloy　12.183

风洞　wind tunnel　06.399

风洞背景噪声　background noise of wind tunnel　06.566

风洞本体　wind tunnel noumenon, wind tunnel body　06.473

[风]洞壁干扰　wall interference　06.785

风洞测量控制系统　measurement and control system of wind tunnel　06.662

风洞程序控制　wind tunnel program control　06.663

[风洞]吹风　operating wind tunnel　06.537

风洞仿真能力　wind tunnel simulation capability　06.533

风洞辅件　accessory of wind tunnel　06.507

风洞高速摄影技术　high speed photograph application in wind tunnel　06.641

风洞工作介质　working medium of wind tunnel　06.546

风洞计算机一体化　wind tunnel-computer integration　06.404

风洞流场校测　flow field calibration of wind tunnel　06.598

风洞流量　wind tunnel flow rate　06.564

风洞气流污染　stream contamination of wind tunnel　06.547

风洞试验　wind tunnel test　06.403

风洞试验模型　model in wind tunnel　06.567

风洞试验数据库　wind tunnel test data base　06.666

风洞天平　wind tunnel balance　06.668

风洞压缩比　compression ratio of wind tunnel　06.536

风洞运行　wind tunnel operation　06.532

风洞坐标系　wind tunnel axis system　06.183

风浪槽　wind wave channel　06.402

风切变　wind shear　02.101

风扇系统　fan system　06.508

风扇整流罩　fan nacelle　06.512

风速管　Pitot-static tube　06.725

风险　risk　18.259

风险分析　risk analysis　18.260

封闭空间升降平台　sealed room elevating operation platform　10.409

封舱　closing modules　10.092

封装　encapsulation　13.337

峰-峰噪声　peak to peak noise　08.411

峰值　peak value　14.164

峰值电压　peak voltage　09.054

蜂窝夹层结构　honeycomb sandwich construction　12.104

蜂窝结构　honeycomb structure　02.142

蜂窝器　honeycombs　06.475

缝焊　seam welding　13.317

缝合接触面运行　tailored contact surface operation　06.544

V缝式太阳敏感器　V slit type sun sensor　05.436

缝隙　crack　06.574

缝隙腐蚀　crevice corrosion　12.157

夫琅禾费谱线　Fraunhofer line　08.029

弗劳德数　Froude number　06.095

服务舱　service module　03.076

服务区　service zone　03.242

服务系统　service system　03.096

服装风机　suit ventilator　11.208

服装供氧　suit oxygen supply　11.210

服装通风　suit ventilation　11.211

服装压力调节器　suit pressure regulator　11.214

氟塑料　fluoroplastic　12.049

氟烃树脂　fluorocarbon resin　12.058

氟[烃]油　fluorocarbon oil　12.059

浮充电　floating charge　09.088

浮力修正　buoyancy correction　06.791

浮囊　floatation bag　03.399

浮液体积补偿器　fluid volume compensator　05.177

辐亮度　radiance　08.031

辐射　radiation　14.383

辐射测量　radiation measurement　15.097

辐射出射度　radiant exitance　05.483

辐射带　radiation belt　14.418

辐射带模式　radiation belt model　14.427

辐射定标装置　radiometric calibration device　08.443

辐射发射　radiated emission　14.654

辐射发射安全系数测量　radiation emission safety factor measurement　15.087

辐射发射测量　radiation emission measurement　15.082

辐射防护　radiation protection　14.433

辐射防热　radiative thermal protection　03.364

辐射分辨率　radiometric resolution, radiation resolution　08.292

辐射光谱　spectrum of radiation　08.026

辐射计法　radiometer method　12.246

辐射剂量　radiation dose　14.435

辐射剂量率　radiation dose rate　14.438

辐射校正　radiant correction　08.030

辐射冷却　radiation cooling　04.303

辐射敏感度测量　radiation sensitivity measurement　15.083

辐射敏感性　radiated susceptibility　14.655

辐射敏感元件　radio-sensitive element　05.450

辐射能　radiant energy　14.393

辐射平衡　radiometric balance　05.465

辐射强度　radiation intensity　14.396

辐射散热器　radiator　11.303

辐射损伤　radiation damage　14.434

辐射体　radiation body　14.384

辐射通量　radiant flux　14.394

辐射通量密度　radiant flux density　14.397

辐射温度　radiation temperature　14.398

辐射系数　radiation coefficient　12.356

辐射致冷器　radiative refrigerator　03.278

辐照度　irradiance　08.032

辐照食品　irradiated food　11.245

辐照试验　irradiation test　09.179

俯角　depression angle　08.567

俯仰程序角　pitch program angle　02.068

俯仰角　pitch angle　06.188

俯仰角速度　rate of pitch　06.192

俯仰力矩　pitching moment　06.250

＊俯仰轴　lateral axis　05.048

俯仰姿态　pitch attitude　05.292

俯仰姿态捕获　pitch attitude acquisition　05.258

辅助推进系统　auxiliary propulsion system　05.500

腐蚀　corrosion　12.147

腐蚀麻点　corrosion pit　12.164

腐蚀疲劳　corrosion fatigue　12.166

腐蚀速率　corrosion rate　12.165

负极　negative electrode　09.105

负极柱　negative terminal　09.110

负推力持续时间　negative thrust duration　04.175

负向加速度　negative acceleration　11.255

负压裤　negative pressure trousers　11.378

负压强指数推进剂　propellant with negative burning rate pressure exponent　04.117

负载　load　17.071

负载电压　on-load voltage　09.048

附体激波　attached shock wave　06.117

附着涡　bound vortex　06.134

附着涡面　bound vortex surface　06.135

复合材料结构　composite structure　02.143

复合催化效率　compound catalysis efficiency　06.164

复合电镀　composite plating　13.215

复合改性双基推进剂　composite modified double-base propellant, CMDB propellant　04.100

复合可调整合金镀　composition modulated alloy plating　13.217

复合调制雷达引信　multiple modulation radar fuze　16.026

复合推进剂　composite propellant　04.101

复合引信　combined fuze　16.057

复合应力　combined stresses　12.328

复合指令　complex command　07.469

复介电常数　complex dielectric constant　08.536

复水包装　rehydratable packaging　11.242

复水食品　rehydratable food　11.240

复水饮料　rehydratable beverage　11.241

复弹性模量　complex modulus of elasticity　12.302

复压　repressurization　11.276

复演程序　replay program　07.509

副标准　secondary standard　15.185

副帧　subframe　07.658

副帧同步　subframe synchronization　07.664

副帧同步码 subframe sync pattern 07.665

副着陆场 alternate landing site 10.269

傅里叶变换红外光谱仪 Fourier transformation infra-red spectrometer 12.257

赋形座椅 contoured seat 11.258

覆盖区 coverage zone 03.241

G

改性加工 modification process 13.129

改性双基推进剂 modified double-base propellant, MDB propellant 04.098

盖片 cover 09.182

干法缠绕 dry winding 13.357

干浸法 dry immersion 11.130

干摩擦试验 dry friction test 14.636

干扰力矩 disturbance torque 05.379

干扰量 interference quantity 06.711

干扰因子 interference factor 06.234

干扰阻力 interference drag 06.233

干涉仪 interferometer 06.752

干涉仪跟踪系统 interferometer tracking system 02.285

干燥器 dryer 06.519

干重 dry weight 02.038

杆系结构 rod-type structure 02.151

感光层 photo sensitive coating 08.364

感光度 actinism, light sensitivity 08.359

感光乳胶 photographic emulsion 08.365

感光特性曲线 sensitometric characteristic curve, hand D curve 08.371

感光性 photo sensitivity 08.363

感觉冲突假说 sensory conflict hypothesis 11.137

感色度 color sensitivity 08.263

感应场引信 induction field fuze 16.034

感应加热淬火 induction hardening 13.147

感应觉察 induction sensing 16.072

感应钎焊 induction brazing, induction soldering 13.290

感应同步器 inductosyn 05.081

感知运动能力 perceptive-motor performance 11.160

*擀形 [conventional] spinning 13.058

刚度 stiffness, rigidity 14.017

刚性底板 rigid plate 09.217

刚性航天器动力学 rigid spacecraft dynamics 05.397

钢 steel 12.169

*高倍组织 microstructure 12.338

高侧音 high side tone 07.419

高层大气 upper atmosphere 01.117

高超声速风洞 hypersonic wind tunnel 06.418

高超声速流 hypersonic flow 06.148

高超声速相似律 hypersonic similarity law 06.340

高程 altitude 08.167

高弹道[飞行]试验 high trajectory test 07.074

高低温试验 high-low temperature test 14.109

高低温循环处理 high and low temperature cycling treatment 13.177

高度计 altimeter 03.398

高分辨率红外辐射计 high resolution infrared radiometer 08.125

高分辨率全球大气臭氧测量仪 high resolution global measurement of atmospheric ozone 08.131

高硅氧 refrasil 12.028

高级惯性参数球 advanced inertial reference sphere, AIRS 05.096

高级微波水汽遥感器 advanced microwave moisture sensor 08.162

高阶电压 high plateau voltage 09.052

高精度测量带 high accuracy measurement corridor 07.036

高抗剪铆接 high antishearing riveting 13.346

高可移动工作台 high removable worktable 10.420

高空爆炸 high explosion 14.463

高空电磁脉冲 high-altitude electromagnetic pulse 14.405

高空核试验 high-altitude nuclear test 14.461

高空火箭发动机 altitude rocket engine 04.017

高空作业平台 high-altitude operation platform 10.410

高雷诺数风洞 high Reynolds number wind tunnel 06.452

高能成形　high energy rate forming　13.066

高能束加工　high energy beam machining　13.277

高频燃烧不稳定性　high-frequency combustion instability　04.246

高强度铝合金　high strength aluminum alloy　12.198

高强钢　high strength steel　12.170

高速电镀　high speed electrodeposition　13.218

高速风洞　high speed wind tunnel　06.412

高速炮　high speed gun　06.505

高速摄影机　high speed camera　07.250

高速摄影间　high speed photography house　10.351

高速一维流　one dimensional high speed flow　06.548

高温防护涂层　high-temperature protection coating　12.128

高温工况　worst hot case　03.281

高温合金　high temperature alloy　12.178

高温回火　high temperature tempering　13.165

高温抗氧化涂层　high temperature oxidation-resistant coating　12.129

高温试验　high temperature test　15.260

高温涂层　high temperature coating　12.127

高压化学气相沉积　high pressure chemical vapor deposition　13.193

高压浸渍　high pressure impregnation　13.379

高压气瓶　high pressure gas bottle, high pressure vessel　02.190

高压气态贮存　high pressure gas storage　11.268

高压软管　high pressure hose　10.524

高压水切割　high pressure water jet cutting　13.281

高压氧舱　hyperbaric oxygen chamber　11.380

高压氧气系统　high pressure oxygen system　11.287

高 G 遥测　high G telemetry　07.629

高真空　high vacuum　14.559

膏体推进剂　pasty propellant　04.110

膏体[推进剂]火箭发动机　pasty propellant rocket engine, pasty propellant rocket motor　04.013

告警线　alarm line　07.107

*NND 格式　non-oscillatory and non-free-parameter dissipation difference scheme, NND scheme　06.389

*TVD 格式　total variation decreasing scheme, TVD scheme　06.388

IRIG-B 格式时间码　IRIG-B format time code　07.575

格特尔特法则　Gothert rule　06.351

隔板　baffle　04.274

隔绝训练　isolation training　11.078

隔离火帽型引信　primer-safety fuze　16.053

隔离机构　interrupter　16.169

隔离雷管型引信　detonator-safety fuze　16.054

隔离实验室　isolation laboratory　11.370

隔离状态　interrupted condition　16.077

隔膜　membrane, separator, diaphragm　09.107

隔膜式[推进剂]贮箱　diaphragm propellant tank　04.360

隔热材料　thermal insulation material　12.010

隔热层　thermal insulating layer　12.007

隔热防护层　thermal protection layer　11.221

隔声室　sound insulating chamber　11.403

镉镍蓄电池　cadmium-nickel storage battery　09.018

各向同性　isotropy　12.363

各向同性湍流　isotropic turbulence　06.058

各向异性　anisotropy　12.362

铬酸阳极[氧]化　chromic acid anodizing　13.253

GPS 跟踪　GPS tracking　05.589

跟踪测控系统　tracking telemetering and control system, TT&C system　02.283

跟踪点不一致修正　tracking point inconsistency correction　07.143

跟踪方式　tracking mode　07.293

跟踪分系统　tracking subsystem　03.119

跟踪角加速度　tracking angle acceleration　07.313

跟踪角速度　tracking angular rate　07.310

跟踪精度　tracking accuracy　07.309

跟踪视场　tracking field of view, TFOV　05.470

跟踪望远镜　tracking telescope　07.254

跟踪误差　tracking error　07.308

跟踪信号中断　tracking signal blackout　02.289

跟踪性能　tracking performance　07.304

跟踪性能设计　tracking performance requirement design　07.092

跟踪与数据中继卫星系统　tracking and data relay satellite system, TDRSS　03.056

跟踪站　tracking station　07.044

工具中心点　tool center point, TCP　17.047

工业机器人　industrial robot　17.004

工艺　technology, technique, process　13.001

工艺参数　technological parameter, process parameter　13.002

工艺接地　technical grounding　10.300

工艺支架　technical support mount　10.514

工艺装备　process tool, tooling　13.003

*工装　process tool, tooling　13.003

工作标准　working standard　15.187

工作标准太阳电池　working standard solar cell　09.146

工作点　operation point　09.154

工作电压　operating voltage　09.047

工作负荷　workload　11.197

工作空间　working space　17.046

工作区布局　workplace layout　11.195

工作视场　working field of view, WFOV　05.468

工作寿命加速试验　operating-life accelerated test　18.182

工作温度　operating temperature　05.191

工作载荷　working load　14.027

公路运输拖车　trailer　10.372

公路转运　road transfer　10.104

公用舱　common module　03.077

公用平台　common platform　03.074

功率预算　power budget　09.201

功能检查　function check　10.082

功能失常　malfunction　14.215

功能失灵　functional failure　14.479

功能损坏　functional damage　14.480

攻角　angle of attack　06.185

供片卷筒　supply spool　08.304

供气调节器　gas supply regulator　11.278

供气调压系统　atmosphere supply and pressure control system　11.265

供气系统　gas supply system　10.515

供气组件　gas supply assembly　11.283

供水压力调节器　water supply pressure regulator　11.323

共底　common bulkhead　02.162

共底抽真空　co-base vacuum-pumping　10.189

共固化　co-curing　13.370

共晶合金　eutectic alloy　12.186

共面交会　coplanar encounter　16.113

共面转移　co-planar transfer　03.221

共模故障　common mode fault　18.192

共因故障　common cause fault　18.193

共振　resonance　14.211

共振频率　resonance frequency　14.212

估算贮存期　estimated storage life　12.380

骨-肌　bone-muscle　11.118

钴基合金　cobalt based alloy　12.181

固壁喷管　fixed wall nozzle　06.483

固定基[训练]仿真器　fixed base training simulator, FBTS　11.361

固定式勤务塔　fixed service tower　10.309

固定数据存储技术　permanent-data storage technology　08.491

固定顺序机械手　fixed sequence manipulator　17.002

固定探头式星跟踪器　fixed head star tracker　05.444

*固定温升探测器　rate-of-rise fixed temperature detector　11.344

固化　curing　13.369

固化度　degree of cure　13.375

固化喷流试验　solidified jet testing　06.614

固化条件　cure condition　13.374

固溶强化　solution hardening　12.085

固溶热处理　solution heat treatment　13.131

固态存储器　solid-state memory　07.673

固体发动机总装厂房　solid propellant motor assembly building　10.289

固体火箭推进剂　solid rocket propellant　02.237

固体润滑剂　solid lubricant　12.217

固体推进剂　solid propellant　04.085

固体[推进剂]火箭发动机　solid propellant rocket engine, solid propellant rocket motor　04.010

固体推进剂主曲线　master curve of solid propellant　04.287

[固体药柱的]肉厚　web　04.297

固体致冷器　solid-state refrigerator　03.276

*固液火箭发动机　hybrid propellant rocket engine, hybrid propellant rocket motor　04.011

固有可用性　inherent availability　18.010

固有能力　capability　18.017
固有频率　natural frequency　14.213
固有误差　intrinsic error　15.219
固有延时　inherent delay　16.133
固有[振动]模态　natural mode [of vibration]
　14.169
固有贮存期　natural storage life　12.381
故障　fault　18.134
故障安全　fail safe　18.261
故障处置预案　failure handling program　10.265
故障定位　fault localization　18.243
*故障对策　fault countermeasure　07.085
故障分析　failure analysis　14.225
故障隔离　fault isolation　18.244
故障隔离率　fault isolation rate　18.245
故障检测　fault detection　18.242
故障检测率　fault detect rate　18.246
故障检测与报警　fault detect and warning　11.327
故障率　fault rate　18.136
故障判据　failure criteria　18.160
故障树　fault tree　18.161
故障树分析　fault tree analysis, FTA　18.162
故障预案　fault countermeasure　07.085
故障原因　fault cause　18.153
故障运行　failure operation　18.159
故障[状态]仿真　fault state simulation　07.132
故障自动检测　automatic failure monitor　07.360
瓜瓣　scalloped segment　02.163
拐角　corner　06.500
拐角导流片　turning vane in corner　06.501
关机　cut-off, shutdown　10.246
关机点质量　shutdown point mass, burnout mass
　02.036
关机方程　cutoff equation　02.257
关机精度　cutoff accuracy　10.254
关机余量　allowance for cutoff　10.253
关键件　critical parts　18.099
关键软件　critical software　18.100
关节形机器人　articulated robot　17.030
关节坐标系　joint coordinate system　17.041
关口　gateway　07.708
关联故障　relevant fault　18.188
观测预报　tracking condition prediction　03.237

观察窗　observation window　06.498
管槽形药柱　slotted-tube grain　04.289
管风洞　tube tunnel　06.470
管理程序　management program　07.497
管路　pipeline　02.218
管路吹除　blow pipe, blow-line purging　10.182
管球阻尼器　ball-in-tube damper　05.376
管束式推力室　tubular thrust chamber　04.254
管状电弧加热器　tube type arc heater　06.461
管状药柱　tube grain　04.288
贯穿辐射　penetration radiation　14.388
惯导系统机械编排　inertial navigation system mecha-
　nization　05.039
*惯量　entrance　14.201
惯性补偿　inertia compensation　06.709
*惯性参考坐标系　inertial reference frame　05.050
惯性测量系统　inertial measurement system, IMS
　05.021
惯性测量装置　inertial measurement unit, IMU
　05.058
惯性导航　inertial navigation　05.006
惯性导航系统　inertial navigation system, INS
　05.023
惯性飞行段　inertial flight phase　03.147
惯性基准坐标系　inertial reference frame　05.050
惯性技术　inertial technology　05.004
惯性开关　inertia switch　16.167
惯性空间三轴稳定　inertial space three-axis stabiliza-
　tion　05.303
惯性轮　inertia wheel　05.530
惯性敏感器　inertial sensor　05.100
惯性平台　inertial platform　05.061
惯性平台瞄准　inertial platform aiming　02.256
惯性系统　inertial system　14.133
惯性延时　inertial delay　16.135
惯性引信　inertial fuze　16.060
惯性运转时间　inertial rundown time　05.197
惯性制导　inertial guidance　05.005
惯性制导系统　inertial guidance system, IGS
　05.022
惯性质量　inertial mass　14.241
*GPS-惯性组合导航　GPS-inertial integrated navi-
　gation　05.012

* GPS-惯性组合制导　GPS-inertial integrated guidance　05.011

惯性坐标　inertial coordinate　10.124

灌封　embedding　13.338

灌浆　grouting　13.336

光斑　speckle　08.591

光测合作目标　optical tracking cooperative target　07.272

光程　optical path　08.184

光程长[度]　optical path length　05.203

光电比色分析　photoelectric colorimetry　12.267

光电发射　photoemission　08.386

光电感烟探测器　photoelectric smoke detector　11.343

光电经纬仪　photo-electric theodolite　07.239

光电式传感器　electro-optical pickoff, photoelectric sensor　05.171

光电探测器　photodetector　08.385

光电望远镜　photo-electric telescope　07.256

光电系统　photoelectric system　08.387

光电效应　photoelectric effect　09.161

光电准直管　photoelectric collimating tube, photoelectric collimator　10.556

光电子　photoelectron　09.164

光度分析　photometric analysis　12.266

光度计　photometer　08.127

光辐射　light radiation　14.386

光刻　photolithography　13.383

光阑　diaphragm, stop　08.210

光缆通信系统　optical cable communication system　07.600

光雷达　optical radar　07.263

光亮淬火　bright quenching, clean hardening　13.144

光亮电镀　bright plating　13.214

光亮热处理　bright heat treatment　13.133

光亮退火　bright annealing, clean annealing, light annealing　13.160

光谱　optical spectrum　08.018

光谱测量仪　optical spectrum instrumentation　07.278

光谱法温度测量　spectroscopic temperature measurement　06.645

光谱反射特性　spectral reflection characteristics　12.265

光谱分辨率　spectral resolution　08.293

光谱分析　spectrographic analysis, spectral analysis　13.445

光谱辐射通量　spectral radiant flux　08.027

光谱感光度曲线　spectral sensitivity curve　08.372

光谱灵敏度　spectral sensitivity　09.169

光谱滤波　spectrum filtering　16.204

光谱滤波器　spectral filter　05.454

光谱特征　spectral feature, spectral signature　08.497

光谱响应　spectral response　09.166

光谱仪　optical spectrometer　08.119

光谱噪声等效功率　spectral noise equivalent power　08.419

* 光圈　aperture　08.211

光圈调节[装置]　aperture setting　08.214

光栅　grating　08.298

光栅干涉仪　diffraction grating interferometer　06.760

光生电流　photo-generated current, photocurrent　09.147

光生电压　photo-generated voltage　09.148

光生伏打效应　photovoltaic effect　09.162

光弹性试验　photoelasticity test　14.103

光纤传感器　optical fiber transducer　06.644

光纤内流场显示　internal flow field visualization using optical fiber　06.763

光纤陀螺仪　fiber optic gyro, FOG　05.132

光学测量　optical measurement　15.070

* 光学测量系统　optical tracking system　07.059

* 光学测量站　optical tracking station　07.045

光学处理器　optical processor　08.502

光学传递函数　optical transfer function, OTF　08.278

光学对准　optical alignment　05.032

光学俯仰传感器　optical pitch transducer　06.656

光学跟踪架　optical tracking mount　07.261

光学跟踪系统　optical tracking system　07.059

光学跟踪站　optical tracking station　07.045

光学框标　optical fiducial mark　08.317

光学瞄准　optical sighting　02.255

光学数字处理器　optical digital processor　08.504

光学系统　optical system　14.618

光学显微镜　optical microscope　12.249

光学信息处理　optical information processing　08.501

光学引信　optical fuze　16.042

光学引信光路角　angle of light path of optical fuze　16.091

光学引信视场角　field of view of optical fuze　16.092

光学引信探测角　detective field of optical fuze　16.093

光学姿态敏感器　optical attitude sensor　05.418

光压摄动　solar radiation perturbation　03.202

光子吸收　absorption of the photons　09.165

广播分系统　broadcasting subsystem　03.107

广播卫星　broadcasting satellite　03.040

广义内力　generalized internal force　14.042

广义位移　generalized displacement　14.041

广域差分 GPS　wide area differential GPS, WADGPS　05.584

广域增强系统　wide area augmentation system, WAAS　05.587

归一变化率　normalized rate　06.191

归一化探测率　normalized detectivity　08.403

龟裂　fissure　12.317

规定值　specified value　18.030

硅砷化镓太阳电池　Si-gallium arsenide solar cell　09.141

硅太阳电池　silicon solar cell　09.116

硅油　silicone oil　12.215

轨道保持　orbital maintenance　03.219

轨道备份星　in-orbit spare satellite　03.067

轨道捕获　orbital acquisition　03.218

轨道参数　orbit parameter　07.200

轨道舱　orbit module　03.082

轨道测量　orbit measurement　07.026

轨道测量系统　orbit measurement system　07.056

轨道动力学　orbit dynamics　03.432

轨道段救生　orbit phase rescue　03.410

轨道飞行试验　orbital flight test　14.683

轨道改进　orbit correction　07.150

轨道改进方法　orbit correction method　07.192

轨道根数　orbital element　03.180

轨道和姿态耦合　coupling of orbit and attitude　05.278

轨道机动　orbit maneuver　07.032

轨道机动火箭发动机　orbit maneuvering rocket engine, orbit maneuvering rocket motor　04.025

轨道积分通量　orbital integrated flux　14.432

轨道交会动力学　orbital rendezvous dynamics　03.448

轨道交会对接　orbital rendezvous and docking　03.217

轨道控制　orbital control　03.220

轨道控制分系统　orbit control subsystem　03.114

轨道控制规律　orbit control law　05.248

轨道控制量　orbit control quantity　07.189

轨道控制软件　orbit control software　05.249

轨道控制速度增量　orbit control velocity increment　05.250

轨道平均温度　in-orbit average temperature　03.258

轨道器　orbiter, orbital vehicle　02.020

轨道倾角　orbit inclination　02.065

轨道区域　orbital region　02.127

轨道确定　orbit determination　07.171

GPS 轨道确定　GPS orbit determination　05.579

轨道设计　trajectory design　02.034

轨道寿命　orbital life　14.553

轨道衰变　orbital decay　14.551

轨道衰变模式　orbital decay model　14.552

轨道衰减法返回　orbit decay return mode　03.329

轨道瞬时温度　in-orbit transient temperature　03.259

轨道碎片　orbit debris　14.517

轨道逃生装置　in-orbit escape device　03.418

轨道陀螺罗盘　orbit gyrocompass　05.410

轨道修正　orbit adjustment　07.033

＊轨道要素　orbital element　03.180

轨道预报　orbit prediction　07.187

轨道预报误差　orbit prediction error　03.152

轨道预示温度　in-orbit predicted temperature　03.260

[轨道]运行段测控　TT&C of in-orbit phase　07.015

轨道周期　orbit period　03.162

轨道转移 orbit transfer 05.237

轨道转移火箭发动机 orbit transfer rocket engine, orbit transfer rocket motor 04.026

轨道转运 rail transfer 10.106

＊轨控分系统 orbit control subsystem 03.114

辊锻 roll forging 13.088

滚齿 ［gear］hobbing 13.120

滚点焊 roll spot welding 13.323

滚动共振 rolling resonance 06.278

＊滚动角 roll angle 06.187

滚动角速度 rate of roll 06.194

滚动–偏航耦合 roll-yaw coupling 05.331

滚动–偏航耦合控制 roll-yaw coupling control 05.333

＊滚动轴 longitudinal axis 05.047

滚动姿态 roll attitude 05.291

滚动姿态捕获 roll attitude acquisition 05.257

滚镀 barrel plating 13.229

滚弯成形 roll forming 13.072

滚转力矩 rolling moment 06.252

国防计量［学］ national defence metrology 15.003

国际标准化组织 International Organization for Standardization, ISO 18.086

国际参考［地］磁场模式 international geomagnetic reference field mode, IGRF mode 14.509

国际参考电离层模式 international reference iono- sphere model 14.493

国际［测量］标准 international ［measuring］ standard 15.182

国际单位制 International System of Units, SI 15.030

国家［测量］标准 national ［measurement］ standard 15.183

过充电 over charge 09.092

过渡舱 transition module 03.087

过渡段 transition phase 03.336

过渡流 transition flow 06.151

过近地点时刻 time of perigee passage 03.187

过滤器 filter 10.536

过热组织 overheated structure 12.340

过烧 burning 12.005

过试验 overtesting 14.285

过应力 overstress 18.203

过载 overload 02.091

过载时间控制 overload-time control 03.405

过载系数 overload factor 02.092

过载引起的意识丧失 G-induced loss of conscious- ness, G-LOC 11.141

过早炸 premature burst 16.085

H

海面效应 sea effect 06.238

海面杂波 sea clutter 08.539

海平面比冲 sea level specific impulse 04.139

海平面推力 sea level thrust 04.121

海上营救 sea rescue 03.420

海事卫星 maritime satellite 03.041

海水染色剂 sea coloring agent 03.402

海王星 Neptune 01.013

海洋大气腐蚀 marine atmosphere corrosion 12.149

海洋观测卫星 ocean observation satellite 03.027

海洋监视卫星 ocean surveillance satellite 03.028

海洋水色成像仪 ocean color imager 08.118

海洋卫星 ocean satellite 03.021

氦封 helium seal 10.191

氦弧焊 helium shielded arc welding 13.324

氦检漏试验 helium leak test 14.629

氦气吹除 helium blow-off 10.184

氦气风洞 helium wind tunnel 06.454

氦气泡法 helium bubble method 06.746

氦气配气台 helium gas distribution board 10.526

氦气瓶车 helium bottle truck 10.403

氦气瓶库配气台 gas distribution board of helium bottle depot 10.525

氦气置换 helium replacement 10.205

氦深冷板 helium cryopanel 14.602

氦压缩机车 helium compressor truck 10.404

氦质谱检漏 helium mass spectrum leak detection 13.420

氦质谱仪检漏系统 helium mass-spectrometer detec- ting system 14.632

航天环境仿真设备 space flight environment simulation facilities 11.396

航天环境工程 space environment engineering 14.253

航天环境控制与生命保障系统 space environment control and life support system 11.264

航天环境适应性训练 space environment adaptation training 11.068

航天环境医学 space environmental medicine 11.169

航天机器人 space robot 01.068

航天肌肉萎缩 muscle atrophy in space 11.123

航天计量与测试 space metrology and measurement 01.079

航天技术 space technology 01.050

航天驾驶员 pilot astronaut, PA 11.015

航天科学研究机构 space research institute 01.137

航天控制与导航 space control and navigation 05.001

航天联合指挥部 space flight united headquarter 10.016

航天免疫学 space flight immunology 11.110

航天内分泌学 space endocrinology 11.111

航天能源 space power source 09.001

航天贫血症 space anemia 11.150

航天器材料 spacecraft material 01.076

[航天器]长期运行管理 spacecraft long-term operation management 07.027

航天器动力学 spacecraft dynamics 03.422

航天器发射 spacecraft launch 10.007

航天器发射场 spacecraft launching complex 03.005

航天器发射前试验 spacecraft prelaunch test 15.265

航天器工程 spacecraft engineering 03.001

航天器环境 spacecraft environment 14.254

航天器环境工程 spacecraft environment engineering 01.075

航天器环境污染 spacecraft environment contaminant 11.166

航天器回收系统 spacecraft recovery system 03.007

航天器火箭联合检查 spacecraft-rocket unite check 10.089

航天器技术 spacecraft technology 01.054

航天器结构动力学 structure dynamics of spacecraft 03.423

航天器结构强度 spacecraft structural strength 01.074

航天器结构系统 spacecraft structure system 01.073

航天器内力矩 spacecraft internal torque 05.385

航天器热控系统 spacecraft thermal control system 01.077

航天器消毒 spacecraft sterilization 11.167

航天器载测控分系统 spacecraft-borne TT&C subsystem 07.067

航天器制造工程 spacecraft manufacturing engineering 01.071

航天器制造工艺 spacecraft manufacturing technology 01.072

航天器转运 spacecraft transfer 10.101

航天器装配测试厂房 spacecraft assembly and test building 10.274

航天人体测量学 space anthropometry 11.183

航天摄影 space photography 08.164

航天神经科学 space neural science 11.144

航天生理学 space physiology 01.085

航天生理医学 space physiology and medicine 11.106

航天生理应激 space physiological stress 11.180

航天实施医学 space operational medicine 11.037

航天食品 space food 11.229

航天食品管理 space food management 11.230

航天食谱 space recipe 11.236

航天适应综合征 space adaptation syndrome 11.125

航天手套 space gloves 11.225

航天睡袋 space sleeping bag 11.228

[航天]特殊环境适应性 specific environmental adaptability 11.045

航天体液调节 body fluid regulation in space 11.115

航天通信 space communication 01.066

航天头盔 space helmet 11.223

航天推进 space propulsion 01.062

航天卫生学　space hygienics　11.164

航天武器　space weapon　01.069

航天系统　space system　01.032

航天系统工程　space system engineering　01.033

航天心理学　space psychology　01.086

航天心血管失调　cardiovascular deconditioning in space　11.113

航天行星探测　space planetary exploration　01.103

航天靴　space boots　11.224

航天学　astronautics　01.026

航天血液学　space hematology　11.112

航天训练仿真设备　space flight training simulation facilities　11.359

航天遥测　space telemetry　01.065

航天遥感　space remote sensing　01.099

航天遥感考古　space remote sensing for archaeology　01.100

航天药剂学　space pharmaceutics　11.091

航天药理学　space pharmacology　11.090

航天药物　space drugs　11.094

航天药物动力学　space pharmacokinetics　11.092

航天医监医保设备　space medical monitoring and support facilities　11.371

*航天医监中心　astronaut medical monitoring center　11.010

航天医师　space flight doctor　11.089

航天医学　space medicine　01.083

航天医学仿真实验设备　space medicine simulation test facilities　11.381

航天医学工程　space medicine engineering　01.084

航天医学工程设施　space medico-engineering facilities　11.358

航天医学数据库　space medicine database　11.011

航天员　astronaut, cosmonaut　11.013

航天员安全性　astronaut safety　18.262

航天员安全掩体　astronaut safety bunker　10.321

航天员[保健]医师　astronaut care doctor　11.103

航天员飞行手册　astronaut flight handbook　11.062

航天员工作能力　astronaut work capacity　11.184

航天员检疫　astronaut quarantine　11.168

航天员健康管理　astronaut health care　11.087

航天员健康状况判断　astronaut health state assessment　11.095

航天员进舱　space crew enter spacecraft　10.214

航天员决策　astronaut decision-making　11.182

航天员生产能力　astronaut productivity　11.185

航天员通信头戴　astronaut communication headsets　11.215

航天员系统　astronaut system　11.001

航天员心理学评定　astronaut psychological evaluation　11.155

航天员选拔　astronaut selection　11.038

航天员选拔标准　astronaut selection criteria　11.039

航天员选拔训练中心　astronaut selection and training center, ASTC　11.009

*航天员选训中心　astronaut selection and training center, ASTC　11.009

航天员训练　astronaut training　11.059

航天员训练大纲　astronaut training program　11.060

航天员药箱　astronaut medical kit　11.093

航天员医学监督　astronaut medical monitoring　11.088

航天员医学监督与保障　astronaut medical monitoring and support　11.086

航天员医学监督中心　astronaut medical monitoring center　11.010

航天员医学鉴定　astronaut medical certification　11.102

航天员营区　astronaut camp　10.358

航天员营养　astronaut nutrition　11.234

航天员作息制度　astronaut work rest schedule　11.186

航天月球探测　space lunar exploration　01.102

航天运动病　space motion sickness　11.126

航天运动病易感性　space motion sickness susceptibility　11.127

航天运输　space transportation　01.040

航天运输系统　space transportation system　01.041

航天运载器　space launch vehicle　01.042

航天运载器技术　space launch vehicle technology　01.053

航天侦察　space reconnaissance　01.101

航天指挥中心　space command center　10.010

航天制导导航和控制　space guidance navigation and control　01.063

航天着陆场 space landing site 07.002
航线式相机 strip camera 08.107
航向 heading 05.020
航行测量 measurement during sailing 07.205
毫地速 milli-earth rate unit, meru 05.099
毫米波引信 millimeter wave fuze 16.013
耗尽关机 exhausted cutoff 10.248
耗氧量 oxygen consumption 11.177
合成标准不确定度 combined standard uncertainty 15.163
合成干涉仪雷达 synthetic interferometer radar 08.158
合成孔径侧视雷达 synthetic aperture side-looking radar 08.157
合成孔径长度 length of synthetic aperture 08.523
合成孔径分辨率 resolution of synthetic aperture 08.587
合成孔径雷达 synthetic aperture radar, SAR 08.147
合成孔径天线 synthetic aperture antenna 08.524
合成孔径谐波雷达 harmonic SAR 08.153
合成天线 synthetic antenna 08.520
合成油 synthetic oil 12.214
合格 conformity, compliance 18.088
合格供应商目录 qualified supplier list 18.090
合格证书 certificate of conformity, certificate of compliance 18.094
合金 alloy 12.174
合金电镀 alloy plating 13.216
合练 rehearsal, combind training 10.027
合练大纲 rehearsal outline 10.033
合练[火]箭 launching crew training rocket 02.051
合练模型 rehearsal model 03.072
合同评审 contract review 18.034
河外星系 anagalactic nebula 01.024
核爆中心 nuclear explosion center 14.465
核查 check 15.048
核查标准 check standard 15.189
核磁共振谱仪 nuclear magnetic resonance spectrometer 12.255
核电磁脉冲 nuclear electromagnetic pulse 14.403
核电磁脉冲敏感度测量 nuclear EM pulse sensitivity measurement 15.090

核电磁脉冲耦合 nuclear electromagnetic pulse coupling 14.475
核电磁脉冲效应 effect of nuclear electromagnetic pulse 14.474
核电源系统 nuclear power system 09.234
核辐射 nuclear radiation 14.387
核辐射环境 nuclear radiation environment 14.392
核环境 nuclear environment 14.466
核生存能力 nuclear survivability 14.456
核试验 nuclear test 14.460
核推进 nuclear propulsion 04.004
核易损性 nuclear vulnerability 14.452
盒式天平 box type balance 06.670
盒形件 box part 02.205
黑体 black body 08.034
黑体辐射 black body emission 08.036
黑体源 black body resource 08.035
黑体噪声等效功率 black body noise equivalent power 08.418
黑障区 blackout range 07.113
恒流充电 constant-current charge 09.084
恒星 star 01.025
恒星敏感器 stellar sensor 08.345
恒星相机 stellar camera 08.104
恒星星等 stellar magnitude 08.341
恒压充电 constant-voltage charge 09.085
恒压式供应系统 constant pressure feed system 04.057
桁架式机器人 gantry robot 17.031
桁梁 longeron 02.179
桁条 stringer 02.180
珩磨 honing 13.113
横滚角 roll angle 06.187
*横滚姿态 roll attitude 05.291
横向重叠率 transverse overlap 08.438
横向导引 lateral steering 02.250
横向分辨率 cross-track resolution 08.589
横向加速度 transverse acceleration 11.256
横向力 transverse force 06.243
横向强化 transverse strengthening 12.094
横摇 roll motion 07.215
横摇变形角 roll deformation angle 07.224
横摇角 roll angle 07.218

横轴　lateral axis　05.048

红外比色测量仪　infrared colorithermometer 06.736

红外灯阵　infrared lamp arrays　14.612

*红外地平仪　infrared earth sensor, infrared horizon sensor　05.419

红外地球敏感器　infrared earth sensor, infrared horizon sensor　05.419

红外仿真器　infrared simulator　14.609

红外仿真试验　infrared simulation test　14.608

红外辐射测量仪　infrared radiometer　07.277

红外辐射计定标设备　infrared radiometer calibration facility　14.638

红外辐射率　infrared emittance　03.264

红外辐射源　infrared radiation source　14.610

红外跟踪测量系统　infrared tracking measurement system　07.241

红外加热笼　infrared heating cage　14.613

红外加热器　infrared heater　14.611

红外胶片　infrared film　08.354

红外雷达　infrared radar　07.267

红外扫描仪　infrared scanner　08.114

红外探测器　infrared detector　08.389

红外望远镜　infrared telescope　07.258

红外显微镜　infrared microscope　12.251

红外线再流焊　infrared reflow soldering　13.313

红外相机　infrared camera　08.112

红外遥感　infrared remote sensing　08.003

红外引信　infrared fuze　16.044

红外制导　infrared guidance　02.245

红外自动跟踪　infrared automatic tracking　07.297

宏观腐蚀　macroetch　12.162

宏观组织　macrostructure　12.339

喉部烧蚀率　throat ablative rate　04.337

喉道加热　throat heating　06.549

喉道面积比　throat to port area ratio　04.205

后处理　post-processing　14.185

后峰锯齿冲击脉冲　final peak sawtooth shock pulse　14.339

后固化　postcure　13.371

后掠角　sweepback angle　06.300

后掠式腰支杆　swept waist support　06.581

后掠翼　swept wing　06.316

后掠翼独立性原理　independence principle of swept wing　06.339

后勤保障分析　logistic support analysis　18.036

后勤舱　logistics module　03.085

后向反射器　retroreflector　07.273

后向散射　back scattering　08.555

后效冲量　cutoff impulse, thrust decay impulse　04.150

后效段　thrust decay phase　02.073

厚膜压力传感器　thick film pressure transducer　06.726

候补航天乘员组　backup space flight crew　11.022

呼吸代偿障碍　respiratory decompensation　11.179

呼吸阀　breathing valve　10.454

胡克定律　Hook's law　14.015

互功率谱　cross-power spectrum　14.229

互换性　interchangeability　18.250

互击式喷嘴　unlike-impinging injector element　04.272

互连条　inter connector　09.184

互引导　mutual designation　07.392

护热式平板热导仪　guarded hot plate conductometer　12.259

滑道逃逸　slide escape　10.240

滑动关节　sliding joint　17.019

滑轨车　track sled　11.387

滑翔伞　gliding parachute　03.384

滑行段　coasting-flight phase, cruising phase　02.064

滑行时间　coasting time　04.171

滑行姿态　cruising attitude　05.283

滑移流　slip flow　06.152

化合物半导体太阳电池　compound semiconductor solar cell　09.127

化铣结构　chemical-milled structure　02.147

化学测量　chemical measurement　15.071

化学沉积　chemical deposition　13.189

化学电源　electrochemical power source　09.002

化学镀［膜］　chemical plating, electroless plating　13.211

化学反应流　chemical reaction flow　06.165

化学反应速率　chemical reaction rate　06.166

化学腐蚀　chemical corrosion　12.151

化学火箭发动机　chemical rocket engine, chemical rocket motor　04.006

化学计算混合比　stoichiometric mixture ratio　04.154

化学气相沉积　chemical vapor deposition, CVD　13.191

化学气相渗透　chemical vapor infiltration　13.158

化学推进　chemical propulsion　04.001

化学铣削　chemical milling　13.107

化学氧发生器　chemical oxygen generator　11.270

化学氧化　chemical oxidation　13.242

化学氧贮存　chemical oxygen storage　11.269

化学增压系统　chemical pressurization system　04.074

化验　chemical analysis　10.147

画幅式相机　frame camera　08.105

话带传输　voice-band transmission　07.539

环槽铆钉铆接　hooked riveting with lock rivet　13.347

环缝式喷注器　ring slot injector　04.264

环境　environment　14.251

环境仿真　environmental simulation　02.114

环境腐蚀　environmental corrosion　12.158

环境工程　environment engineering　14.252

环境控制和生命保障分系统　environmental control and life support subsystem　03.129

环境力矩　environmental torque　05.380

环境设计余量　environment design margin　14.267

环境试验　environmental test　14.274

环境条件　environmental conditions　18.018

环境卫星　environment satellite　03.037

环境温度　ambient temperature　09.075

环境效应　environmental effect　14.270

环境应力　environmental stress　14.269

环境应力筛选　environmental stress screening, ESS　18.176

环境预示　environment prediction　14.266

环境噪声　environmental noise　02.113

*环控和生保分系统　environmental control and life support subsystem　03.129

环量　circulation　06.124

环向缠绕　hoop winding　13.376

环形天线　loop antenna　16.186

缓变参数　slow varying parameter, parameter requiring low response　02.270

缓冲层　cushion layer　12.006

缓冲杆　shock strut　03.397

缓冲装置　shock absorber　03.395

缓发中子　delayed neutron　14.468

缓蚀剂　inhibiter　12.167

换气装置　breather　06.502

黄铜　brass　12.200

晃动挡板　slosh barrier　03.445

晃动力　slosh force　03.439

晃动力矩　slosh torque　03.440

晃动力学模型　mechanical model of slosh　03.446

晃动频率　slosh frequency　03.437

晃动抑制　slosh suppression　03.444

晃动质量　slosh mass　03.438

晃动周期　slosh cycle　03.436

晃动阻尼　slosh damping　03.441

晃动阻尼比　damping ratio of slosh　03.442

灰度等级　gray level　08.376

灰阶　gray scale　08.377

灰雾度　fog　08.375

恢复温度　recovery temperature　06.073

恢复系数　recovery coefficient　06.074

挥发物含量　volatile content　12.401

辉光放电流动显示　flow visualization by luminescence　06.762

回波锁定　echo lock　08.596

回归保持　recursion keeping　07.034

回归轨道　recursive orbit, tropical orbit　03.192

回火　tempering　13.164

回火脆性　temper brittleness　12.280

回路时间　loop time　14.235

回路阻值　loop resistance value　10.298

回扫时间　flyback time　08.435

回收　recovery　03.370

*回收舱　recoverable module　03.078

回收方式　recovery mode　03.371

回收分系统　recovery subsystem　03.124

回收片盒　recovery cassette　08.306

回收区　recovery area　02.117

回收型照相侦察卫星　recoverable photo reconnaissance satellite　03.030

回收遥测 recovery telemetry 07.638

回转平台 turn table 10.323

回转误差 turn error 05.209

＊回转仪 gyro, gyroscope 05.108

汇流 sink flow 06.178

会日点 junction 03.233

会议电视系统 conference television system 07.593

会议调度 conference dispatching 07.517

彗星 comet 01.020

彗[形像]差 coma 08.272

惠康原理 Whecon principle 05.330

惠普尔缓冲屏 Whipple bumper shield 14.530

混合比 mixture ratio 04.152

混合比调节器 mixture ratio regulator 04.353

混合定律 mixing rule 12.404

混合多次冲击防护屏 hybrid multi-shock shield 14.541

混合气体保护焊 mixed gas welding 13.301

混合[推进剂]火箭发动机 hybrid propellant rocket engine, hybrid propellant rocket motor 04.011

混合循环 hybrid cycle 04.083

混响场 reverberation field 14.318

混响试验 reverberation test 14.325

混响室 reverberation chamber 14.327

混杂复合材料 hybrid composite 12.064

混杂结构 hybrid structure 12.343

锪削 spotting 13.114

活动靶标 moving target 07.282

活动发射台 mobile launch pad 10.326

活动式勤务塔 mobile service tower 10.308

活力方程 vis-viva formula 03.227

活门气检 gas leak inspection of valve 10.075

火工品检测间 ordnance checkout room, pyrotechnics

checkout room 10.294

火工品贮存库 ordnance warehouse, pyrotechnics warehouse 10.293

火工品装配间 ordnance assembly room, pyrotechnics assembly room 10.295

火箭 rocket 02.001

火箭垂直度 launch vehicle verticality 10.133

[火箭的]控制系统 control system of rocket 02.240

[火箭的]推进系统 propulsion system of rocket 02.228

火箭发动机 rocket engine, rocket motor 02.230

火箭发动机高空试验 rocket engine high altitude test 14.640

火箭发动机羽流 rocket engine plume 04.249

火箭排气噪声 rocket exhaust noise 14.312

火箭撬 rocket sled 14.358

火箭撬技术 rocket-propelled sled technique 06.648

火箭推进剂 rocket propellant 04.084

火箭推进系统 rocket propulsion system 02.229

火箭羽焰试验 rocket plume test 14.642

火帽 primer 16.158

火星 Mars 01.011

火星地质 geology of Mars 01.125

火焰夹角 angle between flame central axis and line-of-sight of station 07.091

火焰检测系统 fire detection system 11.340

火焰衰减 flame attenuation 07.395

火药点火 powder ignition 04.330

火药起动器 explosive actuator 16.166

火药起动系统 powder start system 04.062

霍曼转移 Hohmann transfer 03.223

J

机弹干扰 aircraft-missile interference 06.235

机动弹头遥测 maneuverable warhead telemetry 07.627

机动跟踪 maneuver tracking 05.567

α机构 α angle mechanism 06.582

β机构 β angle mechanism 06.583

机内测试 built-in test 18.248

机器人 robot 17.003

机器人技术实验装置 robot technology experiment device, ROTEX 17.103

机器人系统 robot system 17.007

机器人学 robotics 17.008

机械剥蚀 mechanical denuding 06.275

机械合练 mechanism rehearsal 10.028

机械接口　mechanical interface　17.022

机械接口坐标系　mechanical interface coordinate system　17.040

机械结合　mechanical bond　12.061

机械框标　mechanical fiducial mark　08.316

机械式压力扫描阀　mechanical pressure scanner 06.728

机械手　manipulator　17.001

机械天平　mechanical type balance　06.669

机械天平动稳定性　mechanobalance dynamic stability　06.681

机械天平恢复力矩　mechanobalance restoring moment　06.679

机械天平静稳定度　mechanobalance static stability 06.680

机械引信　mechanical fuze　16.052

机械致冷器　mechanic refrigerator　03.277

机械阻抗　mechanical impedance　14.203

机翼流试验　wing flow testing　06.595

j 积分　j-contour integral　14.070

积分时间　integration time　08.482

积分式[测量]仪器　integrating [measuring] instrument　15.175

积分透镜　integration lens　14.623

基本[测量]单位　base unit [of measurement] 15.032

基本测量方法　fundamental method of measurement 15.123

基本可靠性　basic reliability　18.120

基本量　base quantity　15.021

基本周期　fundamental period　14.157

基础　foundation　14.132

基础选拔　general selection　11.040

基础训练　basic training　11.063

基础油　base oil　12.211

基带传输　baseband transmission　07.538

基高比　base to height ratio　08.175

基体　matrix　12.088

基体拉压强度　tensile or compressive strength of matrix　14.077

基体裂纹　matrix cracking　12.089

基线　base line　07.379

基线制　base line system　07.330

基值误差　datum error　15.216

基座　base　10.546

基座坐标系　base coordinate system　17.039

畸变　distortion　08.275

激波　shock wave　06.113

激波边界层干扰　shock wave-boundary layer interaction　06.121

激波捕捉法　shock capturing method　06.376

激波层　shock layer　06.118

激波风洞　shock tunnel　06.467

激波管　shock tube　06.464

激波光滑处理　smooth treatment of shock wave 06.391

激波膨胀波法　shock expansion method　06.359

激波失速　shock stall　06.197

激波装配法　shock fitting method　06.375

激光测高仪　laser altimeter　08.141

激光测距经纬仪　theodolite with laser ranging 07.243

激光测距仪　laser rangefinder　07.268

激光淬火　laser hardening, laser transformation hardening　13.148

激光打孔　laser beam perforation　13.260

激光点火　laser ignition　04.332

激光动平衡　laser dynamic balancing　13.263

激光多普勒风速计　laser-Doppler anemometer 06.655

激光跟踪测量系统　laser tracking measurement system　07.242

激光光网探测器　laser screen generator　06.658

激光焊　laser beam welding　13.325

激光化学气相沉积　laser chemical vapor deposition 13.198

激光回波率　laser echo ratio　07.321

激光加工　laser beam machining　13.259

激光角反射体　laser corner reflector　07.274

激光雷达　laser radar, lidar　07.264

激光脉冲重复频率　laser pulse repetition frequency 07.320

激光瞄准仪　laser aiming instrument　10.544

激光屏显示　laser-screen method of flow visualization 06.768

激光切割　laser beam cutting　13.261

激光全息干涉仪 laser holographic interferometer 14.111

激光全息检测 laser holography testing 13.411

激光全息照相 laser holography 06.756

激光热处理 laser heat treatment 13.137

激光热导仪 laser conductometer 12.258

激光熔覆 laser melting coating 13.262

激光散斑 laser speckle 06.758

激光散斑干涉仪 laser speckle interferometer 06.759

激光陀螺仪 laser gyro 05.131

激光物理气相沉积 laser physical vapor deposition 13.199

激光引信 laser fuze 16.045

激光诱导荧光 fluorescence induced by laser 06.741

激光装置 laser device 10.555

激光准直 laser alignment 13.258

激光自动跟踪 laser automatic tracking 07.298

激活 activation 09.163

激励 excitation 14.130

级间段 interstate section 02.173

级间段铁轮支架车 interstage section iron wheel carriage 10.392

级间分离 stage separation, staging 02.043

级间分离试验 stage separation test 14.349

即食食品 ready-to-eat food 11.239

*极板 plate 09.106

极[地]轨道 polar orbit 03.170

极端工况 extreme operating condition 14.584

极轨气象卫星 polar orbit meteorological satellite 03.024

极化 polarization 08.531

极化分集 polarization diversity 07.686

极片 plate 09.106

极谱分析 polarographic analysis 12.263

极曲线 polar 06.224

极限负载 limiting load 17.073

极限环 limit cycle 05.357

极限环角速度 angular rate of limit cycle 05.361

极限强度 ultimate strength 14.026

极限条件 limiting condition 15.213

极限压强 ultimate pressure 14.598

极限载荷 ultimate load 14.029

极性变换 reversal 09.082

极柱 terminal 09.108

极坐标机器人 polar robot 17.029

急性缺氧检查 acute hypoxia examination 11.049

集中力 concentrated force 14.006

集中载荷 concentrated load 02.112

集中质量 lumped mass 14.205

几何校正 geometric correction, geometric rectification 08.346

几何量测量 geometric measurement 15.063

几何相似 geometrical similarity 06.407

挤拉成形 pultrusion process, pultrude 13.077

挤压式供应系统 pressure-feed system 04.056

挤压式液体火箭发动机 pressure-feed liquid rocket engine 04.042

挤压铸造 squeeze casting 13.028

计测磁记录器 instrumentation tape recorder 07.691

计划维修 scheduled maintenance 18.233

计量保证 metrological assurance 15.009

计量保证体系 metrological assurance system 15.010

计量管理 metrological management 15.006

计量监督 metrological supervision 15.007

计量检定规程 regulation of metrological verification 15.011

计量确认 metrological confirmation 15.008

计量[学] metrology 15.001

计算机辅助测量和控制 computer aided measurement and control, CAMAC 10.046

计算机辅助测试 computer aided testing, CAT 15.231

计算机辅助训练器 computer aided trainer, CAT 11.364

计算机流动显示 flow visualization by computer 06.764

计算机遥测 computer telemetry system 07.615

计算空气动力学 computational aerodynamics 06.370

记录方式 recording mode 07.316

记录式[测量]仪器 recording [measuring] instrument 15.172

393

CDB propellant 04.099

交越频率 crossover frequency 14.299

浇注 pouring, casting 13.367

浇注发泡 pouring foaming 13.368

胶层 adhesive layer 12.034

胶接 bonding 13.351

胶接点焊 spot-weld bonding, weld bonding 13.319

胶接接头 bonding joint 12.037

胶接强度 adhesive strength 12.036

胶接装配 adhesive joint assembly 12.032

胶黏剂 adhesive 12.030

胶片 photographic film 08.350

胶片变形 deformation of film 08.356

胶片感光度 film speed 08.360

胶片记录 film recording 07.317

胶片解像力 resolution of film 08.370

胶片卷曲 film curl 08.357

胶片判读仪 film reader 07.269

胶片片基 [film] base 08.366

胶片粘连 cohesion of film 08.358

胶体推进剂 gelled propellant 04.115

胶体[推进剂]火箭发动机 gelled propellant rocket engine, gelled propellant rocket motor 04.012

胶体推力器 colloid thruster 05.508

胶体稳定性 colloidal stability 12.040

焦点 focus 08.189

焦距 focal length 08.190

焦平面 focal plane 08.191

焦深 depth of focus 08.196

焦外系统 afocal system 08.195

角捕获 angle acquisition 07.408

角捕获时间 angle acquisition time 07.414

角动量交换式控制 angular momentum exchange control 05.335

*角动量去饱和 angular momentum dumping, angular momentum desaturation, angular momentum unloading 05.338

角动量卸载 angular momentum dumping, angular momentum desaturation, angular momentum unloading 05.338

角度机构控制系统 angle control system 06.665

角分辨率 angle resolution 07.355

角跟踪 angle tracking 07.347

[角]工作范围 [angle] operating range 07.305

角频率 angular frequency 14.161

角振动试验 angular vibration test 05.225

铰孔 reaming 13.117

铰链力矩 hinge moment 06.254

铰链力矩试验 hinge moment testing 06.616

铰链力矩天平 hinge moment balance 06.697

铰链力矩系数 hinge moment coefficient 06.255

校测风洞 calibration wind tunnel 06.425

校飞 calibration flight 07.117

校飞程序 calibration flight program 07.507

校飞航路 calibration flight route 07.122

校零变频器 zero calibration frequency converter 07.425

校零应答机 zero calibration transponder 07.426

校频 frequency calibration 07.584

校正架 calibration rig 06.703

校正仪 rectifier, rectifying apparatus 08.347

校准 calibration 15.043

校准电平 calibration level 07.676

校准目标 calibration target 08.556

校准实验室 calibration laboratory 15.016

校准塔 calibration tower 07.431

校准位姿 alignment pose 17.035

校准证书 calibration certificate 15.015

教员台 instructor station 11.367

接触测量 contact measurement 15.106

接触腐蚀 contact corrosion 12.155

接触光刻 contact lithograph 13.385

接触觉察 contact sensing 16.071

接触面 contact surface 06.543

接触热阻 thermal contact resistance 03.268

接触型离子推力器 contact ion thruster 05.506

接地电阻 grounding resistance 10.299

接地和搭接电阻测量 grounding and lapping resistance measurement 15.085

接地网 grounding lattice 10.297

接近速度 close velocity 16.109

GPS接收机 GPS receiver 05.586

接收系统品质因素 merit factor of receiving system 07.094

节点 node 14.040

节点舱 node module 03.089

节点式相机　node-point camera　08.108

洁净度　cleanliness　14.572

洁净室　clean room　10.296

洁净推进剂　clean propellant　04.114

结构　structure　14.001

结构传热试验　structural heat transfer test　14.124

结构动力学　structural dynamics　14.224

结构分系统　structure subsystem　03.111

结构刚度试验　structure stiffness test　14.089

结构建模　structural modeling　14.036

结构静强度试验　structure static strength test　14.088

结构强度　structural strength　14.002

结构热低压试验　structural thermal low pressure test　14.127

结构热防护试验　structural thermal protection test　14.128

结构热外压试验　structural thermal external pressure test　14.126

结构热稳定性试验　structural thermal stability test　14.129

结构热振动试验　structural thermal vibration transfer　14.125

结构[试验]模型　structure model, SM　03.071

结构系统　structural system　02.005

结构阻尼　structural damping　05.542

结果数据处理报告　result data handling report　10.040

捷联式惯性测量装置　strap-down inertial measurement unit　05.059

捷联式惯性导航系统　strap-down inertial navigation system　05.027

捷联式惯性制导　strap-down inertial guidance　02.261

捷联式惯性制导系统　strap-down inertial guidance system　05.026

截击卫星　interceptor satellite　03.045

截止波长　cutoff wavelength　08.407

截止电压　cutoff voltage　09.056

截止刚度　cutoff rigidity　14.417

截止滤光片　cutoff filter　08.246

截止能量　cutoff energy　14.416

*解保指令　arm command　07.471

解爆　remove exploding, disexplosion　10.257

*解除保险　arming　16.173

解除保险指令　arm command　07.471

解吸[附作用]　desorption　14.561

介电材料　dielectric material　12.143

介电监控　dielectric monitoring　12.144

介电性能　dielectric properties　12.145

介质　medium　06.019

界面反应　interface reaction　12.318

界面热交换器　inter exchanger　11.308

金刚石刀具　diamond cutter　13.123

金刚石切削　diamond cutting　13.124

金相检验　metallographic examination, metallographic inspection　13.403

金星　Venus　01.007

金星地质　geology of Venus　01.124

金属腐蚀　metal corrosion　12.159

金属化　metallization　13.247

金属基复合材料　metal matrix composite　12.065

金属间化合物　intermetallic compound　12.063

金属喷镀　metal spraying　13.227

金属氢化物镍电池　metal-hydrogen nickel battery　09.025

金属软管　metallic hose, flexible metallic conduit　02.219

金属陶瓷　metal ceramic, cermet　12.076

金属型铸造　gravity die casting, permanent mold casting　13.033

紧急复压系统　emergency repressurization system　14.625

紧急关机　emergency cutoff　10.247

紧急停止　emergency stop　17.067

近程待爆　short distance arming　16.176

近地点　perigee　03.183

近地点幅角　argument of perigee　03.184

近地点火箭发动机　perigee kick rocket engine, perigee kick rocket motor　04.023

近地点注入　perigee injection　05.238

近地空间　near earth space　01.002

近红外　near infrared　08.010

近红外相机　near infrared camera　08.113

近耦鸭式布局技术　technique of close coupled canard configuration　06.319

近区效应　close area effect　16.104

近炸引信　proximity fuze　16.004

进场　approach　10.064

进动角速度　angular velocity of precession　05.111

进动性　precession　05.110

进气道　intake　06.286

进气道空气动力学　inlet aerodynamics　06.010

进气道试验　air intake test　06.603

进气度　gas inlet degree　04.225

浸焊　immersed solder　13.316

浸胶　impregnation　13.377

浸润性液体　wetting liquid　14.673

浸水试验　water immersion test　11.131

浸渍　impregnating　13.378

浸渍金属碳石墨　carbon-graphite impregnated with metal　12.237

浸渍磷酸盐碳石墨　carbon-graphite impregnated with phosphate　12.239

浸渍钎焊　dip brazing, dip soldering　13.291

浸渍树脂碳石墨　carbon-graphite impregnated with resin　12.238

浸渍无机盐碳石墨　carbon-graphite impregnated with inorganic salt　12.236

经典冲击脉冲　classic shock pulse　14.337

经纬仪　theodolite　07.237

经验修正法　experience correction method　06.782

晶间断裂　intercrystalline fracture, intercrystalline rupture　12.321

晶间腐蚀　intergranular corrosion　12.160

晶须　whisker　12.397

精度分配　accuracy distribution, accuracy allocation　02.252

精度鉴定　accuracy evaluation　07.119

精度校飞　accuracy calibration flight　07.118

精检漏试验　fine leak test　14.628

精密冲裁　fine blanking, precision blanking　13.046

精密焊　precision welding　13.329

精密离心机　precision centrifuge　05.231

精密离心试验　precision centrifuge test　05.228

精密配磨　precision pair grinding　13.111

精密去毛刺　precision deburring　13.188

精瞄　exact aiming, fine aiming　10.138

精神疲劳　mental fatigue　11.161

肼发动机　hydrazine engine　05.504

景深　depth of field　08.197

警觉　vigilance　11.157

净化器　cleaner　10.532

净正抽吸压头　net positive suction head, NPSH　04.231

径流式涡轮　radial-flow turbine　04.343

径向锻造　radial forging　13.089

径向分辨率　sagittal resolution, radial resolution　08.287

径向畸变　radial distortion　08.330

静导数　static derivative　06.260

静电打印机　electrostatic printer　07.702

静电放电干扰测量　electrostatic discharge interference measurement　15.091

静电放电敏感度测量　electrostatic discharge sensitivity measurement　15.092

静电喷涂　electrostatic spraying　13.234

静电陀螺仪　electrical suspended gyro, ESG　05.126

静电支承加速度计　electrostatically suspended accelerometer　05.151

静动组合天平　static-dynamic balance　06.691

静基座对准　static-base alignment　05.035

静校精密度　static calibration precision　06.714

静校准确度　static calibration accuracy　06.715

静力[载荷]试验　static load test　14.090

静密封　static seal　12.384

静平衡试验　static balance test　13.425

静态测力天平　static balance　06.689

静态测量　static measurement　15.108

静态测试　static test　10.051

静态地球敏感器　static earth sensor, static horizon sensor　05.427

静态刚度　static stiffness　17.074

静态漂移　static drift　05.214

静态柔度　static compliance　17.075

静态摄影分辨率　static photographic resolution　08.285

静态温度　static temperature　06.070

*静温　static temperature　06.070

静稳定性　static stability　06.198

静稳定裕度　static stability marging　06.199

绝对测量 absolute measurement 15.116

绝对辐射定标 absolute radiometric calibration 08.441

绝对高度 absolute altitude 08.166

绝对光谱灵敏度 absolute spectral sensitivity 09.170

绝对光谱响应 absolute spectral response 09.167

绝对航高 absolute flying height 08.169

绝对黏度 absolute viscosity 12.294

绝对湿度 absolute humidity 08.038

绝对太阳通量 absolute solar flux 14.401

绝对温度 absolute temperature 08.037

绝热壁 adiabatic wall 06.075

绝热壁温度 adiabatic wall temperature 14.116

绝热层 adiabatic layer, heat insulation layer 12.004

绝热管流 adiabatic flow in pip 06.552

绝热壳体 insulated case 04.279

绝热流 adiabatic flow 06.155

绝缘阳极[氧]化 electric insulation anodizing 13.256

军事航天技术 military space technology 01.051

军用标准物质 military reference material 15.193

军用航天工程系统 military space engineering system 01.037

均方根噪声 root-mean-square noise, rms noise 08.410

均方根噪声电流 root-mean-square noise current 08.414

均方根噪声电压 root-mean-square noise voltage 08.413

均衡 equalization 14.300

均衡加固 balanced hardening 14.457

均压网 equalizing lattice 10.355

均匀化退火 homogenizing annealing 13.161

K

卡尔曼滤波器 Kalman filter 05.365

卡计法 calorimeter method 12.244

卡门-钱公式 Karman-Tsien formula 06.349

卡门涡街 Karman vortex street 06.138

卡塞格林望远镜 Cassegrain telescope 08.123

开闭比 porosity 06.493

开舱 opening modules 10.090

开槽壁 slotted wall 06.496

开关式控制 on-off control 05.328

开孔壁 perforated wall 06.495

开口式风洞 open jet wind tunnel 06.435

*开裂角 fracture initiation 14.066

开路电压 open circuit voltage 09.046

开路式风洞 open circuit wind tunnel 06.436

开拍 start photographing 10.218

开普勒轨道 Keplar orbit 03.179

开伞冲击 parachute opening shock 11.262

开伞冲击耐力 parachute opening shock tolerance 11.143

开式加注 opened loading 10.164

开式循环 open cycle 04.077

开式转注 opened transferring 10.166

开锁时间 uncaging time 05.107

抗辐射加固 radiation hardening 14.454

抗辐射加固器件 radiation hardened component 14.455

抗核加固 nuclear hardening 14.453

抗荷动作 anti-G maneuver 11.259

抗荷装备 anti-G equipment 11.227

抗剪强度 shear strength 12.282

抗拉强度 tensile strength 12.285

抗扭强度 torsional strength 12.286

抗侵蚀材料 erosion resistant material 12.168

抗压强度 compressive strength 12.284

抗撞能力 impact resistance 14.545

考机 general inspection for the whole machine 10.069

*靠模铣削 copy milling, profile milling 13.106

科里奥利刺激效应 Coriolis stimulation effect 11.136

*科里奥利加速度修正 Coriolis [acceleration] correction 05.040

科氏[加速度]修正 Coriolis [acceleration] correction 05.040

科学卫星　scientific satellite　03.012

颗粒度　granularity　08.369

颗粒污染　particle contamination　14.570

颗粒增强复合材料　particulate reinforced composite　12.071

壳体后裙　aft skirt of case　04.278

壳体绝热层　case insulation　04.280

壳体黏结式药柱　case bonded grain　04.294

壳体前裙　forward skirt of case　04.277

壳体式太阳电池阵　body-mounted type solar array　09.195

壳型铸造　shell mold casting　13.024

可编程遥测　programmable telemetry　07.614

可编程遥测系统　programmable telemetry system　02.266

可变波束引信天线　variable-beam antenna of fuze　16.190

可变光阑　variable diaphragm　08.218

可测量　measurable quantity　15.019

可重复使用防热材料　reusable thermal protection material　12.019

可重组技术　reconfigurable technology　07.707

可测星等　measurable magnitude　08.343

可达可用性　achieved availability　18.011

可达性　accessibility　18.251

可更换单元　replaceable units　18.249

可及性　reachability　11.188

可见光　visible light　08.008

可见光伪装　visual camouflage　12.225

可见光遥感　visible spectral remote sensing　08.002

可靠性　reliability　18.001

可靠性保证大纲　reliability assurance program　18.122

可靠性分配　reliability allocation　18.144

可靠性工作计划　reliability program plan　18.123

可靠性监控　reliability monitoring　18.171

可靠性框图　reliability block diagram　18.142

可靠性模型　reliability model　18.143

可靠性试验　reliability test　18.172

可靠性维修性　reliability and maintanability, r&m　18.025

可靠性维修性合同参数　r&m contractual parameter　18.026

可靠性维修性使用参数　r&m operational parameter　18.027

可靠性验证　reliability verification　18.167

可靠性验证试验　reliability verification test　18.173

可靠性预计　reliability prediction　18.145

可靠性增长　reliability growth　18.146

可靠性增长管理　reliability growth management　18.184

可靠性增长试验　reliability growth test　18.177

可控气氛热处理　controlled atmosphere heat treatment　13.139

可溶性树脂含量　soluble resin content　12.103

可探测性　detectability　12.242

可调光圈　adjustable aperture　08.215

可调延时　adjustable delay　16.134

可信性　dependability　18.003

可行性论证　feasibility study　02.021

可修复产品　repairable item　18.222

可用过载　permissible load factor　02.106

可用性　availability　18.009

可贮存推进剂　storable propellant　04.094

可贮存推进剂火箭发动机　storable propellant rocket engine　04.049

可追溯性　traceability　18.015

克拉佩龙方程　Clapeyron equation　06.324

克努森数　Knudsen number, Kn　06.094

刻蚀　etching　13.391

空爆　atmospheric explosion　14.462

空爆引信　airburst fuze　16.059

空风洞运行　empty wind tunnel operation　06.538

＊空间　space, outer space　01.001

空间磁场　space magnetic field　14.498

空间地质学　space geology　01.122

空间点火试验　space ignition test　14.641

空间定向　spatial orientation　11.135

空间对接动力学　space docking dynamics　03.447

空间法　space law　01.136

空间仿真　space simulation　14.575

＊空间飞行器发射场　spacecraft launching complex　03.005

空间分辨率　spatial resolution　08.289

空间分集　space diversity　07.688

空间辐射　space radiation　11.170

空间辐射环境　space radiation environment　14.370

*空间跟踪与数据采集网　space tracking and data acquisition network　03.006

空间核电源　space nuclear power　03.315

空间化学　space chemistry　01.118

空间环境　space environment　01.109

空间环境报警　space environment warning　14.369

空间环境仿真　space environment simulation　14.576

空间[环境]仿真器　space [environment] simulator　14.594

空间环境模式　space environment model　14.367

空间环境生物学　space environmental biology　01.132

空间环境试验　space environment test　14.577

空间环境效应　space environment effect　14.366

空间环境预报　space environment forecast　14.368

空间火箭发动机　space rocket engine, space rocket motor　04.020

*空间机器人　space robot　01.068

*空间技术　space technology　01.050

空间监视网　space surveillance network　02.129

空间监视系统　space surveillance system　02.130

空间科学　space science　01.107

空间粒子辐射　space particle radiation　14.407

空间滤波　space filtering　16.205

空间频率　spatial frequency　08.277

空间燃料电池系统　space fuel cell system　03.316

空间神经生物学　space neurobiology　01.133

空间生命科学　space life science　01.131

空间实验操作训练　space experiment operation training　11.082

空间实验室　space laboratory　01.047

空间数据系统协商委员会建议　Recommendations of Consultative Committee for Space Data System, CCSDS　07.010

空间探测　space exploration　01.135

空间探测器　space probe　03.004

空间探测卫星　space exploration satellite　03.013

空间天文观测　space astronomical observation　01.089

空间天文学　space astronomy　01.130

空间推进法　space marching method　06.383

空间外热流　space heat flux　03.255

空间物理探测　space physics exploration　01.088

空间物理学　space physics　01.108

空间物体　space object　02.128

空间站　space station　01.046

空间站发射　space station launch　10.009

空间站遥控机械手系统　space station remote manipulator system, SSRMS　17.105

空间指向误差　space pointing error　07.290

空间制氧　space oxygen generation　11.351

空间自由飞行器机械手　space free flight unit manipulator　17.107

空气处理系统　air treatment system　06.516

空气动力　aerodynamic force　06.212

空气动力特性　aerodynamic characteristics　06.206

空气动力系数　aerodynamic coefficient　06.213

空气动力学　aerodynamics　06.001

空气过滤器　air filter　11.298

空气净化装置　air purification unit　11.299

空气泡法　air bubble method　06.745

空气配气台　air distribution board　10.528

空气再生器　air regenerator　11.296

空天飞机　aerospace plane　02.053

空调管路系统　air conditioning pipe system　10.540

空调净化　air conditioning purge　10.187

空调净化牵引车　air conditioning cleaned tractor　10.378

空调连接器　air conditioning connector　10.519

空调连接器支架　air conditioning connector support mount　10.520

空调软管　air conditioning hose　10.509

空投　air drop　03.394

空隙率　void content　12.346

空载　no-load, zeroload, bareload　02.040

空中回收　aerial retrieval　03.372

空中营救　air rescue　03.419

空重　empty weight, bare weight, tare weight　02.039

孔径　aperture　08.211

孔径比　aperture ratio　08.213

孔径光阑　aperture stop　08.217

控制程序　control program　17.049

控制仿真　control simulation　07.130

控制精度　control accuracy　05.269

控制力矩　control torque　05.414

控制力矩陀螺　control moment gyroscope, CMG　05.538

控制系统　control system　02.004

控制系统模型　control system model　02.258

控制信号　control signal　08.471

控制信息　control information　07.188

控制翼弹头　nose with control wing　06.306

控制轧制　controlled rolling　13.098

库塔–茹科夫斯基条件　Kutta-Joukowsty condition　06.342

跨声速风洞　transonic win1d tunnel　06.415

跨声速流　transonic flow　06.146

跨声速面积律　transonic area law　06.354

快看显示　quick-look display, quick display　07.704

快门　shutter　08.232

快门效率　shutter efficiency　08.233

快速充电　fast charge　09.089

快速阀　quick action valve　06.522

快速傅里叶变换　fast Fourier transform, FFT　08.505

快速减压　rapid decompression　11.174

快速减压舱　rapid decompression chamber　11.394

快速凝固　rapid solidification　13.382

宽带随机振动　broad-band random vibration　14.151

宽频带磁记录器　wideband tape recorder　07.693

*宽域差分GPS　wide area differential GPS, WADGPS　05.584

*宽域增强系统　wide area augmentation system, WAAS　05.587

矿物油　mineral oil　12.212

框标　collimating mark, fiducial mark　08.314

框架　gimbal　05.067

框架飞轮　gimbaled flywheel　05.535

框架式星跟踪器　gimbaled star tracker　05.441

框架自锁　gimbal lock　05.068

捆绑结构　strap-on structure　02.153

捆绑[式]火箭　strap-on launch vehicle　02.018

扩爆药柱　auxiliary booster grain　16.165

扩径旋压　expanding, bulging　13.061

扩孔　core drilling　13.118

扩频　spread spectrum　07.678

扩散　diffusion　06.077

扩散边界层　diffusion boundary layer　06.079

扩散段　diffuser　06.499

扩散工艺　diffusion technique　13.005

扩散焊　diffusion welding　13.292

扩散连接　diffusion bonding　13.096

扩散钎焊　diffusion brazing　13.293

扩散退火　diffusion annealing　13.162

扩散系数　diffusion coefficient　06.078

扩束装置　parallel beam expand device　10.554

扩展不确定度　expanded uncertainty　15.164

扩展裂纹　running crack　12.313

扩张激波管　expanding shock tube　06.466

L

拉伸试验　tensile test　14.093

*拉深　drawing　13.036

拉瓦尔喷管　Laval nozzle　06.479

拉弯　stretch bending　13.037

拉弯成形　stretch-wrap forming　13.038

拉削　broaching, pull broaching　13.115

拉形　stretch forming　13.040

拉压刚度矩阵　tensile compressive stiffness matrix　14.081

拉延　drawing　13.036

拦截　interception　03.216

老化　aging, weathering　13.427

老化试验　ageing test　13.428

老炼　burn-in　18.174

烙铁钎焊　iron soldering　13.284

雷达　radar　07.333

雷达标校　radar calibration　07.359

雷达波吸收结构　radar absorbing structure, RAS　12.231

雷达测高计　radar altimeter　08.140

雷达测量网　radar instrumentation network　07.394

*雷达测量站　radar tracking station　07.046

流体特征　characteristic of fluid　06.018
流体质点　fluid particle　06.021
流线　stream line　06.027
流线弯曲效应　streamline curvature effect　06.789
流星　meteor　01.021
流星体　meteoroid　14.513
流星体模式　meteoroid model　14.515
硫酸阳极［氧］化　sulfur acid anodizing　13.254
馏程　distillation range　12.219
六孔探头　six holes probe　06.660
龙骨式机器人　spine robot　17.033
漏爆概率　miss burst probability　02.295
漏率　leak rate　14.630
漏气量　gas leak quantity　10.076
漏气率　gas leak rate　10.077
漏炸　non-initiation　16.088
漏指令　missed command　07.481
漏指令概率　missed command probability　07.482
炉中钎焊　furnace brazing, furnace soldering　13.285
陆地卫星　land satellite　03.020
路径　path　17.037
路径重复精度　path repeatability　17.085
路径加速度　path acceleration　17.078
路径精度　path accuracy　17.084
路径速度　path velocity　17.077
路径速度波动量　path velocity fluctuation　17.088
路径速度重复精度　path velocity repeatability　17.087
路径速度精度　path velocity accuracy　17.086
铝合金　aluminum alloy　12.193

铝基复合材料　aluminum matrix composite　12.066
铝锂合金　aluminum lithium alloy　12.195
铝镁合金　aluminum magnesium alloy　12.196
铝钛合金　aluminum titanium alloy　12.197
铝铜合金　aluminum copper alloy　12.194
滤光片　filter　08.234
滤光系数　filter factor　08.235
卵石床加热器　pebble-bed heater　06.526
罗方位　compass bearing　05.019
螺纹空心铆接　hollow riveting with screw　13.348
螺旋缠绕　spiral winding　13.358
洛氏硬度试验　Rockwell hardness test　13.434
落点　impact point　02.072
落点参数　impact parameter　07.201
落点测量　impact point measurement　07.023
落点横向偏差　impact lateral deviation　07.178
落点选择　impact selection　07.179
落点预报　impact prediction　07.176
落点纵向偏差　impact longitudinal deviation　07.177
落管试验　drop tube test　14.682
落区　impact area, drop zone　07.008
落塔　drop tower　11.398
落塔试验　drop tower test　14.678
落下式冲击试验机　drop shock test machine　14.354
落压比　blowdown ratio　05.494
落压式供应系统　blowdown feed system　04.058
落压式推进系统　blowdown propulsion system　05.495

M

马格努斯力　Magnus force　06.258
马格努斯力矩　Magnus moment　06.259
马格努斯天平　Magnus balance　06.699
马赫波　Mach wave　06.108
马赫角　Mach angle　06.110
马赫数　Mach number　06.098
马赫数均方根误差　root-mean-square error of Mach number　06.771
马赫数控制　Mach number control　06.664

马赫数无关原理　Mach number independence principle　06.338
马赫数最大偏差　maximum deflection of Mach number　06.772
马赫–曾德尔干涉仪　Mach-Zehnder interferometer　06.753
马赫锥　Mach cone　06.109
马蹄涡　horse-shoe vortex　06.137
马歇尔工程热层模式　Marshall engineering thermo-

sphere model 14.547

码分制多路遥测 code division multiplexing telemetry 07.612

IRIG-B 码接口终端设备 IRIG-B-code interface terminal equipment 07.580

码速率 bit rate 07.655

码同步 bit synchronization 07.661

*码头标校 calibration in dock 07.226

*码音混合测距 hybrid pseudorandom code and side tone ranging 07.423

埋头铆接 flush riveting 13.342

麦科马克格式 MacCormack scheme 06.387

脉冲比冲 pulsed specific impulse 04.144

脉冲测量雷达 pulse instrumentation radar 07.335

脉冲充电 pulse charge 09.086

脉冲重复频率 pulse repetition frequency 08.604

脉冲当量 pulse equivalency 05.090

脉冲等离子弧焊 pulsed-plasma arc welding 13.304

脉冲等离子体推力器 pulsed plasma thruster 05.509

脉冲点焊 pulsed spot welding, multiple-impulse welding 13.320

脉冲点火 pulse firing 05.353

脉冲电镀 pulse plating 13.219

脉冲多普勒技术 pulsed Doppler technology 07.344

脉冲多普勒引信 pulsed Doppler fuze 16.019

脉冲风洞天平 pulse wind tunnel balance 06.692

脉冲激光沉积 pulsed laser deposition 13.200

脉冲激光雷达 pulse laser radar 07.265

脉冲激光引信 pulse laser fuze 16.046

*脉冲加矩 pulsed torquing 05.091

脉冲宽度 pulse width 04.146

脉冲雷达引信 pulsed radar fuze 16.015

脉冲上升时间 pulse rise time 14.340

脉冲施矩 pulsed torquing 05.091

脉冲式风洞 impulse wind tunnel 06.430

脉冲式火箭发动机 pulse rocket motor 04.029

脉冲式太阳仿真器 pulse solar simulator 09.230

脉冲下降时间 pulse drop-off time 14.341

脉冲压缩 pulse compression 08.581

脉冲压缩技术 pulse compression technology

07.343

脉冲氩弧焊 argon shielded arc welding-pulsed arc 13.306

脉冲阳极［氧］化 pulse anodizing 13.255

脉冲再平衡 pulse rebalance 05.104

脉动压力 pulsating pressure 06.246

脉线 streak line 06.028

漫射天光 diffuse skylight 08.048

漫游机器人 rover 17.109

毛坯 blank 13.100

毛细管喷注器 capillary injector 04.266

铆接 riveting 13.339

铆接结构 riveted structure 02.148

铆接试验 riveting test 13.340

霉菌孢子 fungal spore 12.276

霉菌试验 mould test, fungus test 12.277

[美国]靶场间测量小组标准 Inter-Range Instrumentation Group standards, IRIG standards 07.009

*[美国]靶场间测量小组标准–B 格式时间码 IRIG-B format time code 07.575

美国标准协会感光度 American Standards Association film speed, ASA speed 08.362

镁合金 magnesium alloy 12.189

镁锂合金 magnesium lithium alloy 12.192

镁铝合金 magnesium aluminum alloy 12.190

镁铁氧体 magnesium ferrite 12.191

蒙皮 skin 02.215

蒙特卡罗方法 Monte Carlo method 06.368

弥散强化 dispersion strengthening 12.086

弥散强化复合材料 dispersion strengthening composites 12.087

弥散圆 circle of confusion 08.276

迷彩涂层 coating with pattern painting 12.123

迷彩伪装色 dazzle camouflage schemes 12.224

米波引信 meter wave fuze 16.011

密闭阀 airtight valve 06.521

密度 density 08.367

密度比冲 density specific impulse 04.142

密封舱 sealed module, sealed cabin 03.080

密封镉镍蓄电池 sealed cadmium-nickel battery 09.020

密封件 seal 12.385

密封胶 sealant 12.386

密封铆接　sealing riveting　13.349
密码　cryptography code　07.596
密钥　cryptography key　07.597
免维护蓄电池　maintenance-free battery　09.016
面积加权平均分辨率　area weighted average resolu-
　　tion, AWAR　08.291
面扩展目标　area extensive target　08.551
面目标效应　surface target effect　16.100
面散射　area scattering　08.552
面元法　panel method　06.352
面阵[列]探测器　area array detector　08.394
瞄准　aiming　10.135
瞄准标杆　aiming pole, aiming post　10.559
瞄准点　aiming point　10.139
瞄准方位角　aiming azimuth　02.083
瞄准棱镜　alignment prism　05.079
瞄准信号控制仪　aiming signal control instrument
　　10.548
灭火器　fire extinguisher　11.345
灭火系统　fire suppression system　11.341
敏感度　susceptibility　15.202
敏感装置　sensing device　16.142
名义攻角　nominal angle of attack　06.716
冥王星　Pluto　01.015
*模飞　flight simulation　10.063
模糊距离　ambiguity range　07.372
模拟飞行　flight simulation　10.063
*模拟加矩　analogous torquing　05.092
*模拟器　simulator, equivalent device　10.535
模拟失重训练　simulated weightlessness training
　　11.069
模拟式测量仪器　analogue measuring instrument
　　15.176
模拟遥控　analog telecommand　07.444
模数转换　analogue to digital conversion, A/D
　　conversion　14.223
模态辨识　modal identification　14.173
模态分析　modal analysis　03.433
模态刚度　modal stiffness　14.187
模态试验　modal test　14.176
模态有效质量　modal efficient mass　03.434

模态质量　modal mass　14.186
模态综合　modal synthesis　14.175
模型[火]箭　model rocket　02.046
模型支架　model support　06.578
膜冷却　liquid film cooling　04.301
摩擦焊　friction welding　13.328
摩擦力　friction force　12.324
摩擦系数　friction coefficient　12.325
摩擦阻力　friction drag　06.226
磨损试验　wear test　15.261
磨削　grinding　13.108
模锻　die forging, drop forging　13.081
模压成形　compression molding　13.049
模样[火]箭　prototype rocket　02.047
模样[星]　mockup　03.091
末端执行器　end-effector　17.023
末端执行器耦合装置　end-effector coupling device
　　17.024
末区　end area, down range　07.006
末制导　terminal guidance　02.247
母线电压　bus voltage　09.226
木星　Jupiter　01.008
目标　target　08.163
目标捕获　target acquisition　07.406
目标定位　target positioning　03.249
目标仿真　target simulation　16.221
目标仿真器　target simulator　07.432
目标模型　target model　16.206
目标散射特性　target scattering characteristics
　　07.375
目标识别　target recognition　07.327
目标缩比模型　target scaled model　16.207
目标探测装置　target detecting device　16.143
目标特性测量　target signature measurement
　　07.021
目标值　goal　18.028
目标指向编程　goal directed programming　17.054
目视分辨率　visible resolution　08.283
目视检查　visual inspection　12.345
目视鉴别率　visual resolution　07.323
穆曼–科尔格式　Murman-Cole scheme　06.386

N

O

P

喷砂 sand blasting 13.184

喷射动量 eject momentum 14.533

喷涂 spray coating 13.233

喷涂包覆 spraying coating 13.237

喷涂发泡 spray coating foaming 13.238

喷涂陶瓷密封环 spraying-ceramic seal ring 12.080

喷丸 shot blasting, grit blasting 13.185

喷焰衰减 plume attenuation 02.277

喷注器 injector 04.258

硼铝复合材料 aluminum boron composite 12.070

膨胀波 expansion wave 06.112

膨胀循环 expander cycle 04.082

碰撞开关 impact switch 16.146

批次 lot, batch 13.015

铍合金 beryllium alloy 12.188

皮托管 Pitot tube 06.722

疲劳极限 fatigue limit 12.281

疲劳裂纹扩展速率 fatigue crack growth rate 14.073

疲劳试验 fatigue test 13.435

疲劳寿命 fatigue life 14.034

匹配检查 matching check 10.083

匹配滤波器 matched filter 08.606

匹配试验 matching test 10.062

偏差 deviation 15.153

偏二甲肼铁路运输车 UDMH railway tank transporter 10.398

偏光显微镜 polarizing microscope 12.250

偏航角 yaw angle 06.189

偏航角速度 rate of yaw 06.193

偏航力矩 yawing moment 06.251

＊偏航轴 normal axis 05.049

偏航姿态 yaw attitude 05.293

偏航姿态捕获 yaw attitude acquisition 05.259

偏近点角 eccentric anomaly 03.195

偏析 segregation 12.218

偏心率 eccentricity 03.182

偏移 bias 15.220

偏振 polarization 08.237

偏振光 polarized light 08.238

偏[振]光镜 polariscope 14.104

偏振滤光片 polarizing filter 08.240

偏振片 polaroid 08.239

偏置 bias 05.218

偏置动量控制 momentum bias control 05.334

偏置动量系统 momentum bias system 05.340

偏置动量姿态控制系统 momentum bias attitude control system 05.320

偏置控制能力 control bias capability 05.336

偏置稳定性 bias stability 05.219

漂移 drift 15.205

漂移角 angle of drift 05.241

漂移量 drift value 10.233

漂移率 drift rate 05.212

拼接 butting 08.397

贫化 depletion 12.098

贫树脂区 resin starved region 12.101

频标 frequency standard 07.559

频道 spectral channel, frequency channel 08.020

频分制多路遥测 frequency division multiplexing telemetry 07.611

频分制多路遥测系统 frequency division multiplex telemetry system 02.265

频率分辨率 frequency resolution 07.357

频率分集 frequency diversity 07.687

频率混淆 frequency aliasing 14.221

频率基准系统 reference frequency system 07.563

频率漂移率 frequency drift rate 07.568

频率扫描 frequency scanning 07.341

频率稳定度 frequency stability 07.565

频率响应函数 frequency response function 14.188

频率选择 frequency selection 16.198

频率准确度 frequency accuracy 07.564

频谱 frequency spectrum 08.019

[频谱]发射率 spectrum emissivity 08.563

频谱特性测量 spectral characteristic measurement 15.078

＊品质 quality 18.058

品质因数 quality factor, q factor 14.209

平板式组件 flat plate module 09.189

平板拖车 flat-bed trailer 10.371

平根数 mean element 03.211

平衡流动 equilibrium flow 06.160

平衡试验 balancing test 15.262

平滑表面 smooth surface 08.547

平近点角 mean anomaly 03.196

平均电压　average voltage　09.050

平均控制　average control　14.302

平均气动弦长　mean aerodynamic chord　06.294

平均任务持续时间　mean mission duration time, MMDT　18.141

平均失效发生时间　mean time to failure, MTTF　18.140

平均透过率　mean transmissivity　08.236

平均推力　average thrust　04.125

平均无故障工作时间　mean time between failures, MTBF　18.139

平均压强　average pressure　04.185

平均自由程　mean free path　06.084

平流层紫外成像光谱仪　ultraviolet stratospheric imaging spectrometer, USIS　08.130

平面缠绕　planar winding　13.355

平面工艺　planar technique　13.007

平面掩星角　planar osculating angle　03.234

平台导电滑环　platform slipping ring　05.078

平台电子箱　platform electronic assembly　05.089

平台基座　platform base　02.189

平台计算机制导　platform-computer guidance　02.260

平台减震器　platform vibration isolator　05.072

平台开闭锁检查　platform switch lock check　10.086

*平台内常平架　platform inner gimbal　05.070

平台内框架　platform inner gimbal　05.070

平台式惯性导航系统　platform inertial navigation system　05.025

平台式惯性制导系统　platform inertial guidance system　05.024

平台伺服回路　platform servo-loop, platform stabilized loop　05.075

平台推进剂　plateau propellant, mean-burning propellant　04.116

*平台外常平架　platform outer gimbal　05.071

平台外框架　platform outer gimbal　05.071

平台外罩　platform cover　05.073

*平台稳定电机　unload motor of platform　05.085

*平台稳定回路　platform servo-loop, platform stabilized loop　05.075

平台卸载电机　unload motor of platform　05.085

平台转运　platform transfer　10.099

平台坐标　platform coordinate　10.126

平台坐标系　platform coordinate system　05.055

平稳电压　steady voltage　09.049

平行光　collimated light　08.183

平旋　flat spin　05.403

平旋恢复　flat spin recovery　05.404

平周期　mean period　03.199

屏蔽室屏蔽效能测量　shielding efficacy measurement of shielding room　15.079

屏蔽系数　shielding factor　14.481

破坏　failure　14.099

破坏性试验　destructive test　13.436

破坏载荷试验　failure load test　14.091

铺设角　ply angle　14.080

普查型侦察卫星　area monitoring reconnaissance satellite　03.032

普朗克辐射体　Planck's radiant body　08.028

普朗特–格劳特法则　Prandtl-Glauert rule　06.348

普朗特–迈耶尔流　Prantdl-Meyer flow　06.158

普朗特数　Plandtl number　06.099

普通旋压　[conventional] spinning　13.058

谱方法　spectral method　06.369

谱辐射强度　spectrum intensity　14.399

谱辐照度　spectrum irradiance　14.400

谱估计　spectrum estimate　14.244

谱密度矩阵　spectral density matrix　14.227

谱线数　number of spectral line　14.245

Q

七管连接器　seven pipe connector　10.521

七孔探头　seven holes probe　06.661

七专　seven-special parts　18.106

奇异摄动法　singular perturbation　06.367

歧管连接器　manifold connector　02.186

脐带电缆　umbilical cable　10.316

脐带式生命保障系统　umbilical life support system　11.353

脐带塔 umbilical tower 10.310

企鹅服 penguin suit 11.377

启动点 actuation point 16.116

启动时间 run-up time 05.193

启动信号 actuation signal 16.082

启动阈 actuation threshold 16.081

起吊接头 hanger fitting 02.187

起动电流 starting current 05.195

起动环境 start ambient condition 05.513

起动系统 start system 04.059

起动压力峰 start peak pressure 04.195

起动载荷 starting load 06.539

起飞 lift-off, take-off 10.230

起飞触点 lift-off contact 10.341

起飞绝对时 take-off absolute time 07.588

起飞零点 lift-off zero, take-off zero 10.231

起飞漂移 lift-off drift 10.232

起飞漂移量测量 take-off drift measurement 07.019

起飞托盘 lift-off support plate 10.340

起飞相对时 take-off relative time 07.587

起飞压板 lift-off claming strip 10.339

起飞质量 lift-off mass 02.035

起始电平 starting level, initial level 07.675

起始电压 initial voltage 09.053

起始段测控 TT&C of initial phase 07.012

起始断裂 fracture initiation 14.066

起始液位 initial liquid level 10.194

起竖 erection 10.130

起竖厅 erecting hall 10.286

起停次数 start-stop time 05.198

气氮加热系统 gaseous nitrogen warm-up system 14.606

气动仿真 aerodynamics simulation 06.016

气动合力 aerodynamic resultant 06.215

气动技术应用 application of aerodynamic technology 06.309

气动加热 aerodynamic heating 06.270

气动控制台 pneumatic console 10.534

气动控制系统 pneumatic control system 04.064

气动快速脱落连接器 pneumatic quick-disconnect coupling 10.533

气动力矩 aerodynamic torque 05.388

*气动力天平 wind tunnel balance 06.668

气动[力]中心 aerodynamic center 06.257

气动热力学 aerothermodynamics 06.012

气动热弹性 aerothermo-elasticity 14.108

气动热载荷 aerothermal load 06.211

气动塞式喷管 pneumatic plug nozzle 04.306

气动声学 aeroacoustics 06.004

气动弹性力学 aeroelastics 06.003

气动弹性试验 aeroelastic effect test 06.626

*气动特性 aerodynamic characteristics 06.206

气动稳定 aerodynamic stabilization 05.309

气动隐形技术 aerodynamic stealth technique 06.310

气动载荷 aerodynamic loading 06.210

气动噪声 aerodynamic noise 14.311

气动阻尼 aerodynamic damping 06.263

气封 gas seal 10.190

气浮支承 gas suspension 05.155

气管连接器 air tube connector 10.522

气氦系统 gaseous helium system 14.607

气候环境 climate environment 14.258

气候试验 climate test 14.359

*气检 gas leak inspection 10.072

气流吹袭 windblast 11.260

气流动态品质 flow pulsation quality 06.561

气流方向均匀性 flow direction uniformity 06.559

气流偏角修正 flow deflection angle correction 06.796

气流稳定性 flow stability 06.560

*气密过渡舱 airlock [module] 03.088

气密限制层 encapsulating layer 11.220

气密性检查 gas leak inspection 10.072

气密性试验 air tight test, tightness test 13.437

气泡 bubble 06.069

气泡检漏 leak detection by bubble 13.421

气瓶库 gas bottle depot 10.290

气瓶气检 gas leak inspection of bottle 10.074

气瓶组 gas bottle set 10.507

气球载落舱试验 balloon-borne drop capsule test 14.681

气溶胶 aerosol 08.050

气塞 vent plug 09.114

气蚀 cavitation 04.234

气蚀比转速 cavitation specific angular speed

球面　sphere surface　08.451

球［面像］差　spherical aberration　08.271

球窝喷管　ball-socked nozzle　04.310

球形壳体　spherical shell　02.220

球形气瓶　spherical gas bottle　10.539

曲线拟合　curve fitting　14.179

*曲线因子　fill factor, curve factor　09.174

驱动程序　drive program　07.496

驱动器　actuator　17.013

屈服点　yield point　12.305

屈服极限　yield limit　14.025

屈肢症　bends　11.153

趋肤深度　skin depth　08.561

趋势分析　trend analysis　18.110

取样　sampling　13.399

去极化　depolarization　08.535

去线性调频［脉冲］　de-chirping　08.584

去应力退火　stress relieving, stress relief annealing　13.163

全变差下降格式　total variation decreasing scheme, TVD scheme　06.388

全部照射　full illumination　16.102

全程［飞行］试验　full range test　07.076

全尺寸风洞　full scale wind tunnel　06.449

全充电态　fully-charge condition　09.091

全功率辐射计　total power radiometer　08.137

全景畸变　panoramic distortion　08.332

全景式相机　panoramic camera　08.106

全聚焦合成孔径雷达　fully focused SAR　08.149

全面质量管理　total quality management　18.069

全球导航卫星系统　global navigation satellite system, Glonass　07.073

全球定位系统　global positioning system, GPS　03.058

全球定位系统–惯性组合导航　GPS-inertial integrated navigation　05.012

全球定位系统–惯性组合制导　GPS-inertial integrated guidance　05.011

全球通信系统　global communication system　03.059

全区合练　rehearsal of all region　10.032

全任务航天训练仿真器　full-mission space flight simulator　11.360

全色胶片　panchromatic film, pan film　08.351

全推力器姿态控制系统　all thruster attitude control system　05.316

全位势方程　full potential equation, generalized potential equation　06.332

全位置焊　orbital arc welding　13.311

全息摄影术　holography　06.755

全帧　major frame　07.659

全姿态捕获　global attitude acquisition　05.252

缺口敏感性　notch sensitivity　12.323

缺陷　defect　12.296

缺氧耐力　hypoxia tolerance　11.173

确定的事故　credible accident　18.264

确认　validation　18.046

R

燃喉面积比　burning surface to throat area ratio　04.203

*燃料　fuel　04.087

燃料测试仪　fuel tester　15.256

燃料电池　fuel cell　09.027

燃料附加损耗　fuel penalty　05.355

燃料晃动干扰力矩　disturbance torque by the fuel slosh　05.386

燃气舵　gas rudder　06.285

燃气发生器　gas generator　04.257

燃气发生器混合比　gas generator mixture ratio　04.157

燃气发生器循环　gas generator cycle　04.079

燃气加热器　gas-fired heater　06.525

燃气降温器　gas cooler　04.357

燃气停留时间　gas stay time　04.190

燃气涡轮　gas turbine　04.344

燃烧不稳定性　combustion instability　04.245

燃烧剂　fuel　04.087

燃烧剂光电传感器　fuel photoelectric sensor　10.436

燃烧剂过滤器　fuel filter　10.438

燃烧剂加注口支架　fuel filling port support mount　10.442

燃烧剂加注连接器　fuel loading connector　10.432

燃烧剂加注软管　fuel loading flexible hose　10.450

燃烧剂加注系统　fuel loading system　10.156

燃烧剂料流量　fuel flow rate　04.161

燃烧剂箱　fuel tank　02.158

燃烧剂溢出连接器　fuel overflow connector　10.434

燃烧剂溢出软管　fuel overflow flexible hose　10.451

燃烧剂运输车　fuel transporter　10.397

燃烧面积　burning [surface] area　04.202

燃烧室　combustion chamber　04.251

燃烧室特征长度　characteristic chamber length　04.189

燃烧室压力不稳定度　combustion chamber pressure roughness　04.194

燃烧室压强　combustion chamber pressure　04.182

燃烧终点压强　burning final pressure　04.187

燃速温度敏感系数　temperature sensitivity of burning rate　04.210

燃速系数　burning rate coefficient　04.208

燃速压强指数　burning rate pressure exponent　04.209

燃通面积比　burning surface to port area ratio　04.204

燃压衰减时间　chamber pressure decay time　05.520

扰动　disturbance　06.245

热备份　hot spare　18.207

热边界层　thermal boundary layer　14.114

热测量　thermal measurement　15.064

热层　thermosphere　14.546

热沉　heat sink　08.478

热冲击　thermal shock　14.119

热处理　heat treatment　13.130

热传导　heat conduction　06.080

热传递系数　heat transfer coefficient　06.083

热窗　heat window　08.448

热导率　heat conduction coefficient, thermal conductivity　06.082

热等静压　heat isostatic pressing　13.295

热等静压扩散焊　heat iso-hydrostatic diffusion welding　13.296

热电池　thermal battery　09.007

热电堆探测器　thermopile detector　05.452

热电偶　thermocouple　06.730

热反射层　heat-reflecting layer　12.008

热防护系统试验　thermal protection system test　14.110

热分析　thermal analysis　14.105

热辐射　thermal radiation　14.385

热功当量　mechanical equivalent of heat　14.123

热固性塑料　thermosetting plastic　12.050

热管　heat pipe　03.257

热红外　thermal infrared　08.014

热化学烧蚀　thermochemical ablation　06.273

热交换器加热气体增压系统　heated gas-heat exchanger pressurization system　05.496

热校测风洞　thermo-calibration wind tunnel　06.426

热结构材料　thermal structure material　12.012

热解重量分析　thermogravimetric analysis　12.271

热浸　thermal soak　14.590

热浸镀　hot dipping　13.228

热绝缘　thermal insulation　14.122

热开关　thermal switch　03.284

热控带　thermal control adhesive coating　12.133

热控[制]分系统　thermal control subsystem　03.113

热扩散率　thermal diffusivity　12.354

热老化试验　thermal ageing test　13.430

热离子转换器　thermionic converter　09.232

热力抑制压头　thermodynamic suppression head, TSH　04.233

热流密度　heat flux per unit time　06.081

热敏电阻探测器　thermistor detector　05.451

热敏记录仪　heat-sensitive recorder　07.703

热模锻　hot die forging　13.085

热膜风速仪　hot film anemometer　06.654

热喷流试验　hot jet testing　06.613

热喷涂　thermal spraying　13.239

热膨胀模成形　thermal expansion molding　13.092

热膨胀系数　thermal expansion coefficient　12.355

热平衡试验　thermal balance test　14.579

热起动　hot start　05.516

热起动寿命试验　hot start life test　04.366

热气系统　hot gas system　05.487

热射风洞 hotshot tunnel 06.463

热 X 射线 thermal X-ray 14.391

热声环境 thermoacoustic environment 14.113

热失控 thermal run away 09.083

热失稳 thermal run away 05.466

热试验 thermal test 14.578

热[试验]模型 thermal model, TM 03.070

热释电探测器 pyroelectric detector 05.453

热水器 water heater 11.319

热塑性塑料 thermoplastic plastic 12.048

热损 heat loss 12.352

热图技术 thermo-mapping technique 06.639

热稳定食品 thermostabilized food 11.243

热线风速仪 hot wire anemometer 06.653

热像图 thermal image 12.270

热循环 thermal cycle 14.120

热循环试验 thermal cycling test 14.587

热压 hot pressing 13.078

热压釜成形 autoclave moulding 13.079

热压焊 thermocompression bonding 13.330

热应激 heat stress 11.181

热应力 thermal stress 14.106

热载荷 thermal load 14.107

热障 thermal barrier 06.271

热真空舱 thermal vacuum chamber 14.595

热真空试验 thermal vacuum test 14.586

*热重分析 thermogravimetric analysis 12.271

热阻 thermal resistance 12.351

热阻系数 thermal resistance coefficient 14.121

*人工测试 manual test 10.043

人工电子带 artificial electron belts 14.423

人工辐射带 artificial radiation belt 14.422

人工控制 manual control 11.196

人工密度法 artificial density method 06.397

人工黏性 artificial viscosity 06.396

人工时效[处理] artificial aging 13.172

人工脱黏 stress release boot, stress relief flap 04.284

人工压缩法 artificial compressibility method 06.390

人工转换 artificial transition 06.585

人机功能分配 man-machine function allocation 11.194

人机交互 man-machine interaction 11.192

人机界面 man-machine interface 11.193

人孔 access opening, manhole 02.214

人体离心机 human centrifuge 11.382

人用气闸 man lock 14.624

人员可靠性 human reliability 11.191

人员能力损失 loss of personnel capability 18.265

人员失误 human error 11.190

人员因素 human factor 11.189

人造地球卫星 artificial earth satellite 03.002

人造极光 artificial aurora 14.470

人造天体 artificial celestial body 01.022

人造卫星 artificial satellite 01.045

人造重力 artificial gravity 14.669

认证 certification 18.048

任务可靠性 mission reliability 18.121

任务剖面 mission profile 18.019

任务时间 mission time 18.050

任务维修性 mission maintainability 18.212

任务要求 mission requirement 02.031

任务专家 mission specialist, MS 11.016

韧性 toughness 12.290

日地关系 solar-terrestrial relationship 01.110

日冕物质抛射 coronal mass emission 14.484

日球 heliosphere 01.111

日月摄动 sun-moon perturbation 03.204

容差 tolerance 06.775

容差分析 tolerance analysis 18.163

容错 fault-tolerance 18.205

溶解与润湿结合 dissolution and wetting bond 12.403

熔焊 fusion welding 13.315

熔化极惰性气体保护焊 metal inert-gas welding 13.307

熔化极脉冲氩弧焊 gas metal arc welding-pulsed arc 13.308

熔模石膏型铸造 plaster molding for investment casting 13.032

熔模铸造 fusible pattern molding, lost-wax molding, investment casting 13.031

熔融碳酸盐燃料电池 molten carbonate fuel cell 09.031

熔融盐电池 molten-salt electrolyte cell 09.008

融合体布局 blended configuration 06.284

冗余 redundancy 18.206

冗余信息 redundant information 07.138

柔壁喷管 flexible plate nozzle 06.485

柔度 flexibility, compliance 14.021

柔度矩阵 flexibility matrix 14.050

柔顺性 compliance 17.060

柔性底板 flexible plate 09.218

柔性动力学 flexible dynamics 03.424

柔性多体动力学 flexible multibody dynamics 03.428

柔性喷管 flexible joint nozzle, flexible bearing nozzle 04.312

柔性毡 flexible felt 12.146

肉厚分数 web fraction 04.298

茄科夫斯基定理 Joukowsky theorem 06.341

蠕变 creep 12.295

入轨参数 parameters at injection 03.149

入轨点 injection point 03.148

入轨［段］测控 TT&C of injection phase 07.016

入轨精度 orbit injection accuracy 07.193

入轨误差 injection error 03.150

入轨姿态 injection attitude 05.281

入射光瞳 entrance pupil 08.208

入射角 angle of incidence 08.566

入射热流法 incident heat flux method 14.580

入射余角 grazing angle 08.570

软错误 soft error 14.449

软氮化 soft nitriding 13.154

软导线 flex lead 05.175

软件安全性 software safety 18.253

软件故障 software fault 18.202

软件可靠性 software reliability 18.133

软件维护 software maintenance 18.235

软件质量保证 software quality assurance 18.097

软模成形 flexible die forming 13.073

软判决 soft decision 07.680

软钎焊 soldering 13.286

软质聚氨脂泡沫塑料 flexible polyurethane foams 12.046

软着陆 soft landing 03.390

瑞利散射 Rayleigh scattering 08.066

润滑剂 lubricant 12.208

润滑油 lubricating oil 12.210

润滑脂 grease 12.209

润湿角 wetting angle 12.402

弱界面 weak interface 12.091

S

塞焊 plug welding 13.314

塞式量热计 plug calorimeter 06.732

塞式喷管 plug nozzle 04.305

塞式喷管火箭发动机 plug nozzle rocket engine 04.044

三防涂料 three-resistance coating 12.135

三角翼 delta wing 06.315

三脚架 tripod 10.558

三声速风洞 trisonic wind tunnel 06.417

三体问题 three-body problem 03.224

三维弹翼 three dimensional wing 06.296

三维风洞 three dimensional wind tunnel 06.451

三维告警 three dimensional warning 11.203

三维流 three dimensional flow 06.169

三向石英复合材料 three-direction quartz fiber reinforced quartz composite, 3D SiO$_2$/SiO$_2$ 12.081

三向石英增强二氧化硅复合材料 three-direction quartz fiber reinforced SiO$_2$ composite 12.082

三向碳-碳 3-directional C/C 12.026

三元脉冲电路 ternary pulse circuit 05.093

三轴稳定平台 three-axis stable platform 05.064

三轴姿态稳定 three-axis attitude stabilization 05.300

三组元推进剂 tripropellant 04.091

三组元［推进剂］火箭发动机 tripropellant rocket engine 04.048

伞系 parachute system 03.379

散焦星图像 defocused star image 05.481

散射 scattering 08.542

散射计 scatterometer 08.126

散射系数 scattering coefficient 08.543

散射正交截面 scattering cross section 08.544

扫描　scan, sweep　07.409

扫描重叠率　scanning overlap coefficient　08.436

扫描地球敏感器　scanning earth sensor, scanning horizon sensor　05.420

扫描电镜　scanning electron microscope　12.253

扫描多通道微波辐射计　scanning multi-channel microwave radiometer　08.143

扫描范围　scanning range　07.368

扫描飞轮　scan flywheel　05.537

扫描角　scanning angle　08.430

扫描角监控器　scan angle monitor　08.433

扫描式激光引信　scanning laser fuze　16.048

扫描视场　scanning field of view, SFOV　05.471

扫描速率　scanning rate　08.431

扫描微波辐射计　scanning microwave radiometer　08.142

扫描微波频谱仪　scanning microwave spectrometer, SCAMS　08.161

扫描线校正器　scan line corrector　08.434

扫描效率　scanning efficiency　08.432

扫描影像　scan-image　08.518

色饱和度　color saturation　08.264

*色层分析　chromatographic analysis　12.268

色度　chromaticity　08.258

色度图　chromaticity diagram　08.259

色分辨率　chromatic resolving power　08.260

色流法　coloration flow method　06.739

色谱分析　chromatographic analysis　12.268

色散　dispersion　08.267

色[像]差　chromatism, chromatic aberration　08.268

纱　yarn　12.396

砂型铸造　sand casting process, sand mold casting　13.023

筛选　screening　18.175

栅格翼　lattice fin　02.182

闪电试验　lightning test　14.365

闪光灯　flash light　03.401

闪耀光栅　blazed grating　08.302

闪耀角　blazed angle　08.301

商业发射　commercial launch　10.005

熵层　entropy layer　06.119

熵吞　entropy layer swallowing　06.120

上玻璃釉法　vitreous　13.224

上面级　upper stage　02.013

上面级发动机　upper stage rocket engine, upper stage rocket motor　04.019

梢根比　taper ratio　06.302

烧结式镉镍蓄电池　sintered type cadmium-nickel battery　09.019

烧蚀　ablation　06.272

烧蚀材料　ablative material, ablator　12.020

烧蚀防热　ablative thermal protection　03.365

烧蚀防热材料　thermal-protect ablation material　12.023

烧蚀厚度　recession thickness, ablation thickness　03.367

烧蚀率　ablating rate　12.021

烧蚀耦合计算　ablation coupling calculation　06.366

烧蚀速度传感器　ablation rate transducer　06.651

烧蚀图像　ablation pattern　06.274

少烟推进剂　reduced smoke propellant　04.111

设备状态参数　equipment status parameter　07.203

设计极限载荷　design limit load　02.104

设计评审　design review　18.037

设计剖面　design profile　14.288

设计输出　design output　11.026

设计输入　design input　11.025

设计载荷　design load　14.028

设计载荷试验　design load test　14.092

设计贮存期　designed storage life　12.379

社会隔绝　social isolation　11.156

射程关机　range cutoff　10.249

射电辐射　radio emission　14.378

射频　radio frequency　08.017

射频敏感器　radio frequency sensor　05.448

射频转接塔　RF transform tower　10.313

X射线辐射　X-ray radiation　14.390

X射线光刻　X-ray lithography　13.384

X射线探伤厂房　X-ray detection building　10.288

射线透照检查　radiographic inspection　13.412

*射向　launching direction　10.118

摄动　perturbation　03.200

摄动计算　perturbation calculation　07.151

摄影测量　photogrammetry　15.122

摄影测量坐标系　photogrammetric coordinate system

失效率　failure rate　18.137

失效模式　failure mode　18.147

失效模式、影响与危害度分析　failure mode, effect and criticality analysis, FMECA　18.149

失效模式与影响分析　failure mode and effect analysis, FMEA　18.148

失效影响　failure effect　18.154

失重　weightlessness　14.666

失重对抗措施　weightlessness countermeasures　11.134

失重仿真　weightlessness simulation　11.128

失重仿真试验　weightlessness simulation test　14.676

失重生理效应　weightlessness physiological effect　11.109

失重试验飞机　parabolic flight test aircraft　11.400

施特鲁哈尔数　Strouhal number　06.096

湿度控制　humidity control　11.332

湿法缠绕　wet winding　13.356

湿热试验　humidity-heat test　14.364

湿热效应　hydrothermal effect　12.275

石墨　graphite　12.235

石墨电阻加热器　graphite resistance heater　06.529

石墨防热材料　thermal protection graphite material　12.018

石墨化　graphitization　13.248

石墨铝复合材料　aluminum graphite composite　12.069

石墨密封环　graphite-seal ring　12.240

石英摆式加速度计　quartz pendulous accelerometer　05.145

石英玻璃　quartz glass　12.078

石英陶瓷　quartz-ceramics　12.077

时串　time series　10.224

时分多路传输遥测系统　time division multiplex telemetry system　02.264

时分制多路遥测　time division multiplexing telemetry　07.610

时间程序指令　time-program command　07.468

时间带宽[乘]积　time-bandwidth product, BT [product]　08.585

时间分辨率　time resolution　08.295

时间关机　time shutdown　02.071

时间基准系统　time reference system　07.570

时间历程　time history　14.239

时间历程复现　time history duplication　14.243

＊BCD时间码　binary coded decimal time code, BCD time code　07.576

时间频率测量　time and frequency measurement　15.068

时间统一系统　timing system　07.556

时间相关法　time-dependent method　06.373

时间修正　time correction　07.141

时间选择　time selection　16.200

时间延迟积分器件　time delay integration device, TDI device　08.384

时间引信　time fuze　16.049

＊时统　timing system　07.556

时统分站　timing substation　07.578

时统设备　timing equipment　07.579

时统信号控制台　timing signal control panel　07.583

时统中心站　center timing station　07.577

时效[处理]　aging　13.171

时效裂纹　aging crack　12.315

时序　time sequence　10.222

时延修正　time delay correction　07.582

识别字副帧同步　identification subframe synchronization, ID subframe synchronization　07.666

实测弹道　measured trajectory　07.170

实际曝光时间　real exposure time　08.226

实况记录　document recording　07.018

实况记录系统　live recording system　07.262

实时操作软件　real-time operation software　07.495

实时测量　real-time measurement　15.112

实时处理计算机　real-time processing computer　07.483

实时处理精度　real-time processing accuracy　07.158

实时打印　real-time print　07.181

实时弹道计算　real-time ballistic calculation　07.168

实时弹道相机　real-time ballistic camera　07.247

实时分析　real-time analysis　14.218

实时记录　real-time recording　07.180

实时留迹记录　real-time track recording　07.204

收缩段　contraction section　06.477

收缩激波管　converging shock tube　06.465

手动测试　manual test　10.043

手动点火　manual ignition　10.228

手动跟踪　manual tracking　07.294

手动机械天平　hand operated mechanobalance
　　06.676

手动截止阀　manual shutoff valve　11.281

手动模式　manual mode　17.064

手工焊　manual welding　13.331

手工数据输入编程　manual data input programming
　　17.051

手糊成形　hand lay-up　13.075

手形爪　gripper　17.025

守时　time keeping　07.585

首区　head area, up range　07.005

＊艏向　heading　05.020

艏摇　yaw motion　07.214

艏摇变形角　yaw deformation angle　07.223

艏摇角　yaw angle　07.217

寿命　lifetime, life　18.168

寿命初期　beginning of lifetime, BOL　09.205

寿命单位　life unit　18.169

寿命末期　end of lifetime, EOL　09.206

寿命剖面　life profile　18.020

寿命试验　life test　18.180

寿命周期　life cycle　18.022

寿命周期费用　life cycle cost　18.023

寿命周期费用分析　life cycle cost analysis　18.024

受控生态生命保障系统　controlled ecological life
　　support system　11.356

受晒因子　percent time in sunlight　03.230

授时　time transfer　07.586

疏松　macroshrinkage　12.341

舒勒调谐　Schuler tuning　05.038

舒勒原理　Schuler principle　05.037

输出步距角　output step size　05.571

输出复位时钟　output reset clock　08.469

输出信号　output signal　08.472

输片机构　transport mechanism　08.303

输片张力控制系统　［film transportation］tensile
　　control mechanism　08.311

输入速率　input rate　05.188

输运性质　transport property　06.076

树脂传递模成形　resin transfer molding　13.076

树脂含量　resin content　12.102

树脂基复合材料　resin matrix composite　12.068

树脂淤积　resin pocket　12.100

＊数传分系统　data transmission subsystem　03.120

＊数管分系统　data handling subsystem　03.123

数据采集　data acquisition　14.217

数据采集系统　data acquisition system　14.247

数据处理系统　data processing system　07.064

数据传输分系统　data transmission subsystem
　　03.120

数据传输速率　data transmission rate　07.551

数据传输系统　data transmission systems
　　07.533

数据电路　data circuit　07.541

数据分组交换网　data packet switching network
　　07.535

数据复用器　data multiplexer　07.547

数据管理分系统　data handling subsystem　03.123

数据合理性检验　data reasonableness test　07.164

数据交换中心　data exchange center　07.042

数据链路　data link　07.540

数据滤波　data filtering　07.166

数据率　data rate　08.460

数据平滑　data smoothing　07.167

数据收集分系统　data collection subsystem　03.104

数据通信　data communication　07.532

数据修正　data correction　06.770

数据压缩　data compression　08.488

数据预处理　data pre-processing　07.137

数据中继卫星　data relay satellite　03.042

数据终端设备　data terminal equipment, DTE
　　07.544

数据注入　data loading, data injection　07.461

数据综合处理　synthetic data processing　07.156

数控加工　numerical control machining　13.012

数模转换　digital to analogy conversion　08.487

数字处理器　digital processor　08.503

数字传输　digital communication　08.484

数字电路终接设备　data circuit terminating equip-
　　ment, DCTE　07.545

数字电视系统　digital television system　07.592

数字仿真 digital simulation 08.486

数字复用 digital multiplexing 07.548

数字复用设备 digital multiplex equipment 07.549

*数字化 quantization, digitization 08.483

数字滤波器 digital filter 05.364

数字式测量仪器 digital measuring instrument 15.177

数字式多谱段扫描仪 digital multi-spectral scanner 08.117

数字式太阳敏感器 digital sun sensor 05.433

数字数据传输网 digital data transmission network 07.536

数字图像 digital image 08.485

数字图像处理系统 digital image processing system 08.492

数字微波通信系统 digital microwave communication system 07.601

数字显示 numeric display 07.706

数字线性调频[脉冲] digital chirp 08.583

数字引导 digital designation 07.391

双倍密度记录 double-density recording 07.694

双边极限环 two side limit cycle 05.359

双层网格防护屏 mesh double bumper shield 14.540

双工管理程序 duplex management program 07.500

双工计算机系统 duplex computer system 07.486

双回路风洞 double return wind tunnel 06.438

双基推进剂 double-base propellant, DB propellant 04.097

双框架飞轮 double gimbaled flywheel 05.536

双马[来酰亚胺]树脂 bismaleimide resin, BMI resin 12.057

双模式火箭发动机 dual mode rocket engine 04.045

双模式推进系统 dual mode propulsion system 05.502

双频测速仪 dual frequency range rate instrumentation 07.401

双曲面 hyperboloid surface 08.455

双试验段风洞 duplex wind tunnel 06.439

双通道光学引信 bichannel optical fuze 16.043

双推力火箭发动机 dual thrust rocket motor 04.030

双向测速 two-way range rate measurement 07.402

双向反射比因子 bi-directional reflection factor 08.090

双向载波捕获时间 two-way carrier acquisition time 07.416

双星定位卫星 dual-positioning satellite 03.057

双轴速率陀螺仪 double axis rate gyro 05.122

双轴稳定平台 two-axis stable platform 05.063

双自旋稳定 dual spin stabilization 05.305

双自旋姿态控制系统 dual spin attitude control system 05.318

双组元喷嘴 two-component injector element 04.270

双组元推进剂 bipropellant 04.090

双组元[推进剂]火箭发动机 bipropellant rocket engine 04.047

双组元推进系统 bipropellant propulsion system 05.490

水槽 water channel 06.401

水洞 water tunnel 06.400

水分离器 water separator 11.312

水分配器 water dispenser 11.317

水管理系统 water management system 11.315

水过滤器 water filter 11.320

水浸仿真试验 water-immersion simulation test 14.686

水净化器 water sublimator 11.306

水冷却应变天平 water cooled strain gauge balance 06.686

水面溅落 splashing 03.376

水平测试 horizontal test 10.055

水平测试工作梯 horizontal checking ladder 10.418

水平发射 horizontal launch 10.111

[水平]滑台 [horizontal] slip table 14.307

水平基准 horizontal reference 07.229

水平极化 horizontal polarization 08.532

水平取齐 horizontal alignment 07.227

水平陀螺仪 horizontal gyro 05.136

水平整体运输 integral horizontal transportation 10.096

水下弹道测量 underwater ballistic measurement 07.235

水下摄影机　underwater camera　07.249

水星　Mercury　01.009

水星地质　geology of Mercury　01.123

水压引信　hydrostatic fuze　16.041

水再生技术　water regeneration technique　11.350

水蒸发器　water evaporator　11.309

水柱测量雷达　water column instrumentation radar　07.236

水准器　bubble level　10.557

顺行轨道　progressive orbit　03.190

顺序测试　sequence testing　15.226

顺压梯度　favorable pressure gradient　06.039

瞬变工况　transient operating condition　14.585

瞬变热流法　transient heat flux method　14.582

瞬时根数　transient elements　03.212

瞬时故障　transient fault　18.196

瞬时流量　instant flow rate　10.200

瞬时热状态　transient thermal behavior　03.267

瞬时视场　instantaneous field of view, IFOV　05.469

瞬时效应　transient effect　14.476

瞬态表面温度探头　transient surface temperature probe　14.112

瞬态测量　instantaneous measurement　15.111

瞬态冲击试验　transient shock test　14.350

瞬态振动　transient vibration　14.154

瞬态振动环境　transient vibration environment　14.292

瞬态中子　instantaneous neutron　14.467

＊瞬稳　short-term frequency stability　07.566

丝带式转子组件　filament rotor assembly　05.540

丝网印刷　screen printing　13.013

斯坦顿数　Stanton number, St　06.093

斯特林致冷器　Stirling refrigerator　03.279

死区　dead band, dead zone　15.206

四分之一轨道耦合　1/4 orbit coupling, quarter orbit coupling　05.332

四极质谱仪　quadruple mass-spectrometer　14.633

＊四框架平台　four-axis platform　05.065

四线扬声　four wire loudspeaking　07.531

四向碳–碳　4-directional C/C　12.027

四氧化二氮铁路运输车　nitrogen tetroxide railway tank transporter　10.399

四轴平台　four-axis platform　05.065

伺服步距角　servo step size　05.572

伺服机构　servomechanism　02.262

伺服试验　servo test　05.226

伺服系统测试仪　servomechanism tester　15.257

伺服转台　servo table　05.230

搜索　search　10.241

搜索功能　search function　17.061

速变参数　fast varying parameter, parameter requiring high response　02.271

速度场　velocity field　06.052

速度导纳　mobility　14.200

速度分布　velocity distribution　06.051

速度关机　velocity cutoff　10.250

速度均匀性　velocity uniformity　06.558

速度控制范围　speed control range　05.553

速度模糊　velocity ambiguity　16.097

速度剖面　velocity profile　06.053

速度势　velocity potential　06.041

速度阻滞　speed deceleration　06.267

速度坐标系　velocity coordinate system　06.182

速高比　velocity to height ratio　08.173

速高比计　velocity to height meter　08.174

速率积分陀螺仪　rate integrating gyro　05.120

速率捷联式惯性制导系统　rate strap-down inertial guidance system　05.029

速率转台　rate table　05.229

速率阻尼　rate damping　05.315

塑料　plastic　12.041

塑性　plasticity　12.306

塑性区尺寸　plastic zone size　14.061

溯源性　traceability　15.005

酸洗　[acid] pickling, dipping　13.183

酸性电池　acid battery　09.014

酸值　acid value　12.357

随船工程师　mission engineer　11.019

随船医生　mission doctor　11.020

随动跟踪　servo tracking　07.303

＊随机码测距　pseudorandom code ranging　07.421

随机码引信　random code fuze　16.031

随机漂移率　random drift rate　05.216

随机谱　random spectrum　14.246

随机误差　random error　15.150

随机游动角　random walk angle　05.217

T

太阳辐射压干扰力矩 solar radiation disturbance torque 05.384

* 太阳辐照度 global irradiance, solar global irradiance 09.222

太阳高度 solar altitude 08.171

太阳高度角 solar elevation 08.172

太阳跟踪器 sun tracker 05.438

太阳光伏能源系统 solar photovoltaic energy system 09.223

太阳光谱 solar spectrum 08.039

太阳光谱辐照度 solar spectrum irradiancy 08.040

太阳黑子 sunspot 14.381

太阳红外辐射 solar infrared radiation 14.376

太阳活动性 solar activity 14.382

太阳角 sun angle 05.407

太阳可见光辐射 solar visible radiation 14.375

太阳粒子辐射 solar particle radiation 14.408

太阳粒子事件 solar particle event 14.411

太阳敏感器 sun sensor 05.431

太阳能推进 solar propulsion 04.005

太阳射电辐射 solar radio emission 14.377

太阳 X 射线 solar X-ray 14.373

太阳视直径 solar apparent diameter 05.482

太阳同步保持 sun-synchronous keeping 07.035

太阳同步轨道 sun-synchronous orbit 03.169

太阳同步轨道卫星 sun-synchronous orbit satellite 03.049

太阳吸收率 solar absorptance 03.263

太阳系 solar system 01.004

太阳系化学 chemistry of the solar system 01.120

太阳耀斑 solar flare 14.380

太阳耀斑质子 solar flare proton 14.413

太阳宇宙线 solar cosmic ray 14.409

太阳指向三轴稳定 sun-pointing three-axis stabilization 05.302

太阳质子事件 solar proton event 14.412

太阳紫外辐射 solar ultraviolet radiation 14.374

钛钒合金 titanium vanadium alloy 12.206

钛合金 titanium alloy 12.203

钛基复合材料 titanium matrix composite 12.067

钛铝钒合金 titanium aluminum vanadium alloy 12.205

钛铝合金 titanium aluminum alloy 12.204

弹簧分离机构 spring separation device 02.192

弹簧口盖 spring cover 02.224

弹簧片式加速度计 plate spring accelerometer 05.144

弹射回收 ejecting recovery 03.373

弹射机构 ejection mechanism 02.202

弹射加速度 ejection acceleration 11.250

弹射救生 ejection survival 11.249

弹射逃逸 eject escape 10.239

弹射座舱 ejection-capsule 03.413

弹射座椅 ejection-seat 03.412

弹塑性断裂力学 elastic-plastic fracture mechanics 14.069

弹性 elasticity 12.299

弹性极限 elastic limit 14.024

弹性模量 modulus of elasticity 12.300

探测率 detectivity 08.402

探测器 detector 08.381

探测器量子效率 detective quantum efficiency, DQE 08.405

探测器一致性 detector conformity 08.399

探测器驻留时间 dwell time of detector 08.600

探测时间常数 time constant of detector 08.401

探测元件 detective cell 08.382

探空火箭试验 sounding rocket test 14.684

碳氮共渗 carbonitriding 13.156

碳化硅-碳化硅复合材料 silicon carbide fiber reinforced silicon carbide matrix composite, SiC/SiC 12.083

碳石墨耐磨材料 wear resistance carbon-graphite material 12.241

碳-碳复合材料 carbon-carbon composite 12.014

碳-碳化硅复合材料 carbon fiber reinforced silicon carbide matrix composite 12.015

碳纤维复合材料 carbon fiber composite material 12.074

镗削 boring 13.119

逃逸 escape 03.407

逃逸参数注入 escape data injection 10.235

逃逸舱 escape capsule 03.421

逃逸飞行器 escape vehicle 03.414

逃逸告警 escape warning 10.237

逃逸火箭 escape rocket 03.415

逃逸火箭发动机 escape rocket motor 04.027

逃逸塔 escape tower 03.416

逃逸塔落区 impact area of escape tower 10.366

逃逸塔装配测试厂房 escape tower assembly and test building 10.276

陶瓷防热瓦 ceramic insulation tile 12.017

陶瓷基复合材料 fiber reinforced ceramic composite 12.075

陶瓷密封环 ceramic-seal ring 12.079

*套装 adhesive joint assembly 12.032

*特燃区 special fuel storage zone 10.356

特殊功能选拔 special function selection 11.043

特殊燃料贮存区 special fuel storage zone 10.356

特殊摄动 special perturbation 03.207

特型喷管 contoured nozzle 04.304

特性试验 characteristic test 14.177

特性指标 performance index 12.365

特许件 waiver 18.101

特因耐力选拔 specific factor tolerance selection 11.044

特征长度 characteristic length 06.287

特征速度 characteristic velocity 04.191

特征速度因子 correction factor for characteristic velocity 04.193

特征线法 method of characteristics 06.378

特种加工 non-traditional machining 13.011

梯度功能材料 function-graded material 12.138

体充电 bulk charging 14.489

体积电阻 volume electrical resistance 12.349

体积力 body force 14.007

体积装填分数 volumetric loading fraction 04.199

体目标效应 extended target effect 16.099

体能训练 physical fitness training 11.064

体散射 volume scattering 08.553

体涡 body vortex 06.141

体液沸腾 ebullism 11.154

体液转移 body fluid shift 11.116

体轴坐标系 body-axis coordinate system 06.181

剃齿 [gear] shaving 13.121

替代测量方法 substitution method of measurement 15.125

替代件 substitute parts 18.102

天底点 nadir 08.568

天底偏角 off-nadir angle, angle of view from nadir 08.569

天地对接试验 space-ground integrating test 07.124

天–地通信 space-ground communication 11.187

天–地通信系统 space-ground communication system 07.604

天电干扰 atmospheric interference 08.063

天空喇叭 sky horn 08.602

天平 balance 06.667

天平不回零性 balance character of non-return to zero 06.700

天平测力 aerodynamic balance measuring 06.599

天平动 libration 05.313

天平动校[准] dynamic calibration of balance 06.706

天平动阻尼 libration damping 05.314

天平干扰 interaction of balance system 06.710

天平校准参考中心 calibration center of balance 06.713

天平静校[准] static calibration of balance 06.702

天平力矩参考中心 moment reference center of balance 06.712

天平组测力 balances measuring 06.600

天平坐标系 balance axis system 06.184

*天然时效 seasoning 13.174

天然稳定化处理 seasoning 13.174

天王星 Uranus 01.014

天文–惯性组合导航 celestial-inertial integrated navigation 05.010

天文–惯性组合制导 celestial-inertial integrated guidance 05.009

天文卫星 astronomy satellite 03.015

天线安装角 antenna setting angle 07.090

天线窗防热盖板 antenna window thermal shielded cover plate 12.013

天线单元 antenna element 07.365

天线电缆耦合测量 antenna cable coupling measurement 15.084

天线电子消旋 electronic despin for antenna 05.371

天线定向机构 antenna pointing mechanism 05.566

天线定向系统 antenna pointing system, APS 05.565

天线方向[性]图 antenna pattern 07.088

天线方向[性]图设计 antenna pattern design 07.089

天线机械消旋 mechanical despin for antenna 05.370

天线视角 antenna look angle 07.232

天线温度 antenna temperature 08.564

天象仪 planetarium 11.397

添加剂 additive 12.369

添加剂法 additive method 06.743

田谐系数 tesseral harmonic coefficient 03.215

填充因数 fill factor, curve factor 09.174

条图显示 bar chart display 07.705

调宽调频控制 pulse width-pulse frequency modulation control 05.415

调频边带引信 frequency modulation sideband fuze, FM sideband fuze 16.022

调频测距引信 frequency modulation ranging fuze, FM ranging fuze 16.021

调频记录 frequency modulation recording, FM recording 07.697

调频无线电引信 frequency modulation radio fuze, FM radio fuze 16.020

调平误差 leveling error 05.211

调试 debugging 13.397

调谐速度 tuned speed 05.200

调压阀 pressure regulating valve 06.523

调整 adjustment 15.050

调制传递函数 modulation transfer function, MTF 08.279

调制解调器 modem 07.546

调制速率 modulation rate 07.552

调质 quenching and tempering 13.167

调准 alignment 15.049

*调姿 attitude maneuver 07.030

跳伞训练 jumper training 11.076

贴体坐标系 body-fitted coordinate system 06.382

铁基合金 iron based alloy 12.179

铁路平板车 railway platform truck 10.382

铁路运输车 rail transporter 10.379

铁路支架车 rail carriage 10.381

铁路转运 railway transfer 10.105

听觉告警 auditory warning 11.201

听觉阈 hearing threshold 11.199

停泊测量 measurement during mooring 07.206

停泊轨道 parking orbit 03.164

*停机时间 down time 18.053

停止 stop 17.066

通播 public address, broadcast 07.522

[通道]交叉耦合 cross coupling 05.279

通风服 ventilation garment 11.206

通风净化系统 air ventilation and purification system 11.293

通量 flux 14.430

通气模型 ventilating model 06.570

*通视 line of sight 07.099

通信分系统 communication subsystem 03.106

通信控制处理机 communication control processor 07.490

通信网管理系统 communication network management system 07.605

通信卫星 communication satellite 03.039

通信协议 communication protocol 07.534

通信站 communication station 07.512

通信中心 communication center 07.511

通信转发器 communications transponder 03.108

通用测试设备 general test facility 10.510

同步 synchronization 07.554

同步高速摄影机 synchronous high-speed camera 07.253

同步检波 synchronous detection 08.605

同步检波器 synchronous detector 08.601

同步控制器 synchronous controller 05.409

同步器 synchro 05.080

同步时间 synchronization time 05.194

同步陀螺电机 synchronous gyro motor 05.159

同源校准 same source calibration 07.647

同质结太阳电池 homojunction solar cell 09.135

同轴开槽天线 slotted coaxial antenna 16.183

同轴式喷注器 concentric tube injector 04.262

同轴投影系统 on-axis projection system 14.620

铜合金 copper alloy 12.199

铜镍合金 copper nickel alloy 12.202

统计误差 statistical error 14.236

统计自由度 statistical degrees of freedom 14.237

统一S波段 unified S-band, USB 02.281

统一 S 波段测控系统　USB tracking telemetering and control system　02.282

统一推进系统　unified propulsion system, integrated propulsion system　05.501

筒形变薄旋压　tube spinning, tube flow forming　13.062

头低位倾斜　head down tilt, HDT　11.132

头高位倾斜　head up tilt, HUT　11.133

投放试验　jettison testing　06.617

投入运行　commissioning　17.012

透波材料　electromagnetic wave transparent material　12.140

透镜　lens　08.185

透明工作方式　transparent operation mode　07.385

透射比　transmittance　08.092

透射率　transmissivity　08.091

透射密度　transmissive density　08.093

图像处理　image processing　08.500

图像放大　image magnification, zoom　08.512

图像判读　photo interpretation　08.496

CCD 图像切换仪　CCD image sequential switcher　10.550

图像识别　image recognition　08.507

图像数据压缩　image data compression　08.489

图像通信系统　image communication system　07.589

图像退化　image degradation　08.508

*［图像］细化　image magnification, zoom　08.512

CCD 图像显示仪　CCD image display instrument　10.549

图像镶嵌　image mosaic　08.511

图像增强　image enhancement　08.509

［图］像质［量］　image quality　08.506

涂层　coating　12.116

涂层退化　coating degradation　12.119

涂层污染　coating contamination　12.118

［涂层］吸收发射比　ratio of solar absorptance to emittance, α/ε　03.265

涂层性能　property of coating　12.117

*涂覆　coating　13.230

涂装　painting　13.241

土星　Saturn　01.012

湍流　turbulent flow　06.047

湍流斑　turbulent spot　06.059

湍流边界层　turbulent boundary layer　06.049

湍流度　turbulence　06.103

湍流分离　turbulent separation　06.067

湍流管烧蚀试验　ablation testing in turbulence pipe　06.632

湍流模型　turbulence model　06.394

湍流球　turbulence sphere　06.649

湍流数值计算　numerical computation of turbulent flow　06.392

推导式质量计　extract type mass fluxmeter　06.657

推进舱　propulsion module　03.083

推进分系统　propulsion subsystem　03.130

推进剂　propellant　02.235

推进剂方坯　propellant block　04.282

推进剂供应系统　propellant feed system　04.054

推进剂管理系统　propellant management system, propellant control system　04.070

推进剂管理装置　propellant management device　04.361

推进剂和材料相容性　material compatibility with propellants　02.238

推进剂化验　propellant chemical analysis　10.148

推进剂混合比　propellant mixture ratio　04.158

推进剂加泄管　propellant fill-drain lines　10.460

推进剂加注流量　propellant loading flow rate　10.160

推进剂加注流速　propellant loading flow velocity　10.161

推进剂加注设备　propellant loading equipment　10.458

推进剂加注温度　propellant loading temperature　10.459

推进剂利用系统　propellant utilization system, PUS　04.071

推进剂流量　propellant flow rate　04.159

推进剂燃烧时间　propellant burning time　04.173

推进剂燃烧速率　propellant burning rate　04.206

*推进剂燃速　propellant burning rate　04.206

*推进剂输送系统　propellant feed system　04.054

推进剂药柱　propellant grain　04.281

推进剂液面传感器　propellant level transducer　10.439

推进剂液面指示器 propellant level indicator 10.440

推进剂增压系统 propellant pressurization system 04.072

推进剂蒸发 propellant evaporation 10.157

推进剂贮存库 propellant storage depot 10.311

推进剂贮箱 propellant tank 02.157

推进剂转注间 propellant transfusing room 10.347

推进系统 propulsion system 02.003

推力 thrust 05.521

推力标定 thrust calibration 05.411

推力器 thruster, jet 05.503

推力矢量控制 thrust vector control, TVC 04.163

推力室 thrust chamber 04.250

推力室比冲 thrust chamber specific impulse 04.137

推力室阀 thrust chamber valve 05.512

推力室混合比 thrust chamber mixture ratio 04.156

推力室面积收缩比 thrust chamber area contraction ratio 04.196

推力室推力 chamber thrust 04.130

推力调节器 thrust regulator 04.351

推力系数 thrust coefficient 04.132

推力系数因子 correction factor for thrust coefficient, thrust coefficient 04.133

推力线横移 thrust line eccentricity 04.327

推力线偏斜 thrust line deviation 04.328

推力线调整 thrust line adjustment 10.234

推[力]质[量]比 thrust-mass ratio, thrust to mass ratio 02.041

推力终止 thrust termination 04.162

推力终止时间 thrust termination time 04.174

推力终止压强 thrust termination pressure 04.188

推扫 push broom 08.424

退磁 demagnetization 14.662

退火 annealing 13.159

脱靶点 miss point 16.110

脱靶方向 miss direction 16.112

脱靶量 miss distance 16.111

脱层 delamination 12.096

脱落插头 umbilical plug 02.184

脱落插座 umbilical socket 02.185

脱落电连接器 umbilical connector 03.309

脱黏 debonding 04.283

脱体激波 detached shock wave 06.116

脱体涡 body-shedding vortex 06.136

陀螺电机 gyro motor 05.158

陀螺电机工作电流 operating current of gyro motor 05.196

陀螺力矩 gyro torque 05.112

*陀螺罗经 gyrocompass 05.233

陀螺罗盘 gyrocompass 05.233

陀螺罗盘对准 gyrocompass alignment 05.031

[陀螺]漂移不定性 uncertainty of gyro drift 05.213

陀螺输出轴 output axis of gyro 05.180

陀螺输入轴 input axis of gyro 05.179

陀螺体 gyrostat 05.400

陀螺效应 gyro effect 05.115

陀螺[仪] gyro, gyroscope 05.108

陀螺转子 gyro rotor 05.157

陀螺自转轴 spin axis of gyro 05.178

陀螺坐标系 gyro coordinate system 05.056

椭球面 ellipsoid surface 08.456

椭圆形截面风洞 elliptic wind tunnel 06.442

W

蛙跳式涡 leap-frogging of vortice 06.139

外部测试设备 external test facility 10.513

*外测 exterior trajectory measurement 07.025

外测数据处理 tracking data processing 07.154

外测体制 tracking system 07.329

*外测系统 exterior trajectory measurement system, trajectory tracking system, exterior ballistic measuring system 07.058

外测信息 metric information 07.159

外测[信息]仿真 tracking [information] simulation 07.128

*外层空间 space, outer space 01.001

外弹道测量 exterior trajectory measurement 07.025

外弹道测量系统 exterior trajectory measurement sys-

卫星仿真负载　satellite simulation load　03.307

卫星仿真器　satellite simulator　07.125

卫星放电　satellite discharging　14.487

卫星分系统　satellite subsystem　03.101

卫星分系统电性能测试　electrical property test of satellite subsystem　03.288

卫星分系统设计　satellite subsystem design　03.102

卫星工程　satellite engineering　03.010

卫星工作寿命　satellite operating lifetime　03.155

卫星功率特性　satellite power characteristic　03.134

卫星构形　satellite configuration　03.131

卫星观测系统　satellite observatories　08.098

卫星广播　satellite broadcasting　01.091

卫星轨道高度　satellite orbital altitude　03.157

卫星轨道寿命　satellite orbital lifetime　03.156

卫星海洋监视　satellite ocean surveillance　01.096

卫星环境　satellite environment　14.255

卫星基频　satellite fundamental frequency　03.136

卫星加注厂房　satellite loading building　10.278

卫星链路　satellite link　03.239

卫星密封容器吊具　satellite sealed container hoisting tool, satellite sealed container sling　10.429

卫星面积质量比　satellite area-mass ratio　03.135

卫星模装　satellite mock up　03.137

卫星配重　satellite counterweight　03.142

卫星平台　satellite platform　03.073

卫星普查　satellite area monitoring　01.098

卫星气象观测　satellite meteorological observation　01.095

卫星热平衡试验　thermal balancing test of satellite　03.280

卫星热设计　satellite thermal design　03.252

卫星热真空试验　satellite thermal vacuum test　03.283

卫星设备连接　satellite equipment connecting　03.139

卫星设计寿命　satellite design lifetime　03.154

卫星摄影　satellite photography　08.165

卫星蚀　satellite eclipse　03.231

卫星搜索与救援　satellite search and rescue　03.248

卫星停放平台　satellite stand　10.408

卫星通信　satellite communication　01.090

卫星同步控制器　satellite synchronous controller　07.453

卫星系统测试软件　satellite system test software　03.290

卫星系统工程　satellite system engineering　03.011

卫星系统软件　satellite system software　03.289

＊卫星消旋装置　yo-yo device　05.369

卫星信息流　satellite information flow　03.140

卫星星历表　satellite ephemeris　03.163

卫星星座　satellite constellation　07.070

卫星遥测　satellite telemetry　07.622

卫星遥感　satellite remote sensing　08.001

卫星遥感系统　satellite remote sensing system　08.095

卫星应用　satellite application　01.087

卫星运行程序　satellite operation program　03.145

卫星在轨测试交付可靠度　reliability of satellite in orbit test　18.129

卫星整流罩　satellite fairing　02.156

卫星质量特性　satellite mass characteristic　03.133

卫星专用测试设备　special checkout equipment for satellite, SCOE　03.305

卫星转运　satellite transfer　10.102

卫星装配测试厂房　satellite assembly and test building　10.282

卫星姿态　satellite attitude　03.318

卫星自主导航　autonomous navigation of satellite　07.071

卫星自主性　satellite autonomy　07.069

卫星综合控制台　general console for satellite　03.311

卫星总测设备　overall checkout equipment for satellite, OCOE　03.304

卫星总体布局　satellite general layout　03.132

卫星总体设计　satellite system design, satellite overall design　03.098

卫星总装　satellite assembly　03.138

未修正结果　uncorrected result　15.134

位移导纳　receptance　14.199

＊位置保持　station keeping　05.244

位置保持窗口　station keeping window　07.087

位置捷联式惯性制导系统　position strap-down inertial guidance system　05.028

位置试验　position test　05.223
位置增益　position gain　05.343
位姿　pose　17.034
位姿超调量　pose overshoot　17.082
位姿重复精度　pose repeatability　17.080
位姿到位姿控制　pose to pose control　17.055
位姿精度　pose accuracy　17.079
位姿精度漂移　drift of pose accuracy　17.083
位姿稳态时间　pose stabilization time　17.081
温备份　warm spare　18.209
温差发电器　thermoelectric power generator　09.233
温度边界层　thermal boundary layer　06.072
温度场　temperature field　14.118
温度冲击试验　temperature shock test　14.360
温度分辨率　temperature resolution　08.296
温度恢复系数　temperature recovery coefficient　14.117
温度控制　temperature control　11.331
*温度控制板　temperature controlled panel　14.614
温度控制屏　temperature controlled shroud　14.614
温度效应　temperature effect　06.646
温度循环　temperature cycle　14.592
温度循环试验　temperature cycling test　14.361
温度与湿度控制系统　temperature and humidity control system　11.302
温度自补偿　temperature self-compensation　06.647
温控阀　temperature control valve　11.310
温控涂层　thermal control coating　12.126
温起动　warm start　05.515
文丘里管　Venturi tube　06.650
纹影干涉仪　schlieren-interferometer　06.754
纹影仪　schlieren system　06.750
稳定段　settling chamber　06.474
稳定跟踪距离　stable tracking range　07.397
稳定化处理　stabilizing treatment, stabilizing　13.170
稳定剂　stabilizer　12.366
稳定平台　stable platform　05.060
稳定热状态　steady thermal state　03.266
稳定系统测试　stabilization system test　10.210
稳定下降　steady-state descent　03.385
稳定性测试　stability test　13.398

稳态比冲　steady-state specific impulse　04.143
稳态测量　steady state measurement　15.110
稳态功耗　steady state power consumption　05.554
稳态寿命　steady state life　05.519
稳态太阳仿真器　steady solar simulator　09.229
稳态振动　steady-state vibration　14.153
问题　problem　18.108
问题分析　problem analysis　18.109
问题趋势分析　problem trend analysis　18.111
*涡　vortex　06.123
涡格法　vortex lattice method　06.353
涡管　vortex tube　06.128
涡核　vortex core　06.126
涡量　vorticity　06.125
*涡流发生器　vortex generator　06.318
涡流检测　eddy current testing　13.413
涡流式力矩器　eddy current torquer　05.166
涡轮泵　turbopump　04.338
涡轮泵比功率　turbopump power density　04.222
涡轮泵系统循环效率　turbopump system cycle efficiency　04.237
涡轮功率　turbine power　04.221
涡轮效率　turbine efficiency　04.223
涡轮压比　turbine pressure ratio　04.224
涡轮转速　turbine speed　04.220
涡破裂　vortex bursting　06.130
涡升力　vortex lift　06.220
涡声　vortex sound　06.142
涡丝　vortex filament　06.129
涡线　vortex line　06.127
涡旋　vortex　06.123
涡旋发生器　vortex generator　06.318
沃尔什遥测　Walsh telemetry　07.613
卧床实验　bed rest experiment　11.129
卧床实验设备　bed rest experiment facilities　11.391
污染等级　class of contamination　14.573
污水处理站　sewage treatment station　10.353
钨极惰性气体保护焊　gas tungsten arc welding, GTAW　13.309
钨极脉冲氩弧焊　argon tungsten pulsed arc welding　13.310
无冒口铸造　head-free casting　13.030

无模糊作用距离 un-ambiguity operating range 07.396

无喷管固体火箭发动机 nozzleless solid rocket motor 04.032

无破碎侵彻 no-disruptive penetration 14.538

无人航天器 unmanned spacecraft 11.003

无刷直流力矩电机 brushless DC torque motor 05.084

无损检验 nondestructive inspection, nondestructive testing 13.404

无损探伤 nondestructive flaw detection 13.407

无尾布局 tailless configuration 06.281

无线电测量 radio measurement 15.067

*无线电测量系统 radio tracking system 07.060

无线电传输型侦察卫星 radio transmission reconnaissance satellite 03.031

无线电干涉仪 radio interferometer 07.378

无线电跟踪系统 radio tracking system 07.060

无线电集群通信系统 radio aggregation communication system 07.603

无线电静默 radio silence 10.085

无线电信标机 radio beacon 03.400

无线电遥测 radio telemetry 07.608

无线电遥控 radio telecommand 07.442

无线电引信 radio fuze 16.010

无线电制导 radio guidance 02.243

无线校零 radio zero calibration 07.428

无心磨削 centerless grinding 13.109

无烟推进剂 smokeless propellant 04.113

无油抽气系统 oil-free pumping system 14.600

*无源微波遥感 passive microwave remote sensing 08.133

五孔探头 five holes probe 06.659

坞内标校 calibration in dock 07.226

物理气相沉积 physical vapor deposition, PVD 13.194

误爆概率 wrong burst probability 02.294

误差补偿 error compensation 02.254

误差传播 error propagation 07.101

误差分离 error separation 02.253

误差模型 error model 07.149

误差模型辨识 error model identification 07.148

误差特性统计 error characteristic statistics 07.145

误码测试仪 bit error tester 07.681

误码率 bit error ratio 07.553

误指令 error command 07.477

误指令概率 error command probability 07.478

误字率 word-error ratio 07.654

雾化喷射沉积 spray atomization and deposition 13.196

X

吸波材料电磁特性测量 EM characteristics measurement of wave-absorption materials 15.093

吸波室 anechoic chamber 14.656

吸气阻力 inspiratory resistance 11.285

吸收 absorption 08.080

吸收波段 absorption bands 08.082

吸收发射比 absorption-emissivity ratio 08.084

吸收光谱 absorption spectrum 08.021

吸收剂 absorbent 12.227

吸收率 absorptivity, absorptance, specific absorption 08.081

吸收热流法 absorbed heat flux method 14.581

吸收体 absorber 12.228

吸收系数 absorption coefficient 08.083

析像管星敏感器 image dissector tube star sensor, IDT star sensor 05.445

稀薄空气动力学 rarefied aerodynamics 06.005

稀薄气流 rarefied gas flow 06.149

稀释剂 diluent 12.371

稀土[元素]化学热处理 chemical heat treatment with rare earth element 13.132

洗流时差 lag of wash 06.266

洗消间 wash and disinfectant house 10.349

铣槽式推力室 milling fluted thrust chamber 04.255

铣削 milling 13.105

系留试验 captive test 10.003

系统 system 03.095

系统安全性 system safety 11.033

系统捕获时间 system acquisition time 07.412

系统测试　system test　15.227

系统电磁兼容性试验　EMC test of systems　15.095

系统电磁脉冲　system-generated electromagnetic pulse　14.472

系统反应时间　system reaction time　05.043

系统集成　system integration　11.030

系统鉴定　system certification　11.036

系统接口　system interface　11.029

系统可靠性　system reliability　11.032

系统可维修性　system maintainability　11.034

系统联试　system integration test　07.115

系统漂移率　systematic drift rate　05.215

系统评价　system evaluation　11.031

系统设计　system design　02.025

系统试验　system test　11.035

系统误差　systematic error　15.151

系统效能　system effectiveness　18.002

系统性故障　systematic fault　18.199

细编穿刺碳-碳　fine weaving pierced fiber carbon, FWFC-C/C　12.016

细长体理论　slender theory　06.347

细菌过滤器　bacteria filter　11.339

瞎火　dud　16.090

下凹控制　notching control　14.304

*下吹比　blowdown ratio　05.494

*下吹式推进系统　blowdown propulsion system 05.495

下面级　lower stage　02.014

下体负压　lower body negative pressure, LBNP 11.120

下体负压试验　lower body negative pressure test 11.054

下洗　downwash　06.264

下洗修正　downwash correction　06.790

下洗诱导速度　downwash induced velocity　06.265

[先进]柔性防热材料　[advanced] flexible thermal protection material　12.002

[先进]柔性绝热材料　[advanced] flexible insulation material　12.003

纤维　fiber　12.394

纤维缠绕成形　filament winding moulding　13.360

纤维浸润性　fiber wetness　12.398

纤维拉伸强度　tensile strength of fiber　14.076

纤维预处理　pretreatment of fiber　12.399

纤维增强复合材料　fiber reinforced composite 12.072

[纤维]织物　fabric　12.390

闲置包　idle package　07.709

弦宽　chord length　05.461

显路径编程　explicit path programming　17.053

显示方法　display method　06.737

显示式[测量]仪器　displaying [measuring] instrument　15.171

显示仪器　display instrument　06.748

显微裂纹　microscopic crack　12.314

显微组织　microstructure　12.338

现场测量　on-site measurement　15.113

线　thread, string　12.395

线读出　line readout　08.481

线烧蚀率　linear ablative rate　04.335

线性化理论　linearized theory　06.344

线性扫描　linear scanning　07.411

线性扫描率　linear sweep rate　14.297

线性弹性断裂力学　linear elastic fracture mechanics 14.060

线性调频脉冲　chirp　08.582

线阵[列]探测器　linear array detector　08.393

限定空间　restricted space　17.044

限燃层　restrictor　04.286

限制区　restricted area　10.362

限制性三体问题　restricted three-body problem 03.226

相参应答机　coherent transponder　07.434

相对 GPS　relative GPS　05.574

相对测量　relative measurement　15.117

相对辐射定标　relative radiometric calibration 08.442

相对光谱灵敏度　relative spectral sensitivity 09.171

相对光谱响应　relative spectral response　09.168

相对航高　relative flying height　08.170

相对孔径　relative aperture　08.212

相对速度　relative velocity　16.108

相对误差　relative error　15.149

相干　coherent　08.557

相干函数　coherence function　14.230

相干回波　coherent echo　08.538

相干接收　coherent receiving　08.576

相干接收机　coherent receiver　08.577

相干雷达　coherent radar　08.159

相干散射　coherent scattering　08.559

相干载波　coherent carrier　08.558

相干噪声　coherent noise　08.412

相关接收机　correlation receiver　08.578

相容性　compatibility　12.387

相容质量矩阵　compatible mass matrix　14.055

相似参数　similarity parameter　06.405

相似性准则　similarity criterion　06.406

箱间段　inter-tank section　02.174

镶嵌阵列　mosaic array　08.396

详查型侦察卫星　close look reconnaissance satellite　03.033

详细设计　detail design　02.024

响应　response　14.131

响应控制　response control　14.303

响应量子效率　responsive quantum efficiency, RQE　08.406

响应率　responsibility　08.404

响应速度　speed of response　05.345

响应特性　response characteristic　15.200

相变[材料]储热装置　phase change material device　03.270

CCD 相机　CCD camera, charge-coupled device camera　08.124

相机检定主距　calibrated focal length of camera　08.198

相控阵测量雷达　phased array instrumentation radar　07.338

相控阵天线　phased array antenna　07.361

相位传递函数　phase transfer function, PTF　08.280

相位分离　phase separation　14.181

相位共振　phase resonance　14.180

相位检波器　phase detector　08.603

相位历程　phase history　08.607

相位扫描　phase-scanning　07.340

像差　aberration　08.266

像差渐晕　aberration vignetting　08.340

像点　image point　08.322

像幅　frame of image, format　08.219

像面照度　illuminance of image plane　08.256

像片方位元素　orientation element　08.336

像片框标　fiducial mark of the photograph　08.315

*像平面坐标系　photogrammetric coordinate system　08.335

像散　astigmatism　08.274

像移　image motion　08.326

像移补偿　image motion compensation, IMC　08.327

像移补偿畸变　image motion compensation distortion　08.333

像移补偿精度　accuracy of image motion compensation　08.329

像移补偿装置　image motion compensation device　08.328

像元　pixel　08.398

像元分辨率　pixel resolution　08.294

像元复位偏压　pixel reset bias　08.467

像元复位时钟　pixel reset clock　08.468

像元配准　pixel registration　08.297

像主点　principal point　08.323

橡皮成形　rubber pad forming　13.054

橡皮拉深　rubber pad drawing　13.053

消光　extinction　08.254

*消光率　extinction coefficient, extinction index　08.255

消光系数　extinction coefficient, extinction index　08.255

消球差透镜　aspherical lens　08.187

消色差透镜　achromatic lens　08.188

消色体　achromatic body　08.262

消声器　silencer　06.531

消声室　anechoic chamber　14.329

消旋体　despinner　05.401

消漩装置　vortex suppression devices　02.164

消杂光　eliminate stray light　08.249

硝酸酯增塑聚醚推进剂　nitrate ester plasticized polyether propellant, NEPP propellant　04.108

小便收集　urine collection　11.336

小不对称弹头　nose with small asymmetry　06.308

小不对称弹头试验　small asymmetric nose testing　06.622

小幅液体晃动力学 small-amplitude-slosh liquid dynamics 03.430

小环比对 minor loop validation 07.459

小流量加注 low flow rate filling 10.163

小流量加注控制 slow filling control 10.167

小扰动位势方程 small perturbation potential equation 06.333

小时率 hour rate 09.099

小卫星 small satellite 03.050

小行星 minor planet, asteroid 01.016

协调世界时 universal time coordinated 07.574

斜激波 oblique shock wave 06.115

斜距分辨率 slant range resolution 08.588

斜坡烧蚀试验 ramp method of ablation test 06.635

斜切喷管 oblique cut nozzle, nozzle with scarfed exit plane 04.307

谐波 harmonic 14.158

谐振单元 resonant element 08.550

泄漏 leakage 12.358

泄漏率 leakage rate 12.359

泄压 depressurization 10.079

心肺功能检查 cardiovascular and pulmonary function test 11.056

心理精神检查 psycho-psychiatric examination 11.047

心理学选拔 psychological selection 11.046

心理训练 psychological training 11.065

心理应激 psychological stress 11.158

心血管功能检查 cardiovascular function examination 11.057

芯级一级落区 core and first stage impact area 10.365

锌银蓄电池 zinc-silver battery 09.023

新陈代谢 metabolism 11.117

信标捕获时间 beacon acquisition time 07.413

信标机 beacon 07.438

信道编码 channel encoding 07.677

*信道计算 link budget 07.093

信号分解器 signal resolver 05.086

信号调节器 signal conditioner 07.649

信息安全 information safety 07.595

信息格式 information format 07.111

信息交换 information exchange 07.109

信息流程 information flow 07.110

信息速率 information rate 07.550

信息源择优 optimal information source selection 07.165

信噪比 signal-noise ratio 08.409

星捕获 star acquisition 05.476

星捕获概率 probability of star acquisition 05.478

星–地[测控]校飞试验 dynamic matching [TT&C] test between satellite and station 03.294

星–地静态[测控]匹配试验 static matching [TT&C] test between satellite and station 03.293

星跟踪 star track 05.480

星跟踪器 star tracker, stellar tracker 05.440

星光制导 celestial guidance 02.244

星基多普勒轨道和无线电定位组合系统 Doppler orbitography and radiopositioning integrated system by satellite, DORIS 05.590

星际航行 interplanetary and interstellar navigation 01.028

*星际航行动力学 astrodynamics 01.059

星际探测器 interplanetary spacecraft 03.066

星–箭电磁兼容性试验 launcher-satellite EMC test 03.296

星–箭分离 satellite rocket separation 02.044

星–箭分离试验 satellite-launcher separation test 03.295

星–箭匹配 satellite and launch vehicle matching 03.141

星历计算 ephemeris calculation 07.152

星敏感器 star sensor, stellar sensitometer 05.439

星扫描器 star scanner 05.443

星上电源控制设备 satellite power control device 03.317

星识别 star recognition 05.477

星搜索 star search 05.475

星图仪 star mapper 05.442

星下点 sub-satellite point 03.160

星下点参数 sub-satellite point parameters 07.153

星下点轨迹 sub-satellite track 07.202

星形药柱 star grain 04.290

星载数据收集分系统 satellite base data collection subsystem 08.096

星载致冷器 space borne refrigerator 03.275

星罩半罩翻转吊具 half-fairing turning sling 10.427

星罩工作梯 fairing working ladder 10.414

行波场 progressive wave field 14.319

行波管 progressive wave tube, travelling wave tube, TWT 14.328

行波[声]试验 progressive wave test 14.326

行星 planet 01.006

行星辐射收支 planetary radiation budget 08.045

行星际磁场 interplanetary magnetic field 14.499

行星考察机器人 planetary exploration robot 17.100

行星演化指数 planetary evolution index 01.129

形变热处理 thermomechanical treatment, TMT 13.135

形函数 shape function 14.043

*形心跟踪 centroid tracking 07.300

型辊成形 contour roll forming 13.091

型面喷管 contoured nozzle 06.480

U 型压力计 U-tube manometer 06.717

型阻 form drag 06.231

TEMPEST 性能测量 TEMPEST performance measurement 15.094

性能测试 performance testing 15.224

性能校飞 performance calibration flight 07.120

性能试验 performance test 11.024

修补接头效率 repair joint efficiency 12.099

修复性维修 corrective maintenance 18.237

修理 repair 18.227

修正回路 corrective loop 05.076

修正牛顿公式 modified Newtonian equation 06.356

修正因子 correction factor 15.137

修正值 correction 15.136

虚警率 false alarm rate 18.247

虚指令 false command 07.479

虚指令概率 false command probability 07.480

续航发动机 sustained motor 04.018

蓄电池 storage battery, secondary battery 09.013

蓄热式加热器 storage-type heater 06.524

蓄压器 hydraulic capacitor 04.276

旋臂机试验 whirling arm testing 06.593

旋压 spinning, metal spinning 13.056

旋压成形 spin shaping, spin forming 13.057

旋转冲量 rotation impulse 05.525

旋转弹试验 rotating rocket testing 06.621

旋转动导数 rotary dynamic derivative 06.262

*旋转锻造 radial forging 13.089

旋转格式 Jameson scheme 06.385

旋转头磁记录器 helical scan recorder 07.701

选拔综合评定 selection integrated evaluation 11.058

选择利用性 selective availability, SA 05.585

学习控制 learning control 17.058

循环 cycle 09.077

循环代偿障碍 circulatory decompensation 11.178

循环码副帧同步 cyclic code subframe synchronization 07.668

循环时间 cycle time 17.089

循环寿命 cycle life 09.078

训练手册 training manual, training handbook 11.061

训练综合评定 training comprehensive evaluation 11.085

Y

压差变换器 differential pressure conditioner 10.496

压差传感器 differential pressure transducer 10.497

压差液面计 differential pressure liquid level indicator 10.498

压电机构 piezoelectric device 16.148

压电式天平 piezoelectric type balance 06.693

压电引信 piezoelectric fuze 16.036

压坑式推力室 indented thrust chamber 04.253

压力舱 pressurized module 03.081

压力传感器 pressure transducer 10.505

压力分布试验 pressure distribution test 06.601

压力控制分系统 pressure control subsystem 03.122

压力平衡阀 pressure balance valve 11.280

压力试验 pressure test 13.439

压力调节器　pressure regulator　05.510

压力引信　pressure fuze　16.039

压力铸造　pressure die casting, die casting　13.025

压铆　press riveting　13.344

压敏漆　pressure sensitive paint　06.735

压强　pressure　06.035

压强温度敏感系数　temperature sensitivity of pressure　04.211

压强系数　pressure coefficient　06.214

压强总冲　total pressure impulse　04.149

压缩比　compression ratio　08.490

压缩波　compression wave　06.111

压缩机　compressor　06.514

压缩气体反作用控制系统　pressurized-gas reaction control system　05.498

压缩性　compressibility　06.107

压心　center of pressure　02.108

压心系数　center of pressure coefficient　06.256

*压铸　pressure die casting, die casting　13.025

压阻加速度计　piezoresistive accelerometer　05.150

鸭式布局　canard configuration　06.282

亚声速风洞　subsonic wind tunnel　06.414

亚声速后缘　subsonic trailing edge　06.304

亚声速流　subsonic flow　06.145

亚声速前缘　subsonic leading edge　06.303

烟风洞　smoke wind tunnel　06.420

烟流法　smoke flow method　06.740

延伸喷管　extendible nozzle　04.308

延时电路　time delay circuit　16.151

延时机构　delay mechanism　16.155

延时遥测　delayed telemetry　07.618

延时引爆　delayed exploding　10.259

延时指令　delayed command　07.467

延误时间　delay time　18.051

严酷度　severity　18.152

研磨　lapping　13.112

研制试验　development test　14.276

盐水腐蚀　salt water corrosion　12.150

盐雾试验　salt spray test　13.442

颜料　pigment　12.120

衍射　diffraction　08.299

衍射光栅　diffraction grating　08.300

验收　acceptance　18.044

验收试验　acceptance test　18.045

验证　verification　18.047

验证板　witness plate　14.544

扬声调度单机　dispatching loudspeaker set　07.519

阳极[氧]化　anodizing　13.252

杨氏模量　Young's modulus　12.301

仰角　elevation　07.307

仰角误差　elevation error　07.292

氧分压控制　oxygen partial pressure control　11.329

氧分压强　oxygen partial pressure　11.277

氧复合　oxygen recombination　09.101

氧化剂　oxidizer　04.088

氧化剂光电传感器　oxidizer photoelectric sensor　10.435

氧化剂过滤器　oxidizer filter　10.437

氧化剂加注口　oxidizer filler　10.457

氧化剂加注口支架　oxidizer filling port support mount　10.441

氧化剂加注连接器　oxidizer loading connector　10.431

氧化剂加注软管　oxidizer loading flexible hose　10.448

氧化剂加注系统　oxidizer loading system　10.155

氧化剂流量　oxidizer flow rate　04.160

氧化剂箱　oxidizer tank　02.159

氧化剂溢出连接器　oxidizer overflow connector　10.433

氧化剂溢出软管　oxidizer overflow flexible hose　10.449

氧化剂运输车　oxidizer transporter　10.396

氧化剂增压系统　oxidizer pressurizing system　10.456

氧气面罩　oxygen mask　11.286

氧气排放塔　gas oxygen exhaust tower　10.345

氧债　oxygen debt　11.172

氧张力　oxygen tension　11.176

摇摆火箭发动机　gimbaled rocket engine　04.034

摇摆漂移率　wobbling drift rate　05.220

摇摆软管　flexible hose assembly, gimbal bellows　04.355

遥操作技术　teleoperation　17.093

遥操作系统　remote operating system　17.091

遥测　telemetry　07.607

遥测标准　telemetry standards　07.635

遥测参数　telemetry parameter, telemetered parameter, telemetered measurements　02.269

遥测大纲　telemetry program　07.639

遥测地面站　telemetry earth station　10.360

遥测分系统　telemetry subsystem　03.117

遥测供电控制系统　power supply control system for telemetering system　02.276

遥测和指令系统　telemetry and command system　02.263

遥测缓变参数　slow variation telemetry parameter　07.641

遥测计算机字　telemetry computer word　07.646

遥测监视网　telemetry and monitor network　07.040

遥测检测系统　telemetry checkout system　02.275

遥测[接收]站　telemetry receive station　07.047

遥测连续参数　continuous telemetry parameter　07.644

遥测脉冲参数　pulse telemetry parameter　07.645

遥测前端　telemetry front end　07.636

遥测容量　telemetry capacity　02.268

遥测实施方案　telemetry implement plan　07.640

遥测数据处理　telemetry data processing, telemetry data reduction　07.155

遥测速变参数　fast variation telemetry parameter　07.642

遥测外测数据时间零点对齐　telemetry and tracking data time zero alignment　07.157

遥测误差　telemetry errors　07.637

遥测系统　telemetry system　02.006

遥测信号中断　telemetering signal blackout　02.278

遥测信息　telemetry information　07.160

遥测[信息]仿真　telemetry [information] simulation　07.129

遥测引信　telemetry fuze　16.055

遥测站　telemetry station　07.633

PC遥测站　personal computer telemetry station　07.634

遥测指令参数　event telemetry parameter　07.643

遥感地面接收站　ground station of remote sensing　08.097

遥感分系统　remote sensing subsystem　03.103

遥感平台　platform for remote sensing　08.094

遥感器　remote sensor　08.101

遥感数据处理中心　data processing center of remote sensing　08.493

遥感图像　remote sensing picture　08.517

遥感卫星　remote sensing satellite　03.019

遥感相机　remote sensing camera　08.102

遥感影像　remote sensing image　08.516

遥控　telecommand　07.439

遥控分控台　telecommand sub-console　07.446

遥控分系统　telecommand subsystem　03.118

遥控机器人　telerobot　17.095

遥控机械手　teleoperator　17.092

遥控设备　telecommand equipment　07.440

遥控调焦　remote focusing　08.203

遥控系统　command and control system　07.062

遥控站　command and control station, telecommand station　07.048

遥控终端　telecommand terminal　07.441

遥控主控台　telecommand master console　07.445

遥控装定　remote setting　16.075

遥现技术　telepresence　17.094

遥医学　telemedicine　11.096

药柱燃烧速率　grain burning rate　04.207

＊药柱燃速　grain burning rate　04.207

药柱肉厚　grain web thickness　04.296

药柱通气面积　grain port area　04.299

冶金缺陷　metallurgical defect　12.297

叶栅风洞　cascade wind tunnel　06.423

曳光管　flare　07.276

液氮加注补加车　liquid nitrogen loading and topping vehicle　10.402

液氮加注测控系统　liquid nitrogen loading measuring and control system　10.493

液氮加注系统　liquid nitrogen loading system　10.490

液氮加注液路系统　liquid nitrogen loading liquid line system　10.491

液氮调试　liquid nitrogen test　10.158

液氮系统　liquid nitrogen system　14.605

液氮用气系统　liquid nitrogen distribution system　10.492

液浮摆式加速度计　liquid floated pendulous accelerometer　05.139

液浮喷管　liquid bearing nozzle　04.313

液浮陀螺加速度计　floated PIGA　05.149

液浮陀螺仪　floated gyro　05.130

液–固耦合动力学　fluid-structure interaction dynamics　03.426

液晶法　liquid crystal method　06.747

液冷服　liquid cooling garment　11.219

液氢氮配气台　liquid hydrogen nitrogen gas distribution board　10.465

液氢加泄配气台　liquid hydrogen fill-drain gas distribution board　10.464

液氢加泄自动脱落连接器　liquid hydrogen fill-drain auto-disconnect coupler　10.469

液氢加泄自动脱落连接器支架　liquid hydrogen fill-drain auto-disconnect coupler support mount　10.470

液氢加注测控系统　liquid hydrogen loading measuring and control system　10.462

液氢加注活门测试工作梯　liquid hydrogen loading valve checking ladder　10.412

液氢加注监测系统　liquid hydrogen loading monitoring system　10.472

液氢加注控制机　liquid hydrogen loading controller　10.466

液氢加注控制台　liquid hydrogen loading test-control desk　10.463

液氢加注连接器接头　liquid hydrogen loading connector fitting　10.473

液氢加注微机站　liquid hydrogen loading microcomputer station　10.467

液氢加注系统　liquid hydrogen loading system　10.169

液氢加注液路系统　liquid hydrogen loading liquid line system　10.461

液氢铁路加注运输车　liquid hydrogen railway loading vehicle　10.400

液氢箱　liquid hydrogen tank　02.160

液态模锻　liquid metal forging, melted metal squeezing　13.083

液体晃动力学　liquid sloshing dynamics　03.425

液体晃动试验　liquid slosh test　03.443

液体晃动载荷　liquid sloshing load　02.102

液体回路　fluid loop　03.271

液体火箭推进剂　liquid rocket propellant　02.236

液体起动系统　liquid start system　04.061

液体推进剂　liquid propellant　04.086

液体［推进剂］火箭发动机　liquid propellant rocket engine　04.007

Ⅰ液位　1st liquid level　10.195

Ⅱ液位　2nd liquid level　10.196

Ⅲ液位　3rd liquid level　10.197

液涡轮　liquid turbine　04.345

液相色谱仪　liquid chromatograph　12.256

液压成形　hydraulic forming　13.041

液压拉延　hydro-drawing, hydraulic drawing　13.042

液压式振动台　hydraulic vibration generator　14.306

液压试验　hydraulic pressure test　13.443

液压–橡皮囊成形　rubber-diaphragm hydraulic forming　13.048

液压油　hydraulic oil　12.213

液氧泵　liquid oxygen pump　10.478

液氧氮配气台　liquid oxygen nitrogen distribution board　10.484

液氧地面用气系统　liquid oxygen ground gas distribution system　10.479

液氧固定贮罐　liquid oxygen storage tank　10.480

液氧过冷器　liquid oxygen supercooler　10.482

液氧加泄配气台　liquid oxygen fill-drain gas distribution board　10.481

液氧加泄自动脱落连接器　liquid oxygen fill-drain auto-disconnect connector　10.487

液氧加泄自动脱落连接器支架　liquid oxygen fill-drain auto-disconnect connector support mount　10.488

液氧加注补加车　liquid oxygen loading and topping truck　10.401

液氧加注测控系统　liquid oxygen loading measuring and control system　10.476

液氧加注场地控制台　on-site liquid oxygen loading console　10.489

液氧加注控制机　liquid oxygen loading controller　10.485

液氧加注控制台　liquid oxygen loading test-control desk　10.477

液氧加注连接器接头　liquid oxygen loading connec-

有旋流 rotational flow 06.173

有益干扰 beneficial interference 06.236

有翼导弹气动特性 aerodynamic characteristics of winged missile 06.207

*有源微波遥感 active microwave remote sensing 08.132

有证标准物质 certified reference material 15.192

诱导环境 induced environment 14.260

诱导轮 inducer 04.348

余割平方波束天线 cosecant-squared beam antenna 08.527

余氧系数 excess oxidizer coefficient 04.155

余药分数 sliver fraction 04.200

*宇宙航行学 astronautics 01.026

宇宙速度 cosmic velocity 01.060

宇宙线 cosmic ray 01.112

宇宙线爆发 cosmic ray burst 14.415

宇宙线强度 cosmic ray intensity 14.414

羽流 plume 05.527

羽流试验 plume testing 06.615

羽焰 exhaust plume 14.574

语音告警 phonic warning 11.202

预包装火箭发动机 prepackaged rocket engine 04.053

预曝光 pre-exposure 08.223

预备航天员 astronaut candidate 11.021

预处理 pretreatment 13.243

预触发器 pre-trigger 08.470

预防性维修 preventive maintenance 18.236

预放电 preliminary discharge 09.071

预计值 predicted value 18.033

预浸料 prepreg 13.361

预警时间 pre-warning time 03.417

预警卫星 early warning satellite 03.036

预冷 pre-cooling 10.207

预冷系统 chilldown system 04.068

预扭导流片 prerotating vane 06.509

预燃室 preburner 04.256

预吸氧 preoxygenation 11.175

预先装定 presetting 16.074

*预压泵 boost pump, booster pump 04.349

预氧化 preoxidized 13.244

阈[值] threshold 18.029

阈值星等 magnitude of threshold 08.342

元素宇宙丰度 cosmic abundance of elements 01.119

原始数据 original data, raw data 02.029

原位测量 in-situ measurement 14.647

原型飞行试验 protoflight test 14.277

原子频标 atom frequency standard 07.560

原子时 atomic time 07.573

原子氧 atom oxygen 14.554

原子氧流量模式 atomic oxygen fluence model 14.555

原子氧试验 atomic oxygen test 14.646

圆概率误差 circular error probable, CEP 05.042

*圆公算偏差 circular error probable, CEP 05.042

圆角多边形风洞 polygon wind tunnel 06.444

圆截面风洞 circular wind tunnel 06.440

圆扫描 circular scan 08.426

圆柱型镉镍蓄电池 cylindrical cadmium-nickel battery 09.022

圆柱坐标机器人 cylindrical robot 17.028

圆锥扫描 conical scanning 07.410

圆锥扫描地球敏感器 conical scanning earth sensor, conical scanning horizon sensor 05.422

圆锥扫描跟踪 conical scanning tracking 07.337

圆锥误差 coning error 05.045

源包 source packet 07.670

源流 source flow 06.176

源流强度 strength of source flow 06.177

源区电磁脉冲 source-region electromagnetic pulse 14.404

远程待爆 long distance arming 16.174

远程待爆时间 long distance arming time 16.175

远程发令 remote commanding 07.456

远程监控 remote monitor and control 07.384

远地点 apogee 03.188

远地点发动机 apogee engine 03.321

远地点火箭发动机 apogee kick rocket engine, apogee kick rocket motor 04.024

远地点注入 apogee injection 05.239

远红外 far infrared 08.015

远焦的 afocal 08.194

远距离测量 long distance measurement 15.115

远心柔顺装置　remote center compliance device, RCC device　17.026

约定参照标尺　conventional reference scale　15.041

约定层次　indenture level　18.151

约束单元　constraint element　14.047

月球　moon　01.019

月球地质　geology of Moon　01.126

月球探测工程系统　lunar exploration engineering system　01.039

月球探测器　lunar spacecraft　03.065

月球探测卫星　lunar exploration satellite　03.014

越级　overstep　07.524

匀熵流　homoentropic flow　06.157

允许逃逸　permit escape　10.236

允许应力　permissible stress　12.326

允许自毁　self-destruction permissible　02.293

允许阻塞度　permitted blockage percentage　06.569

陨石　meteorite　01.121

运动仿真器　motion simulator　14.596

运动功能减退　hypokinesia　11.122

运动基[训练]仿真器　motion base training simulator, MBTS　11.362

运动空间　motion space　17.042

运动耐力　exercise tolerance　11.119

运动黏度　kinematic viscosity　06.044

运动学相似性　kinematic similarity　06.409

运货飞船　cargo spacecraft　03.062

运输和起吊载荷　transport and hoisting load　02.095

运输环境　transportation environment　14.259

运输起竖发射车　transporter-erector-launcher, TEL　10.385

运输试验　transportation test　10.386

[运行]轨道　[running] orbit　03.161

运行剖面　operation profile　18.021

运载火箭　carrier rocket, launch vehicle　02.002

运载火箭轨道理论　theory of launch vehicle trajectory　02.060

运载火箭气动特性　aerodynamic characteristics of launch vehicle　06.208

运载火箭遥测　launch vehicle telemetry　07.624

运载火箭运动理论　theory of launch vehicle motion　02.059

运载火箭转运　launch vehicle transfer　10.098

运载火箭装配测试厂房　launch vehicle assembly and test building　10.281

运载可靠度　carrying reliability　18.127

运载器垂直运输　vertical state transportation of launch vehicle　02.121

运载体坐标系　vehicle coordinate system　05.054

Z

杂光　stray light　08.248

杂光系数　coefficient of stray light　08.250

杂乱回波　clutter echo　08.595

灾难性故障　catastrophic fault　18.201

载波用户　carrier subscriber　07.528

载荷情况　load condition　02.089

载荷任务训练　payload mission training　11.067

载荷设计　load design　02.033

载荷专家　payload specialist, PS　11.017

载人飞船　manned spacecraft　03.003

载人飞船发射　manned spacecraft launch　10.008

载人飞船工程　manned spacecraft engineering　03.060

[载人]飞船加注间　manned spacecraft loading room　10.277

载人飞船系统　manned spacecraft system　03.061

载人飞船遥测　manned spacecraft telemetry　07.623

[载人]飞船装配测试厂房　manned spacecraft assembly and test building　10.275

载人航天　manned space flight　01.029

载人航天发射场　launch site for manned space flight　10.266

载人航天工程系统　manned space engineering system　01.038

载人航天技术　manned space technology　01.052

载人航天器　manned spacecraft　11.002

载人航天器回收　manned spacecraft recovery　11.012

载人振动实验设备　manned vibrator　11.401

再平衡　rebalance　05.103

展平机构　flatten mechanism　08.312

展弦比　aspect ratio　06.301

辗环　ring rolling　13.094

＊战备完好性　operational readiness　18.006

战斗部动态杀伤区　dynamic killing zone of warhead
　16.141

战斗弹遥测　operational missile telemetry　07.626

战略通信卫星　strategic communication satellite
　03.053

战术通信卫星　tactical communication satellite
　03.054

章动　nutation　05.113

章动敏感器　nutation sensor　05.374

章动频率　nutation frequency　05.114

章动阻尼器　nutation damper　05.375

胀形　bulging　13.052

照度　illuminance　08.033

[照相]干板　photographic dry plate　07.270

＊照相机　camera　07.245

照相望远镜　photographic telescope　07.259

遮蔽角　shielding angle　07.098

遮光罩　shade　08.253

遮拦比　ratio of obstruction　08.179

折叠频率　foldover frequency　14.220

折叠式太阳电池阵　fold-out type solar array
　09.194

折反式光学系统　refractive and reflective optical
　system　08.178

折射式光学系统　refractive optical system　08.177

锗砷化镓太阳电池　Ge-gallium arsenide solar cell
　09.140

针入度　penetration degree　13.221

侦察分系统　reconnaissance subsystem　03.105

侦察卫星　reconnaissance satellite　03.029

侦察相机　space-born reconnaissance camera
　08.110

帧　frame　07.656

帧传输　frame transfer　08.477

帧读出　frame readout　08.476

帧格式　frame format　07.660

帧速率　frame rate　08.475

帧同步　frame synchronization　07.662

帧同步码　frame sync pattern　07.663

帧抓取器　frame grabber　08.474

真方位　true bearing　05.017

真近点角　true anomaly　03.194

真空　vacuum　14.558

真空泵　vacuum pump　10.538

真空比冲　vacuum specific impulse　04.140

真空插管浇注　vacuum tube casting　13.446

真空沉积涂层　vacuum deposited coating　12.132

真空充电与放电试验　vacuum charging and dischar-
　ging test　14.639

真空充气　vacuum gas filling　13.447

真空充油　vacuum oil filling　13.448

真空抽气系统　vacuum pumping system　14.599

真空除气　vacuum degassing　13.449

真空淬火　vacuum quenching, vacuum hardening
　13.145

真空电子束焊　vacuum electron beam welding
　13.298

真空度　degree of vacuum　10.174

真空镀[膜]　vacuum deposition　13.212

真空多层绝热　vacuum multi-layer insulation
　10.175

真空阀门　vacuum valve　14.603

真空放电　vacuum discharge　14.565

真空封接　vacuum seal　13.362

真空干摩擦　vacuum dry friction　14.563

真空灌胶　vacuum glue pouring　13.363

真空光学试验台　vacuum optical test bench　14.637

真空烘烤　vacuum bakeout　14.588

真空检漏　vacuum leak detection　13.423

真空检漏系统　vacuum leak detecting system
　14.631

真空浇注　vacuum casting　13.450

真空金属软管　vacuum metal flexible pipe　10.500

真空金属硬管　vacuum metal hard pipe　10.501

真空浸渍　vacuum impregnation　13.451

真空冷焊　vacuum cold welding　14.562

真空冷焊试验　vacuum cold welding test　14.635

真空热处理　vacuum heat treatment　13.134

真空热环境　thermal vacuum environment　14.556

真空升华　vacuum sublimation　14.564

真空试验　vacuum test　15.264

真空室　vacuum chamber　14.597

正向加速度　positive acceleration　11.254

正样[星]　flight model, FM　03.094

正则模态　normal mode　14.172

支承　suspension　05.153

支承托架　frame support bracket　10.388

支杆式应变天平　strain gage balance with sting　06.683

支架干扰修正　support interference correction　06.792

执行角　execution angle　05.356

执行指令　execute command　07.472

直角坐标机器人　rectangular robot　17.027

直接测量法　direct method of measurement　15.128

直接记录　direct recording　07.695

直接金属掩模　direct metal mask　13.388

直接进入法返回　direct reentry return mode　03.330

直接驱动　direct drive　05.557

直列式传爆系列　direct line explosive train　16.157

直流喷嘴　orifice element　04.268

直通型运行　straight-through operation　06.541

直线法　method of line　06.377

指挥电话　command telephone　07.520

指挥调度设备　command dispatching equipment　07.518

指挥调度体制　command dispatching hierarchy　07.516

指挥调度通信系统　command dispatching and communication system　07.514

指挥调度系统　command dispatching system　07.515

指挥控制中心　command and control center　10.014

指挥控制中心计算机　command & control center computer　07.484

指挥区　command area　10.357

指挥通信　command communication　07.513

*指控中心计算机　command & control center computer　07.484

指令编码　command encoding　07.463

指令长度　length of command code　07.474

指令重发　command retransmission　07.475

指令代码　command code　07.464

指令发射机　command transmitter　07.450

*指令分系统　telecommand subsystem　03.118

指令格式　command format　07.462

指令接收机　command receiver　07.449

指令解调器　command demodulator　07.451

指令连发　command continual transmission　07.476

指令容量　command capacity　07.460

指令信息　command information　07.161

指令引信　command fuze　16.024

指令长　commander　11.014

指令执行机构　command execution unit　07.452

指令终端　command terminal　07.454

指向精度　pointing accuracy　05.270

指向系数　direction index　14.320

制导　guidance　05.002

制导关机　guidance cutoff　10.251

制导误差　guidance error　05.041

制导系统　guidance system　02.241

制导系统测试　guidance system test　10.211

制导引信　guidance fuze　16.023

制动　braking, retrogradation　03.348

制动舱　retro module　03.079

制动火箭　retro-rocket　03.349

制动火箭发动机　retro-rocket motor　04.028

制动角　retro-angle　03.351

制动速度　retro-speed　03.350

制外[测量]单位　off-system unit [of measurement]　15.034

质量　quality　18.058

质量保证　quality assurance　18.061

质量保证大纲　quality assurance program　18.063

质量保证模式　quality assurance mode　18.062

质量保证体系　quality assurance system　18.060

质量不平衡力矩　mass unbalance torque　05.097

质量策划　quality planning　18.065

质量成本　quality-related costs　18.066

质量反馈　quality feedback　18.074

质量方针　quality policy　18.064

质量分析　quality analysis　18.073

质量改进　quality improvement　18.075

质量功能展开　quality function deploy, QFD　18.084

质量管理　quality management　18.068

质量环　quality loop　18.076

质量计划　quality plan　18.067

轴压试验 axial compression test 14.098

昼夜节律 circadian rhythm 11.147

皱折 wrinkle 12.406

珠承喷管 bead support nozzle 04.311

诸元计算 synthesized data count 10.152

主被动引信 active-passive fuze 16.008

主标准 primary standard 15.184

主波束效率 main beam efficiency 08.528

主动段 powered-flight phase 02.062

主动段测控 TT&C of boost phase 07.013

主动段救生 power flight phase escape 03.409

主动式热控制 active thermal control 03.254

主动式引信 active fuze 16.005

主动适应性 active accommodation 17.059

主动微波遥感 active microwave remote sensing
  08.132

主动章动控制 active nutation control 05.372

主动姿态控制 active attitude control 05.322

主动姿态稳定 active attitude stabilization 05.296

主发动机 sustainer, main engine, main motor
  04.015

主惯性轴 principal axis of inertia 14.139

主光学系统 primary optical system 08.181

主伞 main parachute 03.382

主线圈 main coil 14.664

主应变 principal strain 14.011

主应力 principal stress 14.009

主着陆场 major landing site 10.268

助推发动机 booster engine, booster motor 04.014

助推级翻转吊具 booster turning sling 10.428

助推级公路运输车 booster trailer 10.376

助推级七管连接器工作梯 booster seven pipe con-
  nector working ladder 10.416

助推级水平测试工作梯 booster horizontal checking
  ladder 10.415

助推级水平吊具 booster horizontal sling 10.423

助推级铁路运输车 booster rail transporter 10.384

助推级铁轮支架车 booster iron wheel carriage
  10.391

助推器 booster 02.015

助推器配气台 gas distribution board of booster
  10.529

注记装置 annotation equipment 08.318

注射成形 injection moulding 13.074

*注塑 injection moulding 13.074

贮备电池 reserve battery 09.005

贮存可靠度 storage reliability 18.130

贮存期 storage life 12.378

贮存试验 storage test 18.181

贮存寿命加速试验 storage life accelerated test
  18.183

贮存载荷 storage load 02.097

贮罐 storage tank 10.453

贮囊渗透速率 bladder specific penetration mass
  04.241

贮箱排空效率 propellant tank expulsion efficiency
  04.239

贮箱气检 gas leak inspection of tank 10.073

贮箱容积效率 propellant tank volumetric efficiency
  04.240

驻点 stagnation point 06.033

驻点温度 stagnation temperature 14.115

驻留时间 dwell time 08.599

驻室 plenum chamber 06.492

铸造 casting, founding, foundry 13.022

铸造合金 casting alloy, foundry alloy 12.175

专题制图仪 thematic mapper, TM 08.111

专向 special way 07.525

专业技术训练 professional technique training
  11.081

专用测试设备 special test facility 10.511

专用工艺装备 special tooling 13.004

*专用工装 special tooling 13.004

专用外部设备 special peripheral equipment
  07.489

专用卫星通信网 dedicated satellite communication
  network 07.599

转动关节 rotary joint 17.020

转动喷管 rotatable nozzle 04.314

转化处理 conversion treatment 13.168

转换效率 conversion efficiency 09.158

转接 transit 07.526

转接盒 interconnecting device 03.313

转换 transition 06.050

转[内]电 switch to internal power 10.219

转速控制 rotation velocity control 05.368

转速控制量　spin rate control quantity　07.191

转移轨道　transfer orbit　03.165

转移轨道三轴稳定　transfer orbit three-axis stabilization　05.301

转移轨道自旋稳定　transfer orbit spin stabilization　05.306

转运　transfer　10.093

转载　transit　10.065

转载间　transit hall　10.285

转注　transit-fueling　10.199

转子动量矩　rotor angular momentum　05.116

*转子角动量　rotor angular momentum　05.116

装船要素　shipment element　07.231

装定角度　setting angle　10.145

装配　assembly　13.017

装配型架　assembly jig　13.019

装配型架垂直停放平台　assembling frame vertical stand　10.407

装配型架铁轮支架车　assembling frame iron wheel carriage　10.395

装卸吊具工作梯　handing hoisting device working ladder　10.419

装药　charge　13.335

状态方程　equation of state　06.323

撞击　impact　14.334

撞击动力学　impact dynamics　03.429

撞击式喷注器　impinger injector　04.260

锥形变薄旋压　cone spinning, tube shear spinning　13.063

锥形流法　conical flow method　06.360

锥型流　conical flow　06.170

锥型喷管　conical nozzle　06.481

锥柱形药柱　conocyl grain　04.293

准备　readiness　18.004

准备完好率　readiness rate　18.005

准分子激光光刻　excimer lithography　13.386

准平稳　quasi-stationary　14.249

准平稳风　quasi-steady-state wind　02.109

准确度　accuracy　15.208

准确度等级　accuracy class　15.209

准实时落点计算　near-real-time impact calculation　07.175

准正弦波　quasi-sinusoid　14.163

准直　collimation　10.144

准直透镜　collimating lens　08.186

着发机构　percussing device　16.144

着陆　landing　03.375

着陆场　landing site　10.267

着陆冲击　landing shock, landing impact　03.387

着陆冲击耐力　landing impact tolerance　11.142

着陆点　landing point　10.242

着陆点精度　landing point accuracy　07.195

着陆点散布范围　dispersion area of landing point　10.243

着陆点实时预报　landing point real-time prediction　07.196

着陆段　landing phase　03.338

着陆分系统　landing subsystem　03.125

着陆缓冲分系统　impact attenuation subsystem　03.377

着陆缓冲火箭　landing impact attenuation rocket　03.396

着陆散布度　landing discursiveness　10.244

着陆速度　landing speed　03.386

着陆撞击　landing impact　14.335

着色渗透检测　dye penetrant flaw testing　13.416

*姿控分系统　attitude control subsystem　03.115

*姿控火箭发动机　attitude control rocket engine, attitude control rocket motor　04.022

姿态　attitude　05.013

姿态保持　attitude keeping　07.031

姿态捕获　attitude acquisition　05.251

姿态参数　attitude parameter　05.290

姿态测量　attitude measurement　05.266

姿态测量精度　attitude measurement accuracy　05.271

姿态测量系统　attitude measurement system　05.265

姿态动力学　attitude dynamics　05.393

姿态估计　attitude estimation　05.289

GPS 姿态和轨道确定系统　GPS attitude and orbit determination system　05.581

姿态机动　attitude maneuver　07.030

姿态几何　attitude geometry　05.285

姿态角　attitude angle　05.014

姿态角传感器　attitude angle transducer　05.088

姿态角速度　attitude angular velocity, attitude rate

05.294

姿态控制　attitude control　03.319

姿态控制分系统　attitude control subsystem　03.115

姿态控制规律　attitude control law　05.413

姿态控制火箭发动机　attitude control rocket engine, attitude control rocket motor　04.022

姿态控制精度　attitude control accuracy　05.367

姿态控制量　attitude control quantity　07.190

姿态控制模式　attitude control mode　05.326

姿态控制系统　attitude control system　02.242

姿态控制系统带宽　bandwidth of attitude control system　05.344

姿态控制训练器　attitude control trainer　11.365

姿态敏感器　attitude sensor　05.417

姿态漂移　attitude drift　05.276

姿态确定　attitude determination　05.267

GPS 姿态确定　GPS attitude determination　05.580

姿态确定精度　attitude determination accuracy　05.272

姿态扰动　attitude disturbance　05.277

姿态失稳　attitude instability　10.256

＊姿态调整　attitude maneuver　07.030

姿态稳定　attitude stabilization　05.295

姿态稳定度　attitude stability　05.286

姿态误差　attitude error　05.274

姿态误差校正　attitude error rectification　08.349

姿态预估　attitude prediction　05.273

姿态运动　attitude motion　05.275

姿态再次捕获　attitude reacquisition　05.254

资源舱　resources module　03.086

子级　substage　02.012

子结构　substructure　14.039

子帧　minor frame　07.657

子阵　subarray　07.364

紫光太阳电池　violet solar cell　09.133

紫外臭氧光谱仪　ultraviolet ozone spectrometer, UOS　08.128

紫外光　ultraviolet light　08.009

紫外扫描仪　ultraviolet scanner　08.115

紫外试验　ultraviolet test　14.643

紫外太阳光谱仪　ultraviolet solar spectrometer, USS　08.129

紫外遥感　ultraviolet remote sensing　08.004

自补偿静校［准］　self-compensation static calibration　06.705

自测　self-testing　15.225

自差分 GPS　self-differential GPS, SDGPS　05.576

自差式无线电引信　autodyne radio fuze　16.016

自动补加　auto-topping　10.171

自动测试模块　automatic test module　15.250

自动测试设备　automatic test equipment, ATE　15.253

自动点火　automatic ignition　10.227

自动跟踪　automatic tracking　07.296

自动焊　automatic welding　13.332

自动化测试　automatic test, automated testing　10.044

自动机械天平　automatic mechanobalance　06.678

自动激活锌银电池　automatically activated zinc-silver battery　09.006

自动加载　autoloading　06.704

自动聚焦机构　autofocus mechanism　08.202

自动瞄准　automatic aiming　10.140

自动模式　automatic mode　17.063

自动曝光控制装置　automatic exposure control device　08.228

自动送进系统　automatic feed system　06.652

自动调焦装置　automatic focusing device　08.201

自动增益控制　automatic gain control　08.473

自放电　self-discharge　09.095

自放电率　self-discharge rate　09.096

自封铆接　self-sealed riveting　13.350

自功率谱　auto-power spectrum　14.228

自毁　self-destruction　02.290

自毁机构　self-destructor　16.170

自毁时间　self-destruction time　02.292

自毁指令　self-destruction command　02.291

自击式喷嘴　like-impinging injector element　04.271

自激振动　self-excited vibration　14.156

自检指令　self-checking command　07.470

自校准　self correction　07.146

自流预冷　pre-cooling by auto-flow　10.208

自然环境　natural environment　14.256

自然老化　natural aging　13.429

自然时效［处理］　natural aging　13.173

自燃推进剂　hypergolic propellant　04.092

自燃推进剂火箭发动机 hypergolic propellant rocket engine 04.051

自润滑材料 self-lubricating material 12.216

自[身]起动系统 self-start system 04.063

自生增压系统 autogenous pressurization system 04.073

自适应控制 adaptive control 05.327

自适应网格技术 adaptive grid technique 06.381

自适应望远镜 adaptive telescope 07.260

自适应延时 adaptive delay 16.137

自适应遥测 adaptive telemetry 07.616

自适应引信 adaptive fuze 16.062

自锁阀 latching valve 05.511

自我心理调节 self psychological regulation 11.163

自行车功量计 bicycle ergometer 11.379

自修正风洞 self-correcting wind tunnel 06.456

自旋扫描地球敏感器 spin scanning earth sensor, spin scanning horizon sensor 05.421

自旋速率敏感器 spinning rate sensor 05.430

自旋体 spinner 05.399

自旋稳定 spin stabilization 05.304

自旋轴 spin axis 05.405

自由度 degree of freedom, DOF 14.135

自由锻 open die forging, flat die forging 13.087

自由飞风洞 free flight wind tunnel 06.424

自由飞模型 free flight model 06.588

自由[飞行]段测量 free flight phase measurement 07.014

自由飞行机器人 free flying robot 17.099

自由分子流 free molecular flow 06.150

自由流 free stream 06.025

自由落体试验 free-fall testing 06.594

自由陀螺仪 free gyro 05.121

自由涡 free vortex 06.132

自由涡面 free vortex surface 06.133

自由振动法 free oscillation method 06.624

自由装填式药柱 free standing grain 04.295

自由-自由状态 free-free state 14.197

自重修正 tare correction 06.795

自主导航 autonomous navigation 05.234

自主对准 self alignment 05.033

自主式机器人 autonomous robot 17.096

自主式敏感器 autonomous sensor 05.428

自主卫星 autonomous satellite 07.072

自主位置保持 autonomous station keeping 05.245

自主姿态确定 autonomous attitude determination 05.268

自准区仿真 self-accurate area simulation 06.592

综合测试 integrated test, integrated checkout 10.060

综合产品小组 integrated product team, IPT 18.057

综合后勤保障 integrated logistic support 18.035

综合环境可靠性试验 combined environment reliability test 14.279

综合环境试验 combined environment test 14.278

综合校飞 integrated calibration flight 07.121

综合试验 integrated experiment, complex experiment 10.061

综合训练 integrated training 11.074

综合演练 integrated rehearsal 11.083

综合业务数字网 integrated service digital network 07.537

总冲 total impulse 04.148

总电离剂量 total ionizing dose 14.437

总辐照度 global irradiance, solar global irradiance 09.222

总负载裕量 overall load margin 09.212

总功率分配单元 bus power distribution unit 09.213

总焓探针 total enthalpy probe 06.733

总剂量 total dose 14.436

总检查 general inspection 10.059

总脉冲次数 total pulses 05.526

总声压级 overall sound pressure level 14.314

总体结构系统 general structure system 02.131

总体模态 global mode 14.182

总体破坏 total failure 14.100

总体设计要求 general design requirement 02.028

总体失稳 general buckling 14.032

总位移 excursion 14.165

总温[度] total temperature 06.071

VXI 总线测试 VXI bus test 10.048

总压控制 total pressure control 11.328

总压强 total pressure 06.037

总装配 general assembly 13.018

总装直属件　final assembly parts　02.188

纵向缠绕　longitudinal winding　13.359

纵向重叠率　longitudinal overlap　08.437

纵向耦合振动　coupled longitudinal vibration，POGO vibration　02.094

纵向强化　longitudinal strengthening　12.093

纵摇　pitch motion　07.216

纵摇变形角　pitch deformation angle　07.225

纵摇角　pitch angle　07.219

纵轴　longitudinal axis　05.047

ISO9000 族　ISO9000 family　18.087

Ⅱ-Ⅵ族太阳电池　Ⅱ-Ⅵ group solar cell　09.128

Ⅲ-Ⅴ族太阳电池　Ⅲ-Ⅴ group solar cell　09.129

阻抗匹配层　impedance matching layer　12.408

阻抗匹配法　impedance match method　14.347

阻力　drag force，resistance　06.221

阻力发散　drag divergence　06.239

阻力加速度　drag acceleration　14.549

阻力损失　drag losses　02.076

阻力系数　drag coefficient　06.222

阻力效应　drag effect　14.550

阻尼材料　damping material　12.141

阻尼结构　damping structure　02.146

阻尼器　damper　05.176

阻燃剂　fire retardancy　12.025

阻燃性　flame resistance　12.024

阻塞度　blockage percentage　06.568

阻塞力　blocked force　14.210

阻塞试验　blockage test　06.540

阻塞效应　blockage effect　06.786

组合测量　measurement in a closed series　15.119

组合导航　integrated navigation　05.008

INS/GPS 组合式导航系统　integrated INS/GPS navigation system　05.582

组合损失　assembling loss　09.209

组合制导　integrated guidance　05.007

组件实际效率　practical module efficiency　09.188

组件试验　assembly test，test of assembly　04.364

组件效率　module efficiency　09.187

组批　combined lots　13.016

组织　structure　12.337

钻孔　drilling　13.116

最长稳态工作时间　maximum steady state burn time 05.518

最大冲击[响应]谱　maximum shock［response］spectrum　14.346

最大动压载荷　maximum dynamic pressure load　02.100

最大反作用力矩　maximum reaction torque　05.552

最大工作范围　maximum operating range　07.352

最大功耗　maximum power consumption　05.555

最大功率　maximum power　09.152

最大功率点　maximum power point　09.153

最大角加速度　maximum angular acceleration　07.315

最大角速度　maximum angular rate　07.312

最大空间　maximum space　17.043

最大力矩　maximum torque　17.076

最大升力系数　maximum lift coefficient　06.218

最大输出力矩　maximum output torque　05.551

最大推力　maximum thrust　04.124

最大压强　maximum pressure　04.184

最大允许误差　maximum permissible error　15.215

最大轴原理　maximum axis principle　05.311

＊最大作用距离　maximum operating range　07.352

最低发射条件　lowest launching condition　10.120

最低可接受值　minimum acceptable value　18.031

最高预示环境　maximum predicted environment　14.268

最坏情况分析　worst condition analysis　18.164

最佳弹道估计　best estimation of trajectory　07.147

最佳发射条件　optimal launching condition　10.121

最佳负载　optimum load　09.155

最佳工作电流　optimum operating current　09.157

最佳工作电压　optimum operating voltage　09.156

最佳配合　optimized matching　16.122

最佳启动点　optimum actuation point　16.123

最佳启动规律　optimized actuation law　16.125

最佳启动时刻　optimum actuation moment　16.124

最佳帧同步码　optimal frame sync pattern　07.669

最亮点跟踪　high light tracking　07.302

最小冲量极限环　minimum impulse limit cycle　05.360

最小电脉冲宽度　minimum electrical pulse width，MEPW　05.523

最小可分辨温差　minimum resolvable temperature